**2. Jahrhundert n. Chr.**

Claudius Ptolemäus stellt in seiner Astronomie die Erde in den Mittelpunkt des Weltalls

**Seite** 99, 118, 206

**408 n. Chr.**

Augustinus von Hippo vertritt die Ansicht, dass die Genesis allegorisch zu verstehen sei

**Seite** 80, 87, 118

**Anfang des 16. Jahrhunderts**

Nikolaus Kopernikus entwickelt ein der Bibel widersprechendes neues Weltbild, nach dem sich die Erde um die Sonne dreht

**Seite** 86, 100, 120, 206

**Anfang des 17. Jahrhunderts**

Der Theologe und Astronom Johannes Kepler entdeckt auf Grundlage des kopernikanischen Systems die Gesetze der Planetenbewegungen

**1633**

Galileo Galilei wird von der Inquisition gezwungen, der kopernikanischen Lehre abzuschwören

**Seite** 119, 208

Horst Bayrhuber
Astrid Faber
Reinhold Leinfelder (Hrsg.)

# Darwin und kein Ende?

Kontroversen zu Evolution und Schöpfung

Klett | Kallmeyer

Bibliografische Information der Deutschen Nationalbibliothek
Die Deutsche Nationalbibliothek verzeichnet diese Publikation in der Deutschen Nationalbibliografie;
detaillierte bibliografische Daten sind im Internet über http://dnb.d-nb.de abrufbar.

**Impressum**

Horst Bayrhuber, Astrid Faber, Reinhold Leinfelder (Hrsg.)
Darwin und kein Ende?
Kontroversen zu Evolution und Schöpfung
Gefördert mit Mitteln der Erhard Friedrich Stiftung

1. Auflage 2011

Das Werk und seine Teile sind urheberrechtlich geschützt. Jede Nutzung in anderen als den gesetzlich zugelassenen Fällen bedarf der vorherigen schriftlichen Einwilligung des Verlages. Hinweis zu § 52 a UrhG: Weder das Werk noch seine Teile dürfen ohne eine solche Einwilligung eingescannt und in ein Netzwerk eingestellt werden. Dies gilt auch für Intranets von Schulen und sonstigen Bildungseinrichtungen. Fotomechanische oder andere Wiedergabeverfahren nur mit Genehmigung des Verlages.

© 2011. Kallmeyer in Verbindung mit Klett
Friedrich Verlag GmbH
D-30926 Seelze
Alle Rechte vorbehalten.
www.friedrich-verlag.de

Redaktion: Stefan Hellriegel, Berlin
Covergrafik: Nils Hoff, Berlin
Realisation: Nicole Neumann
Druck: Mundschenk Druck- und Verlagsgesellschaft mbH, Soltau
Printed in Germany

ISBN: 978-3-7800-1078-0

Nicht in allen Fällen war es uns möglich, den Rechteinhaber ausfindig zu machen.
Berechtigte Ansprüche werden selbstverständlich im Rahmen der üblichen Vereinbarungen abgegolten.

Horst Bayrhuber
Astrid Faber
Reinhold Leinfelder (Hrsg.)

# Darwin und kein Ende?

## Kontroversen zu Evolution und Schöpfung

Klett | Kallmeyer

Vorwort ... 6

## 1. Evolution im Kontext der Schöpfung

| | Enzaubert Wissenschaft die Natur? | 10 |
| Horst Bayrhuber | Evolution und Schöpfung – eine Übersicht | 12 |
| | Kultur vor 35.000 Jahren: die Venus vom Hohlen Fels | 20 |
| Reinhold Leinfelder | Biologische und kulturelle Evolution: Missverständnisse und Chancen | 22 |
| | Erzähl mir keine Märchen … von der Entstehung der Arten | 36 |
| Martina Kölbl-Ebert | Zufall und Design: Fachsprachen und ihre Fallstricke | 38 |
| | Wir sind Sternenstaub | 46 |
| Harald Lesch | Evolution und Physik | 48 |
| | Biologische Vielfalt | 60 |
| Uwe Hoßfeld | Haeckel und die Folgen | 62 |

## 2. Schöpfung im Kontext der Evolution

| | Architectus mundi | 80 |
| Richard Schröder | Schöpfung und Evolution | 82 |
| | Im Staub der Erde: Anpassung oder Strafe Gottes? | 96 |
| Hansjörg Hemminger | Gegen ein geschlossenes Weltbild – gegen Kreationismus und Szientismus | 98 |
| | Gott eine Illusion? | 110 |
| Dirk Evers | Gott als Grund der Wirklichkeit und die Entwicklung der Lebewesen | 112 |

## 3. Evolution und Schöpfung im Kontext der Fachdidaktik

| | Evolutionstheorie – eine Frage der Einstellung? | 128 |
| Marcus Hammann, Roman Asshoff | Einstellungen zur Evolutionstheorie | 130 |
| | Bilder der Evolution | 144 |
| Britta Klose | Kreationismus, Wissenschaftsgläubigkeit und Werthaltung Jugendlicher | 146 |
| | Evolutionstheorie – nur eine Theorie? | 152 |
| Martin Rothgangel | Kreationismus und Szientismus: Didaktische Herausforderungen | 154 |
| | Jeden Morgen geht die Sonne auf | 170 |
| Annette Upmeier zu Belzen | Lebensweltliche Vorstellungen und wissenschaftliches Denken | 172 |

# 4 Textsammlung zu Evolution und Schöpfung

## Evolutionstheorie

Jostein Gaarder: … ein Boot, das mit Genen beladen durchs Leben segelt … 184
Ernst Haeckel: Natürliche Schöpfungsgeschichte 188

## Der Einfluss des Menschen auf die Evolution

Vom Menschen verursachte Evolution: Vorstellungen und Einstellungen 190
„Der Mensch sorgt für ein Massensterben" – Interview mit Marc Schauer 192

## Naturwissenschaft und Religion

Charles Darwin: Zur Vervollkommnung der Schöpfung 194
Charles Darwin: Brief an Asa Gray 195
Charles Darwin: Über Religion 196
Albert Einstein: Naturwissenschaft und Religion 198
Karl Barth: Brief an seine Nichte 200
Stephen Jay Gould: Nonoverlapping Magisteria 201
Richard David Precht: Die Uhr des Erzdiakons. Hat die Natur einen Sinn? 202
Erkenntnisinteressen und Methoden der Naturwissenschaften 204
Erkenntnisinteressen und Methoden der Theologie 205
Die Weltbilder nach Ptolemäus, Kopernikus und Tycho Brahe 206

Das Alter der Erde: geologische Perspektive 210
Das Alter der Erde: kreationistische Perspektive 211
William Paley: Natürliche Theologie 212
Daniel C. Dennett: Himmelshaken und Kräne 212
Bertrand Russell: Gibt es einen Gott? 214
Richard Dawkins über die Gotteshypothese 214
Monika Maron: Animal triste 216

## Schöpfungserzählungen und -gedichte

Genesis: Die Schöpfungserzählung der Bibel 218
Der Schöpfungshymnus der Hopi-Indianer 220
Der Schöpfungshymnus des Rigveda (Indien) 222
Hymnus auf den Weltschöpfer Amun (Ägypten) 223
Joseph Haydn: Die Schöpfung 224
Heinrich Heine: Schöpfungslieder 225

## Kreationismusstreit in den USA

Zeitleiste zum Kreationismus in den USA 226
Der „Affenprozess" 1925 (Scopes Trial) 227
Kreationismus und Intelligent Design im Museum 228
Kreationismus und Intelligent Design im Film 229
Prozess um Dover: Der Trick der Bibeltreuen 230
Gerichtsurteil Kitzmiller gegen Dover Area School District (2005) 231
The Church of the Flying Spaghetti Monster 232

Literaturempfehlungen 234

Herausgeber und Autoren dieses Bandes 236
Quellenverzeichnis 238

# Vorwort

Im Jahr 2009 jährte sich Charles Darwins Geburtstag zum 200. Mal, das Erscheinen seines Buches *On the Origin of Species* zum 150. Mal. Der Erscheinungstermin dieses Buches markiert den Beginn der modernen Evolutionstheorie und hat die Art und Weise, wie Menschen die Welt und sich selbst sehen, revolutioniert. Die Evolutionstheorie wurde seither mit neuen Methoden enorm weiterentwickelt und vielfältig abgesichert. Dennoch wurde sie von Anfang an immer wieder angefeindet und zweckentfremdet. Darwins Buch hat Kontroversen ausgelöst, die bis heute andauern, weil die Theorie von der Entstehung der Arten in einem scheinbaren Widerspruch steht zum Glauben an Gott. Eine neue Aktualität hat die Debatte erreicht, seit die Intelligent-Design-Bewegung versucht, alte kreationistische Denkweisen in ein wissenschaftliches Gewand zu hüllen und sie als Alternative zur Evolutionstheorie auch im Schulunterricht zu behandeln. Allerdings ist strikt zu trennen zwischen nachprüfbaren naturwissenschaftlichen Aussagen der Evolutionstheorie über die Entstehung und allmähliche Veränderung der Lebewesen und nicht nachprüfbaren theologischen Aussagen über den Sinn und das Ziel des menschlichen Lebens. Biologische und theologische Argumente geraten dann nicht in Widerspruch. Dementsprechend lassen die großen Kirchen in Deutschland in der Regel keinen Zweifel an der Gültigkeit der Evolutionstheorie aufkommen.

Die Aussage, dass Naturwissenschaften und Gottesglaube sich nicht ausschließen, ist allerdings auch in der Biologie umstritten. Eine Gruppe Evolutionsbiologen im Gefolge von Richard

DAWKINS glaubt aus der Evolutionstheorie Atheismus ableiten zu können. Gemäß dieser biologistisch-szientistischen Auffassung lassen sich alle Fragen mithilfe naturwissenschaftlicher Methoden beantworten. Sie verkennen, dass sich die Frage, ob Gott die Welt erschaffen hat, mit naturwissenschaftlichen Methoden weder beweisen noch widerlegen lässt.

In den Schulen befassen sich der Biologieunterricht mit Evolution und der Religionsunterricht mit Schöpfung. Eine Vernetzung der beiden Thematiken findet im Unterricht in aller Regel nicht statt; denn nur wenige Lehrkräfte haben sowohl Theologie als auch Biologie studiert. Das vorliegende Buch hat das Ziel, zwischen den beiden Fachgebieten eine Brücke zu schlagen. Biologen, Theologen, Biologiedidaktiker und Religionspädagogen stellen verschiedene Dimensionen der Kontroversen zu Evolution und Schöpfung dar. Das Buch hilft Lehrkräften und anderen Interessierten, grundlegende Ergebnisse der Schöpfungstheologie und der Evolutionsbiologie zu erarbeiten. Eine reiche Materialsammlung enthält Texte zum Thema, die auch gewinnbringend im Unterricht eingesetzt werden können.

Im ersten Teil des Buches wird Evolution von Naturwissenschaftlern im Kontext der Schöpfung erläutert. Anhand konkreter Beispiele wird in basale Konzepte eingeführt. Außerdem wird die Thematik im größeren Rahmen von biologischer und kultureller Evolution diskutiert und aus physikalischer und wissenschaftstheoretischer Sicht beleuchtet. Am Beispiel HAECKELS wird vor allem auf gesellschaftspolitische Implikationen der Kontroverse um Evolution und Schöpfung eingegangen.

Im zweiten Teil erläutern Theologen Schöpfung im Kontext der Evolution. Schöpfungserzählungen, insbesondere die biblischen Schöpfungserzählungen, werden Erkenntnissen der Evolutionstheorie gegenübergestellt. Es wird erläutert, was Menschen ausdrücken, die sich zu einem Schöpfer bekennen. Weiterhin wird deutlich gemacht, dass die Frage nach einem Schöpfer nicht mit Mitteln der Naturwissenschaften beantwortet werden kann, sondern eng mit der Frage nach dem Selbstverständnis des Menschen zusammenhängt. Demgemäß gibt es weder einen naturwissenschaftlichen Beweis für noch einen Beweis gegen die Existenz eines Schöpfers.

Jugendliche und Erwachsene haben eigene Vorstellungen von und Einstellungen zu Evolution und Schöpfung. Diese können sich förderlich oder hemmend auf das Verständnis der biologischen und theologischen Aussagen auswirken. In diese Problematik wird im dritten Teil, in dem es um Evolution und Schöpfung im Kontext der Fachdidaktik geht, anhand von Ergebnissen empirischer Studien eingeführt.

Die Textsammlung, die im vierten Teil zusammengestellt ist, enthält weitere Informationen und Standpunkte zum Thema Evolution und Schöpfung. Schwerpunktmäßig geht es um das Verhältnis von Naturwissenschaft und Religion sowie den Kreationismusstreit in den USA. Diese Materialsammlung soll als Anregung zur Gestaltung eines fachübergreifenden Unterrichts zur Thematik „Evolution und Schöpfung" dienen.

Horst Bayrhuber, Astrid Faber, Reinhold Leinfelder

# 1

# Evolution im Kontext der Schöpfung

# Entzaubert Wissenschaft die Natur?

Natur hat etwas Wunderbares. Wer wollte das bestreiten, wenn er in einer bunten Blumenwiese liegt, einen Sonnenuntergang an einem einsamen Strand erlebt, einen hohen Bergesgipfel erklommen hat oder auch nur zu Hause die Orchidee im Blumentopf bewundert? Natur ist gewissermaßen unsere emotionale Heimat, trotz aller Naturkatastrophen und Notwendigkeiten ihrer Kontrolle fühlen wir uns in ihr wohl, erleben beglückende, sinnvolle Augenblicke und schöpfen neue Kraft für den Alltag. Aber nicht nur Wunderbares, sondern auch viel Wunderliches ist in ihr enthalten. Marabu oder Geier gehören für uns nicht zu den Schönheiten der Natur, so mancher Brunft- oder Balzauftritt von Insekten, Echsen, Vögeln oder Säugern bringt uns zum Schmunzeln, und dass Spinnenweibchen auch gerne ihre Männchen fressen oder die winzigen Männchen des Teufelsanglers, einem Tiefseefisch, bei der Begattung mit dem Weibchen dauerhaft verwachsen, das ist doch regelrecht kauzig. Wunder über Wunder! Und nun erklären uns Wissenschaftler, allen voran Charles Darwin, wie sich dies alles kontinuierlich entwickelt hat, welche biologischen Anpassungen sich dahinter verbergen und dass sich alle Tier- und Pflanzenformen voneinander ableiten lassen! Ist das nicht die komplette Entzauberung der wunderbaren Natur? Nachvollziehbar, dass sich so mancher diese Wunder nicht aus der Hand nehmen lassen möchte, dass er sie als solche bestehen lassen möchte, vielleicht direktes göttliches Eingreifen dahinter sieht, hinter jedem Tier und jeder Pflanze einen Designer vermutet. Aber auch verständlich?

Nein, denn alldem liegt ein Missverständnis zugrunde. Warum denn soll das Verstehen der Natur ihre Entzauberung bewirken? Nehmen wir uns Kinder als Vorbild. Jedes Kind ist als Kleinkind und oft noch viel länger ein geborener Wissenschaftler. Kinder sind von Natur aus neugierig, sie wundern sich, sie wollen den Dingen auf den Grund gehen. Dies geschieht vielleicht durch das Zerlegen von Objekten oder durch beständiges Formulieren von Fragen, aus deren Antworten die nächsten Fragen abgeleitet werden. Im Kindergarten und Schulalter kommen vielleicht eigene Versuche dazu. Die selbst gefundenen Antworten generieren glänzende Augen, keinesfalls Enttäuschung. Und manche hinterfragen die Welt eben ein Leben lang, wundern sich ein Leben lang: als Wissenschaftlerinnen und Wissenschaftler. Die Freude an der Erforschung der Natur ist eine natürliche, sie entzaubert die Natur nicht, sondern sie kann sie für diejenigen, die an einen Sinn hinter der Evolution glauben können, nur umso wertvoller und wunderbarer machen.

RL

ca. 586–536 v. Chr. Entstehung der Schöpfungsgeschichten des 1. Buch Mose

1831 Beginn der Seereise der *Beagle* mit Darwin an Bord

> There is grandeur in this view of life, with its several powers, having been originally breathed by the Creator into a few forms or into one; and that, whilst this planet has gone cycling on according to the fixed law of gravity, from so simple a beginning endless forms most beautiful and most wonderful have been, and are being evolved.
>
> CHARLES DARWIN (1809–1882)

Horst Bayrhuber

# Evolution und Schöpfung – eine Übersicht

### Grundlagen der Evolutionstheorie

Im Jahr 1831 setzte das englische Schiff H. M. S. *Beagle* Segel, um nach Südamerika aufzubrechen. Dort sollte die Küste kartiert und es sollten naturkundliche Studien in unterschiedlichen Lebensräumen durchgeführt werden, zum Beispiel im tropischen Regenwald, auf den Höhen der Anden, in der Tundra Feuerlands und auf den Galapagos-Inseln im Pazifik. Für die Untersuchung von Tieren und Pflanzen war der erst 22 Jahre alte CHARLES DARWIN zuständig (**Abb. 1**). Er entdeckte auf dieser Reise nicht nur eine bunte Vielfalt bisher unbekannter Lebewesen, sondern auch Reste vieler ausgestorbener Arten. Beim Vergleich von Fossilien mit ähnlichen lebenden Arten stellte er Gemeinsamkeiten fest und stieß auf Unterschiede. Seine Arbeiten führten ihn zu der Erkenntnis, dass sich die existierenden Arten aus früher lebenden entwickelt haben und laufend weiterentwickeln. Für die Evolution lieferte er eine ursächliche Erklärung und argumentierte dabei folgendermaßen.

Die verschiedenen Arten bringen ständig Individuen mit unterschiedlicher Merkmalsausprägung zum Beispiel des Körperbaus oder des Verhaltens hervor. Wie das Beispiel der Haustaube zeigt, ist diese Variabilität bei manchen Arten besonders hoch (**Abb. 2**). Auch werden in einer Art normalerweise sehr viel mehr Nachkommen erzeugt als im jeweiligen Lebensraum ernährt werden können. (Beispiel: Der Wasserfrosch erzeugt Laichballen mit bis zu 10.000 Eiern.) Die in Überfülle erzeugten Nachkommen stehen in ständigem Wettbewerb zum Beispiel um Nahrung, Lebensraum, Geschlechtspartner. Weil sie sich in ihren Merkmalen unterscheiden, erweisen sie sich dabei als ungleich durchsetzungsfähig. Auch schützen sie sich unterschiedlich gut vor Feinden. Nur diejenigen, die mit den herrschenden Umweltbedingungen gut zurechtkommen, erreichen das Fortpflanzungsalter und haben selbst Nachkommen. Diese weisen ähnliche Merkmale auf wie ihre Eltern. Deshalb werden Individuen mit Merkmalen, die sich in einer gegebenen Umwelt als günstig erweisen, in der Generationenfolge immer häufiger. Ändert sich die Umwelt, dann stellen sich andere Merkmale als günstig heraus und setzen sich in der Folgezeit durch. Mit einer Veränderung der Umwelt ändern sich also Eigenschaften von Lebewesen. Die allmähliche Veränderung der Merkmale von Einzelorganismen einer Art bezeichnet man als *Evolution* (siehe S. 152). Die gleichen Mechanismen führen auch zur Entstehung neuer Arten und damit zur biologischen Vielfalt.

Die Konkurrenz der unterschiedlichen Individuen einer Art bezeichnete DARWIN (1859) als „struggle for life" („Kampf ums Dasein"). Das Überleben derjenigen Individuen, die aufgrund

**1859** Veröffentlichung der ersten Auflage von Darwins Buch *On the Origin of Species*

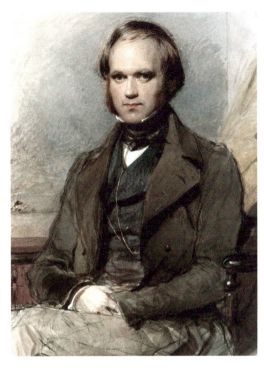

1 | Charles Darwin im Alter von 31 Jahren und 72 Jahren, etwa 1 Jahr vor seinem Tod. Aquarell-Porträt von George Richmond, 1840, und Fotografie, 1881.

erblicher Merkmale am besten mit den herrschenden Umweltbedingungen zurechtkommen, nannte er „survival of the fittest". Die Begünstigung solcher Individuen hinsichtlich Fortpflanzung heißt bei Darwin „natural selection".

Heute wissen wir, dass die Merkmalsänderungen bei Lebewesen, zum Beispiel bei der Haustaube, durch zufällige Änderungen des Erbgutes, also durch *Mutationen*, hervorgerufen werden. Der Züchter verwendet für die Fortpflanzung nur solche Individuen, deren Eigenschaften er bevorzugt: Er betreibt zielgerichtete *künstliche Selektion*. Demgegenüber erfolgt die Auslese in der Natur nicht zielgerichtet. Durch *natürliche Selektion* werden diejenigen Lebewesen begünstigt, die bis zum Fortpflanzungsalter überleben.

Die Wirkung der natürlichen Selektion und damit die Fitness von Individuen erkennt man erst nachträglich anhand der unterschiedlichen Nachkommenzahl. Fitness ist keineswegs gleichbedeutend mit körperlicher Stärke. So ist die Fitness eines unfruchtbaren, jedoch besonders starken Hirsches, der zahlreiche Hirschkühe um sich versammelt und besamt, gleich null. Insofern sind die Begriffe „struggle for life" und „survival of the fittest" irreführend. *Fitness* ist die Fähigkeit eines Individuums, möglichst viele seiner Gene beziehungsweise Allele in den Genpool der nächsten Generation einzubringen. Man spricht daher heute von reproduktiver Fitness.

Darwins ursächliche Erklärung der Evolution, seine Evolutionstheorie, wird durch zahlreiche Erkenntnisse unterschiedlicher Disziplinen wie zum Beispiel Biochemie, Verhaltensbiologie, Populationsgenetik, Ökologie, Geologie, Paläontologie unterstützt. Weil zur Begründung der Evolution die Ergebnisse so vieler Disziplinen integriert werden, spricht man heute von der *Synthetischen Evolutionstheorie*.

**Zufall.** Von den etwa 3.000 Einwohnern der Insel Pingelap im Pazifik leiden mehr als 600 an totaler Farbenblindheit, einer

Erbkrankheit. In Europa findet man so viele völlig Farbenblinde dagegen erst unter 3 Millionen Menschen. Die hohe Zahl Betroffener auf Pingelap lässt sich weder durch eine höhere Mutationsrate noch durch einen Selektionsvorteil Farbenblinder erklären. Sie geht auf einen katastrophalen Taifun im Jahr 1775 zurück, der fast die ganze Inselbevölkerung auslöschte. Unter den 20 Überlebenden, von denen die heutige Inselbevölkerung abstammt, war zufällig auch ein Träger des Gens für totale Farbenblindheit. Dessen Überleben beeinflusste maßgeblich den Genbestand und damit die Gesundheit der nachfolgenden Generationen. Dieses Beispiel zeigt, dass zusätzlich zu Mutation und Selektion die zufallsbedingte Änderung des Genpools, die als *Gendrift* bezeichnet wird, als Evolutionsfaktor wirksam ist (siehe Bayrhuber et al. 2010, S. 435).

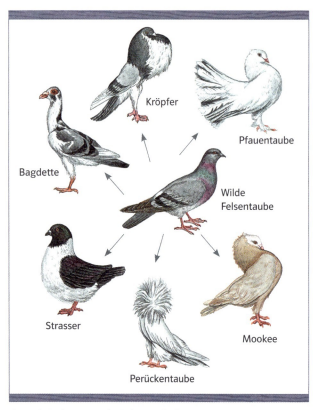

2 | Durch Züchtung aus der Felsentaube hervorgegangene Taubenrassen

Allgemein versteht man unter Zufall ein unerwartetes und unvorhersehbares Ereignis beziehungsweise ein ebensolches Zusammentreffen mehrerer Ereignisse. In jedem Fall ist ein zufälliger Vorgang in seinem Ablauf nicht festgelegt und kann daher zu unterschiedlichen Ergebnissen führen. Mutation und Gendrift sind dafür Beispiele. Selektion führt im Gegensatz dazu zwangsläufig, also nicht zufallsbedingt, zu einer ganz bestimmten Angepasstheit an gegebene Umweltverhältnisse.

In den Naturwissenschaften wird der Zufallsbegriff in doppelter Bedeutung verwendet (nach Vollmer 2004). Es werden objektiv zufällige und subjektiv zufällige Ereignisse unterschieden.

Ein *objektiv* zufälliges Ereignis hat keine Ursache und kann deshalb weder vorhergesagt noch im Nachhinein erklärt werden. Beispielsweise ist der Zerfall eines Atomkerns ohne Ursache und daher objektiv zufällig. Von objektivem Zufall spricht man weiterhin, wenn zwei unverbundene Kausalketten zusammentreffen. Das gilt zum Beispiel dann, wenn ein Passant zufällig von einem herabfallenden Dachziegel getroffen und verwundet wird. Ein biologisches Beispiel dafür ist die Auslösung einer Mutation bei einem Lebewesen durch eine chemische Substanz, die bei einem industriellen Prozess freigesetzt wird, oder durch ein energiereiches Photon der UV-Strahlung. Auch das Vorkommen außergewöhnlich vieler Farbenblinder auf Pingelap geht auf ein objektiv zufälliges Ereignis von Gendrift zurück. Zufällig ist bei diesen Beispielen das Zusammentreffen der unverbundenen Kausalketten als solches, dafür gibt es keine Ursache.

Ein *subjektiv* zufälliges Ereignis hat zwar eine Ursache, kann aber ebenfalls nicht erklärt werden, weil das dafür erforderliche Wissen fehlt. Subjektiv zufällig ist zum Beispiel das Ergebnis eines Münzwurfes. Weil man die Bedingungen des Wurfes nicht genau genug kennt, kann man das Ergebnis weder vorherbestimmen noch hinterher erklären.

Objektiv zufällige Vorgänge existieren also, weil bestimmte Objekte so und nicht anders funktionieren. Subjektiv zufällige Vorgänge sind durch begrenztes Wissen gekennzeichnet.

## Schöpfung

Die Bibel erzählt in Genesis 1 (1. Mose 19) und Genesis 2 (1. Mose 2), wie Gott die Welt erschuf, einschließlich des Menschen und

3 | Schöpfungsteppich aus der Schatzkammer von Gerona, um 1100, Mittelteil. Im Zentrum Christus, umgeben von acht Darstellungen der Schöpfungsgeschichte und vier Windgöttern.

aller anderen Arten. Auf den ersten Blick widerspricht die Bibel also der Evolutionstheorie. Nach Auffassung namhafter Theologen der großen christlichen Konfessionen ist das jedoch nicht der Fall. Denn die Verfasser der Schöpfungserzählungen hatten nicht das Ziel, ein Lehrbuch über die Entstehung der Welt und der Lebewesen zu schreiben. Vielmehr ging es ihnen in erster Linie um eine religiöse Deutung der Welt, des Menschen und des Sinns des menschlichen Lebens (siehe die Beiträge von Schröder und Evers).

Das soll kurz anhand der Schöpfungserzählung in Genesis 1 (siehe **Abb. 3** und S. 214 f.) verdeutlicht werden. Sie entstand während des „babylonischen Exils" der Israeliten (598–539 v. Chr.) in Auseinandersetzung mit babylonischen Weltdeutungen: Während die Babylonier die Gestirne als Götter verehrten, betrachteten die Verfasser der ersten Schöpfungserzählung diese als nicht lebende Geschöpfe und damit als weltlich. Ein Ziel dieser Erzählung ist also die *Entmythologisierung* der Welt. Diese nicht mythologische Weltsicht prägt bis heute unsere Kultur. Ein weiteres Ziel der ersten Schöpfungserzählung ist die besondere Hervorhebung des Menschen: „Gott schuf den Menschen nach seinem Bilde." Alle anderen Lebewesen erschuf er dagegen „nach ihrer Art". Aufgrund seiner Gottesebenbildlichkeit gilt der Mensch als absolut wertvoll und einzigartig, ihm wird eine besondere Würde zuerkannt. Dass die Menschenwürde als unantastbar gilt, hat seinen Ursprung in Genesis 1. Die Hervorhebung der *Sonderstellung des Menschen* wirkt also in unserer säkularen Kultur bis heute nach. Ein besonderes Anliegen der Verfasser der Schöpfungsgeschichte verbirgt sich hinter der Aussage, Gott habe am siebten Tag geruht. Die Israeliten sollten damit ermuntert werden, die *Sabbatruhe* einzuhalten, sich also nicht an die fremde babylonische Kultur anzupassen, die die Sabbatruhe nicht kannte.

Allgemein kommt in beiden Schöpfungserzählungen zum Ausdruck, dass der Schöpfer sich um das Universum kümmert und den Menschen gewollt hat, der ihn als Ziel und Sinn seines Lebens erkennen kann. Die theologische Interpretation der Schöpfungserzählungen hat also die Vermittlung eines grundlegenden *Welt- und Menschenbildes* zum Ziel, das auch die moderne säkulare Kultur mitprägt.

Die Botschaften der Schöpfungserzählungen sind eingebettet in eine Beschreibung der kosmologischen Vorstellungen der damaligen Zeit. Die Aussagen zur Weltentstehung waren damals nicht revolutionär neu wie etwa die Kosmologie des KOPERNIKUS im 16. Jahrhundert oder die Evolutionstheorie DARWINS im 19. Jahrhundert. Diese Aussagen können daher auch nicht die wesentlichen Botschaften gewesen sein.

In der christlichen Theologie wird der Schöpfer als Grund der Wirklichkeit betrachtet, als die Bedingung dafür, dass die Welt überhaupt möglich wurde. In diesem Sinne gilt der Schöpfer als *Primärursache* der Welt. Die innerhalb der Welt wirkenden Ursachen, in die der Schöpfer nicht eingreift, werden in der Theologie als *Sekundärursachen* bezeichnet. Deren Untersuchung obliegt den empirischen Wissenschaften, die Theologie macht dazu keine Aussagen. Deshalb können sich Evolutionstheorie und Schöpfungslehre nicht widersprechen. Die Biologie unterscheidet bei den Sekundärursachen proximate und ultimate Ursachen. Bei den *proximaten Ursachen* handelt es sich um aktuell wirkende Ursachen. Wenn zum Beispiel eine Antilope einem Löwen begegnet, verursacht der Anblick des Fressfeindes (Reiz) unmittelbar Fluchtverhalten (Reaktion). Dieses Verhalten hat außerdem weit in der Stammesgeschichte zurückliegende Ursachen. Dazu gehören bestimmte Änderungen des Erbguts und Selektion, deren Zusammenspiel diese Anpassung der Art Antilope an die Umwelt bewirkte. Zeitlich weit zurückliegende, stammesgeschichtliche Ursachen bezeichnet man als *ultimate Ursachen*.

## Kreationismus

Kreationisten nehmen die Schöpfungserzählungen wörtlich, verstehen diese somit als naturkundliche Texte. Aus kreationistischer Sicht wurden alle Arten von Lebewesen innerhalb der sechs Schöpfungstage erschaffen. Daher lehnen Kreationisten die Evolutionstheorie ab.

Es gibt verschiedene Spielarten des Kreationismus. Dazu gehört der *Junge-Erde-Kreationismus*. Seine Anhänger sind davon überzeugt, dass die Erde nicht vor 4,5 Milliarden Jahren entstand, wie naturwissenschaftliche Analysen ergeben, sondern vor höchstens 10.000 Jahren erschaffen wurde. Den Zeitpunkt der Schöpfung errechnen sie aus Zahlenangaben in biblischen Stammbäumen. Weil sie glauben, dass alle heute lebenden Arten einschließlich des Menschen gemeinsam am Anfang erschaffen wurden, gehen sie beispielsweise auch davon aus, dass der Mensch mit altertümlichen Dinosauriern zusammenlebte (**Abb. 4**). Dagegen sind die Dinosaurier gemäß paläontologischer Ergebnisse mit Ausnahme der Vögel, ihrer letzten noch lebenden Vertreter, vor etwa 60 Millionen Jahren ausgestorben.

Vertreter des *Intelligent Design*, einer weiteren Spielart des Kreationismus, beziehen sich in ihrer Argumentation zwar nicht explizit auf die Bibel. Sie vertreten jedoch die Auffassung, dass sich die Lebewesen aufgrund ihrer Komplexität nicht aus einfachen Vorstufen haben entwickeln können. Dafür bedürfe es eines übernatürlichen „intelligenten Designers". Wie jedoch im Folgenden gezeigt wird, ist der naturwissenschaftliche Nachweis eines solchen Designers gar nicht möglich.

**Schöpfung als „Hypothese".** Für Kreationisten hat der Satz „Gott hat die Welt samt der Lebewesen erschaffen" den gleichen Gültigkeitsanspruch wie für Nichtkreationisten die darwinistische Feststellung: „Neue Anpassungsformen entwickeln sich durch Variation und Selektion." Worin unterscheiden sich nun diese beiden Aussagen in wissenschaftstheoretischer Hinsicht?

Der Satz „Gott hat die Welt erschaffen" ist im Gegensatz zu der darwinistischen Aussage nicht überprüfbar. Er stellt daher keine naturwissenschaftliche Hypothese dar. Auch kann aus ihr keine weitere Hypothese abgeleitet werden. Eine solche Behauptung ist weder beweisbar noch widerlegbar, sondern wissenschaftlich leer. Mit ihr kann man deshalb nicht scheitern. Die Möglichkeit, widerlegt zu werden, ist jedoch ein unverzichtbares Merkmal jeder naturwissenschaftlichen Hypothese. Die Aussage „Gott hat die Welt erschaffen" genügt daher nicht POPPERS Forderung nach der Falsifizierbarkeit naturwissenschaftlicher

4 | Gemäß dem Junge-Erde-Kreationismus lebten die ersten Menschen zusammen mit Dinosauriern im Paradies. Karikatur von David Horsey.

Hypothesen (siehe S. 51). Der Kreationismus kann somit keine naturwissenschaftlich gültigen Aussagen machen und daher das Naturgeschehen nicht erklären.

Demgegenüber wird die darwinistische Feststellung „Neue Anpassungsformen entwickeln sich durch Variation und Selektion" durch zahllose Beobachtungen in der Natur gestützt. Sie ist auch durch Experimente überprüfbar. Ein Beispiel dafür ist ein Experiment mit Bakterien: Verteilt man eine Bakterienkultur auf Nährböden, die ein Antibiotikum enthalten, so vermehren sich darauf nur resistente Bakterienzellen (siehe BAYRHUBER et al. 2010, Abb. 440.1). Durch Selektion werden also die an diese spezifische Umwelt angepassten Individuen begünstigt. Anhand eines Kontrollexperimentes lässt sich zeigen, dass die resistenten Bakterien nicht etwa unter der Wirkung des Antibiotikums entstanden. Sie müssen daher schon in der Kulturflüssigkeit durch Mutation entstanden sein.

In der Natur lässt sich außerdem auch heute noch *Artbildung* beobachten. Dies zeigt exemplarisch die Gattung Bocksbart (*Tragopogon*). In dieser entstehen gelegentlich Bastarde, die auf Fortpflanzung von Elternpflanzen verschiedener Arten zurückgehen. Solche Bastarde, die Erbmaterial von zwei verschiedenen Arten in sich tragen, sind unfruchtbar. Manche von ihnen verdoppeln allerdings durch Zufall ihr Erbgut. Sie können dann untereinander, jedoch nicht mit Pflanzen ihrer Ausgangsarten, fruchtbare Nachkommen haben und bilden somit eine eigene Art. Neue Bocksbartarten wurden im 20. Jahrhundert in den USA beobachtet (**Abb. 5**). Als Ausgangsarten dienten der Wiesenbocksbart, der Große Bocksbart und die Haferwurz, die vor ca. 100 Jahren aus Europa dorthin verschleppt wurden. Die neuen Arten finden in Amerika günstige Ausbreitungsbedingungen. In Europa trifft man sie in der Natur nicht an, obwohl auch dort Bastarde entstehen. Vielleicht sind in Europa geeignete Lebensräume bereits von anderen Arten besetzt.

Die Erbänderung lässt sich im Zellkern der neuen Arten nachweisen. Die Annahme über unterschiedliche Ausbreitungsbedingungen in Amerika und Europa sind dagegen hypothetisch. Allerdings ist diese Hypothese aus dem Stand des Wissens über die evolutive Entwicklung abgeleitet und daher wohlbegründet.

Der Vorgang der Schöpfung im Sinne einer übernatürlichen Beeinflussung des Naturgeschehens konnte durch kein einziges Ergebnis der Naturwissenschaften bewiesen werden. Dagegen stützen zahllose Ergebnisse der Biologie und anderer Naturwissenschaften die Evolutionstheorie, kein naturwissenschaftliches Ergebnis widersprach ihr bisher (siehe auch die Beispiele Überfischung und Laktoseunverträglichkeit, S. 24 f.).

Weil der Kreationismus das Naturgeschehen nicht erklären kann, kann er auch nicht Lehrplaninhalt von Schulfächern sein. BAYRHUBER (2009) begründet jedoch, dass die Auseinandersetzung

5 | Neue Bocksbartarten mit ihren Ausgangsarten

mit den wissenschaftstheoretischen Mängeln der Intelligent-Design-Lehre den Erwerb der von den Bildungsstandards im Fach Biologie für den Mittleren Schulabschluss der Kultusministerkonferenz (KMK 2004) geforderten Kompetenz „Erkenntnisgewinnung" und die Wissenschaftspropädeutik in der gymnasialen Oberstufe unterstützen kann. Zur unterrichtlichen Behandlung der Evolutionstheorie in einem kreationistischen Umfeld macht REISS (2008a) begründete Vorschläge. Er erläutert in einem weiteren Beitrag (REISS 2008b) ausführlich, dass die Behandlung kontroverser Themen aus Theologie und Naturwissenschaften im naturwissenschaftlichen Unterricht zur Förderung des Verständnisses der Natur der Naturwissenschaften beitragen kann.

### Szientismus

Szientisten meinen, mithilfe der Evolutionsbiologie die Schöpfungslehre widerlegen zu können. Diese Auffassung vertreten nicht wenige Biologen (KUTSCHERA 2007). Nach ihrer Auffassung beschreiben und erklären die Fachgebiete Biologie, Physik und Geowissenschaften die Entwicklung der Welt umfassend und hinreichend. Eine Schöpfung sei nicht nachweisbar. Damit sei auch ausgesagt, dass die Existenz eines Schöpfers nicht nachgewiesen werden kann. So schreibt DAWKINS (2007, S. 72), die Existenz Gottes „ist eine wissenschaftliche Hypothese wie jede andere". Über deren Gültigkeit sei nach wissenschaftlichen Kriterien zu befinden. KUTSCHERA (2007) vertritt die Auffassung, die Hypothese „Gott existiert" gelte so lange als widerlegt, wie übernatürliche Wirkungen nicht nachgewiesen wurden.

Tatsächlich wurde mit naturwissenschaftlichen Methoden niemals Gott oder Schöpfung bewiesen. Damit ist allerdings die Existenz Gottes nicht widerlegt. Denn aus der Tatsache, dass die Naturwissenschaften ein Phänomen X bisher nicht nachgewiesen haben, folgt nicht, dass es dieses Phänomen nicht gibt. Es liegt ein argumentum ad ignorantiam (Argument, das auf Unkenntnis Bezug nimmt) vor. Ein solches Argument gilt als logisch unzulässig. Zur Auseinandersetzung mit DAWKINS siehe REISS (2008b) und KATTMANN (2010).

Auch aus wissenschaftstheoretischen Gründen ist es nicht möglich, von Naturwissenschaften Ergebnisse zu übernatürlichen Wirkungen zu erwarten. Diesen Disziplinen fehlen schlicht die Messinstrumente für derartige Einflüsse. Daher kann man als Szientist mit der Annahme „Gott existiert nicht" ebenso wenig scheitern wie als Kreationist mit der Vermutung „Gott existiert". Szientismus und Kreationismus beruhen demnach gleichermaßen auf falschen Vorstellungen von der Natur der Naturwissenschaften. Diese Kritik ist unabhängig davon, ob der Kritiker Theist, Atheist oder Agnostizist ist. Weil sich Übernatürliches einem empirischen Zugriff entzieht, kann es in einer naturwissenschaftlichen Hypothese nicht vorkommen. Die Naturwissenschaften können Gott also weder beweisen noch widerlegen. Dementsprechend lässt sich auch aus den Ergebnissen der Evolutionsbiologie keine Aussage über die Existenz Gottes ableiten, keinesfalls folgt aus ihren Ergebnissen zwangsläufig Atheismus. Somit schließen sich Naturwissenschaften und Gottesglaube nicht aus.

**Methodischer Naturalismus.** Naturwissenschaftler beschreiben und erklären die Welt einschließlich des Menschen und seiner Eigenschaften innerweltlich, sie sind dem Naturalismus verpflichtet (siehe S. 50 f., 103 ff.). Gläubige Naturwissenschaftler arbeiten dabei so, als gäbe es Gott nicht, „etsi deus non daretur". Sie sehen sich durch ihre Methoden auf die Untersuchung von empirisch Nachprüfbarem beschränkt und daher nicht in der Lage, in ihrer Wissenschaft über empirisch nicht Nachprüfbares irgendwelche Aussagen zu machen. Eine solche Auffassung heißt *methodischer* Naturalismus.

Die Überzeugung, dass es außer den mit naturwissenschaftlichen Methoden untersuchbaren (natürlichen) Objekten keine weitere Realität gibt, wird als *ontologischer* Naturalismus bezeichnet. Mit Mitteln der Naturwissenschaften kann diese Auffassung weder gestützt noch widerlegt werden. Sie ist wie der Theismus durch persönlichen Glauben gekennzeichnet. Ein Beispiele dafür sind der Monismus Ernst Haeckels (siehe den Beitrag von Hossfeld) oder der Szientismus von Dawkins.

## Schluss

Hinsichtlich der Beziehung von Naturwissenschaften und Theologie werden verschiedene Modelle diskutiert (siehe den Beitrag von Rothgangel). Nach dem Unabhängigkeitsmodell unterscheiden sich die beiden Wissenschaftsbereiche grundlegend in ihren Zielen und Methoden. Vertreter des methodischen Naturalismus grenzen sich als Wissenschaftler zwar von der Theologie ab, indem sie so vorgehen, als gäbe es Gott nicht, erkennen aber die Theologie als Wissenschaft mit eigenen Erkenntniszielen und -wegen an. Gemäß dem Konfliktmodell lehnen sich Naturwissenschaften und Theologie wechselseitig ab. Das gilt für das Verhältnis von Kreationisten und Szientisten. Barbour (1990, S. 4, zit. n. Reiss 2008b) beschreibt dieses Verhältnis folgendermaßen:

> In einem Kampf zwischen einer *Boa constrictor* und einem Warzenschwein verschlingt der Sieger, wer immer es ist, den Besiegten. Unter wissenschaftlichen Materialisten verschluckt die Naturwissenschaft die Religion. Wo die Bibel wörtlich genommen wird, verschlingt die Religion die Naturwissenschaft. Der Kampf lässt sich vermeiden, wenn die Kontrahenten getrennte Territorien besetzen oder wenn sie – das wäre meine Empfehlung – hinter einer geeigneteren Kost her wären.

Eine umfassende, sowohl für Theologen als auch für Naturwissenschaftler lesenswerte Darstellung des Verhältnisses von Theologie und Naturwissenschaften legte Stock (2010) anhand der Schöpfungslehre und unter anderem am Beispiel von Darwin und Galilei vor.

### Literatur

Barbour, I. G. (1990). Religion in an age of science. The Gifford Lectures 1989–1991, vol. 1. London.

Bayrhuber, H./W. Hauber/U. Kull (Hrsg.) (2010): Linder Biologie. 23. Aufl. Braunschweig.

Bayrhuber, H. (2009): Zum Umgang mit dem Kreationismus in Schule und Öffentlichkeit. Sieben fachdidaktische Leitideen. In: Loccumer Pelikan, S. 11–15; erstmals veröffentlicht in MNU 60 (2007), S. 196–199.

Darwin, Ch. (1859): On the origin of species by means of natural selection, or The preservation of favoured races in the struggle for life. London.

Dawkins, R. (2007): Der Gotteswahn. Berlin.

Kattmann, U. (2010): Wenn Wissenschaft zur Religion wird. Gott als wissenschaftliche Hypothese. In: MNU 63(6), S. 370–374.

KMK = Ständige Konferenz der Kultusminister (2004): Bildungsstandards im Fach Biologie für den Mittleren Schulabschluss (Jahrgangsstufe 10). München.

Kutschera, U. (Hrsg.) (2007): Kreationismus in Deutschland. Berlin.

Reiss, M. J. (2008a): Teaching evolution in a creationist environment: an approach based on worldviews, not misconceptions. In: SSR December 2008, (90)331, S. 49–56.

Reiss, M. J. (2008b): Should Science educators deal with the science/religion issue? In: Studies in Science Education 44(2), S. 157–186.

Stock, A. (2010): Poetische Dogmatik. Schöpfungslehre. 1. Himmel und Erde. Paderborn.

Vollmer, G. (2004): Artikel „Zufall in der Biologie". Lexikon der Biologie, Bd. 14, S. 489–491. Heidelberg.

# Kultur vor 35.000 Jahren: die Venus vom Hohlen Fels

Im Jahr 2008 machten Archäologen in einer Höhle der Schwäbischen Alb einen sensationellen Fund: Sie gruben die Stücke einer ca. 6 cm hohen und 3 ½ cm breiten Figurine einer Frau aus, die bislang älteste Plastik eines Menschen. Diese wurde vor etwa 35.000 Jahren mit feinen Steinwerkzeugen aus dem Stoßzahn eines Mammuts herausgearbeitet. Bei der Skulptur sind Arme und Beine stark verkürzt und wenig ausgearbeitet. In den Körper eingeritzte Linien könnten Kleidung symbolisieren. Die Geschlechtsmerkmale sind besonders hervorgehoben: Übergroße Brüste, ein stark ausladendes Gesäß und ein deutlich vergrößerter Genitalbereich legen die Interpretation nahe, es handle sich um ein Fruchtbarkeitssymbol. Anstelle des Kopfes findet sich oberhalb der Schultern eine Art Öse.

Die Plastik ist ein Zeugnis der Kulturstufe des Aurignacium, die unter anderem auch Höhlenmalereien, Tierfiguren und Musikinstrumente hervorgebracht hat. Die ersten Zeugnisse dieser Kulturstufe traten vor ca. 40.000 Jahren auf, als der *Homo sapiens* in Europa einwanderte. Durch biologische Evolution war damals die Leistungsfähigkeit von Gehirn und Hand bereits so hoch entwickelt, dass derartige Produkte kultureller Evolution entstehen konnten. Da in der Nähe der Skulptur keine Überreste menschlicher Körper lagen, kann die Figur dem *Homo sapiens* allerdings nicht mit letzter Sicherheit zugerechnet werden. Sie könnte auch vom Neandertaler stammen, der in dieser Zeit noch gemeinsam mit dem Jetztmenschen vorkam. Dies gilt jedoch als unwahrscheinlich. **HB**

ab dem Pleistozän 1. Stufe des Anthropozän: Feuer, Tierhaltung, Ackerbau, Handel

ab 1800 2. Stufe des Anthropozän: Industrialisierung

> Alles Wissen besteht in einer sicheren und klaren Erkenntnis.
> RENÉ DESCARTES (1596 – 1650)

Reinhold Leinfelder

# Biologische und kulturelle Evolution: Missverständnisse und Chancen

## Vorbehalte, Missverständnisse, Verkürzungen

Das DARWIN-Jahr 2009 startete medienwirksam, die Aufmerksamkeit für das Thema DARWIN und Evolution blieb nicht nur im gesamten Jahr hoch, sondern hält bis heute an. Vielleicht liegt dies auch daran, dass gerne die Polarisierung rund um DARWIN in den Mittelpunkt gerückt wird. Zu den DARWIN-Jahr-Schlagzeilen zählten Titel wie „DARWINS narzisstische Kränkung", „DARWIN gegen Gott", „Gotteslästerer und Pfadfinder", „Vom Mord am Schöpfungsglauben", „Der den Mensch zum Affen machte" oder „Kaplan des Teufels". DARWIN wurde in die Schuhe geschoben, dass „kein Forscher Geschlechterklischees so geprägt" habe wie er, aber genauso wurde empfohlen, „mit CHARLES DARWIN die Wirtschaftkrise zu meistern". Es hieß, „Manager lernen von DARWIN", und als heißer Tipp dazu wurde empfohlen: „Werdet zu Käfern." Fast alles war also schon einmal da, denn bereits nach der Publikation seines epochalen Werkes *Über die Entstehung der Arten durch natürliche Zuchtwahl* (DARWIN 1859) vor 150 Jahren wurde CHARLES DARWIN vehement angegriffen und als Affenmensch oder Regenwurmverwandter karikiert (**Abb.1**). Missverständnisse um die Anwendbarkeit der biologischen Evolutionstheorie gibt es aber auch ganz aktuell, die Debatte rund um das Buch von THILO SARRAZIN (*Deutschland schafft sich ab*, 2010), insbesondere zum „Juden-Gen" oder zur „Vererbbarkeit von Intelligenz" (zum Beispiel ALBRECHT/STOLLORZ 2010; MÜLLER-JUNG 2010; REIS 2010; weitere Diskussionszusammenstellung unter LEINFELDER 2010b) einschließlich der darauf begründeten demografischen Vorhersagen haben einmal mehr gezeigt, wie wenig gesellschaftlich durchdrungen die Evolutionswissenschaften auch heute noch sein können. „Ach du lieber Darwin!", mag einem da ob all der Vorbehalte, Missverständnisse und Verkürzungen auf der Zunge liegen.

**Wissenschaftsskeptiker überall?** Vorbehalte gegen die Evolutionstheorie sind auch heute eine Herausforderung für die Akzeptanz von Wissenschaft und Forschung, aber sie stehen hier keinesfalls alleine. Auch die Klimawissenschaften werden von „Klimaskeptikern" herausgefordert (LEINFELDER 2009), sogar die Bedeutung der Biodiversität ist nicht unumstritten, und dann gibt es natürlich die klassischen „Aufreger" wie Gentechnik, Stammzellenforschung oder Energietechnologie. Insbesondere haben viele Menschen Vorbehalte, wenn es direkt oder indirekt um den Menschen selbst geht. Der Mensch soll ein Affe sein oder auch nur ein Vehikel seiner Gene? Die moderne Hirnforschung behauptet, dass wir keinen freien Willen hätten? Das Recht des Stärkeren sei ein Naturgesetz und kann auch auf die

1 | Zeitgenössische Darwin-Karikaturen aus *The London Sketch Book* (1874) und *Punch* (1881), die auf Darwins Abstammungslehre und Regenwurmforschung Bezug nehmen

Wirtschaft angewandt werden? Auch Stammzellenforschung und Gentechnik scheinen unser Selbstverständnis und Menschenbild zu bedrohen. Und bei Klima- und Umweltthemen müssten wir zumindest liebgewordene Gewohnheiten aufgeben, und das auch noch, obwohl die Forschungsergebnisse hier doch angeblich umstritten sind. Da ist es oft einfacher und bequemer, denen zu glauben, welche unterstellen, dass man noch nicht genügend darüber wisse, dass die Evolutionsforschung eigentlich noch voller Lücken stecke, dass wir es uns finanziell einfach nicht leisten können, Molche zu schützen, und dass sich das Klima doch eh immer schon geändert habe. Außerdem seien Klima- und Umweltthemen vielleicht doch nur ein Mittel, um die Demokratie abzuschaffen oder gar eine „Weltregierung" zu etablieren.

Um nicht falsch verstanden zu werden: Natürlich bedarf es gesellschaftlicher Diskussion um all diese Themen. Allerdings wird eine solche Diskussion häufig überhaupt nicht mehr konstruktiv-diskursiv geführt, sondern verflacht oft in Schwarz-Weiß-Polemiken. Manche verstecken sich hinter der Aussage, dass die Wissenschaft doch schon so viel verkündet habe, was

2 | Die Nasssammlung des Museums für Naturkunde, Berlin – mit einer beeindruckenden Zahl von Belegen für die Evolutionstheorie

nicht stimmte. Andere meinen, dass man sowieso nicht verstehe, was die Wissenschaft da mache, das könne man eben auch nur glauben, oder auch nicht. Dies ist sicherlich ein besonders ernst zu nehmendes Argument. Ganz offensichtlich tut sich also nicht nur die Wissenschaft schwer, wissenschaftliche Ergebnisse und deren Relevanz noch besser zu vermitteln, sondern es gibt ganz allgemeine Probleme in der Rezeption vieler Forschungsergebnisse.

Wenn wir zum Thema Evolutionswissenschaften zurückkehren, werden insbesondere angebliche Wissenslücken, das angebliche Fehlen von „missing links", die angebliche experimentelle Nichtüberprüfbarkeit sowie die angebliche statistische Unwahrscheinlichkeit für die Entstehung komplexer biologischer Strukturen gerne von Kreationisten angeführt. Solche und weitere Behauptungen sind im vorliegenden Buch und andernorts detailliert beschrieben (KUTSCHERA 2007; LEINFELDER 2007, 2010a; NEUKAMM 2009). Trotz aller Argumente für die Korrektheit der Evolutionstheorie vermag kreationistische Pseudokritik dennoch breite Bevölkerungskreise zu verunsichern und kann auch, wie in den USA, aber auch andernorts zu sehen, zu gesellschaftspolitischen Zwecken missbraucht werden.

**Biologische Evolution überall?** Natürlich gibt es in den Evolutionswissenschaften, wie in jeder Wissenschaft, viele Wissenslücken. So können jeder Neufund eines Dinosaurierknochens, jede neue Untersuchungsmethode, aber auch Verfeinerungen in den theoretischen Konzepten Neues zum Vorschein bringen. Dagegen steht eine ungeheuere Fülle von Belegen für die Evolutionstheorie. So hält das Naturkundemuseum Berlin – als eines der größten seiner Art – allein über 30 Millionen Sammlungsobjekte als Belege der Evolution vor. Darüber hinaus ist es mit allen großen Sammlungen dieser Welt vernetzt, um die Belegdichte noch weiter zu erhöhen. Daher ist es nicht nachvollziehbar, dass die Evolutionstheorie auch heute noch von manchen gesellschaftlichen Gruppen angezweifelt, ja sogar vehement angegriffen wird – dies umso weniger, als auch jeder, der die Augen offen hält, aus den Nachrichten ersehen kann, dass die Evolution tagtäglich am Wirken ist.

Ein Beispiel ist die Überfischung. Hier ist der Mensch der herausragende Selektionsfaktor. Die Kabeljaubestände sind in weiten Teilen so gut wie zusammengebrochen. Das führte zu einer Anpassung an die neuen Umweltgegebenheiten. Die Geschlechtsreife der Tiere tritt nun schon bei jüngeren, kleineren Tieren ein, genauer gesagt wurden diese positiv selektiert und dominieren nun (LÜCKE 2007; KNAUER 2009). Nun zieht der Mensch die Fischernetz-Maschen aber dichter oder fängt mangels Fischen dem Kabeljau die Nahrung weg – unter anderem sogenannte Schneekrabben –, sodass der langsame Prozess der evolutionären Anpassung hier leider keinen Erfolg verbuchen wird. Erschwerend kommt hinzu, dass die kleineren Kabeljaus die großen Schneekrabben nicht mehr ohne Weiteres fressen können und nun selbst über die Jungfische herfallen. Das sind reichlich komplexe Zusammenhänge! Menschenbedinge Selektion ist allerdings längst bekannt – nichts anderes ist Haustierzucht. CHARLES DARWIN hat ja seine Theorie unter anderem auch durch Taubenzucht untermauert.

Laktoseverträglichkeit ist ein weiteres Beispiel für evolutionäre Anpassung. Der frühere Normalfall war Unverträglichkeit, da das für die Milchverdauung notwendige Enzym Laktase nur bei Säuglingen vorhanden ist und nach dem Säuglingsalter das dafür zuständige Gen abgeschaltet wird. Eine Genmutation vor etwa 7.000 Jahren verhinderte diese Abschaltung. Die auf der Norderde kurz zuvor entstandene Viehzucht ergab eine große Verfügbarkeit von Milchprodukten, die gerade bei Laktoseverträglichkeit die Alterserwartung vermutlich heraufsetzte. Dadurch erreichten mehr Menschen das Fortpflanzungsalter, sodass sich die Mutation vehement ausbreitete. Auf der Südhalbkugel sowie bis Ostasien hat sie sich jedoch bis heute nicht durchgesetzt (BAHNSEN 2007), vielleicht weil der Mensch in Europa aufgrund der dort entstandenen und sich rasch ausbreitenden Anpassungsmutation rasch die milchproduzierende Viehzucht (Kühe, Schafe, Ziegen) bevorzugte, während in Asien und Südamerika eher Hühnerzucht betrieben wurde und auch noch wird.

Heißhunger auf Fettes und Süßes ist vermutlich ein Relikt aus dem Eiszeitalter (JUNKER/PAUL 2009). War ein Mammut erlegt oder waren süße Beeren im kurzen Eiszeitsommer reif, galt es möglichst viel auf einmal zu verzehren – wer wusste schon, wann es die nächste Gelegenheit dazu geben würde. Und bei aller individuellen Tragik: Die Schweinegrippe sowie andere Infektionen wird die Menschheit insgesamt auch überstehen, denn diese Infektionen trainieren das menschliche Immunsystem kontinuierlich in Sachen evolutionärer Anpassung (vgl. GANTEN et al. 2009).

**Ein heißes Feld: evolutionäre Psychologie.** Bei der Erforschung des menschlichen Verhaltens wird es jedoch viel schwieriger. Die alleinige Betonung der biologischen Herkunft des Menschen kann zu vielen Missverständnissen und unzulässigen Reduktionen führen. Insbesondere wenn Verhaltensweisen oder gar die zukünftige Entwicklung des Menschen rein biologisch erklärt werden, löst dies aus guten Gründen und zu Recht enorme Vorbehalte aus. Soziobiologie und evolutionäre Psychologie sind die neuen Forschungsgebiete, die sich mit dem biologischen Einfluss auf das Verhalten von Mensch und Tier beschäftigen. Wird die Interpretation einseitig biologisch, sprechen manche von „Szientismus" oder gar „Biologismus" und meinen damit einen teils ideologisierenden, alleinigen Erklärungsanspruch der biologischen Evolutionstheorie auch für menschliche Verhaltensmuster und gesellschaftliche Phänomene. In dieser Ausschließlichkeit betrieben, unterstützt dies die Akzeptanz für Evolutionswissenschaften natürlich keinesfalls, sondern beschädigt sie sogar.

Beispiele für solche vereinseitigende Sichtweisen, die allerdings in den Medien teilweise überspitzt dargestellt werden, umfassen Aussagen wie: „Dauerhaftes Glück ist in der Biologie nicht vorgesehen", „Die monogame Ehe ist aus biologischer Sicht ein besonders erklärungsbedürftiges Konzept", „Angeberei ist uns angeboren", „Kinder werden auch innerhalb einer Familie aus biologischen Gründen nicht gleich behandelt", „Selbstlosigkeit ist biologisch betrachtet ebenfalls Egoismus" oder „Menschen sind im Vergleich mit Schimpansen eher eine monogame Art mit Tendenz zur Promiskuität" (FAZ 2006; VOLAND 2007; vgl. DAWKINS 1989; SCHMIDT-SALOMON 2001).

Kulturell-gesellschaftliche Phänomene und Entwicklungen laufen eben nicht ausschließlich nach den Prinzipien biologischer Evolution ab und sind nicht zwingend und komplett durch die biologische Evolution determiniert. Wir haben, trotz der biologischen Bedingtheit unseres Gehirns, eine hohe Eigenständigkeit des Geistes, was man biologisch betrachtet vielleicht als emergentes Phänomen bezeichnen könnte. Natürlich sind unsere Verhaltensweisen auch biologisch beeinflusst, wobei man jedoch Verhaltenskategorien und Situationen berücksichtigen muss (siehe *Wissenschaften zum Mitmachen*, S. 28 ff.). Gerade deshalb sind evolutionärpsychologische Forschungen spannend und notwendig (BUSS 2004).

### Wie jetzt weiter? – Chancen über Chancen

Aus den Diskussionen und Debatten zu den Missverständnissen rund um die Evolutionswissenschaften im Darwin-Jahr 2009 können Naturwissenschaftler vieles lernen und erfolgversprechend anwenden.

— Sie müssen ihre Wissenschaften noch authentischer und differenzierter vermitteln und sich verstärkt am gesellschaftlichen Diskurs dazu beteiligen.
— Sie müssen sich eine Selbstbeschränkung auferlegen.
— Sie müssen der Bürgergesellschaft den Forschungsprozess erläutern, etwa auch, indem die Bürgergesellschaft partizipativ mit in Forschung eingebunden wird.
— Sie müssen eine Verbindung zwischen Natur- und Kulturwissenschaften suchen, um gemeinsam zur Lösung von globalen und regionalen Herausforderungen der Zukunft beizutragen.

Wissenschaften sind eine Dienstleistung für die Gesellschaft. Wie auch nicht jeder Schuster, Bäcker, Frisör, Journalist, Banker oder Politiker sein kann oder will, kann oder will auch nicht jeder Wissenschaftler sein. Arbeitsteilung dominiert unsere Welt. Umso wichtiger ist es für die Wissenschaft zu verstehen, dass es nicht darauf ankommt, möglichst viel von den Ergebnissen der Wissenschaft selbst zu vermitteln, sondern auch Wissenschaftsjournalisten, Fachdidaktiker, Lehrkräfte und die Zivilgesellschaft daran zu beteiligen. Uns sagt die Vielfalt der Backwaren zu, ohne dass wir im Detail darüber Bescheid wüssten, wie sie produziert wurden, aber es ist uns wichtig, dem Bäcker zu vertrauen. Das gilt gleichermaßen für die Wissensproduktion in den Naturwissenschaften. Wenn wir den Verdacht haben, dass der Bäcker verdorbenes Mehl verwendet oder gar Schädlingsbefall zulässt, werden wir uns von ihm nicht mehr bedienen lassen; wenn wir dies der ganzen Zunft unterstellen müssten, würden wir vermutlich unser Brot alle selbst backen. Auch die Naturwissenschaften sind auf das Vertrauen der Gesellschaft angewiesen. Wie kann dieses Vertrauen gestärkt werden? Einiges ist direkt aus der Debatte um die Evolutionswissenschaften ableitbar.

**Differenzierte Wissenskommunikation.** Traditionell versteht man unter Wissenskommunikation vor allem die geeignete Vermittlung von Forschungsergebnissen (Public Understanding of Science and Humanities, PUSH). Dabei müssen notwendigerweise Vereinfachungen in Kauf genommen werden, um die Verständlichkeit zu erhöhen. Gerade diese Vereinfachungen (etwa das Verwischen des Unterschieds von Hypothesen und Theorien oder das Verwenden vereinfachender Metaphern) werden von „Wissenschaftsskeptikern" aufgegriffen. Dies gilt für kreationistische „Evolutionsskeptiker" genauso wie für „Klimaskeptiker" oder „Biodiversitätsskeptiker". Gerade die Auseinandersetzung mit Kreationisten, aber auch mit „Szientisten" und „Biologisten" macht deutlich, dass die Vermittlung heute auf sehr differenziertem Wege geschehen muss. Zu berücksichtigen sind hierbei insbesondere: (1) Transparenz bezüglich des vorhandenen Wissens sowie der Wissenslücken; (2) Betonung des Forschungsprozesses (Public Understanding of Research, PUR), ohne die eine Ergebnisvermittlung nicht ausreichend gelingen wird, und (3) Erläuterung, wie mit Forschungsergebnissen, welche auf Wahrscheinlichkeiten basierten, umzugehen ist. Auch müssen (4) die Wissenschaften im Sinne einer Authentifizierung durch konsequente Hinterlegung von Forschungsobjekten und Forschungsdaten besser nachvollziehbar gemacht werden.

**Abb. 3** zeigt ein Modell der Wissenskommunikation: Die Darstellung von aus der Wissenschaft generiertem Wissen muss authentisch und differenziert sein. Dazu müssen Forschungswege aufgezeigt werden, Lücken des Wissens benannt werden, Hypothesen als solche gekennzeichnet werden und Daten und Belege prinzipiell zugänglich sein. Wenn aus diesem Wissen Szenarien abgeleitet werden, müssen hier die Wahrscheinlichkeiten sowie die Wege der Berechnung der Wahrscheinlichkeiten kommuniziert werden. Sollen gesellschaftliche oder politische Handlungsempfehlungen generiert werden, dürfen keine alternativen Empfehlungen unterschlagen werden, wobei unterschiedliche Handlungsempfehlungen durchaus gewichtet werden können, wenn die Gewichtungskriterien transparent sind.

Wissenskommunikation sollte immer „im grünen Bereich" stattfinden. Sie gleitet jedoch immer wieder vom grünen in den roten Bereich ab, noch häufiger wird sie dorthin von Skeptikern und Vorbehaltsträgern umgeleitet; denn Forschungsergebnisse können durch selektive Betrachtung, etwa auch der Lücken des Wissens, leicht relativiert werden, Szenarien können als alarmistisch diffamiert werden; Handlungsempfehlungen werden

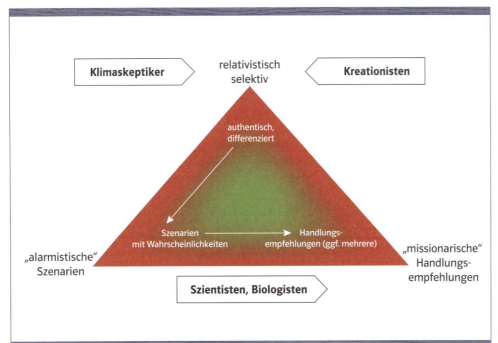

3 | Modell der Wissenskommunikation

gerne politische Motivation oder „Missionierungsabsicht" unterstellt.

Adäquate Vermittlung von Evolution „im grünen Bereich" weist auf die Datenlage, verwendete Forschungsmethoden, aber auch auf Wissenslücken, etwa bei der Epigenetik hin. Korrekte Szenarien etwa zum biologischen Anteil unseres Verhaltens sind differenziert und weisen auf situationsspezifische Unterschiede hin. Handlungsempfehlungen könnten die Verstärkung des Evolutionsunterrichts an Schulen umfassen, ohne hierbei Religionsunterricht abschaffen zu wollen.

Als Beispiel für Relativismus und selektive Wahrnehmung können sowohl der Kreationismus als auch das Bestreiten des anthropogenen Klimawandels genannt werden. Beispiele für ein alarmistisches Szenario im Bereich der Evolutionswissenschaften sind etwa die angebliche Determiniertheit des menschlichen Denkens und Handelns (keine freie Entscheidungsmöglichkeit) oder ein Gottesausschluss allein aus den Naturwissenschaften heraus. Beispiele für daraus abgeleitete Missionsabsicht sind die Forderung nach einer rein naturalistisch abgeleiteten Moral oder das Lächerlichmachen religiöser Menschen („Religioten") (modifiziert nach LEINFELDER 2010c).

**Selbstbeschränkungen der Naturwissenschaften und der Theologie.** Zur besseren Vertrauensbildung ist den Naturwissenschaften dringend die notwendige Selbstbeschränkung anzuraten: Naturwissenschaften sind zuständig für das Verständnis des „Wie funktioniert die Natur?". Wenn Biologen vom „Zweck" reden, machen sie keine existenziell sinnhaften Aussagen, sondern beziehen sich auf biologische Funktionen (siehe den Beitrag von KÖLBL-EBERT). Fragen nach dem Sinn des Lebens oder nach einem religiösen Grund der Welt können die Naturwissenschaften nicht beantworten, weil ihnen dazu die methodischen Voraussetzungen fehlen (siehe methodischer Naturalismus; siehe die Beiträge von BAYRHUBER, LESCH, SCHRÖDER). Deshalb ist ihre Selbstbeschränkung notwendig. Naturwissenschaftler sollten daher akzeptieren, dass es naturwissenschaftlich nie lösbare Fragen gibt. Die szientistische Auffassung, wonach es außer den mit naturwissenschaftlichen Methoden untersuchbaren Objekten keine Realität gibt, ist jedenfalls naturwissenschaftlich nicht zu beweisen (siehe die Beiträge von BAYRHUBER, ROTHGANGEL).

Aber auch die Theologie sollte Selbstbeschränkung üben. Sie befasst sich insbesondere mit religiösen Sinnfragen und „Metaphysik". Lebenssinn kann jedoch auch aus ganz anderen Bereichen generiert werden, etwa aus der Kunst oder der Übernahme familiärer oder gesellschaftlicher Verantwortung, oder auch aus der Freude am Stillen von Neugier, also auch durch wissenschaftliche Tätigkeit. Verschiedene Sinngeber schließen sich gegenseitig nicht aus. Lebenssinn ist auch immer eine höchstpersönliche Angelegenheit. Religionen bieten Wertekategorien an, die dann von religiösen Menschen übernommen werden, aber auch dies ist beziehungsweise sollte eine persönliche Entscheidung sein. Die Theologie gewinnt Erkenntnisse auf andere Art als die Naturwissenschaften, bei denen sich einer naturwissenschaftlichen Wahrheit durch das Aufstellen und Testen von Hypothesen genähert wird, um zu wissenschaftlich allgemeingültigen Theorien zu gelangen. Theologie und Naturwissenschaften kommen sich deshalb in aller Regel nicht in die Quere, sofern die jeweiligen Zuständigkeiten respektiert werden. Ein naturwissenschaftliches Weltbild kann als solches philosophisch reflektiert werden und zu einer persönlich agnostischen oder atheistischen Weltanschauung erweitert werden; es kann aber auch um ein religiöses Weltbild zur Sinnhaftigkeit der Welt ergänzt werden und dann in eine wissenschaftsoffene, religiöse Weltanschauung münden. Beides ist weder zwingend noch allgemeingültig, sondern wiederum eine rein persönliche Entscheidung. Weltanschauliches Missionieren auf beiden Seiten sollte abgelehnt werden, sofern nicht nur ein Überzeugen durch Beispiel und Diskurs damit gemeint ist. Religiöse Traditionen sind allerdings auch Teil unseres Kulturverständnisses. Und kulturelle Traditionen wiederum sind nicht sakrosankt, sondern müssen auch hinterfragbar sein.

Speziell für den Schulunterricht sollte es Diskussionen zwischen Religion und Biologie geben, allerdings bei Wahrung der inhaltlichen Abgrenzung (siehe zum Unabhängigkeitsmodell von Naturwissenschaften und Theologie den Beitrag von ROTHGANGEL).

Das Beispiel Kreationismus wäre als Thema für entsprechende transdiziplinäre Module geeignet, um gemeinsam sowohl korrektes wissenschaftstheoretisches Arbeiten als auch die Metaphysik der Religionen zu behandeln.

Das Konzept der wissenschaftlichen Selbstbeschränkung hat sich auch für Ausstellungsgestaltung bewährt. Ein gut angenommenes Beispiel ist die „Wand der geistigen Vielfalt" des Museums für Naturkunde, Berlin (**Abb. 4**). In dieser Installation werden Sinnfragen gestellt, welche die Naturwissenschaften nicht beantworten können. Daher erscheint auf Fragen wie „Was ist der Sinn des Lebens?" oder „Was bedeutet uns die Natur?" über Laufschriften eine heterogene Sammlung von Antworten von ARISTOTELES über GALILEO GALILEI bis zu WOODY ALLEN und COCO CHANEL, um auf unterhaltsame und überraschende Weise zu veranschaulichen, dass bei Sinnfragen jeder selbst für die Antworten verantwortlich ist.

**Wissenschaften zum Mitmachen.** Insgesamt muss die Evolutionstheorie auch an Schulen und außerhalb der Schulen möglichst authentisch vermittelt werden. Hierzu eignen sich insbesondere Versuche und Beobachtungsreihen im Schulunterricht, Besuche in Universitätslabors wie auch die Integration von thematischen Schulausflügen in Zoos, botanische Gärten und Naturkundemuseen.

Moderne Naturkundemuseen, aber auch botanische Gärten konzentrieren sich zunehmend darauf, Lust auf das Phänomen Natur und auf Naturwissenschaften zu machen. Dabei geht es ihnen nicht darum, die Besucher nach einem Besuch ihrer Häuser hinterher als Spezialisten für Evolutions- und Biodiversitätsforschung zu entlassen, sondern sie versuchen, Neugier auf und besseres Vertrauen in die Wissenschaft zu generieren. So hat sich etwa das Museum für Naturkunde Berlin insbesondere seit der Eröffnung seiner neuen Dauerausstellungen 2007 komplett diesem Ziel verschrieben. Alle Ausstellungen arbeiten fast ausschließlich mit Originalobjekten, welche die wissenschaftlichen Ergebnisse nachvollziehbar machen. Knochenschwanz und Federabdrücke des Urvogel Archaeopteryx kann jedermann selbst in Augenschein nehmen. Klar wird auch, dass die Objekte der Ausstellung Teil einer umfassenden Forschungssammlung sind und dass diese Forschungsergebnisse insbesondere den Sammlungen zu verdanken sind. Seit September 2010 wird der Öffent-

4 | Biologische und geistige Vielfalt – beides repräsentiert im Museum für Naturkunde, Berlin

lichkeit auch ein beeindruckender Teil der wissenschaftlichen Nasssammlung, also der aus Konservierungsgründen in Alkohol aufbewahrten Organismen, im vormals kriegszerstörten und nun wiederaufgebauten Ostflügel zugänglich gemacht. Authentifizierung erfolgt allerdings auch über Personen und historische Situationen. Es schafft Sinn und Vertrauen, die Herkunft der Tendaguru-Dinosaurier aus einer deutschen Kolonie darzustellen oder Charles Darwins Denken im historischen Kontext näher zu veranschaulichen.

Diese Ausstellungen sind thematisch sicherlich nicht ganz einfach und auch bewusst nicht in stark vereinfachter Form präsentiert, der Besucher muss sie sich sozusagen selbst erforschen, kann selbst auf Forschungsreise gehen und sich dabei auch gerne treiben lassen. Blicke durch Ferngläser und mikroskopartige Lupen, Sichtung von Originalzitaten wie bei der Wand der geistigen Vielfalt, eigenes Zusammenstellen von Besichtigungstouren statt vorkonfektionierter Routen von Vitrine zu Vitrine, all dies lädt den Besucher zum lustvollen Mitmachen ein (Leinfelder 2009b, 2010c).

Die „Wand der geistigen Vielfalt" (Abb. 4) zeigt unterschiedlichste, teils widersprüchliche Aussagen von Philosophen, Wissenschaftlern, Theologen, Künstlern und anderen zu Sinnfragen,

5 | Der Zustand der bedrohten Korallenriffe kann von Hobbytauchern überwacht werden, die sich damit aktiv an wissenschaftlicher Forschung beteiligen.

um zu unterstreichen, dass Evolutionswissenschaften allgemeingültige Antworten auf die Frage „Wie funktioniert die Natur" geben können, während für die Beantwortung von Sinnfragen jeder selbst verantwortlich ist. Einige wenige Beispiele seien angeführt:

Was bedeutet uns die Natur?
— „Das Buch des Lebens ist in mathematischen Symbolen geschrieben." (GALILEO GALILEI, 1564–1642)
— „Wir behandeln diese Welt, als hätten wir noch eine im Kofferraum." (JANE FONDA, *1937)

Was ist der Sinn des Lebens?
— „Ich denke, der Sinn des Lebens ist es, glücklich zu sein." (DALAI LAMA, *1935)
— „Genießen wir das Leben, solange wir es nicht verstehen." (KURT TUCHOLSKY, 1890–1935)
— „Ohne Musik wäre das Leben ein Irrtum." (FRIEDRICH NIETZSCHE, 1844–1900)

Natur-Mitmachprojekte, die nicht nur Eventcharakter haben, eignen sich besonders, um in den Wissenschaftsprozess nicht nur Einblick zu erhalten, sondern sich daran aktiv zu beteiligen und damit für sich persönlich Zutrauen zum Forschungsprozess zu schaffen. Das partizipative Reefcheck-Monitoringprogramm (LEINFELDER/HEISS 2008, http://www.reefcheck.org) besteht seit 15 Jahren. Hier überwachen Hobbytaucher zusammen mit Riffwissenschaftlern den Zustand der Korallenriffe weltweit. Sie verwenden dazu einfache, jedoch wissenschaftliche, standardisierte Methoden. Die Daten und Beobachtungen werden direkt in Netzwerke eingespeist, sie dienen der Forschung sowie der Erstellung von Statusberichten, die wiederum Entscheidungsgrundlage für die UN darstellen. Die Methode wird auch in geschützten Gebieten eingesetzt, um den Erfolg oder Misserfolg von Schutzbemühungen wissenschaftlich zu begleiten. Wesentlich ist, dass hier Langzeitreihen erstellt werden und die Mitmachenden, die ihren Urlaub dafür zur Verfügung stellen, die Erfahrung machen können, nicht nur für sich selbst, sondern auch für andere Sinnvolles und Nachhaltiges geleistet zu haben. Ähnliche Projekte gibt es mit Vogel-, Insekten- oder Fledermausmonitoring unter Bürgerbeteiligung auch auf dem Lande.

**Verbindung Natur und Kultur – eine Zukunftsnotwendigkeit.**
Die Menschheit hat sich durch die menschengemachte Klima- und Umweltkrise den größten Selektionsversuch selbst auferlegt. Das Sterben der Korallenriffe, der steigende Meeresspiegel, veränderte Niederschlagsmuster, immense Überfischung und genereller starker Rückgang der biologischen Vielfalt sowie der genetischen Ressourcen könnten Milliarden von Menschen bedrohen (ROCKSTRÖM et al. 2009; WBGU 2009). Auch zur Bewältigung dieser Krise bedarf es evolutionären Wissens. Zum einen sind Biodiversität, Evolution, Umwelt und Klima eng miteinander vernetzt. Hier gilt es insbesondere, die dynamischen Prozesse von Biodiversitätsänderungen besser zu erkennen und möglicherweise sogar vorhersagen zu können. Dabei ist das Verständnis auch heute ablaufender Evolutionsprozesse wesentlich, um Reaktionen der belebten Natur auf Klima- und Umweltänderungen sowie mögliche natürliche und kulturell-technische Anpassungswege prognostizieren und bewerten zu können. Zum anderen benötigen wir für die Bewältigung der Umweltkrise auch eine weitere kulturelle (R)evolution. Seit der Industrialisierung pumpt die Menschheit ungezügelt alle fossilen Energieträger in Form von Verbrennungsprodukten wieder in die Atmosphäre zurück. Kohlenstoffdioxid, das über mehrere Hundert Millionen von Jahren entzogen wurde, wird nun – geologisch gesehen – auf einmal wieder in die Atmosphäre zurückgeführt. Zusätzlich werden biologische Kohlenstoffspeicher, wie Wälder oder Moore, durch uns selbst vernichtet. Der Mensch muss, um die Erde weiterhin auch für die nachfolgenden Generationen nutzbar zu halten, radikal umdenken.

Dazu benötigen wir mehr denn je unseren kulturellen Verstand, für den die biologische Evolution unseres Gehirns die Grundlage geliefert hat: Vor etwa 2,5 Millionen Jahren begann der Urmensch, einfachste Steinwerkzeuge zu verwenden, was ihn jedoch kulturell noch nicht sehr vom Tier unterschied. Die erste kulturelle Revolution des Jägers und Sammlers fand vor etwa 600.000 Jahren mit der Bearbeitung von Faustkeilen und Feuergebrauch statt. Vor etwa 10.000 Jahren v. Chr. begann die neolithische Revolution, die uns Ackerbau und Viehzucht sowie im Gefolge den Hausbau brachte. Seit etwa 8.000 Jahren v. Chr. breiteten sich Stadtkulturen und mit ihnen das Handwerk und Dienstleistungen, also umfassende Arbeitsteilung, aus. Das 19. Jahrhundert brachte die Industrielle Revolution. Bleibt nur zu hoffen, dass die nächste notwendige (R)evolution – eine „Kohlenstoff-Abrüstung" – und mit ihr der Eintritt in ein „postkarbones", nachhaltiges Industriezeitalter nicht mehr lange auf sich warten lassen (vgl. WBGU 2010)

Aber was nützt unser Wissen über die Evolutionsvorgänge, die zu Biodiversitätsverlust führen, was nützt es, wenn wir über die Klimaprozesse Bescheid wissen und wissenschaftlich abgesicherte Wahrscheinlichkeitsszenarien zur klimatischen Entwicklung machen können, was nützt es, wenn wir sogar die richtigen Handlungsweisen und Technologien zur Vermeidung beschreiben können, aber diese nicht umsetzen können? Diese Umsetzung muss demokratisch geschehen, sie kann auf diesem Weg aber nur erreicht werden, wenn wir die Auswirkungen unseres Handelns auch über die Generationen hinweg verstehen, verinnerlichen und dies entsprechend berücksichtigen.

Dieser hohe Anspruch kann nur mithilfe einer kulturellen Transformation erfüllt werden. Eigentlich sollte der Mensch dazu fähig sein. Biologisch betrachtet ist er zwar ein Tier (chemisch betrachtet ein Molekülcocktail) – das ist jedoch nur eine Seite der Medaille. Der Mensch ist zusätzlich auch ein Kulturwesen. Die berühmte Menschenaffenforscherin JANE GOODALL (zitiert nach GÖRLACH 2009) brachte es zum Eingang des DARWIN-Jahres in einem Cicero-Interview auf den Punkt: „Die Sprache, mit der wir moralische Entscheidungen treffen können, macht uns zum Menschen. Damit überlassen wir uns nicht dem bloßen Instinkt. Es ist die Fähigkeit, diskutieren und über abstrakte Dinge sprechen zu können, die nicht real existieren, sondern vor unserem geistigen Auge stehen. Diese Befähigung ist es, durch die sich unser Intellekt so explosionsartig weiterentwickelt hat." Und der noch vor dem DARWIN-Jahr im August 2008 verstorbene Neurobiologe und Tierphysiologe GERHARD NEUWEILER sieht im Menschen die Krone der Evolution. Allerdings gilt dies nur in Bezug auf die Komplexität unseres Gehirns und seiner Fähigkeiten, denn der Mensch kann ohne Hilfsmittel weder fliegen noch lange tauchen. Viele Tiere hören und riechen auch besser oder laufen schneller. Aber unser an höchste Stelle erhobenes Körperteil erlaubte uns die kulturelle Evolution. NEUWEILER (2008)

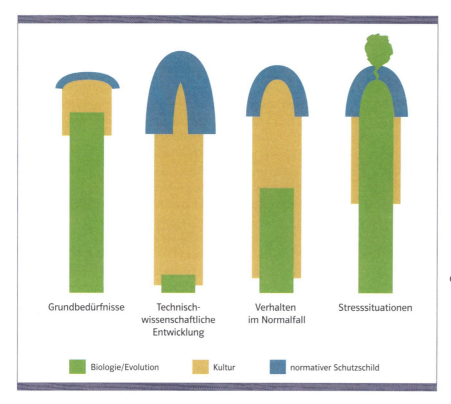

6 | Hypothetisches Schema der Situationsbezogenheit von Wechselwirkungen zwischen evolutionsbiologischem Erbe und kultureller Evolution beim Verhalten des Menschen. Grün: biologische Anteile. Orange: kulturelle Erweiterung. Orange um Grün: kulturelle Überprägung des biologischen Anteils. Hellblau: gesellschaftliche normative „Kontrollkappe".

schrieb: „Im Menschen emanzipiert sich die Evolution, denn er ist das einzige Lebewesen, das die Werkzeuge der natürlichen Evolution in die Hände nehmen und ihr eine eigene humane Welt entgegensetzen kann."

Diese humane Welt hat nichts mit einem „Neo-Humanismus" beziehungsweise „evolutionären Humanismus" der Szientisten und Biologisten zu tun, von denen manche als „erklärtes Ziel" allen Ernstes fordern, „den Eigennutz in den Dienst der Humanität zu stellen" oder auch nicht zu lügen, betrügen, stehlen oder töten, „es sei denn, es gibt im Notfall keine anderen Möglichkeiten die Ideale der Humanität durchzusetzen" (SCHMIDT-SALOMON 2006). Selbst die Frage, „wie wir ohne Moral die besseren Menschen sind", so der Titel eines Buches, soll auf diese Weise beantwortet werden (SCHMIDT-SALOMON 2009).

Selbstverständlich gibt es beim Einfluss und Verhältnis zwischen biologischer und kultureller Evolution kein Entweder-Oder. Wesentlich ist deshalb, das Verhältnis und die Dynamik der Interaktion zwischen evolutionsbiologischem Erbe und kulturevolutionärer Überprägung unseres Verhaltens besser zu verstehen. Natürlich sind unsere Verhaltensweisen auch biologisch beeinflusst, wobei man jedoch unterschiedliche Verhaltenskategorien und Situationen berücksichtigen muss. Eines der spannendsten Forschungsfelder ist daher sicherlich die Beziehung zwischen biologischer Evolution und kulturellem Überbau. Wann ist die Kultur ein verlängerter Arm der biologischen Evolution, wann hat sie eine Eindämmungsfunktion, wo ist sie komplett vom biologischen Erbe emanzipiert und in welcher Weise ist dies alles situationsabhängig? **Abb. 6** postuliert als

Hypothese kontext- und situationsabhängige potenzielle Verhaltensmuster:
- Wesentliche Grundbedürfnisse des Menschen wie Essen und Schlafen sind biologisch dominiert. Sie können in einem gewissen Umfang kulturell kontrolliert werden (Verteilung der Nahrungsaufnahme auf Frühstück, Mittag- und Abendessen, vegetarische Ernährung; teilweise Nachtarbeit ohne Schlaf), eine normative Kontrolle (zum Beispiel Erwerb statt Raub von Nahrung) ist ebenfalls vorhanden.
- Wissenschaft und Technik sind stark kulturell dominiert. Zwar verwenden bereits viele Tiere Werkzeuge, diese werden jedoch in der Regel nicht eigens hergestellt. Auch ist die wissenschaftliche Neugier sicherlich zum Teil biologisch begründet. Wissenschaft und Technik können als Kulturtechniken in gewisser Weise als verlängerter Arm der biologischen Evolution gesehen werden, denn sie erlauben dem Menschen eine enorme Anpassung an seine Umwelt, auch an sich ändernde Bedingungen. Da die Fortschritte jedoch nicht genetisch, sondern kulturell tradiert werden, stellt diese Form gleichzeitig eine starke Emanzipation von unserem biologischen Erbe dar. Die starke Eigenständigkeit solcher kultureller Prozesse, darunter auch die Forschung, benötigt jedoch eine besonders starke normative „Kontrollkappe". Nicht alles Machbare ist gesellschaftlich sowie für das Überleben der Menschheit sinnvoll.
- Unser sonstiges zwischenmenschliches und gesellschaftliches Verhalten setzt sich, sicherlich zu unterschiedlichen Anteilen, aus biologisch erbten Grundmustern und deren kultureller Überprägung zusammen, wobei die kulturelle Überprägung eine stark regulative Wirkung besitzt. Eine normative Kontrollkappe (Gesetze, gesellschaftliche Regeln, gegebenenfalls auch religiöse Regeln) ist auch hier notwendig.
- In speziellen, insbesondere Stresssituationen kann sich das biologische Erbe dominant in den Vordergrund schieben (etwa Aggressivität). Eine normative Kontrollkappe ist sicherlich gerade auch hier notwendig, dennoch erscheint es sinnvoll, auch normativ kontrolliert „Dampf ablassen" zu können.

Nur mit einem Verständnis der Dynamik beider Ebenen werden wir auch einen wesentlichen Schritt weiterkommen, um gesellschaftliche Prozesse zu verstehen und auch eine Akzeptanz für die Handlungsumsetzung des Wissens einer Wissensgesellschaft zu erreichen. Um Akzeptanzverhalten und damit Umsetzbarkeit von Verhaltensänderungen hin zu einer nachhaltigen Nutzung unserer Erde über die Generationen hinweg zu gelangen, werden Hirnforschung, Soziobiologie, aber auch Psychologie, Soziologie und andere Kulturwissenschaften eng zusammenarbeiten müssen. Auch dies gibt uns das Erbe Darwins als Zukunftsaufgabe mit auf den Weg.

## Ausblick: Natur und Kultur im Anthropozän

Nur wenn es dem Menschen gelingen sollte, sein eigenes Handeln mit einer generationsübergreifenden Vorsorge zu verbinden, also kurzfristige Interessen und Egoismen durch kulturelle Reflexion zu überwinden, hat er eine Chance, auch bei zunehmender Bevölkerung – für das Jahr 2050 werden etwa 9 Milliarden Menschen prognostiziert, derzeit leben knapp 7 Milliarden auf unserem Planeten – die notwendige Ressourcenschonung und Nachhaltigkeit in der Nutzung zu erreichen. Dazu gehören jedoch nicht nur Vermeidungsstrategien, wie die starke Reduktion des Kohlenstoffdioxid-Ausstoßes, Naturschutz oder technologische Anpassungen, sondern auch ein Überdenken von Lebensstil und Lebensinhalt.

Als der Mensch die Kultur entdeckte – sie begann mit dem Gebrauch von Feuer, Domestizierung von Tieren, Ackerbau und Handel –, begann nach einem Vorschlag von Chemie-Nobelpreisträger Paul Crutzen die erste Phase des Anthropozän, die „Menschenzeit" (Steffen et al. 2007). Der Beginn der Industrialisierung initiierte die zweite Phase. Seit Ende des Zweiten Weltkriegs leben wir in der dritten Phase, der Phase der „großen Beschleunigung", mit all ihren negativen Auswirkungen wie rapider Erderwärmung, Verlust von biologischer Vielfalt und vielen anderen Umweltproblemen (Rockström et al. 2009). Laut Crutzen müsste nun eine neue, vierte Phase des Anthropozän beginnen: die des Menschen als Hüters des Erdsystems, in dem langfristige Vorsorge und nachhaltiges planerisches Gestalten dominiert.

Der Wissenschaftsautor Christian Schwägerl hat nun diese Vision in einem bemerkenswerten Buch schon im Titel auf den Punkt gebracht: *Menschenzeit – Zerstören oder gestalten? Die entscheidende Epoche unseres Planeten* (Schwägerl 2010). Er sieht die Mutter allen bisherigen und zukünftigen Wohlstands in den gestalte-

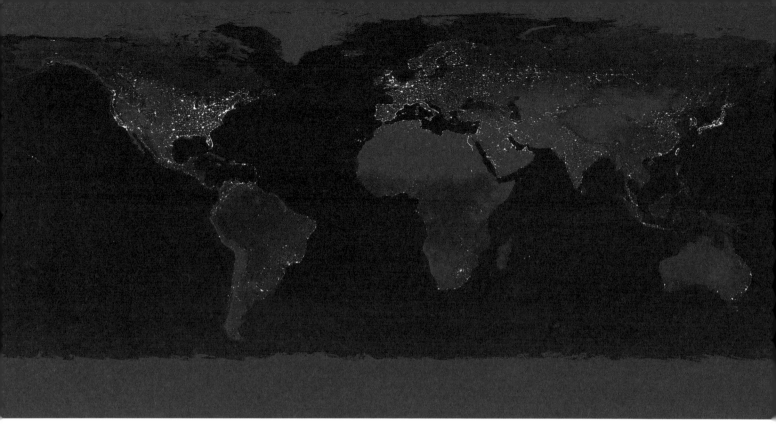

7 | Die nachtbeleuchtete Erde kennzeichnet die dritte Phase des Anthropozän: die Phase der „großen Beschleunigung".

rischen Zuchterfolgen des Menschen – mit dem Sesshaftwerden wurde der Mensch der Gärtner seiner Umwelt, er veränderte die Vegetation, die Tierwelt und die gesamte Umwelt. Inzwischen leben 56 Milliarden Tiere in Abhängigkeit vom Menschen. Diese „gärtnerische" Leistung ist eine kulturelle Leistung, die sich biologischer Grundlagen bedient. Ähnliche kulturell-züchterische Leistungen sieht Schwägerl überall: Ingenieure „züchten" Maschinen, Künstler Kunstwerke, Konsumenten Produkte, Medien Weltbilder und Wissenschaftler Hypothesen. Schwägerl hebt insbesondere auch die große Bedeutung der Agrartechnik als Symbiose von Natur und Kultur hervor. Bisher sei die Agrartechnik allerdings sowohl eine Erfolgsgeschichte als auch eine Geschichte unterlassenen Lernens gewesen, denn der Mensch formte zunehmend unnachhaltige Landschaften: biologisch verarmte Riesenmaisfelder und Tierzuchtareale, ausgelaugte Brachflächen, versalzene Kornkammern. Schwägerl plädiert daher für eine Verbindung des Wissens von naturnaher Landwirtschaft mit hochmoderner Agrartechnik, bei der zum Beispiel hochproduktive Flächen in ein verbundenes ökologisch vielfältiges Netzwerk von Hecken, Wäldern, Mooren, Teichen und Evolutionsschutzgebieten eingebunden sind, zwischen denen höchst effiziente, mit Sensoren ausgestattete Traktoren ohne Probleme, da GPS-gesteuert, die Saat ausbringen, die Ernte einfahren und Nistplätze umrunden. Schwägerl warnt vor einem Dualismus, der Geist und Körper, Kultur und Natur auseinanderdividiert, aber auch vor einem Monismus, der zwar biologisch, aber dennoch weltfeindlich ist. Er übersetzt Alexander von Humboldts holistischen Ansatz in ein Konzept für das zukünftige Anthropozän: „Einsicht in den Weltorganismus erzeugt geistigen Genuss und innere Freiheit", so Humboldt. Schwägerl schöpft daraus die Zuversicht für einen „Biofuturismus", in dem eine wissensbasierte Gesellschaft Naturwissen und kulturelle Fähigkeiten nicht nur zu einer verantwortlichen Neugestaltung dieser Welt verbinden, sondern daraus auch Lebensfreude schöpft (Schwägerl 2010).

Gemäß dem „Prinzip Verantwortung" (Jonas 1984) so zu leben, dass der Mensch keine Spur der Zerstörung hinterlässt und sein Geld dazu dient, technologisch *mit* den Ökosystemen der Natur zu wachsen statt *gegen* sie – dies ist in der Tat eine Aufgabe, welche alle Anstrengungen erfordert, um aktuellen Missverständnissen zwischen dem Verhältnis biologischer und kultureller Evolution, zwischen Naturwissenschaften und Geisteswissenschaften, zwischen Wissenschaft und Religion konstruktiv zu begegnen, ihren Ursachen auf den Grund zu gehen, sie auszuräumen und in Zukunft noch besser gemeinsam zusammenzuarbeiten.

**Literatur**

Albrecht, J./V. Stollorz (2010): Intelligenz-Forschung. Wir sind alle Schlümpfe. In: Frankfurter Allgemeine Zeitung. http://www.faz.net/artikel/C30512/intelligenz-forschung-wir-sind-alle-schluempfe-30003335.html [05.09.2010].

Bahnsen, U. (2007): Evolution. Grollen im Darm. In: Die Zeit, 31.07.2007. http://www.zeit.de/online/2007/09/laktose-milchzucker-gewoehnung [05.09.2010].

Buss, D. M. (2004): Evolutionäre Psychologie. München.

Darwin, Ch. (1859): On the origin of species by means of natural selection, or The preservation of favoured races in the struggle for life. London.

Ganten, D./ T. Spahl/T. Deichmann (2009): Die Steinzeit steckt uns in den Knochen. Gesundheit als Erbe der Evolution. München.

Görlach, A. (2009): Darwins narzisstische Kränkung (Interview mit Jane Goodall). In: Cicero, http://www.cicero.de/97.php?ress_id=7&item=3057 [05.09.2010].

FAZ (2006): Grundkurs Soziobiologie. http://www.faz.net/artikel/C30703/grundkurs-in-soziobiologie-1-blut-ist-dicker-als-wasser-30025722.html [26.05.2011] (und weitere Folgen).

Heiss, G./R. Leinfelder (2008): Fünf vor Zwölf – verschwinden die Riffe? In: R. Leinfelder/G. Heiß/U. Moldrzyk (Hrsg.), Abgetaucht, Leinfelden-Echterdingen, S. 183 – 197.

Jonas, H. (1984): Das Prinzip Verantwortung: Versuch einer Ethik für die technologische Zivilisation. Frankfurt/M.

Junker, T./S. Paul (2009): Der Darwin-Code: Die Evolution erklärt unser Leben. München.

Knauer, R. (2009): 1:0 für den kleinen Kabeljau. In: Hamburger Abendblatt, 27.06.2009, http://www.abendblatt.de/ratgeber/wissen/article1073331/1-0-fuer-den-kleinen-Kabeljau.html [05.09.2010].

Kutschera, U. (Hrsg.) (2007): Kreationismus in Deutschland. Berlin.

Leinfelder, R. (2007): Der deutsche Kreationismus und seine Rahmenbedingungen aus der Sicht eines Paläontologen. In: U. Kutschera (Hrsg.), Kreationismus in Deutschland, Berlin.

Leinfelder, R. (2009): Evolution und Klima – Skeptiker überall. Ach-du-lieber-Darwin-Blog, 17.11.2009. http://achdulieberdarwin.blogspot.com/2009/11/evolution-und-klima-skeptiker-uberall.html [05.09.2010].

Leinfelder, R. (2009b): „Evolution in Aktion" – Ein Beispiel für neue Wege der Wissensvermittlung an Forschungsmuseen. In: Wissenschaftskommunikation – Perspektiven der Ausbildung – Lernen im Museum. Dritte Tagung der Wissenschaftsmuseen im deutsch-französischen Dialog. Berlin, 14. bis 16. Oktober 2007. Hrsg. von ICOM Deutschland, ICOM Frankreich und dem Deutschen Technikmuseum Berlin. Frankfurt/M. et al., S. 43 – 48.

Leinfelder, R. (2010a): Wir sind kein reiner Zufall! Evolution und Kreationismus. In: V. Gerhardt (Hrsg.), Faszination Leben, Paderborn, S. 125 – 149.

Leinfelder, R. (2010b): Ach du lieber Darwin, warum hat dich Sarrazin nicht gelesen? Ach-du-lieber-Darwin-Blog, 04.09.2010. http://achdulieberdarwin.blogspot.com/2010/09/ach-du-lieber-darwin-warum-hat-dich.html [05.09.2010].

Leinfelder, R. (2010c): Vom Handeln zum Wissen – das Museum zum Mitmachen. In: F. Damaschun/S. Hackethal/H. Landsberg/R. Leinfelder (Hrsg.): Klasse, Ordnung, Art. 200 Jahre Museum für Naturkunde, Rangsdorf, S. 62 – 67.

Lücke, R. (2007): Evolution unter Zeitdruck. In: Süddeutsche Zeitung, 16.04.2007, http://www.sueddeutsche.de/wissen/390/326254/text/ [05.09.2010].

Müller-Jung, J. (2010): Sarrazins Biologismus. Phantasma „Juden-Gen". In: Frankfurter Allgemeine Zeitung, 30.08.2010.

Neukamm, M. (Hrsg.) (2009): Evolution im Fadenkreuz des Kreationismus. Göttingen.

Neuweiler, G. (2008): Und wir sind es doch – die Krone der Evolution. Berlin.

Reis, A. (2010): Interview mit Prof. André Reis: Humangenetiker zu Sarrazin – „Es gibt kein Juden-Gen". In: Stern Online, http://www.stern.de/wissen/mensch/humangenetiker-zu-sarrazin-thesen-es-gibt-kein-juden-gen-1599193.html [01.09.2010].

Rockström, J. et al. (2009): A safe operating space for humanity. In: Nature 461, 472 – 475.

Sarrazin, T. (2010): Deutschland schafft sich ab. Wie wir unser Land aufs Spiel setzen. München.

Schmidt-Salomon, M. (2006) Manifest des evolutionären Humanismus: Plädoyer für eine zeitgemäße Leitkultur. Aschaffenburg.

Schwägerl, C. (2010): Menschenzeit. Zerstören oder gestalten? Die entscheidende Epoche unseres Planeten.

Steffen, W./P. J. Crutzen/J. R. McNeill (2007): The Anthropocene: Are humans now overwhelming the great forces of nature? In: Ambio 36(8), S. 614 – 621.

Voland, E. (2007): Die Natur des Menschen. Grundkurs Soziobiologie. München.

WBGU (2009): Kassensturz für den Weltklimavertrag. Sondergutachten, Wissenschaftlicher Beirat der Bundesregierung, Globale Umweltveränderungen. Berlin.

WBGU (2010): Klimapolitik nach Kopenhagen. Auf drei Ebenen zum Erfolg. WBGU-Politikpapier 6, Wissenschaftlicher Beirat der Bundesregierung Globale Umweltveränderungen. Berlin.

# Erzähl mir keine Märchen ... von der Entstehung der Arten

Schöpfungsmythen erzählen ein Ursprungsgeschehen, das sich am Anfang der Zeiten ereignet hat, eine sakrale Geschichte, die eine absolute Wahrheit offenbart. Märchen hingegen erzählen von wunderbaren Begebenheiten jenseits einer sakralen Ordnung, die mit einer konflikthaften Ausgangssituation beginnt und mit deren Bewältigung durch einen Held endet. *Die Werkstatt der Schmetterlinge* (Wuppertal, 2000, Illustrationen Wolf Erlbruch) ist ein fantastisches Märchen über die Entstehung von Tieren und Pflanzen, erzählt von der nicaraguanischen Schriftstellerin GIOCONDA BELLI. Ihre Protagonisten sind die „Gestalter Aller Dinge", eine Gruppe von Erfindern, die mit naturwissenschaftlichem Forscherinteresse eine Welt entwerfen, in der alles nach den klaren Gesetzen der Artentrennung geregelt ist: Tiere für das Tierreich und Pflanzen für das Pflanzenreich. Verstreut in alle Länder der Erde, in kalte und warme Regionen, designen die Erfinder in ihren Werkstätten neue Pflanzen und Tiere, die optimal an ihre Umgebung angepasst sind.

Konflikthaft wird die Situation, weil der junge Held Rudolfo einen Traum hat, den er unter den strengen Vorgaben der Artentrennung nur schwer realisieren kann: Er möchte ein Wesen erfinden, das Blume und Vogel zugleich ist, um mehr Schönheit und Harmonie in die Welt zu bringen. Schließlich ist es der *Zufall*, der ihm zu Hilfe kommt. Auf einem Spaziergang beobachtet er „einen Kolibri, der seinen langen Schnabel tief in den Kelch einer blauen Blüte senkte". Das inspiriert ihn. Planmäßig geht er nun in seiner Werkstatt an die Arbeit. „Damit die Flügel leicht und anmutig würden, fügte er sie aus vielen winzigen Schuppen zusammen, wie Dachschindeln aus Blütenstaub." (S. 24 f.) Gleich einem göttlichen Schöpfungsakt haucht er schließlich seinem gezeichneten Wesen Leben ein und ein orangefarbener Schmetterling erhebt sich flatternd aus dem Papier. Unermüdlich erschafft er weitere „Schmetterlinge für den heißen und feuchten Regenwald, für die bunten Wiesen der mäßig warmen Zonen, für die trockenen Steppen und auch für die Wälder des kalten Nordens" (S. 31).

Eine Synthese aus Zufall und Design – so kann Rudolfo seinen Traum von Schönheit und Harmonie realisieren. Was die Schöpfungsmythen als absolute Wahrheit verkünden, ist in Bellis Märchen aufgehoben in einem anschaulichen Sinnbild, das das Unvereinbare harmonisiert: Rudolfo respektiert die Zweckmäßigkeit in den Artengesetzen und überführt – als personaler (gottähnlicher) Schöpfer – eine zufällige Erscheinung in eine sinngebende Naturordnung. Nur einem kindlichen Wesen kann dies in einem symbolischen Akt gelingen.

GH

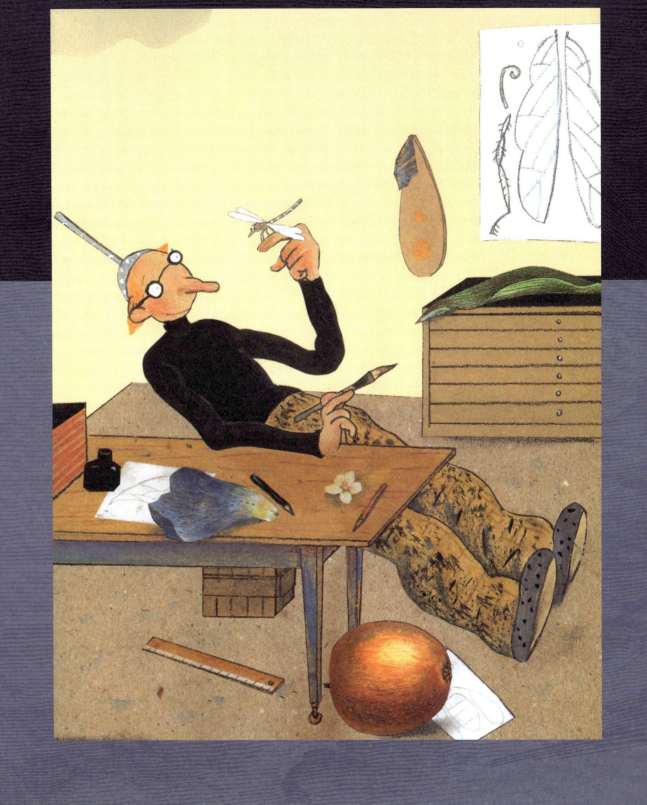

18. und frühes 19. Jh. Entwicklung der Naturtheologie
(z. B. Paleys *Natural Theology*, 1802)

1925 Butler Act: Tennessee verbietet per Gesetz, von der Genesis abweichende Auffassungen zu lehren

> Wenn das Rentier geht, so knackt es stets in seinem Fuß. Ich wunderte mich darüber und suchte nach der Ursache. Da ich frug, antworteten alle, der liebe Gott hätte es so erschaffen. Ich frug sie, wie der liebe Gott es so erschaffen habe, dass es immer knackt.
> 
> CARL VON LINNÉ (1707–1778)

Martina Kölbl-Ebert

# Zufall und Design: Fachsprachen und ihre Fallstricke

### Naturwissenschaft und Religion – ein gespanntes Verhältnis

Unter Naturwissenschaftlern ist es nicht üblich, über religiösen Glauben zu sprechen, und so weiß man meist nicht, ob ein Kollege an einen wie auch immer gearteten Gott glaubt oder ob er oder sie sich als Agnostiker oder als Atheist betrachtet. Und tatsächlich ist dies für die gemeinsame wissenschaftliche Arbeit auch nicht von Belang, denn alle Naturwissenschaften sind dem methodischen Naturalismus (siehe S. 50 f.) verpflichtet.

Natürlich bedeutet dies nicht, dass es jenseits der Naturwissenschaften nichts gäbe, das es wert wäre, diskutiert zu werden. Da sind die Fragen der Ästhetik im Bereich der Künste und die Fragen nach Lebensgrund und Lebenssinn, nach Werten, Moral und Ethik im Bereich von Philosophie und Religion, die sich der naturwissenschaftlichen Methodik entziehen.

Die Evolutionstheorie gehört sicher zu den bestbelegten naturwissenschaftlichen Theorien, die je entwickelt wurden. Dennoch mehren sich nicht nur in den USA, sondern seit einigen Jahren auch in Deutschland kreationistische Angriffe auf naturwissenschaftliche Erkenntnis (vgl. KUMMER 2006; HEMMINGER 2007; SCHRADER 2007). Einige Evolutionsbiologen und Paläontologen sprechen sich im Gegenzug für einen philosophischen Atheismus als scheinbar logische und vernünftige Konsequenz der naturwissenschaftlichen Methodik aus (zum Beispiel DAWKINS 2006), wenngleich die Begründung von Atheismus aus naturwissenschaftlicher Erkenntnis heraus philosophisch fragwürdig ist (siehe die Beiträge von BAYRHUBER und LESCH). Den großen Kirchen erscheint wiederum die Propagierung des „Neuen Atheismus", dessen Ursache oft nicht wahrgenommen wird, als Kulturkampfrhetorik, der sie mit Misstrauen und teils mit Abschottung begegnen (SCHÄRTL 2008). So zeigt sich die Strategie von Kreationisten, einen Keil zwischen Naturwissenschaft und Religiosität zu treiben, als beunruhigend effektiv.

Konstruktiver Dialog täte also dringend not (vgl. RUSSELL et al. 1998; EKD 2008; KESSLER 2009). In der Praxis ist der Dialog zwischen Naturwissenschaft und Theologie jedoch auch von Missverständnissen geprägt. So baut etwa der Lehrplan für Katholische Religionslehre der bayerischen Realschulen in der 8. Klasse (ISB 2001) einen Gegensatz auf zwischen der religiösen Sicht der Welt als Schöpfung Gottes, der Gott Sinn stiftet und die er zu einem Ziel führt, und einer naturwissenschaftlichen Sicht, für die die Welt angeblich nur ein bloßes Zufallsprodukt ist. Papst BENEDIKT XVI. vertrat in der Predigt zu seiner Amtseinführung eine vergleichbare Auffassung: „Wir sind nicht das zufällige und sinnlose Produkt der Evolution. Jeder von uns ist Frucht eines Gedankens

**1987** Edwards-Prozess: Der Oberste Gerichtshof der USA verbietet das Unterrichten von kreationistischen Positionen

**1** Unerklärte Lücken sind für Naturwissenschaftler Ansporn zu weiterer Forschung. Eine Akzeptanz unerklärter Lücken als übernatürliche „Wunder" wäre der Tod jeder wissenschaftlichen Neugier.

Gottes." (Zit. n. http://www.forum-grenzfragen.de/kirchenamtliches/paepstliches/benedikt-xvi/index.html.)

Kardinal SCHÖNBORN von Wien brachte zur Abgrenzung von Theologie und Naturwissenschaften zusätzlich den Begriff „Design" ins Spiel: „Evolution im Sinne einer gemeinsamen Abstammung mag wahr sein, aber Evolution im neo-darwinistischen Sinne – ein ungeleiteter, ungeplanter Prozess zufälliger Variationen und natürlicher Selektion – ist es nicht. Jedes gedankliche System, das den überwältigenden Hinweis auf Design in der Biologie leugnet oder versucht wegzuerklären, ist Ideologie und nicht Naturwissenschaft." (SCHÖNBORN 2005) Für Nichttheologen klingt dieses Zitat nach Intelligent-Design-Kreationismus. Für einen Theologen hingegen beschäftigen sich diese Texte im breiteren Kontext mit jenseits der naturwissenschaftlichen Erkenntnis liegenden Fragen nach Urgrund, Bedeutung, Zweck und Ziel der Welt. Kardinal SCHÖNBORN, offenbar selbst überrascht vom negativen Medienecho seiner Aussage, hat sich denn auch mittlerweile scharf von Intelligent Design distanziert und seine ursprüngliche Aussage und Intention für Naturwissenschaftler verständlich präzisiert (SCHÖNBORN 2009).

Beim Dialog zwischen Theologie und Naturwissenschaften stellt sich also die Frage, welchen Bedeutungsgehalt die Termini „Zufall" und „Zweck" – oder im Englischen: „chance" und „design" – in Theologie und Naturwissenschaften haben (vgl. KÖLBL-EBERT 2009).

### „Zufall", „Zweck" und „Design"

Für einen Theologen meint „Zufall" das Zustandekommen eines Ereignisses, das weder von Natur aus noch durch bewusste Absicht bezweckt wurde. Ein solches Ereignis dient keinem

2 | Das „Design" einer Weinbergschnecke

Sinn und Ziel, es ist existenziell sinnlos. Dagegen wird „Zweck" im Sinne des griechischen *telos* verstanden. Es bedeutet „sinngebendes Ziel". Zweck ist somit das Gegenteil von Zufall.

**Zufall und Zweck.** In den Naturwissenschaften wird der Zufallsbegriff in doppelter Bedeutung verwendet und zwischen objektivem und subjektivem Zufall unterschieden (Vollmer 2004; siehe den Beitrag von Bayrhuber S. 14). In der Biologie spricht man von „Zufall", wenn die Ursachenkette eines Naturphänomens beziehungsweise das Zusammentreffen von Ursachenketten nicht erklärt werden kann (siehe das Beispiel Mutation auf S. 13).

Lebewesen besitzen zweckmäßige Eigenschaften. Solche Zwecke bestimmen Biologen durch Beobachtung: Wozu gebrauchen Vögel Federn? Zum Wärmen, zum Tarnen oder Balzen und zum Fliegen. Das ist ihr Zweck. Evolution bedeutet in diesem Zusammenhang, dass durch die Verkettung von Zufall (zum Beispiel Mutationen) und Notwendigkeit (natürliche Auslese) ein zweckmäßiges, dem Lebewesen nutzbringendes Merkmal entsteht.

In der Evolution sind Zufall und Notwendigkeit miteinander verknüpft. Alle Arten weisen bezüglich ihrer Teilpopulationen und Individuen Merkmalsunterschiede auf. Diese gehen unter anderem auf zufällige Mutationen zurück. Nur diejenigen Individuen, die mit bestimmten Umweltfaktoren wie Feinddruck oder Nahrungsangebot gut zurechtkommen, erreichen das Fortpflanzungsalter und haben Nachkommen. Auf diese Weise verändert sich eine Population zwangsläufig in genetischer Hinsicht. Die Begünstigung von Individuen hinsichtlich Reproduktion in Abhängigkeit von Umweltbedingungen bezeichnete Darwin als natürliche Auslese oder Selektion. Diese bewirkt notwendigerweise Angepasstheit von Individuen.

Aus naturwissenschaftlicher Sicht ist also Zufall nicht das Gegenteil von Zweck, er führt vielmehr zusammen mit Selektion zu zweckmäßigen Eigenschaften.

Zweck wird auch nicht als sinngebendes Ziel verstanden, denn aus biologischer Sicht hat die Evolution kein Ziel. Evolution wird von den augenblicklichen Umweltgegebenheiten und der aktuellen genetischen Ausstattung beeinflusst. Sie zielt nicht auf eine bestimmte zukünftige Biokonstruktion. Finalistische Aussagen haben in der Biologie daher keinen Platz.

Kommen wir auf unser Problem zurück: Für Theologen ist Zufall das Gegenteil von Zweck, ein Ereignis ohne Sinn und Absicht. Wer das Wort „Zufall" für die Beschreibung eines Ereignisses benutzt, meint im theologischen Sprachgebrauch, dass ein bestimmtes Ereignis ohne Gottes Zutun erfolgt ist. Aber obwohl Naturwissenschaftler das Wort „Zufall" gebrauchen, wenn sie die Entstehung des Universums und die Entwicklungsgeschichte des Lebens beschreiben, machen sie dennoch keine Aussagen über das schöpferische Tun Gottes. Da sie dem methodischen Naturalismus verpflichtet sind (siehe die Beiträge von Bayrhuber und Lesch), definieren sie den Begriff „Zufall" anders, als Theologen dies tun.

**Design.** Wenden wir uns nun dem Begriff „Design" zu: Im Alltag benutzen wir das Wort „Design", um die bewusste, künstlerische Gestaltung eines Gebrauchsgegenstandes oder einer Gebrauchsgrafik zu charakterisieren. Im angelsächsischen Sprachraum umfasst der Begriff auch technisch-konstruktive Anteile der Gestaltung, den „Bauplan". In diesem Sinne taucht „Design" auch als Fachbegriff in der Biologie auf. Die Naturwissenschaft leugnet also keineswegs Design in der Natur, sie hat nur jede Menge Indizien gesammelt, die darauf hindeuten, dass dieses Design durch natürliche Prozesse im Rahmen der biologischen Evolution entsteht (siehe Beitrag Bayrhuber, **Abb. 2**).

Im 19. Jahrhundert meinte „design" im Englischen jedoch noch etwas anderes, nämlich „Absicht" oder „Zweck". So gebrauchte beispielsweise Jane Austen in ihren Romanen dieses Wort. Dass der Romanheld die Heldin im Garten traf, war kein Zufall, denn er tat es „by design", „mit Absicht". Und das entspricht im Prinzip dem heutigen theologischen Sprachgebrauch: Hier ist Gott derjenige, der Absichten mit uns und der Welt verfolgt.

Noch einmal anders verwendete die „Natürliche Theologie" oder Physico-Theologie des 18. und frühen 19. Jahrhunderts den Begriff. Sie sah in der zweckmäßigen Angepasstheit der Organismen an ihren Lebensraum und ihre Lebensweise einen wichtigen Hinweis auf einen fürsorgenden und lenkenden Gott. Einzelne Vertreter wie etwa William Paley (1802) bauten diese Argumentation zum Versuch eines teleologischen Gottesbeweises aus. Demgegenüber war es Darwins Verdienst zu zeigen, dass Design im Sinne von zweckmäßigen Biokonstruktionen auch durch die Wirkung von natürlichen Ursachen (Zweitursachen im theologischen Sinne) erklärt werden kann – was selbstverständlich keine Aussage über eine Erstursache macht. „Erstursache" und „Zweitursache" sind übrigens hierarchische und keine zeitlichen Begriffe, weshalb Charles Darwin in seinem Buch über den *Ursprung der Arten* denn auch schreiben konnte: „Nach meiner Ansicht stimmt es besser mit dem überein, was wir über die Gesetze wissen, die der Schöpfer der Materie auferlegt hat, wenn wir davon ausgehen, dass die Erzeugung und das Aussterben gegenwärtiger und vergangener Bewohner der Welt Zweitursachen geschuldet ist, wie jene, die Geburt und Tod des Individuums bestimmen" (Darwin 1859/1985, S. 458).

Während die Vertreter der Natürlichen Theologie noch die Gesamtheit der Organismen und ihrer naturwissenschaftlich zu untersuchenden Biokonstruktionen im Blick hatten, die sie mit den größten feinmechanischen Wunderwerken ihrer Zeit verglichen, und als tiefgläubige Menschen aus ihrem Glauben heraus staunend die Welt interpretierten, verortet die in den 1980er Jahren entstandene, kreationistische Intelligent-Design-Bewegung Gottes Wirken in den Lücken gegenwärtiger naturwissenschaftlicher Erkenntnis (Roberts 1999). Der Plan, also die Absicht Gottes – Design im Sinne des 19. Jahrhunderts –, wird so zum Bauplan – Design im modernen, angelsächsischen Sinne – eines Schöpfergottes. Die Argumentationskette ist folgende:

**3** | Vordergründig erscheint es naheliegend, hinter der Spirale von Ammonitengehäusen einen intelligenten Künstler zu vermuten. Perfekte Spiralen ergeben sich jedoch auch ganz zwangsläufig über einfache Wachstumsgesetze. Zeichnung von Jens Harder (*Alpha Directions*, 2009).

1. Es gibt „irreduzibel komplexe" Systeme, das heißt biologische Konstruktionen, die zusammenbrechen, wenn man eines der Teile entfernt.
2. Wir glauben nicht, dass so etwas evolviert sein kann, denn wir wissen nicht, wie das geschehen soll. (Von Noch-nicht-Wissen wird auf Grundsätzlich-niemals-wissen-Können geschlossen).
3. Es ist außerordentlich unwahrscheinlich, dass solche Konstruktionen auf einen Sitz per Zufall entstanden sind. (Dies hat nie ein Evolutionsbiologe behauptet.)
4. Also muss sie jemand unmittelbar gebaut haben: Beweis für einen Designer-Gott.

Nun folgt aus der Widerlegung einer naturwissenschaftlichen Theorie A keineswegs, dass eine Theorie B richtig ist, denn es könnten auch C oder D richtig sein. Tatsächlich liegt ein rhetorisches argumentum ad ignorantiam vor: Man suche sich Dinge aus, die man nicht versteht, und behaupte dann, dass ein Wunder nötig ist, um sie zu erklären. Damit macht man die eigene Vorstellungskraft zum Maß für Gott und degradiert gleichzeitig Gott zu einer „natürlichen Ursache" unter vielen (Kummer 2006). Zugleich wird dem Gottesverständnis ein schlechter Dienst erwiesen. Denn mit jeder durch neue Erkenntnis geschlossenen Lücke schiebt man diesen Gott weiter aus der Welt hinaus und macht ihn im Wortsinn unglaubwürdig (Hemminger 2007). Demgemäß schreibt George Coyne (2005), der frühere Direktor des Vatikanobservatorium, dass „die Intelligent-Design-Bewegung, während sie einen Gott der Stärke und der Macht propagiert, einen Designer-Gott, in Wirklichkeit Gott herabsetzt, klein und armselig macht".

Dass „Intelligent Design" dennoch gelegentlich einen Weg in theologische Gedankengänge findet, verdankt die Bewegung neben ihrem rhetorischen Geschick wesentlich den unterschiedlichen Bedeutungsgehalten der Begriffe „Zufall" und „Design" beziehungsweise „Zweck" in Theologie und Naturwissenschaften.

## Motive von Kreationisten

Neben kognitiven Gründen dafür, dass Menschen Kreationisten werden (oder bleiben), spielen auch emotionale eine wichtige Rolle:

> Was radikale Kreationisten einigt, ist ein Bedürfnis, Gott vor der Anschuldigung in Schutz zu nehmen, er hätte eine bereits gefallene Welt geschaffen, eine Welt voller Leid und Tod und Sinnlosigkeit von Anfang an, in der jene Gottes Auserwählte sind, deren Zähne und Klauen am stärksten vom Blut gerötet sind […]. Die meisten Bewohner der westlichen Welt bekunden einen Glauben an Gott. Was radikale Kreationisten von anderen Gläubigen unterscheidet, ist ihre Überzeugung, dass die zeitgenössischen naturwissenschaftlichen Ansichten den Glauben an einen liebenden, personalen Gott zutiefst unplausibel machen, und ihr brennendes Bedürfnis, dass dies nicht so sein sollte.
>
> (Peters 2009, S. 318)

Die Vielfalt der Meinungen innerhalb des kreationistischen Spektrums über Geologie, Paläontologie und Evolution „lassen sich durch die Tatsache erklären, dass der radikale Kreationismus durch ein ‚Forschungsprogramm' motiviert ist, dessen Ziel es ist zu zeigen, dass Gott keine Schuld am natürlichen Leid trägt" (Peters 2009). Das natürliche Leid wird stattdessen auf die Sündhaftigkeit der Menschen zurückgeführt.

Abgesehen von Problemen mit der Theodizee (Kölbl-Ebert 2005; Kessler 2007) gibt es jedoch auch weitere Faktoren. Das Motto der Aufklärung „Habe den Mut, dich deines eigenen Verstandes zu bedienen" verunsichert manche Menschen: Sie fürchten sich davor, die Verantwortung zu übernehmen, die mit der Freiheit einhergeht, und sie delegieren sie daher oft weiter; entweder an religiöse Autoritäten oder an naturwissenschaftliche Experten oder Esoteriker. Hier finden sie scheinbar einfache Lebensrezepte und ein Gefühl von Sicherheit in einer zunehmend komplexen Welt.

Den Wunsch nach Sicherheit oder einer Rechtfertigung Gottes finden Kreationisten weder durch die Naturwissenschaften noch durch die moderne, wissenschaftliche Theologie befriedigt (Peters 2009) und sie sind sich in aller Regel der existierenden Versuche eines konstruktiven Dialogs (zum Beispiel Russell et al. 1998; Kessler 2009; Roberts 2009) nicht bewusst.

Dabei birgt der Kreationismus durchaus auch gesellschaftspolitische Gefahren (vgl. auch Hedges 2006), wie der Europarat im Oktober 2007 feststellte:

> Die völlige Ablehnung der Naturwissenschaften ist unbedingt eine der ernstesten Bedrohungen für die Menschen- und Bürgerrechte. […] Der Krieg gegen die Evolutionstheorie und ihre Vertreter entsteht am häufigsten in Formen von religiösem Extremismus, der mit extremen politischen Bewegungen des rechten Spektrums verknüpft ist. Die kreationistische Bewegung besitzt eine echte politische Macht. Es ist eine Tatsache, und dies ist bei mehreren Gelegenheiten gezeigt worden, dass einige Vertreter des strengen Kreationismus darauf aus sind, die Demokratie durch eine Theokratie zu ersetzen.
>
> (Council of Europe 2007)

## Ausblick

Der heutige Kreationismus ist ein vergleichsweise junges Phänomen (Numbers 2006; Ostermann 2009; Roberts 2009), das von einer ganzen Reihe von überwiegend philosophischen und theologisch-spirituellen Motiven beeinflusst wird. Auch eine antidemokratische Zielsetzung ist unverkennbar.

Daher sollte es in der gegenwärtigen Debatte um den Kreationismus nicht um eine vermeintliche Gegnerschaft von Naturwissenschaften und Theologie, sondern um das Verhältnis von Aufklärung und Fundamentalismus gehen. Notwendig erscheint ein konstruktiver Dialog zwischen Theologie und Naturwissenschaften um Evolution und Schöpfung. Dieser erfordert nicht zuletzt die Achtung vor den intellektuellen Errungenschaften des jeweils anderen Fachgebietes und das gegenseitige Verständnis der unterschiedlichen Fachsprachen. In unserem Fall müssen zunächst basale Begriffe wie beispielsweise Zufall, Zweck und

4 | Karikatur zur Rhetorik von Intelligent Design

Design geklärt werden. Auch ist die Kenntnis emotionaler Faktoren weltanschaulicher Vorstellungen erforderlich.

Naturwissenschaftler sollten sich aber auch bewusst sein, dass viele Theologen sich vom zunehmenden christlichen Fundamentalismus genauso abgestoßen fühlen wie sie selbst.

**Anmerkung**

Herrn Dr. Martin Ostermann (KU Eichstätt-Ingolstadt) möchte ich herzlich danken für zahlreiche anregende Gespräche und Informationen aus dem Grenzbereich Theologie und Geologie sowie für die kritische Durchsicht und Korrektur der theologischen Definitionen von „Zufall" und „Zweck" für unsere Sonderausstellung im Jura-Museum Eichstätt.

**Literatur**

Council of Europe, Parliamentary Assembly (2007): Resolution 1580 (2007). The dangers of creationism in education. http://assembly.coe.int/Main.asp?link=/Documents/AdoptedText/ta07/ERES1580.htm [13.01.2011].

Coyne, G. (2005): God's chance creation. In: The Tablet, 08.06.2005.

Darwin, Ch. (1859/1985): On the origin of species by means of natural selection, or The preservation of favoured races in the struggle for life. London. (Neuausgabe Harmondsworth 1985.)

Dawkins, R. (2006): The God delusion. London.

Hedges, C. (2006): American fascists: The Christian right and the war on America. New York.

Hemminger, H. (2007): Mit der Bibel gegen die Evolution: Kreationismus und „intelligentes Design" – kritisch betrachtet. Evangelische Zentralstelle für Weltanschauungsfragen, EZW-Texte Nr. 195.

ISB (= Staatsinstitut für Schulqualität und Bildungsforschung) (2001): Realschule: Lehrpläne Realschule R6: Katholische Religionslehre Jgst. 8. München, 2001. http://www.isb.bayern.de/isb/download.aspx?DownloadFileID=06bb3c77c8bb18312a904115a2b24268 [14.12.2010].

Kessler, H. (2007): Das Leid in der Welt – ein Schrei nach Gott. Kevelaer.

Kessler, H. (2009): Evolution und Schöpfung in neuer Sicht. Kevelaer.

Kirchenamt der EKD (2009): Weltentstehung, Evolutionstheorie und Schöpfungsglaube in der Schule – Eine Orientierungshilfe des Rates der Evangelischen Kirche in Deutschland. EKD-Texte 94. http://www.ekd.de/download/ekd_texte_94.pdf [13.01.2011].

Kölbl-Ebert, M. (2005): Lissabon 1755 – Anatomie einer Erderschütterung. In: Archaeopteryx 23, S. 83–98.

Kölbl-Ebert, M. (2009): Evolution und Schöpfung: Interdisziplinärer Dialog in der musealen Praxis. In: Archaeopteryx 27, S. 55–80.

Kummer, Ch. S. J. (2006): Evolution und Schöpfung – Zur Auseinandersetzung mit der neokreationistischen Kritik an Darwins Theorie. In: Stimmen der Zeit 1/2006.

Linné, C. v. (1732/1975): Lappländische Reise. Frankfurt.

Numbers, R. L. (2006): The creationists – From scientific creationism to intelligent design. 2., erweiterte Auflage. Cambridge (Mass.).

Ostermann, M. (2009): The history of the doctrine of creation – a Catholic perspective. In: M. Kölbl-Ebert (Hrsg.), Geology and religionl: A history of harmony and hostility. In: Geological Society of London, Special Publications 310, S. 329–338.

Paley, W. (1802): Natural theology; or, evidences of the existence and attributes of the diety, collected from the appearances of nature. London.

Peters, R. (2009): Theodicic creationism: its membership and motivation. In: M. Kölbl-Ebert (2009): Geology and religion – a historical perspective on current problems. In: M. Kölbl-Ebert (Hrsg.), Geology and religion: A history of harmony and hostility. In: Geological Society of London, Special Publications 310, S. 317–328.

Roberts, M. (1999): Design up to scratch? A comparison of design in Buckland (1832) and Behe. In: Perspectives on Science and Christian Faith 51.4 (December 1999), S. 244–252.

Russell, R. J./W. R. Stoeger/F. J. Ayala (Hrsg.) (1998): Evolutionary and molecular biology: Scientific perspectives on devine action. Vatican Observatory, Vatican & Center for Theology and the Natural Sciences, Berkeley, California.

Schärtl, Th. (2008): Neuer Atheismus. Zwischen Argument, Anklage und Anmaßung. 3/2008. http://www.stimmen-der-zeit.de [13.01.2011].

Schönborn, Ch. (2005): Finding design in nature. In: New York Times, 07.07.2005.

Schönborn, Ch. (2009): Schöpfung und Evolution – zwei Paradigmen und ihr gegenseitiges Verhältnis. http://stephanscom.at/download/schoepfung_akadwiss09.pdf [13.01.2011].

Schrader, Ch. (2007): Darwins Werk und Gottes Beitrag. Evolutionstheorie und Intelligent Design. Kreuz Forum.

Vollmer, G. (2004): Artikel „Zufall in der Biologie". In: Lexikon der Biologie, Heidelberg. Bd. 14, S. 489–491.

# Wir sind Sternenstaub

Am 4. Juli 1054 beobachteten chinesische Astronomen einen Stern, der plötzlich außergewöhnlich hell aufleuchtete. Dieses Phänomen, eine Supernova, ging auf die Explosion dieses Sterns zurück. Die Abbildung zeigt den Überrest der Supernova, den Krebsnebel, der am sehr dunklen Nachthimmel im Sternbild Stier mit dem Teleskop zu sehen ist. Es handelt sich um eine Gas- und Staubwolke, die sich seit dem Zerbersten des Sterns immer weiter ausbreitet.

Ohne die Explosion von Sternen vor Milliarden von Jahren gäbe es kein Leben. In der Anfangszeit des Universums gab es nur Wasserstoff und Helium. Schwerere Elemente, die auch in Lebewesen vorkommen, bildeten sich erst im Inneren von Sternen. Dort herrscht eine so hohe Temperatur, dass Atomkerne verschmelzen. Bei diesen Kernfusionen entstehen zum Beispiel Kohlenstoff, ein wesentlicher Bestandteil aller organischen Verbindungen, und Stickstoff, ein wichtiger Grundstoff der Eiweißstoffe. Weiterhin bilden sich Sauerstoff, Calcium, Natrium, Eisen und viele andere Elemente, aus denen Biomoleküle aufgebaut sind. Alle diese Elemente waren in einer riesigen Wolke aus Gas und Staub enthalten, die sich vor etwa 4,6 Milliarden Jahren unter der Wirkung der Schwerkraft allmählich verdichtete, sodass das Sonnensystem samt Erde entstand. Die Wolke hatte sich aus den Überresten mindestens eines explodierten Sternes gebildet.

Sternenstaub ist also die stoffliche Grundlage der Lebewesen. Diese nehmen laufend Stoffe auf, die letztlich davon herstammen, bilden sie um und geben sie in veränderter Form an die Umgebung ab. Dieser Stoffwechsel erfordert den Einsatz von Energie. Dazu wandeln grüne Pflanzen in der Fotosynthese Sonnenlicht in chemische Energie um. Diese hält nicht nur den pflanzlichen Stoffwechsel aufrecht, sondern auch den Stoffwechsel jener Lebewesen, die direkt oder indirekt von grünen Pflanzen leben. Dazu gehören zum Beispiel der Mensch und die Tiere. Stoffwechselenergie stammt somit letztlich ebenfalls aus Kernfusionen: In der Sonne verschmelzen Wasserstoffkerne zu Heliumkernen. Dabei werden jede Sekunde insgesamt 4 Millionen Tonnen Sonnenmasse gemäß der Funktion $E = mc^2$ in $4,2 \times 10^{23}$ kJ Energie umgewandelt.

Die Explosion von Sternen war also eine unverzichtbare Voraussetzung für die Entstehung von Lebewesen, und ohne Kernfusionen in der Sonne könnten diese nicht existieren. Die Erklärung von Supernovae und Kernfusionen bietet die Physik. Sie liefert daher auch einen wesentlichen Beitrag zum Verständnis des Lebens und der Evolution. **HB**

vor etwa 13,7 Milliarden Jahren heißer Urknall

vor etwa 4,5 Milliarden Jahren Entstehung der Erde und der anderen Planeten

*My goal is simple. It is a complete understanding of the universe, why it is as it is and why it exists at all.* STEPHEN HAWKING (*1942)

Harald Lesch

# Evolution und Physik

**Was ist und will die Physik?**

Die Physik ist die Wissenschaft der Naturvorgänge, die grundsätzlich experimenteller Erforschung, insbesondere aber der messenden Erfassung und mathematischen Darstellung zugänglich sind und allgemeingültigen, in mathematischer Form formulierbaren Gesetzen unterliegen. Vor allem untersucht die Physik die Erscheinungs- und Zustandsformen, Strukturen, Eigenschaften, Veränderungen und Bewegungen von Materie sowie die diese Veränderungen hervorrufenden Kräfte und Wechselwirkungen.

Als grundlegende empirische Wissenschaft ist die Physik hinsichtlich ihrer Vorgehensweisen und Methodik beispielgebend; die Anwendung und Erweiterung ihrer Grundbegriffe, Theorien und Methoden auf angrenzende Wissenschaften hat zu wichtigen Spezialgebieten geführt. Innerhalb des weiteren Rahmens der exakten Naturwissenschaften nimmt die Physik deshalb die zentrale Stellung ein, weil die physikalischen Gesetzmäßigkeiten auch die Grundlage zum Verständnis der in anderen Naturwissenschaften untersuchten Naturvorgänge bilden. So sind zum Beispiel die Gesetze der Chemie aus den quantentheoretischen Gesetzen der Atom- und Molekülphysik mathematisch herleitbar; das Grenzgebiet der physikalischen Chemie nimmt hier eine vermittelnde Stellung ein. Auch die Grenzen zwischen Physik und Biologie verschwimmen in dem Maß, in dem die physikalischen Methoden auf die komplexen biologischen Systeme in der Biophysik anwendbar werden. Physik und Astronomie sind durch die Astrophysik und Kosmologie sehr eng miteinander verknüpft. Die Geophysik stellt die Verbindung zwischen den Geowissenschaften und der Physik her.

Engste Wechselbeziehungen bestehen vor allem auch zwischen Physik und der Strukturwissenschaft Mathematik, da einerseits viele mathematische Strukturen historisch aus physikalischen Problemstellungen erwachsen sind, andererseits bereits entwickelte mathematische Strukturen häufig in der physikalischen Forschung zur modellmäßigen Beschreibung real existierender Gegebenheiten verwendet werden können.

So weit zunächst einmal die Standortbestimmung der Wissenschaft Physik innerhalb der Wissenschaftslandschaft. Woher bezieht die Physik ihr Wissen und um welches Wissen handelt es sich dabei, und vor allem: Welchen metaphysischen und erkenntnistheoretischen Hypothesen unterliegt die physikalische Forschung?

Betrachten wir in einem ersten Rundgang die grundlegenden und zentralen Aufgaben und Ziele physikalischer Forschung. Kurz gesagt besteht die wesentliche Aufgabe der Physik darin,

**4. Juli 1054** Supernova, aus deren Überresten der Krebsnebel besteht

**1920er Jahre** Entwicklung des Modells der Expansion des Weltalls

1 | Das Gesetz der Schwerkraft wurde 1687 von Isaac Newton in seinem Werk *Philosophiae Naturalis Principia Mathematica* beschrieben. Nach eigener Aussage wurde er durch einen vom Baum fallenden Apfel darauf gebracht.

die Fülle der von ihr untersuchten Naturerscheinungen und -vorgänge als physikalische Prozesse zu erfassen, zu beschreiben und zu erklären. Dieses Ziel hat sie im Laufe einer jahrhundertelangen Entwicklung verfolgt, indem sie, ausgehend von einem vorwissenschaftlichen Erfahrungswissen, Begriffe bildete, mit denen sich, nach ihrer durch Messvorschriften erreichten Präzisierung als physikalische Größen, die physikalischen Naturvorgänge beschreiben und deuten lassen.

Bei ihrem Vorgehen bildete die Physik stets eine Einheit von Theorie und Experiment, Hypothese und Verifikation beziehungsweise Falsifikation. Hier findet die sehr enge Berührung zwischen theoretischer und experimenteller Physik statt: Aus den durch Beobachtung und Messung (dem physikalischen Experiment) gewonnenen Daten werden mittels funktionaler Zusammenhänge Beziehungen zwischen den untersuchten physikalischen Größen abstrahiert und als physikalische Gesetze

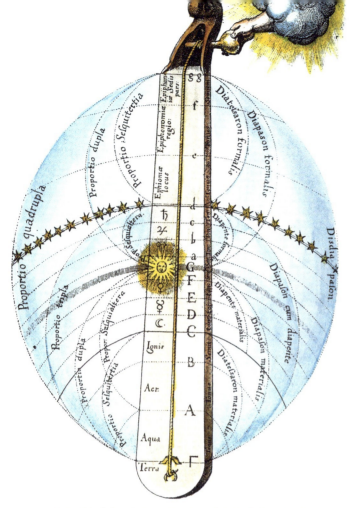

2 | Im 17. Jahrhundert war Physik noch vielfach Metaphysik: Man griff zur Erklärung der Welt auf übernatürliche Ursachen zurück. In diesem Kupferstich zu Robert Fludds *Utriusque Cosmi Metaphysica* (1617) wird die Welt und alles darin wie ein Geigenbogen von der Hand Gottes gestimmt. Fludd war ein Londoner Arzt mit ausgeprägtem Interesse an okkulter Philosophie, Kosmologie und Musik, deren Beziehung zum ptolemäischen Kosmos der Stich darstellt.

chen, sind sie von heuristischem Wert für die Interpretation von Messergebnissen und für das Gewinnen neuer Erkenntnis. Die Gesamtheit der in den verschiedenen Bereichen der Physik entwickelten Modelle und Theorien sowie der daraus resultierenden Erkenntnisse bezeichnet man als physikalisches Weltbild. Zu diesem Weltbild gehören Hintergrundannahmen, also die Voraussetzungen, um Physik betreiben zu können. Über diese Vorbedingungen der Forschung wird im Allgemeinen im wissenschaftlichen Alltag selten diskutiert, sie gehören zum Bereich der Philosophie und sie lassen sich unter der Position des Naturalismus zusammenfassen. Ich folge hier den Arbeiten von KANITSCHEIDER (1996) und VOLLMER (1995), wenn ich die der Physik implizite naturphilosophisch-anthropologische Position mit dem Satz beschreibe: *Überall in der Welt geht es mit rechten Dingen zu!*

Diese These zeichnet sich durch drei wichtige Merkmale aus: Sie erhebt einen universellen Gültigkeitsanspruch, formuliert ein recht drastisches Sparsamkeitsprinzip und stellt einen sehr weitgehenden Verzicht auf die Metaphysik dar.

### Der moderne Naturalismus – eine erste Annäherung

*Universell* gültig zu sein heißt überall und ohne Ausnahme gültig zu sein. Mit anderen Worten, es gibt nichts, aber auch gar nichts, was sich nicht nach längeren Untersuchungen und Überlegungen zumindest prinzipiell auf eine natürliche Ursache zurückführen ließe. Deshalb fordert und entwirft der Naturalismus ein kosmisches Gesamtbild, er ist ein Bild der ganzen Welt. Damit werden natürlich auch der Mensch und alle seine Fähigkeiten (unter anderem Erkennen, Forschen, moralisches Handeln, ästhetisches Urteilen) Teil der naturalistischen Positionen und Zielsetzungen. Das „Überall" wäre damit geklärt!

*Sparsam* mit etwas umzugehen, setzt voraus, dass man sich auch anders als sparsam verhalten könnte. Verschwendung ist das Gegenteil von Sparsamkeit. Aber mit was gehen Naturalisten sparsam um, welche Mittel sollen beschränkt werden? Die für den Naturalismus programmatische Mittelbeschränkung reguliert die Auswahl und den Wettbewerb von gleichwertigen Hypothesen, Theorien, Modellen und Denksystemen. Naturalisten fordern: Immer sollen die jeweils sparsameren, einfacheren und elementareren bevorzugt werden. Diese Forderung ist kein

formuliert beziehungsweise zu grundlegenden physikalischen Theorien verallgemeinert. Eine wichtige Rolle im physikalischen Erkenntnisprozess spielen Modelle, da zum Beispiel zahlreiche physikalische Objekte und Erscheinungen in der Atomphysik und Astrophysik nicht unmittelbar erfassbar und auch nicht anschaulich vorstellbar sind. Obwohl Modelle oft nur unter gewissen Aspekten und Idealisierungen der Wirklichkeit entspre-

grundsätzliches Verbot des anderen, sondern eine Handlungsempfehlung. Warum diese Forderung? Ganz einfach: Eine auf Erfahrungen fußende Wissenschaft wie die Physik ist besonders herausgefordert. Im Mittelpunkt ihrer Hypothesenbehandlung steht deshalb die Falsifizierbarkeitsforderung von POPPER: „Eine empirisch-wissenschaftliche Theorie muss an der Erfahrung scheitern können." Hypothesen mit weniger Annahmen werden deshalb vom Naturalismus bevorzugt, weil sie einfacher überprüft und getestet werden können als jene mit vielen Annahmen.

Übrigens, die Beschränkung auf die „rechten Dinge" ist ein Beispiel für diese freiwillig gewählte Einschränkung naturalistischer Erkenntnismittel, sie verzichtet auf alle über- oder außernatürlichen Erklärungsmuster, sie verlässt sich ganz auf die erfahrungswissenschaftliche Methode.

Im Naturalismus wird, soweit es geht, auch auf metaphysische Annahmen verzichtet, und es geht sehr weit. Zwar kann die Physik nicht ganz auf die Metaphysik verzichten, sie benötigt aber nach naturalistischer Ansicht nur eine Art Minimalmetaphysik. Diese besteht in der Hypothese, dass eine bewusstseinsunabhängige, strukturierte, zusammenhängende Welt, die zumindest in Teilen durch Wahrnehmung, Erfahrung und intersubjektive Wissenschaft erkennbar sein soll, existiert. Diese Auffassung heißt auch „hypothetischer Realismus". Besonders wichtig für diese Haltung ist vor allem die Annahme der Existenz einer Welt außerhalb und unabhängig von unseren Bewusstseinsinhalten. Es muss eine Welt da sein, die die Physik untersuchen und erklären kann. Diese Welt ist also kein Hirngespinst, sondern sie ist da, sie ist der Inbegriff aller Erscheinungen und kann prinzipiell mit physikalischen Methoden untersucht und beschrieben werden. Die Welt ist keine Konstruktion unseres Gehirns, sondern eine Rekonstruktion.

## Der moderne Naturalismus – physikalische Entwicklungshilfe

Nach der ersten, groben Durchmusterung naturalistischer Grundannahmen will ich in diesem zweiten Schritt noch einige für die Tragfähigkeit des Naturalismus wesentliche methodische Thesen behandeln, die namentlich für die Physik von großer Bedeutung sind. Zugleich bedarf vor allem die Position des Realismus noch einiger Erläuterungen.

Argumentativ kann man niemanden zwingend zum Realismus bekehren, aber es gibt gute Gründe, die für ihn sprechen. Der Versuch, die folgenden Fragen zu beantworten, zeigt, dass wir den Realismus brauchen:
— Warum liefern unabhängige Messmethoden für Naturkonstanten dieselben Werte? Warum nähern sich solche Werte einem Grenzwert?
— Warum erweist sich unter konkurrierenden Theorien in der Regel eine allen anderen überlegen?
— Warum ist die Suche nach Erhaltungsgrößen (wie Energie, Impuls, Ladung) und nach Naturgesetzen so erfolgreich?

Der Realist kann diese Fragen beantworten: Alle Eigenschaften kommen den Objekten unabhängig von Wechselwirkung und Beobachtung zu oder nicht zu. Ein Elektron hat eine Ladung, einen Ort, einen Impuls im Sinne des Besitzens. Eigenschaften entstehen durch Wechselwirkung der Objekte untereinander und werden somit zu einem realen Bestandteil der Welt. Die Überlegenheit bestimmter konkurrierender Theorien erklärt der Naturalist mit der Einzigartigkeit der von uns untersuchten realen Welt.

Ein weiteres wichtiges Merkmal des modernen Naturalismus ist die These, dass komplexe Systeme durch Evolution aus einfacheren Teilen be- und entstehen, oder anders formuliert: Alle realen Systeme, einschließlich des Kosmos als Ganzes, unterliegen der Entwicklung, der Evolution, also dem Werden und Vergehen. Der moderne Naturalismus ist deshalb ein evolutionärer Naturalismus.

Für die Physik hat diese Position zur Konsequenz, dass sie sich auch den historischen Abläufen in der Natur methodisch widmen kann. Hierzu zählen die „ganz großen Geschichten" von der Entstehung und Entwicklung des Universums, der Entstehung und Entwicklung von Galaxien, Sternen und Planeten und auch der Entstehung und Entwicklung von sich selbst reproduzierenden und sich selbst organisierenden Molekülen bis hin zu den einfachsten Lebewesen.

Komplexe Systeme entstehen grundsätzlich später und zeigen Eigenschaften, die keines der Teilsysteme jemals besaß. Als Beispiel für das Gewicht dieser These sei auf die extrem enge Verzahnung des kosmologischen Standardmodells, der soge-

3 | Die Planeten unseres Sonnensystems. Die Physik versucht zu erklären, wie dieses komplexe System entstanden ist.

nannten Urknalltheorie, mit der Standardtheorie der Elementarteilchenphysik verwiesen. Die Deutung und Rekonstruktion astronomischer Beobachtungen führte in der ersten Hälfte des 20. Jahrhunderts zur Hypothese, dass das Universum expandiere. Damit war im Umkehrschluss ein Anfang konstruierbar, der letztlich in die räumlichen und energetischen Dimensionen der atomaren beziehungsweise subatomaren Welt führt. Wenn das Universum tatsächlich expandiert, dann war es gestern kleiner, vorgestern noch kleiner und so weiter. Dieses Gedankenexperiment führt schließlich zwangsläufig zu der Frage, wie klein das Universum am Anfang gewesen sein muss beziehungsweise welche physikalischen Zustände es seit seinem Anfang bereits durchlaufen hat. Auf dieser Konstruktion gründet das wissenschaftliche Programm der Verflechtung von Atom- und Kernphysik für die ersten Phasen der kosmologischen Entwicklung. Hieraus haben sich wichtige Vorhersagen über die Entstehung und Entwicklung der Bausteine der Materie ergeben, angefangen bei den elementaren Bausteinen der Atomkerne bis hin zur Synthese der ersten chemischen Elemente Wasserstoff und Helium. Diese Vorhersagen wurden durch Beobachtungen genauso beeindruckend bestätigt wie die grundsätzliche Vorhersage des „heißen Urknalls", die vermutet, dass das gesamte Universum gleichmäßig in allen Richtungen und an jedem Ort von einer Strahlung durchsetzt ist, die als kosmische Hintergrundstrahlung bezeichnet wird.

Die These vom grundsätzlichen Aufbau der komplexen Systeme aus einfacheren Bausteinen liefert die philosophische Grundlage für die hier nur angedeutete Verbindung des „Allergrößten" mit dem „Allerkleinsten" und bietet zugleich die Perspektive für „eine" Physik für die „eine" Natur. Zur erfolgreichen Ausformung dieser Perspektive gehört ein Werkzeug, das ganz im Mittelpunkt physikalischer Erforschung steht, und das sind die Naturgesetze.

## Von den Gesetzen der Natur

Seit der Aufklärung hat sich die Physik weltanschaulich sehr „entschlackt". Die Physik erklärt die Natur nicht mehr innerhalb eines umfassenden, religiös gedeuteten Weltbildes, sondern sie verzichtet, wie erwähnt, weitestgehend auf jede Art von metaphysischen Hypothesen. Die Physik, wie auch jede andere moderne Wissenschaft von der Natur, verzichtet auf finale oder teleologische Deutungsansätze. Trotz dieser drastischen „Entphilosophierung" der Naturwissenschaften können sie nicht auf die Philosophie verzichten, denn sie verwenden Begriffe, Methoden und Hypothesen, die sich nur außerhalb ihrer selbst, also transwissenschaftlich und somit nur auf der philosophischen Ebene, diskutieren lassen. Einer dieser Begriffe ist das Naturgesetz und eine dieser Annahmen betrifft die universelle Gültigkeit der Naturgesetze.

**Naturgesetze.** Was aber sind Naturgesetze? Zunächst eine vorläufige Charakterisierung nach VOLLMER (2000): „Naturgesetze sind Beschreibung von Regelmäßigkeiten im Verhalten realer Systeme." Die Physik als Paradebeispiel des modernen Naturalismus verwendet Naturgesetze als möglichst sparsame Beschreibung vergangener Erfahrungen, die der wissenschaftlichen Systematisierung dienen und als Allaussagen mit hohem Informationsgehalt im Allgemeinen gut überprüfbar sind und damit auch der Prognose und Retrodiktion dienen. Naturgesetze präsentieren eine zumindest vorläufige Erklärung und führen damit zu vorläufigem Verständnis und der Konstruktion von durch neue empirische oder theoretische Ergebnisse erzwungenen korrigierbaren Hypothesen. Naturgesetze sind wesentliche Teile von Theorien, das Finden und empirische Überprüfen dieser Gesetze definiert den Fortschritt der Physik.

Der Gegenstand der physikalischen Forschung betrifft heutzutage alle realen Systeme von den materiellen Bausteinen des Universums bis hin zum Kosmos als Ganzem. Hier sind zwei zunächst ganz unterschiedliche Bereiche physikalischer Forschung zu nennen: einerseits die Suche nach den Fundamenten der Physik in der sogenannten Grundlagenforschung, andererseits die Anwendung und Verwandlung physikalischer Erkenntnisse in Technik.

Physikalische Grundlagenforschung lässt sich als die Suche nach den grundlegenden Naturgesetzlichkeiten definieren. Hierzu gehören zum Beispiel die Suche nach den elementaren Bausteinen der Materie und ihren Wechselwirkungen, aber auch die Astrophysik und Kosmologie. Gerade die auf den ersten Blick „nutzlose" Suche nach diesen Grundgesetzen hatte enorme Folgen für die angewandte Forschung. Hier steht der Nutzen ganz im Mittelpunkt. Für die Moderne besonders wichtig war die Transformation der Naturgesetze in immer spezifischere technische Entwicklungen. Im Kontext der hier behandelten Frage, was die Physik wie weiß und welche Rolle dabei Naturgesetze spielen, ist meiner Einschätzung nach besonders wichtig, dass die technische Umsetzung zwar kein Garant für die Gültigkeit des Naturgesetzes ist, aber ein starkes Argument dafür, dass doch einiges an den technisch verwendeten Naturgesetzen „dran sein muss". Die digitale Elektronik des Computers, mit dem ich diesen Text schreibe, basiert letztlich auf den Erkenntnissen der Quantenmechanik. Falls diese Theorie nicht richtig sein sollte, so ist sie doch zumindest in einem gewissen Rahmen sehr erfolgreich anwendbar. Ebenso verhält es sich mit der Elektrotechnik insgesamt. Jedes Mal, wenn in einer elektrotechnischen Anlage magnetische Felder erzeugt werden durch die Bewegungen elektrischer Ladungen, werden die Grundlagen der speziellen Relativitätstheorie aufs Neue bestätigt. Insgesamt muss man schon zugeben, dass die Erfolge der modernen Physik mit ihrer Eigenschaft zu tun haben, in äußerst nützliche und wirkungsvolle Technologie verwandelt werden zu können. Heute hängt der Wohlstand ganzer Kontinente mit dieser Transformation von Physik in Technik zusammen. Letztlich steht und fällt das Vertrauen in die moderne Gesellschaft mit dem Vertrauen in die physikalische Forschung, mit der Perspektive, dass die Physik auch in Zukunft die Grundlagen für neue technische Anlagen und Prozesse entwickeln wird, die die gegenwärtigen Probleme wie Klimawandel oder Ressourcenendlichkeit lösen können.

**Universalität der Naturgesetze.** Neben den konkreten Naturgesetzen, die sich auf einen Teil der empirisch zugänglichen Welt beschränken (Elektrodynamik, Quantenmechanik oder Elementarteilchenphysik), gibt es Forderungen, die nicht für reale Systeme gelten, sondern die Form und den Inhalt der Naturgesetze selbst betreffen und sich als sehr erfolgreiche Metagesetze erwiesen haben. Zu nennen ist hier beispielsweise die Forderung, dass die Form eines Naturgesetzes unabhängig von der Bewegung des Bezugssystems sein soll, was zur Formulierung der Relativitätstheorien führte; oder die Invarianzforderungen als Grundlage für Erhaltungsgrößen (Energie-Homogenität der Zeit, Impuls-Homogenität des Raumes und Drehimpuls-Isotropie des Raumes); oder die Symmetrieforderungen, zum Beispiel das berühmte E = Mc² der Speziellen Relativitätstheorie, das die Entdeckung der Antimaterie zur Folge hatte.

Mit dem Begriff „Naturgesetz" verbinden wir den Anspruch auf eine universelle Anwendbarkeit und Geltung, selbst wenn man mit Korrekturen jederzeit rechnen muss. Allerdings gibt es Regelmäßigkeiten in der Natur, die möglicherweise nur innerhalb gewisser Parameterbereiche auftauchen oder sogar unter bestimmten Umständen nicht gelten. Nach Vollmer (2000) haben wir zwischen folgenden Naturgesetzen zu unterscheiden: solche ohne „Ausnahmegenehmigung" und solche mit. Mit Ausnahmen sind aber, das muss hier betont werden, keine Wunder gemeint. Wunder wären Verstöße gegen die Naturgesetze. Im Rahmen des modernen Naturalismus gibt es keine Wunder, sondern höchstens Wissenslücken, die durch entsprechende Forschungsanstrengungen irgendwann in die wissenschaftlichen Erklärungsmodelle integriert werden können.

**Naturgesetze: Beschreibung, nicht Erklärung.** Lässt sich im Zusammenhang mit Naturgesetzen überhaupt von Regelmäßigkeiten in „reiner" Form sprechen, wenn die wirklichen Verhältnisse häufig nur ungefähre Regelmäßigkeiten zulassen? Beispielsweise lassen sich Gravitationsfelder nie isoliert betrachten, immer muss der Einfluss aller Massen im Universum mitbehandelt werden. Ebenso gibt es keine idealen Flüssigkeiten ohne Reibung an Wänden. Letztlich kann dieses Problem der realen Phänomene nie ganz ausgeschlossen werden. Viele Naturgesetze beschreiben also nicht die wirkliche oder gar beobachtbare Welt, sondern sie abstrahieren auf fiktive, idealisierte Vorgänge.

Hier kommen wir wieder auf das interessante Verhältnis zwischen Grundlagenforschung und angewandter Forschung, auf das Thema Technologieentwicklung zurück. Erstere ist an den idealen Verhältnissen interessiert. Sie sucht naturgesetzliche Zusammenhänge, die sie in isolierten experimentellen Anlagen empirischen Testverfahren unterzieht; ganz anders die angewandte Forschung, hier spielen die Randbedingungen der Wirklichkeit eine entscheidende Rolle. Diese Randbedingungen können kommerzieller Natur sein (ein technisches Produkt wird in reiner Form schlicht zu teuer), sie können aber auch vom Verwendungszweck abhängen. Technologien sollen ja für den Menschen anwendbar und verwendbar sein. Oft ist es Platzmangel, der zu Problemen bei der technischen Umsetzung führt und so nicht nur den Erfindergeist zu neuen Entwicklungen antreibt, sondern dabei auch neue Naturgesetze entdeckt.

Letztlich dienen die Naturgesetze der strukturierten, nachvollziehbaren Erklärung von Einzelereignissen, Regelmäßigkeiten und ihren Ausnahmen. Sie sind selbst aber noch keine Erklärung. Vielmehr beschreiben sie die Natur oder die Erfahrungen, die wir mit der Natur machen.

## Die Bedeutung der Naturgesetze

Den zweiten Aspekt der Naturgesetzlichkeit, nämlich ihre universelle Gültigkeit, will ich im nächsten Schritt darstellen. Ich möchte die Faszination des wissenschaftlichen Erkenntnisvermögens, im Rahmen des modernen Naturalismus, anhand einer elementaren, jeder Person unmittelbar zugänglichen kosmologischen Grunderfahrung im Detail aufzeigen. Dabei werden sich alle charakteristischen Forderungen des Naturalismus als konstitutiv erweisen, für das moderne Verständnis vom Aufbau des ganzen Universums, seinem Anfang und seiner Entwicklung bis hin zu intelligenten Lebewesen.

**Der Blick in den gestirnten Himmel über mir.** Sie stehen unter dem dunklen Nachthimmel. Es ist richtig dunkel, also Neumond. Sie sehen den gestirnten Himmel über sich. Einige der Lichter am Himmel sind Planeten, sie funkeln nicht, denn sie stehen der Erde so nahe, dass sie als Scheiben erkennbar sind. Alle anderen Lichtquellen am Himmel sind Sterne. Sterne sind sehr weit entfernte Objekte. Selbst der nächste Stern, Proxima Centauri, ist bereits über 4 Lichtjahre von der Sonne entfernt. Dies ist eine ungeheure Länge. Ein Lichtjahr sind 9 Billionen 460 Milliarden 800 Millionen Kilometer. Der Mond ist nur etwas mehr als 1 Lichtsekunde von der Erde entfernt, die Sonne rund 8 Lichtminuten. Der Rand des Sonnensystems ist einige Lichtstunden, aber Sterne sind eben Lichtjahre weit weg. Bereits die unmittelbare kosmische Nachbarschaft übersteigt unser räumliches Vorstellungsvermögen. Die Abgründe von Raum und Zeit werden noch viel größer, wenn man sich den noch weiter entfernten Sternen am Himmel zuwendet. Beobachten Sie den Himmel

4 | Das Sternbild Orion

im Winter, dann haben Sie sicherlich schon einmal das Sternbild Orion (**Abb. 4**) gesehen. Hier sind zwei Sterne besonders „prominent", der eine rote, oben links, ist die Beteigeuze. Dieser Stern ist über 500 Lichtjahre weit weg. Unten links im Orion steht der Rigel, er ist ca. 770 Lichtjahre entfernt. Ein kleiner Nebel am sehr dunklen Nachthimmel wird der Krebsnebel (siehe Abbildung S. 47) genannt und ist der Überrest einer Sternexplosion, die am 4. Juli 1054 von chinesischen Astronomen beobachtet wurde und für mehr als 3 Wochen am Tageshimmel als „Gaststern" neben der Sonne sichtbar war. Dieser Supernova-Überrest ist über 6.000 Lichtjahre weit weg. Und in ganz besonders guten Nächten können Ihre Augen sogar die nächste größere Galaxie, die Andromeda, als kleines verwaschenes Fleckchen erkennen. Sie ist über 2,2 Millionen Lichtjahre weit weg.

Aber genug der Abgründe. Was bedeutet es, dass Sie diese Objekte am Himmel überhaupt sehen können? Es bedeutet, dass sich zwischen Ihrem Auge und diesen Sternen oder Galaxien nichts befindet, was das Licht dieser Objekte absorbieren kann. Kurzum, das Universum da draußen muss nahezu völlig leer sein. Die Abgründe in Raum und Zeit sind zwar riesig, aber zugleich sind sie Gebiete ohne nennenswerte Materie. Das Universum enthält diffus verteilte Materie mit nur sehr geringer Dichte.

Eine einfache Überlegung zu den Planetenbewegungen um die Sonne ergibt ein gleiches Ergebnis zur Dichte des Materials innerhalb des Sonnensystems. Wenn die Altersbestimmungen der Meteoriten und Planeten stimmen, dann drehen sich die Planeten bereits seit über 4,5 Milliarden Jahren um die Sonne. Die Entwicklung des Lebens auf der Erde legt den Schluss nahe, dass der blaue Planet seine Bahn seit Beginn seines immer gleichen Weges nicht mehr verlassen hat. Eine zu große Entfernung von seinem Muttergestirn hätte ihn für immer einfrieren lassen und eine zu geringe Entfernung hätte alles Leben auf der Erde den Hitzetod sterben lassen. Mit anderen Worten: Seit über 4,5 Milliarden Jahren bewegen sich die Planeten auf ihren Bahnen um die Sonne, ohne diese je verlassen zu haben. Aus dieser Stabilität ist zu folgern, dass sich auch im Sonnensystem kaum Materie zwischen den Planeten befindet, sonst hätte sich diese an ihnen so sehr gerieben, dass die Planeten einen Teil ihrer Rotationsenergie verloren hätten und so unweigerlich näher in Richtung Sonne gedriftet wären. Auch das Sonnensystem ist also, abgesehen von einzelnen Felsbrocken, Staubkörnern und eben den Planeten, ziemlich leer.

Quantitativ lässt sich die Leere im Weltraum wie folgt angeben: Die mittlere Dichte des Gases in der Milchstraße liegt bei 1 Teilchen pro Kubikzentimeter und die mittlere Gasdichte im Universum bei 1 Teilchen pro Kubikmeter. Zum Vergleich: Ein Kubikzentimeter Raumluft enthält 100 Trillionen Teilchen, diese Zahl ist eine 1 mit 18 Nullen!

Fassen wir kurz zusammen: Ein Blick in den Nachthimmel genügt, um uns den momentanen Zustand des Universums klarzumachen. Es enthält Einzelobjekte (Planeten, Sterne, Galaxien), die von riesigen Leerräumen umgeben sind. Wir machen eine kosmologische Grunderfahrung, die ich mit einem Bild beschreiben möchte: Unser Planet ist ein winziges Boot im Ozean des Nichts.

Noch mysteriöser wird dieser Blick in den gestirnten Himmel, wenn man etwas über die Entstehung und Entwicklung des Kosmos weiß. Seit den 1920er Jahren lassen sich sämtliche Beobachtungen der besten Teleskope mit einem einzigen Modell interpretieren. Es besagt, dass das Universum sich ausbreitet – der Raum expandiert. Je weiter eine Galaxie von uns entfernt ist, umso schneller entfernt sie sich von uns. Dies gilt allerdings nicht für die unmittelbare Nachbarschaft der Milchstraße. Hier bewegen sich die Galaxien sogar aufeinander zu. Dies liegt daran, dass zum Beispiel die Andromeda-Galaxie und die Milchstraße sich durch ihre Massenanziehung gegenseitig anziehen. Gleiches gilt für die zahlreichen Begleitergalaxien um die Andromeda oder die Milchstraße. Die lokale Massenanziehung ist stärker als die allgemeine Expansion des Universums. In weit entfernten Galaxienhaufen kann man dieses Phänomen ebenfalls beobachten, auch dort ziehen sich die Galaxien gegenseitig stärker an, als das Universum expandiert. Insgesamt gesehen aber, in einem größeren Maßstab betrachtet, entfernen sich die Galaxienhaufen voneinander.

Während sich also lokal die Schwerkraft durchsetzt, wird das ganze Universum von einer Kraft auseinandergetrieben, die Entfernungen zwischen den „Schwerkraftinseln" der Galaxiengruppen und Galaxienhaufen wachsen ständig an.

Wie bereits erwähnt, hat dieses Modell des expandierenden Kosmos enorme Konsequenzen für dessen mögliche Herkunft. Wenn das Universum wirklich expandiert, dann war es früher kleiner als heute, und es muss unweigerlich die Frage aufkommen, wie sein Anfang ausgesehen haben könnte.

**Allgemeingültigkeit der Naturgesetze.** Laut den zentralen Thesen des modernen Naturalismus sollte jede Hypothese mit möglichst wenigen Annahmen möglichst viele Vorhersagen bereitstellen, die eine einfache empirische Überprüfung möglich machen. Das Modell vom expandierenden Kosmos erfüllt diese Bedingungen vorbildlich. Die gedankliche Zurückführung des Universums bis zu seiner Entstehung liefert nämlich die Möglichkeit, je nach Größe, Temperatur und Zustand die im Laborexperiment bereits aufs Gründlichste getesteten physikalischen Naturgesetze auf ihre Konsistenz und Gültigkeit für den gesamten Kosmos zu überprüfen. Dies führt zu einer atemberaubenden Hypothese: Die auf der Erde gefundenen Naturgesetze gelten überall im Universum! Atemberaubend ist diese These deshalb, weil hier Lebewesen auf einem winzigen Planeten behaupten, sie hätten bereits nach wenigen Jahrhunderten empirischer Naturforschung zumindest einen Teil der kosmischen, also im ganzen Universum gültigen Naturgesetze entdeckt. Es mag zwar noch andere Naturgesetze geben, aber die dürfen den bereits durch mannigfaltige empirische Verfahren etablierten Naturgesetzen nicht widersprechen. Neue Naturgesetze wären dann immer umfassender als die alten, das heißt, wenn es noch weitere Naturgesetze gibt, dann sollten sie die uns bereits bekannten Gesetze enthalten.

Zurück zur These vom expandierenden Universum. Sie geht vom einfachsten Fall aus: Das Universum ist homogen und isotrop! Mit anderen Worten, ab einer zu bestimmenden Längenskala ist das Universum überall sehr ähnlich. Die Galaxien sind in ähnlichen Strukturen räumlich verteilt, und das in jeder Raumrichtung. Ähnliche Verhältnisse auf Planeten, die sich um ähnliche Sterne wie die Sonne bewegen, sollten ähnliche Entwicklungen nach sich ziehen, denn die Eigenschaften der Materie sind überall im Universum gleich.

Ein ganz einfaches Beispiel: Wasser gefriert bei 1 Atmosphäre Druck, ab einer Temperatur von 0 Grad Celsius. Wird es kälter, dann friert das Wasser zuerst an seiner Oberfläche und dann desto weiter nach unten, je kälter es wird. Der Grund dafür sind die zwischenmolekularen Kräfte des Wassers und der besondere Aufbau des Moleküls selbst. Wenn sich im Universum ein Planet gebildet hat, der Wasser auf seiner Oberfläche besitzt, und wenn dieser Planet eine Atmosphäre wie die Erde hat, mit gleicher Dichte und gleichem atmosphärischen Druck, dann friert das Wasser dort auf dieselbe Weise wie bei uns auf der Erde auf dem Planeten Erde.

Die mikroskopischen Bausteine der Materie wie Elementarteilchen, Atomkerne, Atome und Moleküle sind überall im Universum gleich. Die makroskopischen, also großräumigen Zustände der großen Himmelskörper hingegen hängen von sehr vielen Parametern, Rand- und Anfangsbedingungen ab und können aus diesem Grund leicht verschieden sein. Aber es bleibt dabei, auch dort gelten die gleichen Naturgesetze wie bei uns.

Die These, dass das Universum überall im Wesentlichen gleich aussieht, hat zur Konsequenz, dass es keinen Ort gibt, der in irgendeiner Art und Weise vor den anderen ausgezeichnet ist. Das Sparsamkeitsprinzip ist, was die Ausgangsannahmen betrifft, also sicher erfüllt, eine einfachere Annahme lässt sich für das Universum nicht konstruieren.

Damit liegt der kosmologische Forschungsplan auf der Hand: Da die Erde ein kosmischer Durchschnittsplatz ist, lassen sich aus den Eigenschaften der Materie hier auch die Eigenschaften der Materie im ganzen Kosmos konstruieren.

**Das Rätsel des Anfangs: Kosmologische Beobachtungsbefunde**

Das Universum hatte einen Anfang. Drei Beobachtungen begründen diesen Standpunkt:
1. Das Licht weit entfernter Galaxien ist rotverschoben.
2. Das Universum ist gleichmäßig in allen Richtungen von Strahlung erfüllt.
3. Die leichtesten chemischen Elemente, Wasserstoff und Helium, lassen sich im intergalaktischen Raum, weit entfernt von allen Galaxien, im Verhältnis 3:1 nachweisen.

Alle drei Beobachtungen lassen sich widerspruchsfrei nur in einem Modell zusammenfassen, das einen heißen Anfang des Universums voraussetzt – den sogenannten Urknall. Die Expansion des Universums ist der logische Schluss ebenso wie die Strahlung als Überrest der hohen Anfangstemperaturen, abgekühlt auf den heute beobachteten Wert von 2,73 Kelvin. Die Existenz und die Zahlenverhältnisse von Wasserstoff- und Heliumkernen ergeben sich im Urknallmodell gleichfalls stringent, sind sie doch das Ergebnis der Kernfusionsprozesse in einem sich durch Expansion abkühlenden Medium. Rund 3 Minuten nach dem Beginn des Kosmos waren die Elemente Wasserstoff und Helium entstanden. Jede weitere Synthese zu schwereren Elementen war unmöglich, weil einerseits die Neutronen fehlten beziehungsweise zerfallen waren und andererseits die Temperaturen zu niedrig waren, um noch Elemente mit größeren Kernen wie zum Beispiel Kohlenstoff oder Sauerstoff zu bilden.

Kurzum: Es gibt genügend empirische Befunde, die sich nicht anders als mit dem sehr heißen Anfang des Universums erklären lassen. Das Universum hatte also einen Beginn!

Was wissen wir über die ersten Entwicklungsstufen des Universums? Wie nahe kommt man dem Anfang mit den Methoden der Physik?

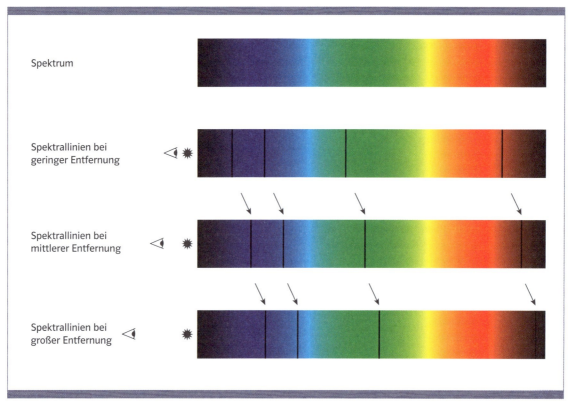

5 | Die Lichtwellen, die ein sich vom Betrachter entfernendes Objekt aussendet, erscheinen durch eine „Streckung" der Lichtwellen rotverschoben. Edwin Hubble entdeckte 1929, dass das Licht von Galaxien desto mehr rotverschoben ist, je weiter sie von uns entfernt sind. Damit lieferte er einen Beleg für die Expansion des Universums.

## Grenzen physikalischer Erkenntnis

Anfänge definieren immer zeitliche Grenzlinien. Sie begrenzen und unterscheiden eindeutig das Danach und Davor. Aber was war vor dem Urknall? Was war seine Ursache? Diese Fragen beschäftigen uns schon lange, und schon Aristoteles hat folgendes logische Problem angesprochen: Kann man sich eine Ursache vorstellen, die selbst keine Ursache hatte? Gibt es einen unbewegten Erstbeweger? Muss für die Ursache des Urknalls ein „höheres Wesen" als Schöpfer tätig gewesen sein oder müssen wir uns, gemäß den Richtlinien des modernen Naturalismus, das als eine rein zufällige Schwankung vorstellen? Aber was genau soll da geschwankt haben?

Die Physik bietet hier eine ganz einfache Antwort: Wir können niemals wissen, was sich am Anfang des Universums abgespielt hat. Unserer Erkenntnismöglichkeit sind Grenzen gesetzt, die sich aus zwei inzwischen durch zahlreiche Experimente in jeder bis heute denkbaren Hinsicht überprüften Theorien ergeben: der Relativitätstheorie und der Quantentheorie. Mit anderen Worten, die grundsätzlichsten physikalischen Modelle definieren ebenso grundsätzliche, weil nicht überschreitbare Schranken des möglichen empirischen Erfahrungshorizonts. Die An-

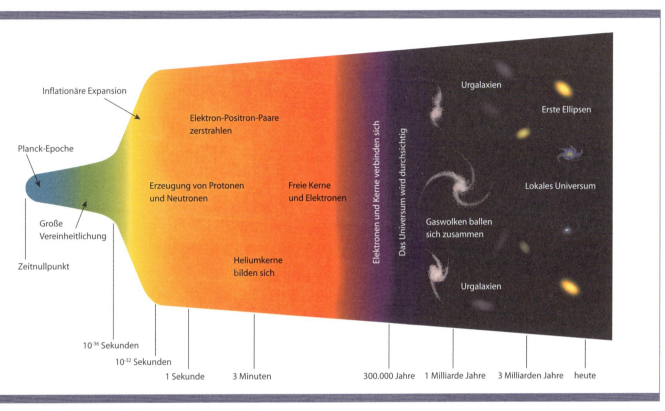

6 | Die Entstehung des Universums seit dem Urknall

fangsbedingungen des Universums sind mit nichts vergleichbar, was sich mit der menschlichen Erfahrungswelt in Verbindung bringen ließe. Räumliche Kleinheit ist dennoch eine wichtige Eigenschaft quantenmechanischer Systeme. Hohe Temperaturen entsprechen hohen Geschwindigkeiten, das Maximum ist die Lichtgeschwindigkeit. Letztlich kann nur eine Vereinigung von Quantenmechanik und Relativitätstheorie die Physik des Urknalls theoretisch behandeln, aber der tatsächliche Anfang wird auch durch eine vereinigte Theorie nicht geklärt werden können. Die Kontingenz der Anfangsbedingungen wird für immer im Dunkeln bleiben.

Aber dieses Resümee ist nicht hoffnungslos, im Gegenteil, das Credo des modernen Naturalismus lautet: Wir irren uns empor! Für die Physik bedeutet das: Da ist noch viel Potenzial nach oben – oder unten, je nachdem.

### Literatur

Kanitscheider, B. (1996): Im Innern der Natur. Darmstadt.
Vollmer, G. (1995): Auf der Suche nach Ordnung. Stuttgart.
Vollmer, G. (2000): Was sind und warum gelten Naturgesetze?
   In: Philosophia naturalis, 37 (2/2000), S. 205–239.

# Biologische Vielfalt

Die Zeichnungen auf der gegenüberliegenden Seite, die aussehen wie Fantasiegebilde eines Künstlers, stellen in Wirklichkeit winzige Einzeller dar. Die kleinsten von ihnen haben einen Durchmesser von ca. 20 µm, sodass 15 davon nebeneinander auf der Kante eines Blattes dieses Buches Platz fänden.

Diese Einzeller wurden von Ernst Haeckel in den 80er Jahren des 19. Jahrhunderts gezeichnet. Bei den Organismen links handelt es sich um Strahlentierchen, *Radiolaria*. Die Einzeller rechts heißen Porentierchen, *Foraminifera*. Die Strahlentierchen leben als Planktonorganismen im Meer, die Porentierchen hauptsächlich am oder im Meeresboden, ein Teil von ihnen ebenfalls planktonisch. Beide Gruppen kommen in Tausenden von Arten vor und zeigen eine ebenso große Formenvielfalt. Die geradezu unglaubliche Fülle an Zellgestalten ergibt sich aus den unterschiedlich geformten Skeletten dieser Einzeller. Bei den Strahlentierchen ist dieses aus Kieselsäure aufgebaut, bei den Porentierchen aus Kalk. Skelettstrahlen unterstützen das Schweben im Wasser.

Die Kenntnis fossiler Porentierchen hat im 20. Jahrhundert große praktische Bedeutung erlangt; denn häufig sind Lagerstätten von Erdöl und Erdgas mit Ablagerungen bestimmter Foraminiferen verbunden. So hilft deren Kenntnis bei der Suche nach diesen Rohstoffen.

Die hier abgebildeten Einzeller besitzen alle Kennzeichen des Lebendigen. Daraus ergibt sich, dass die Zelle das kleinste selbständig lebensfähige Biosystem darstellt.

**HB**

1834–1919 Ernst Haeckel

1868 Haeckels *Natürliche Schöpfungsgeschichte* erscheint

> Dieser Sieg des Monismus über den Dualismus eröffnet uns den hoffnungsvollsten Fernblick auf einen unendlichen Fortschritt ebenso unserer moralischen wie unserer intellectuellen Entwickelung! In diesem Sinne begrüßen wir die heutige, von Darwin neu begründete Entwicklungslehre als die wichtigste Förderung unserer reinen und angewandten Gesammtwissenschaft!
> 
> Ernst Haeckel (1834–1919)

Uwe Hoßfeld

# Haeckel und die Folgen

Der Zoologe Ernst Haeckel zählt zu den bekanntesten, zugleich aber auch umstrittensten Naturforschern des 19. und beginnenden 20. Jahrhunderts. Als einer der frühesten Anhänger und streitbarsten Verfechter der Darwin'schen Evolutionstheorie stellte er eine Zentralfigur in der Frühgeschichte des Darwinismus dar. Doch sein Name steht nicht nur als Symbol für die Auseinandersetzungen um den Entwicklungsgedanken und dessen Popularisierung in dieser Zeit, sondern auch für ein aktives Eintreten für den von ihm formulierten und postulierten Monismus. Die enge und stete Verknüpfung von Wissenschaft, Weltanschauung, Religion und Künstlertum geben und gaben seinem Wirken ein charakteristisches Gepräge, boten zugleich aber auch Möglichkeiten für kontroverse Interpretationen, Angriffe und politisch-ideologische Vereinnahmungen unterschiedlichster Art. Insbesondere seine materialistischen, lamarckistischen, rassenhygienischen und monistischen Auffassungen führten im 19. und besonders 20. Jahrhundert bei einer Reihe von Politikern und Wissenschaftlern in verschiedenen gesellschaftlichen Systemen dazu, diese in ihrem Sinne zu interpretieren. Würdigungen wie „deutscher Darwin", „Luther gleich" stehen neben Diffamierungen als „Agent des Satans", „Pestilenz von Jena", „Affenprofessor" oder „Fälscher". Auf die Rezeption Haeckels in verschiedenen politischen Systemen soll im Folgenden eingegangen werden.

## Kaiserreich

Die eigentliche Rezeption Haeckel'schen Gedankengutes beginnt noch zu dessen Lebzeiten, indem über ihn vier Biografien, zum Teil in mehreren Auflagen, erscheinen. Es handelt sich um Wilhelm Bölsches *Ernst Haeckel – Ein Lebensbild* (1900), Wilhelm Breitenbachs *Ernst Haeckel – Ein Bild seines Lebens und seiner Arbeit* (1904), Carl W. Neumanns *Ernst Haeckel – Der Mann und sein Werk* von 1906 und Walther Mays *Ernst Haeckel – Versuch einer Chronik seines Lebens und Wirkens* (1909). Im englischsprachigen Raum ragen die Arbeiten von Edward B. Aveling *Ernst Haeckel, the German Darwin* (1883) sowie von Thaddeus B. Walkman *Prof. Ernst Haeckel – His Life, Works, Career, and Prophecy* (1891) heraus. Es wird vermutet, dass Haeckel dieses für die Biologiegeschichte einmalige öffentliche Interesse mitinitiiert hat, belegen lässt sich diese Vermutung aber nicht.

Wilhelm Bölsches Biografie aus dem Jahr 1900 über den damals 66-jährigen Haeckel machte dabei in Deutschland den Anfang. Bölsche behandelt nur die ersten Lebensjahrzehnte des Zoologen und reiht ganz im Stil der poetisch-literarischen Biografien der Zeit die verfügbaren Fakten aneinander. Dennoch erlebt das Werk bereits 1906 die 6. Auflage und wird ins Englische übersetzt. Vier Jahre nach Bölsches Erstling bringt der Verleger

**1899–1904** Haeckels *Kunstformen der Natur* erscheint

1 | Ernst Haeckel galt der Kirche als „Antichrist"

WILHELM BREITENBACH in der von ihm edierten Schriftenreihe *Gemeinverständliche Darwinistische Vorträge und Abhandlungen* eine weitere HAECKEL-Biografie heraus. Schon die Inschrift „Seinem grossen Meister und Lehrer zum 70. Geburtstag in alter Treue" lässt keinen Zweifel über die Haltung des Autors zum Protagonisten des Bandes aufkommen. BREITENBACH zählt HAECKEL nicht zu den „gewöhnlichen Dutzendmenschen", sondern sieht in ihm – neben OTTO VON BISMARCK, CHARLES DARWIN und RICHARD WAGNER – einen „Nummer-Eins-Mann" (BREITENBACH 1904, S. 5), so eine seiner Formulierungen.

Biografien spielten einerseits eine wichtige Rolle bei der Popularisierung DARWINS und des Darwinismus, andererseits war aber ebenso die Ebene einer „Institutionalisierung" darwinistischen Gedankengutes im weiteren Sinne wichtig, eben durch die Schaffung wissenschaftlicher Vereine, Bünde und Organisationen oder die Ausrichtung von Kongressen. Am 11. Januar 1906 wurde so beispielsweise im Zoologischen Institut in Jena unter der Ägide HAECKELS der „Deutsche Monistenbund" (DMB) gegründet – das Sammelbecken für die Anhänger des HAECKEL'schen Monismus – und parallel dazu wurde die Herausgabe der populärwissen-

2 | Die Fackel des Freidenkers ist nicht überall willkommen (Postkarte zum Freidenkerkongress 1904 und Haeckel-Karikatur aus den *Lustigen Blättern* von 1909)

schaftlichen Zeitschrift *Kosmos* forciert. Entsprechend seiner Forderung nach einer mechanisch-kausalen Naturbetrachtung, die er bereits 1866 in der *Generellen Morphologie* formulierte, hatte Haeckel sein philosophisches System des Monismus begründet. Danach besteht eine „absolute Einheit der anorganischen und organischen Natur". Kraft und Stoff, Geist und Materie sind nirgends voneinander zu trennen. Das bedeutet für ihn eine kategorische Ablehnung der Schöpfungslehre, ebenso wendet er sich gegen das Eingreifen eines übernatürlichen personifizierten Schöpfers. Diese monistische Weltanschauung prägt sein gesamtes Schaffen.[1] Mit fortschreitendem Alter räumte Haeckel seiner monistischen Philosophie dann immer breiteren Raum in seiner schriftstellerischen Tätigkeit ein. Für ihn ist das fundamentale Weltprinzip des Monismus letztlich das Substanzgesetz. In seinem Werk *Die Welträthsel* (1899) besteht es aus dem Grundgesetz von der Erhaltung des Stoffes nach Lavoisier (Konstanz der Materie) und dem Grundgesetz von der Erhaltung der Kraft nach Meyer und Helmholtz (Konstanz der Energie). Im Folgewerk über *Die Lebenswunder* (1904) kommt als drittes Moment das Empfindungsprinzip der Substanz (Psychom) hinzu. Im Jahre 1914 sind die drei Attribute oder Grundeigenschaften der Substanz die raumerfüllende Materie (Stoff) nach Holbach und Büchner, die wirkende Energie (Kraft) nach Ostwald und die empfindliche Weltseele (Psychom) nach Mach und Verworn. Haeckel nutzt in seinen späten Schriften die Psychomatik als Fundamentalprinzip zum Entwurf seines Pantheismus (Weber/Hossfeld 2006).

Im DMB vereinigten sich unterschiedliche Interessengruppen aus den verschiedensten Berufen; zumal Haeckel den Bund vorwiegend dazu nutzte, die monistische Bewegung unter den Begriff „einer einheitlichen Weltanschauung" in seinem Sinne zu stellen. Damit wurde eine Art „Ersatzreligion" etabliert, die HANS VON GUMPPENBERG schon 1899/1900 als „totgeboren" bezeichnete (GUMPPENBERG 1899/1999, S. 376). Inhaltliche Diskussionen des DMB fanden vorwiegend auf den Jahreshauptversammlungen statt, anschließend wurden deren Ergebnisse in verschiedenen Vereinszeitschriften (*Der Monismus, Mitteilungen des DMB, Monistische Monatshefte, Flugschriften des DMB* etc.) oder Kongressberichten veröffentlicht. Insbesondere durch das Engagement von WILHELM OSTWALD, Nobelpreisträger für Chemie, innerhalb der „Kirchenaustrittsbewegung", die vom „Komitee konfessionslos", einer Arbeitsgruppe des Monistenbundes, getragen wurde, erweiterte sich die antiklerikale Aufklärungsarbeit des DMB beträchtlich. Das „Komitee" wurde von den im „Weimarer Kartell" zusammengeschlossenen Freidenkerorganisationen und von vielen Sozialdemokraten unterstützt. Ein Höhepunkt innerhalb dieser Bewegungen war der 28. Oktober 1913, als OSTWALD mit KARL LIEBKNECHT in der Berliner Hasenheide während einer Kundgebung des „Komitees" auftrat. Dem Aufruf „Massenstreik gegen die Staatskirche" folgten im Anschluss an die Kundgebung ca. 3.000 – 4.000 Teilnehmer mit dem Kirchenaustritt (GROSCHOPP 1997).

Doch auch die Gegenseite schlief nicht. Bereits im April 1907 hielt der Oberlehrer EBERHARD DENNERT, der schon seit Jahren „den Kampf gegen HAECKEL [...] geführt hatte", auf einer kirchlich-sozialen Konferenz in Karlsruhe einen Vortrag über „Die Bekämpfung des HAECKEL'schen Monismus" (DENNERT 1932, S. 321) und forderte eine von Kirchenkreisen getragene Gegengründung zum atheistischen Monistenbund und zum *Kosmos*. Am 25. November 1907, nur ein Jahr nach Gründung des DMB, fand in Frankfurt am Main die konstituierende Sitzung des Keplerbundes statt: „Der Keplerbund steht auf dem Boden der Freiheit der Wissenschaft und erkennt als einzige Tendenz die Ergründung und den Dienst an der Wahrheit an. Er ist dabei der Überzeugung, dass die Wahrheit in sich die Harmonie der naturwissenschaftlichen Tatsachen mit dem philosophischen Erkennen und der religiösen Erfahrung trägt." (Ebd., S. 321 f.) Am 1. April 1908 nahm der Keplerbund in Godesberg seine Arbeit auf, 1909 wurde die Bundeszeitschrift *Unsere Welt* gegründet, gefolgt von der Zeitschrift *Natur und Heimat*, den *Keplerbund-Mitteilungen* (1909 – 1922) sowie *Die Schöpfung*, amtliches Organ des Albert-Bundes – sämtlich antimonistische Zeitschriften.

Der Keplerbund, der eine ebenso heterogene Mitgliederzusammensetzung wie der DMB aufwies, verfolgte bis zum Ausbruch des Ersten Weltkrieges im Grunde nur ein einziges Ziel: die Abwehr des Monismus HAECKELS, OSTWALDS und anderer durch die „positive Verbreitung einwandfreier und nicht tendenziös zu religionsfeindlichen Zwecken ausgewerteter Naturerkenntnisse" (BAVINK 1928, S. 257). Nach 1920 wurde die programmatische Ausrichtung verändert, da an einer weiteren Auseinandersetzung mit HAECKEL und OSTWALD kein Interesse mehr bestand: Mit dem Ausbruch des Ersten Weltkrieges war die große antiklerikale Bewegung zum Erliegen gekommen. Der Monismus HAECKELS ging also fast parallel mit dem von ihm so geschätzten Kaiserreich unter. Zudem hatte der Monismus sich bis dato genauso widerspruchsvoll wie der Monarch, WILHELM II., gezeigt. So schwankte er zwischen den Extremen einer grundlegenden Wissenschafts- sowie Kirchenreform und dem strikten Beharren auf alten biophilosophischen Denkmustern (ZICHE 2000; NÖTHLICH et al. 2006; WEBER/HOSSFELD 2006; NÖTHLICH et al. 2008).

Für eine weitere HAECKEL-Rezeption im Kaiserreich sorgten zudem eine Reihe religiös-weltanschaulicher und wissenschaftlicher Ereignisse: so der Besuch BISMARCKS in Jena 1892, dem unter anderem eine offizielle Einladung von HAECKEL vorausgegangen war; das sozialdarwinistische Engagement HAECKELS im KRUPP'schen Preisausschreiben im Jahre 1900; der Streit um die Fälschungsanklagen hinsichtlich seiner Embryonentafeln (WILHELM HIS, ARNOLD BRASS u. a.) und das Biogenetische Grundgesetz; außerdem seine Haltung zum Ersten Weltkrieg, zum Sozialdarwinismus und zur Todesstrafe und so weiter. Für eine ausschließlich erfolgreiche Propagierung weltanschaulicher Gesichtspunkte im DARWIN'schen und HAECKEL'schen Sinne in der Öffentlichkeit sowie unter Wissenschaftlern jener Jahre steht – neben den oben schon Erwähnten – ferner das umfangreiche populär-publizistische Engagement von ADOLF HEILBORN, OTTO ZACHARIAS sowie HEINRICH SCHMIDT (NÖTHLICH et al. 2007; NÖTHLICH/BREIDBACH/HOSSFELD 2005).

In Bezug auf die geführten Kontroversen über Evolution (DARWIN, HAECKEL) und/oder Schöpfung ragt das Kaiserreich durch die Mannigfaltigkeit in der Diskussion heraus. Obwohl DARWINS Theorien nach 1859 relative Anerkennung gefunden hatten und HAECKELS Schriften zumindest in Deutschland weit verbreitet gewesen waren, galt in Preußens Schulen nach wie vor das seit 1882 bestehende Verbot jeglichen Biologieunterrichts in den

3 | Ernst Haeckel im Gespräch mit seinem Schüler und Biografen Heinrich Schmidt

oberen Klassen sowie ein Verbot der Entwicklungslehre als Unterrichtsgegenstand. Haeckel wandte sich konkret ab 1892 (eine erste Positionierung datiert aber bereits von 1878) mit einer Vielzahl von Schriften, Meinungsäußerungen etc. gegen dieses Verbot und trat aktiv für eine Trennung von Schule und Kirche ein (Haeckel 1892; Hossfeld 2010). In seinen zwischen dem 14. und 19. September 1905 gehaltenen Vorträgen in der Berliner Singakademie zum Thema „Der Kampf um den Entwicklungsgedanken" polarisierte Haeckel dann in diesem Sinne weiter, indem er unter anderem die Auffassungen des Jesuitenpaters und Entomologen Erich Wasmann sowie des Kieler Botanikers Johannes Reinke hinterfragte. Des Weiteren ließ sich Haeckel am 20. September 1904 in Rom während des Internationalen Freidenkerkongresses bei einem Frühstück der über 2.0000 Teilnehmer in den Ruinen der Kaiser-Paläste feierlich und kühn zum „Gegenpapst" ausrufen und triumphal feiern; 1899 hatte er in seinem Buch über *Die Welträthsel* Gott als „gasförmiges Wirbelthier" interpretiert und er war 1910 im Alter von 76 Jahren schließlich noch aus der evangelischen Kirche ausgetreten (Haeckel 1910). Einer seiner Schüler, der Biologe Heinrich Schmidt (1934, S. 43), notierte dazu: „Ernst Haeckel war für die Kirche und ihre Anhänger der berüchtigte ‚Materialist', ‚Antichrist' und ‚Gottesleugner' geworden, […] dem man mit allen Mitteln zu Leibe ging: mit Beschwörung und Widerlegung, mit Verdrehung und Verleumdung, mit Verwünschung und Drohung – sogar mit einem Steinwurf (am 4. März 1908) […]."

## Weimarer Republik

Zweifellos hatte Haeckel bereits zu Lebzeiten ein gewisses Interesse daran, für seinen Nachruhm zu sorgen. So überrascht sein intensives Bemühen nicht, die vielfältigen Dokumente seines Lebens und Wirkens, seine umfangreiche Korrespondenz, seine Tagebücher, Manuskripte und Zeichnungen sowie die wertvollen Sammlungen von Büchern und Kunstgegenständen der

Nachwelt geschlossen zu bewahren. 40.000 Briefe (an und von HAECKEL) und ca. 1.200 Aquarelle, Skizzen sowie zahlreiche Zeichnungen lagern bis heute im Ernst-Haeckel-Haus in Jena (KRAUSSE/ HOSSFELD 1999).

Bereits damals erwog HAECKEL, das Archiv und den noch in der von ihm bewohnten Villa Medusa befindlichen Nachlass zu einem Museum zu vereinigen. Doch zunächst fehlten ihm die Mittel. Aus dem Spendenaufruf der Zeitschrift *Das freie Wort* anlässlich des Kirchenaustritts HAECKELS 1910 standen 10.000 Mark zur Verfügung, HAECKEL selbst stiftete ungenannt 36.000 Mark, und aus dem vom DMB anlässlich von HAECKELS 80. Geburtstag gesammelten „Ernst-Haeckel-Schatz für Monismus" wurde die „Neue Ernst Haeckel-Stiftung" um weitere 30.000 Mark vermehrt.

Als HAECKELS Sohn WALTER im Mai 1918 auf die Nutzung der Villa verzichtete und den Verkauf des Hauses an die Carl-Zeiss-Stiftung vorschlug, verhandelte HAECKEL mit RUDOLF STRAUBEL, Mitglied der Geschäftsleitung der Firma Zeiss, der das Projekt unterstützte. Nach dem Tode von HAECKELS Frau AGNES hatten HAECKEL und die drei Kinder die Hälfte des Grundstückes zu gleichen Teilen geerbt. Obwohl vonseiten der Stiftung Bedenken bestanden, ob die von HAECKEL gleichzeitig zur Verfügung gestellten Zinsen der „Ernst-Haeckel-Stiftung" (121.000 Mark) für die Unterhaltung der geplanten Anstalt ausreichen würden, empfahl der Stiftungskommissar FRIEDRICH EBSEN dem Weimarischen Staatsministerium den Ankauf des Hauses. Laut Kaufvertrag vom 10. Juli 1918 ging das HAECKEL'sche Grundstück am 1. August 1918 in den Besitz der Carl-Zeiss-Stiftung über, HAECKEL behielt das Nutzungsrecht auf Lebenszeit. Der Kaufpreis betrug 100.000 Mark. Ein gleichzeitig abgeschlossener „Schenkungsvertrag" legte fest, dass HAECKEL durch die Stiftung einen Teil des mobilen Inventars und seine Kunstsammlungen der Universität schenkte und dass die der Universität bereits früher übereigneten Sammlungen, die sich in der Universitätsbibliothek beziehungsweise im Schausaal des Phyletischen Museums befanden, später damit vereinigt werden sollten.

Neben dem Nutzungsrecht auf Lebenszeit behielt sich HAECKEL ebenso die Bestimmung über die Einrichtung des Museums vor, die nach seinem Tode auf den Sohn übergehen sollte. Das Haus sollte den Namen „Ernst-Haeckel-Museum" tragen, und auch der Garten sollte in die öffentliche Nutzung einbezogen werden. Die Aufsicht über das Museum wurde einem Kuratorium von fünf Personen übertragen.

HAECKEL beabsichtigte mit der Museumsgründung aber mehr als eine Gedenkstätte. Die neue Einrichtung sollte keinesfalls zum „Stapelplatz von Raritäten" (*Jenaische Zeitung*, Nr. 169, 21. Juli 1918), sondern, wie im Entwurf eines Statuts für das neue „Genetische Museum" von HAECKEL formuliert ist, auch „eine bleibende Arbeitsstätte zur Förderung der Allgemeinen Entwickelungslehre" werden.[3] Wenige Tage nach Vertragsabschluss, noch bevor das Haus in den Besitz der Carl-Zeiss-Stiftung übergegangen war, propagierte bereits ein Artikel in der *Jenaischen Zeitung* am 21. Juli 1918 mit der Überschrift „Ein neues Institut für Entwicklungslehre in Jena" die neue Gründung. Ein Teil des Museums sollte als Schausammlung dem öffentlichen Besuch zugänglich gemacht werden, daneben ein wissenschaftliches „Institut für allgemeine Entwicklungslehre als Zentralstelle für alle bezüglichen Forschungen die zerstreuten Materialien sammeln, literarisch verwerten und damit befruchtend auf die Einzelforschung zurück wirken, wie auch grundlegend für die allgemeine Weltanschauung werden". Diese Aufgabenstellung, die von LUDWIG PLATE in einer öffentlichen Entgegnung als „Unding" bezeichnet wurde, gründet sich ganz offensichtlich auf dem Arbeitsprogramm, das HEINRICH SCHMIDT im Vorwort seiner *Geschichte der Entwicklungslehre* (April 1918) formuliert hatte. Hinter diesem Programm stand voll und ganz HAECKEL. Er wollte offensichtlich damit über seinen Tod hinaus die Finanzierung der Arbeiten SCHMIDTS aus der „Haeckel-Stiftung" sicherstellen, deren Zinsertrag der „Förderung der Entwicklungslehre" vorbehalten war.

Als ersten Direktor bestimmte HAECKEL schließlich seinen Schüler und „getreuen Eckermann" HEINRICH SCHMIDT. Als HAECKEL am 9. August 1919 starb, organisierte das von ihm nominierte Kuratorium die Umgestaltung des Hauses und wählte als Namen „Ernst-Haeckel-Haus".[4] Nachdem im Sommer 1920 auch die Bestände des HAECKEL-Archivs aus der Universitätsbibliothek übernommen worden waren, konnte am 31. Oktober 1920 das Museum feierlich durch den damaligen Rektor der Universität, den Mineralogen GOTTLOB LINCK, eröffnet werden. Am Tag zuvor war die Asche des Verstorbenen am Fuße der von dem Weimarer Bildhauer RICHARD ENGELMANN geschaffenen Büste der Erde übergeben worden.

4 | Ernst Haeckel vor der Riesen-Gorilla-Vitrine im Phyletischen Museum, Jena

Nach HAECKELS Tod galt es für SCHMIDT auch das wissenschaftliche Erbe fortzuführen und HAECKEL weiterhin im wissenschaftlichen Diskurs lebendig zu halten. HAECKEL war Mitglied in fast 90 gelehrten Gesellschaften und Akademien gewesen und hatte zahlreiche Wissenschaftspreise und Ehrendoktorwürden erhalten, die für eine breite Außenwirkung gesorgt hatten: unter anderem 1864 die Cothenius-Medaille, Leopoldina Halle; 1890 die Goldene Swammerdam-Medaille, Amsterdam; 1894 die Goldene Linné-Medaille der Linnéan Society, London; 1899 die Darwin-Wallace-Medaille der Royal Society, London; 1900 den Bressa-Preis der Akademie Turin; 1908 die Darwin-Wallace Medaille der Linnéan Society, London.

SCHMIDTS großes Verdienst war es, HAECKELS Lebensleistungen einer breiteren Öffentlichkeit im Gedächtnis zu behalten. Während seiner 15-jährigen Amtszeit am Haeckel-Haus widmete sich SCHMIDT vor allem diesen editorischen Aufgaben. Nachdem er bereits 1912 ein *Wörterbuch der Biologie* und ein *Goethe-Lexikon* herausgegeben hatte, bearbeitete er ständig neue Auflagen (bis zu seinem Tode neun) des von ihm begründeten, noch heute erscheinenden *Philosophischen Wörterbuches*: Ebenso legte er eine sechsbändige Gesamtausgabe von „gemeinverständlichen Schriften" HAECKELS vor. Außerdem besorgte Schmidt die Herausgabe zahlreicher Briefwechsel, und 1926 publizierte er seine erste Biografie: *Ernst Haeckel – Leben und Werke*. In dieser sehr pathetischen Schrift finden sich noch keinerlei nationalistische Äußerungen. Zur unmittelbaren HAECKEL-Rezeption in der Weimarer Republik müssen auch noch die von SCHMIDT 1914 im Auftrag des DMB herausgegebenen zwei Bände *Was wir Ernst Haeckel verdanken – Ein Buch der Verehrung und Dankbarkeit*, anlässlich des 80. Geburtstages HAECKELS, gezählt werden (HOSSFELD 2005).

Gegenüber dem Kaiserreich verlief die Diskussion über „Evolution und Schöpfung" in nunmehr kleinerem Rahmen, gab es doch nach dem Tod HAECKELS 1919, dem Ersten Weltkrieg und dem Versailler Vertrag andere Problemfelder zu bewältigen. Vorwiegend polarisierte der Monisten- und Keplerbund aber noch vereinzelt das Thema. So beschloss beispielsweise 1920 der Keplerbund aufgrund der neuen wissenschaftspolitischen Machtverhältnisse ein teilweise reformiertes Programm, da zur damaligen Zeit an einer weiteren Auseinandersetzung mit HAECKEL und dem Monistenbund (WILHELM OSTWALD etc.) kein Interesse mehr bestand. Mit dem Ausbruch des Ersten Weltkrieges war zudem die große antiklerikale Bewegung zum Erliegen gekommen (Ermel 1971; Groschopp 1997).

## Nationalsozialismus

Die einschneidende Zäsur in der Haeckel-Darwinismus-Rezeption kommt mit dem Aufstieg des Nationalsozialismus. Aufgrund der historisch bedingten Vorurteile gegenüber dem Weltkriegsfeind England taten sich führende NS-Wissenschaftspropagandisten schwer mit der ideologischen Vereinnahmung des Werkes von Charles Darwin, was die Analyse verschiedener NS-Zeitschriften (*Nationalsozialistische Monatshefte*, *Volk und Rasse*, *Der Biologe*, *Volk im Werden*) eindrücklich belegt. Daher besannen sich diese auf nationalere Traditionen und verwiesen in ihren rassischen und biologistischen Argumentationen und Interpretationen vorwiegend auf das wissenschaftliche Werk und die Verdienste von Ernst Haeckel, Friedrich Nietzsche und Richard Wagner. So heißt es frühzeitig aus Thüringen: „Haeckel ist unser deutscher Darwin und hat für den Durchbruch lebensgesetzlichen Denkens mindestens ebenso sein Leben lang gekämpft wie jener, nur mit bedeutend größerem Erfolg."[4] Mit dem Machtmonopol der NSDAP, der Nichtduldung weiterer Parteien, der „Bedeutungslosigkeit" christlicher Konfessionen im Nationalsozialismus und so weiter hatte sich zudem die Kontroverse „Evolution und Schöpfung" für diese Zeitepoche erledigt. Dieses Problemfeld wurde dann auch in der atheistisch geprägten DDR nicht noch einmal aufgerollt.

Den 100. Geburtstag des Jenaer Zoologen am 16. Februar 1934 nahm Schmidt zum Anlass, seiner Biografie von 1926 eine weitere mit dem Titel *Ernst Haeckel – Denkmal eines großen Lebens* nachfolgen zu lassen. Anders als 1926 lässt er es dieses Mal aber an einer weltanschaulichen Einordnung ganz im Sinne der neuen Machthaber nicht fehlen. Deutschland, für dessen Einheit, Größe und Macht Haeckel immer wieder eintrat, besinne sich nun auch wieder auf ihn, den großen Deutschen (Schmidt 1934, S. V). Schmidt versuchte mit seiner nunmehr zweiten Biografie Haeckel „ein Denkmal zu errichten", eines, das seine Größe ahnen lässt. Es fällt bei einer Analyse auf, dass die einzelnen Kapitel unterschiedlich lang, die angeführten Beispiele willkürlich gewählt sind, oft kompilierend mit Verzicht auf Nennung der Quellen

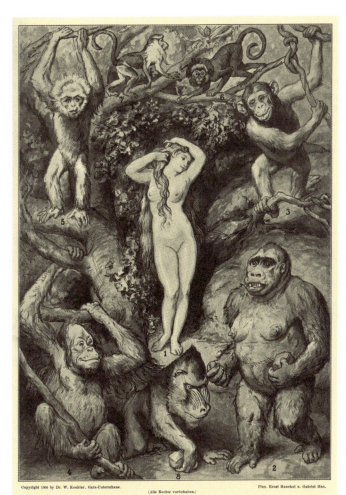

5 | *Apotheose des Entwickelungsgedankens* (1906): Für Haeckel gab es keinen Grund, sich seiner Verwandtschaft mit den Affen zu schämen.

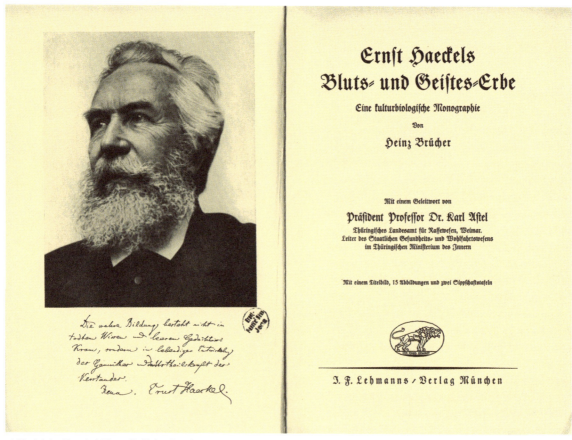

6 | Titelei der Haeckel-Biografie Heinz Brüchers

vorgegangen wurde (typischer SCHMIDT-Stil), es also an der nötigen wissenschaftlichen Akribie fehlt. Zentral und typisch für die pro-nationalsozialistische HAECKEL-Argumentation jener Zeit war dabei das Teilkapitel „Der Deutsche". Hier betritt SCHMIDT unmittelbar die Bühne der Lingua Tertii Imperii, der Sprache des Dritten Reiches, in Verbindung mit der vorherrschenden Germanomanie, indem er bemerkt (ebd., S. 72): „Das Deutschtum lag ihm, dem blonden Germanen, im Blut." Obwohl in den weiteren Bemerkungen Querverweise zur Rassenkunde, Rassenbiologie und Rassenhygiene des Nationalsozialismus versus HAECKEL fehlen, ist der Text durch einen stark nationalistischen Stil gekennzeichnet. Im Folgekapitel „Der Mensch" präzisiert er auch noch seine phänomenologisch-anthropometrischen Bemerkungen (ebd., S. 80 – 89):

„Haeckel war eine ‚urgermanische Lichtgestalt'. Seine helle Hautfarbe, das blonde Haar und die strahlend blauen Augen machten ihn 1881 den Indern zu einem Angehörigen der höchsten Kaste […]. Sein Körper war ebenmäßig hoch und schlank gewachsen, imponierend. Auf dem Seziertisch maß er noch 1,75 Meter. Imponierend war insbesondere der mächtige, aber im Verhältnis zu dem mächtigen Körper keineswegs zu große Kopf mit seiner prachtvollen Stirn. Das Kopfmaß betrug 63 Zentimeter, die Kapazität seines Schädels, gemessen bei der Sektion, 1.700 Kubikzentimeter; das Gehirn wog 1.575 Gramm."

Damit war die Grundlage für eine arische HAECKEL-Interpretation bereitet. Dank SCHMIDT feierte HAECKELS naturverbundenes biologisches Denken nun im neuen Reich eine überraschend kraftvolle Auferstehung.

Bereits 1936 entstand die erste umfassende erbbiologische Monografie zur Familie HAECKELS mit dem Titel *Ernst Haeckels Bluts- und Geistes-Erbe*, angeregt und betreut vom Rassenhygieniker KARL ASTEL und dem völkischen Philosophen und Mediziner LOTHAR STENGEL VON RUTKOWSKI, verfasst von HEINZ BRÜCHER, der später in ASTELS Universitätsinstitut in der Abteilung Lehre und Forschung des Thüringischen Landesamtes für Rassenwesen als Pflanzengenetiker beschäftigt war. Von Anfang an war klar, dass das Buch im völkischen Lehmann Verlag in München erscheinen musste, um Seite an Seite mit den Büchern von GÜNTHER ("Rasse-Papst"), CLAUSS (Rassenpsychologe) und DARRÉ (Reichsbauernführer) zu stehen. Die HAECKEL'sche Erbbiografie sollte den Anfang für die Reihe *Erbbiologische Monographien* bilden, in der aber keine weitere Biografie erschien (HOSSFELD 2005).

Die erbbiologische Biografie über die Familie HAECKELS fand innerhalb der NSDAP und auf nationaler wie internationaler Ebene ein sehr gemischtes Echo. Das Bemühen des Jenaer Kreises um ASTEL, HAECKEL als Prototyp eines arischen, nordischen Menschen und Wegbereiters des Nationalsozialismus aufzubauen, stieß insbesondere im Rasse- und Siedlungshauptamt der SS und bei dem Referenten des Rassenpolitischen Amtes der NSDAP GÜNTHER HECHT, aber auch beim Heidelberger Wissenschaftspolitiker ERNST KRIECK auf erhebliche Kritik. Als unvereinbar mit dem nationalsozialistischen Theoriengebäude wurden vor allem die lamarckistischen, materialistischen und atheistischen Positionen HAECKELS angegriffen. Hier ragt der Beitrag „Biologie und Nationalsozialismus" von HECHT in der *Zeitschrift für die gesamte Naturwissenschaft* besonders heraus. So muss nach HECHT nicht nur eine teilweise Übertragung HAECKEL'scher Gedankengänge auf die NSDAP und deren Vertreter abgelehnt werden, „sondern jede parteiamtliche Auseinandersetzung mit Einzelheiten der Forschungen und der Lehre HAECKELS überhaupt" (HECHT 1937/38, S. 285). HAECKEL hätte zwar wie Darwin weltanschaulich und wissenschaftlich entscheidenden Anteil am Sieg der Abstammungslehre, aber gegen die Behauptung, HAECKEL sei Vordenker des Nationalsozialismus gewesen, müsse man sich wenden:

„Der Nationalsozialismus ist eine politische, keine wissenschaftliche Bewegung [...]. Somit sind weder LAMARCK, DARWIN und ERNST HAECKEL [...] noch alle ihre vielen, ihnen zum Teil wissenschaftlich gleichbedeutenden Anhänger und Gegner irgendwelche Gegner, Vorläufer oder gar Begründer politischer Grundsätze des Nationalsozialismus, noch auch können wir irgendwelche Lehren eines der lebenden Biologen gleichsetzen, da diese als Forscher ihre Lehren als Probleme vorlegen, während die Sätze der Bewegung nur politisch-weltanschaulichen Aufgaben dienen und allein durch den Führer und seine politischen Soldaten Wirklichkeit wurden." (HECHT 1937/38, S. 288)

Beim Lesen klingt es, als habe ein Nazi hier versucht, HAECKEL vor den Nazis zu retten, indem er sich hinter einer Argumentation versteckt, die die Nazis vor HAECKEL zu retten sucht.

Während das Hauptamt Wissenschaft unter Leitung von ALFRED ROSENBERG die Angriffe KRIECKS gegen HAECKEL scharf zurückwies, versuchten die Jenaer ihrerseits diese und ähnliche Angriffe gegen HAECKEL durch gezielt lancierte Veröffentlichungen zu entkräften, wozu BRÜCHERS Biografie mehr als nur den „Versuch einer kulturbiologischen Monographie" bilden sollte. Der Arbeit war ein Geleitwort ASTELS vorangestellt, in dem bereits die gesamte Jenaer Radikalität der HAECKEL-Rezeption deutlich wird. ASTEL verband mit dieser Veröffentlichung vier Ziele:
— eine Begründung, warum man sich mit HAECKEL beschäftigte;
— das 1934 beschlossene „Gesetz zur Verhütung erbkranken Nachwuchses" mit HAECKEL-Argumenten zu rechtfertigen;
— den Kampf gegen das Judentum, die Kirche und den Bolschewismus damit zu führen sowie
— zur Etablierung und Postulierung der Jenaer biologischen Argumentation in Selektions- und Darwinismusfragen im Dritten Reich beizutragen: „Ich habe im Religionsunterricht gelernt, HAECKEL sei ein Fälscher und Betrüger, da er die Bilder von menschlichen Embryonen umretuschiert habe, um zu beweisen, daß der Mensch vom Affen abstammte. Als Knabe

habe ich das natürlich geglaubt. [...] Das Ergebnis war, daß aus den Schlacken voll fanatischen Hasses der Dunkelmänner, voll Verleumdung, Irreführung, Unwissen, Neid und Kleinheit der Gegner das gigantische Bild ERNST HAECKELS sichtbar wurde: Eines unserer tiefsten Künder einer arisch-lebensgesetzlichen Frömmigkeit [...]. Eines der mutigsten und wesentlichsten Vorkämpfers naturgesetzlichen Staatsdenkens und arteigener Besinnung auf dem Gebiet deutscher Wissenschaft und Weltanschauung und des bisher genialsten deutschen Biologen." (BRÜCHER 1936, S. 3)

Anlässlich des 100. Geburtstages von ERNST HAECKEL erschien im Februar 1934 dann ferner Heft 2 der NS-Lehrerzeitschrift *Der Biologe* als Sonderheft. Darin versuchten sechs Autoren, HAECKELS wissenschaftliches Lebenswerk in kurzen Beiträgen zu skizzieren. W. BÖLSCHE beschrieb in seinem sehr persönlich gehaltenen Beitrag „Haeckel als Erlebnis" und skizzierte ihn darin ganz im Sinne arischer Rassenkultur: als „den herrlichen deutschen Rassemenschen [...], der er war und den ich äußerlich nie wieder so gesehen habe, in dieser Schönheit und Reinheit einer Rasse, die man schon als solche in ihm lieben mußte" (BÖLSCHE 1934, S. 36). Außerdem notierte er (ebd.): „Eine riesige Gestalt, alter Preisturner, auch physisch stets bereit, sich gegen eine solche ganze Versamlung als Held zu wehren. [...] Die früh versilberten Haare wie eine wilde Wikingerkrone, die Blauaugen in der Erregung wirklich königlich niederblitzend [...]. Sein burschikoses Lachen des ewigen Studenten, der nicht trank. [...] Eine gewisse Entzauberung dann allerdings, wenn er sprach – mit der hohen hellen Kinderstimme im unverfälschten Thüringisch."

Diese hier exemplarisch angeführten Beispiele belegen, dass die Person und das Wirken HAECKELS um 1934 bereits für die „deutsche Biologenschaft" zu einem wichtigen argumentativen Bestandteil einer Rassenkunde und rassisch sich gebenden biologischen Anthropologie – vornehmlich an Schulen und Universitäten – geworden war. Die Nazifizierung des HAECKEL'schen wissenschaftlichen Werkes hatte deutschlandweit begonnen.

Als SCHMIDT schließlich am 2. Mai 1935 starb, wurde die Leitung des Haeckel-Hauses zum 1. Juni 1935 dem seit 1919 als außerordentlicher Professor an der Jenaer Universität (Ritter-Professur) tätigen Zoomorphologen VICTOR FRANZ im Nebenamt übertragen. Mit der Amtsübernahme durch FRANZ änderte sich auch das Profil der Einrichtung. Auf dessen Antrag hin[5] führte das Haus ab Januar 1939 die Unterbezeichnung „Anstalt für Geschichte der Zoologie, insbesondere der Entwicklungslehre" und war somit als Forschungsstätte noch enger in die Universitätslandschaft eingebunden. Erstmals wurde jetzt die Katalogisierung der Bibliothek in Angriff genommen und mit der Erfassung und wissenschaftlichen Erschließung und Vermehrung der Archivbestände begonnen. Das wissenschaftshistorische Forschungsprofil wurde nun über die HAECKEL-Traditionspflege hinaus erweitert und erstmals wurden auch Dissertationen auf diesem Gebiet angefertigt.

Eine besondere Bedeutung für die Verortung HAECKELS im Nationalsozialismus sollte neben dem Ernst-Haeckel-Haus schließlich die am 1. Januar 1942 gegründete „Ernst-Haeckel-Gesellschaft" erlangen. In dieser Organisation, die unter der Schirmherrschaft des thüringischen Gauleiters FRITZ SAUCKEL stand, versammelten sich zahlreiche namhafte Wissenschaftler aus Deutschland, um das Erbe HAECKELS zu bewahren und fortzuführen.[6] 1943 zählte die Gesellschaft eigenen Angaben zufolge 520 Mitglieder. Das Berufsspektrum der Mitglieder war vielfältig und ähnelte dem des Monisten-, Humboldt-, Eucken- oder Keplerbundes. Als Veröffentlichungsorgan erschienen bis 1945 zwei Bände des Ernst-Haeckel-Jahrbuches.

Die Vereinnahmung durch die Nationalsozialisten war so erfolgreich, dass von der Oszillation HAECKELS zwischen rechts und links zumindest in der westdeutschen Rezeption nichts übrig blieb.

## Sowjetische Besatzungszone und DDR

Da sich die HAECKEL-Rezeption auch nach dem Ende des Nationalsozialismus zunächst auf das Geschehen am Ernst-Haeckel-Haus, im Phyletischen Museum und an der Universität Jena konzentrierte und somit im Hoheitsbereich der Sowjetischen Besatzungszone und später der DDR lag, erlebte zunächst die „Villa Medusa" (das Ernst-Haeckel-Haus) grundlegende Strukturumbrüche: Von 1945 bis 1959 wurde das Haus als „Institut für Geschichte der Zoologie, insbesondere der Entwicklungslehre" der Friedrich-Schiller-Universität geführt und das Direktorat von GEORG SCHNEIDER übernommen. Von 1959 bis 1979 war dann GEORG

7 | Das Ernst-Haeckel-Haus in Jena (undatiertes Foto aus der DDR-Zeit)

Uschmann als Direktor tätig und begründete den Lehrstuhl für Geschichte der Naturwissenschaften (1965), wodurch auch die Umbenennung des Instituts in „Institut für Geschichte der Medizin und Naturwissenschaft – Ernst-Haeckel-Haus" (1968) erfolgte. Die einschneidenden Veränderungen ergaben sich im Gefolge der 3. Hochschulreform 1968, da die bisher obligatorischen Vorlesungen zur Geschichte der Biologie aufgegeben werden mussten und nur noch fakultative, zu speziellen Themenkreisen stattfinden konnten. Die stattdessen in die Lehrpläne eingeführten obligatorischen Vorlesungen über „Philosophische Probleme der Naturwissenschaften" oblagen den Instituten für Marxismus-Leninismus; im Haeckel-Haus initiierte man für die Mitarbeiter einen sogenannten „Colloquium-Jenense-Zirkel" zur marxistisch-leninistischen Weiterbildung und gewerkschaftlichen Schulung, der unter der Leitung des Institutsdirektors und eines Zirkelsekretärs stand. Innerhalb des Medizinstudiums wurde die Vorlesung über Medizingeschichte, die Uschmann zwar mit nun reduziertem Stundenvolumen, aber ohne ideologische Zugeständnisse weiterführte, in einen Vorlesungskomplex „Medizin und Gesellschaft" integriert.[7]

Einen Höhepunkt innerhalb der Haeckel-Rezeption in der DDR bildete der Besuch Walter Ulbrichts im Oktober 1960 an der Universität und im Haeckel-Haus, anlässlich des 15. Jahrestages der Neueröffnung der Universität. Zuvor hatte er beim Festakt in seiner Rede die Bedeutung Haeckels so hervorgehoben und betont: „Wenn ich mich meiner eigenen Jugendzeit erinnere, muss ich sagen, dass mir Ernst Haeckels Werk *Welträtsel* das Verständnis von Darwins *Entstehung der Arten* erschlossen hat. Es ist interessant, dass wir damals in der Sozialistischen Arbeiterjugend im Kursus über Volkswirtschaft das Werk von Marx *Zur Kritik der politischen Ökonomie* lasen und im Kursus über Naturwissenschaft das Werk von Ernst Haeckel. Selten hat ein Buch nachhaltigere Wirkung gehabt als Haeckels *Welträtsel*."[8]

Die Bedeutung Darwins für den dialektischen Materialismus ist tatsächlich nicht zu überschätzen. Helmut Korch, Leiter des Lehrstuhls Philosophische Fragen der Naturwissenschaften am Institut für Marxismus-Leninismus der Friedrich-Schiller-Universität Jena, sieht in beiden, 1859 zeitgleich erschienenen Schriften (*Der Ursprung der Arten* von Darwin und *Zur Kritik der Politischen Ökonomie* von Marx) die Gemeinsamkeit, „dass der materialistische Entwicklungsgedanke die Grundidee der gesamten Darstellung sei" (Korch 1965). Es ist ja bekannt, dass Karl Marx die Erstausgabe des *Kapital* Darwin widmen wollte. Weniger geläufig ist, dass Haeckel außer von Walter Ulbricht auch von Mao Tse-Tung verehrt wurde. Walter Ulbricht würdigt in der genannten Rede Haeckel weiter als den „Typ eines Wissenschaftlers, der als Pionier einer neuen wissenschaftlichen Wahrheit, unbekümmert um die Angriffe auf seine Person, nicht ruht und rastet, bis die Wahrheit zum Sieg gelangt ist." Er habe zwar „oft falsche politische Schlussfolgerungen" gezogen, aber seine Leistungen als naturwissenschaftlicher Materialist seien überragend.[9] Wie allen Marxisten gefiel Ulbricht besonders die dem Haeckel'schen Entwicklungsgedanken innewohnende teleologische Fortschrittsvorstellung, die Zwangsläufigkeit.

Zeitgleich findet sich in einer um 1960 vor dem Phyletischen Museum aufgestellten Vitrine folgendes Zitat von Lenin aus dem Jahr 1908: „Der Sturm, den die *Welträtsel* Ernst Haeckels in allen zivilisierten Ländern hervorgerufen haben, zeigte [...] die wirkliche gesellschaftliche Bedeutung des Kampfes des Materialismus gegen Idealismus [...]. Das populäre Büchlein wurde zu einer Waffe des Klassenkampfes."[10] Im „Entwurf der Konzeption zur Vorbereitung und Durchführung der Hundertjahrfeier des Zoologischen Instituts der Friedrich-Schiller-Universität" vom 11. Juni 1965 ist dann auch klar ausgesagt, dass diese der „Erfüllung des Auftrags des Genossen Walter Ulbricht zur Pflege und Förderung des wissenschaftlichen Erbes Ernst Haeckels" dienen müsse.[11] Die geschichtliche Bedeutung Haeckels liege vorrangig in seinem „Kampf für die Durchsetzung des Darwinismus in der Zoologie, insbesondere auch seinem Eintreten für die natürliche Abstammung des Menschen". Er sei „der profilierteste Vertreter des bürgerlichen naturwissenschaftlichen Materialismus in der 2. Hälfte des 19. Jahrhunderts", damit „konsequenter Kritiker der christlichen Religion und kämpferischer Atheist" und mit seiner *Natürlichen Schöpfungsgeschichte* und den *Welträtseln* habe er, „wenn auch ungewollt, einen Beitrag zur Förderung der Arbeiterbewegung geleistet".[12] Aus dem Haeckel-Haus hieß es ergänzend dazu: „Noch viel zu wenig ist diese, die künftige wissenschaftliche Arbeit anregende Grundlage in Haeckels Gesamtschaffen für unseren Hochschulbereich erschlossen. Durch differenzierte Führungen, zum Beispiel für Oberschüler oder Studenten, sind die Mitarbeiter des Ernst-Haeckel-Hauses bemüht, dieser hochschulpolitischen Seite besser als bisher gerecht zu werden. Das Haeckel-Gedenken in unserer Republik ist vor allem eine ständige Ehrung durch das Vollziehen progressiven Tuns, wie es auch in seinen eigenen Prinzipien als Hochschullehrer angelegt war."[13]

Anlässlich der internationalen Feierlichkeiten zum „Darwin-Jahr" 1959 organisierte der Botaniker und Präsident der Biologischen Gesellschaft (BG) Otto Schwarz in Jena eine „Arbeitstagung zu Fragen der Evolution". Aus Anlass des 150. Geburtstags von Ernst Haeckel fanden am 25. und 26. Mai 1984 in der Aula der Salana eine Festveranstaltung sowie wissenschaftliche Tagung zum Thema „Leben und Evolution" statt, zu der neben der Universität auch die BG der DDR sowie die Gesellschaft für Neurowissenschaften eingeladen hatten.

Daneben war bereits am 25. Mai 1978 mit der „Ernst-Haeckel-Vorlesung" an der Friedrich-Schiller-Universität eine Veranstaltungsreihe eröffnet worden, die im Jahresrhythmus aktuelle Forschungsergebnisse und Probleme der modernen Biologie für einen breiten interdisziplinären Hörerkreis darstellen sollten.

Der Reigen der Haeckel-Biografien war bereits 1954 mit der Publikation *Ernst Haeckel – Forscher, Künstler, Mensch* von Georg Uschmann fortgeführt worden. Daran schlossen sich chronologisch Peter Klemm mit *Ernst Haeckel – Der Ketzer von*

*Jena* (1966) und ALFRED R. BÖTTCHER mit *Die Affensache – Berichte und Geschichten um zwei große Wissenschaftler* (1971). Mit ERIKA KRAUSSES Biografie (1984) lag in der DDR schließlich die wissenschaftlich solideste Abhandlung zu diesem Themenkreis vor.[14] USCHMANN legte im selben Jahr eine erweiterte Neuausgabe seines Buches von 1954 mit dem Titel *Ernst Haeckel – Biographie in Briefen* vor. Parallel dazu erschien eine Artikelserie „Ernst Haeckel – ein Lebensbild zum 150. Geburtstag" (vier Folgen) in der Zeitschrift *Wochenpost*. Zudem gab es 1961 und 1983 Planungen, einen HAECKEL-Film zu drehen: Auf den 22. Dezember 1962 datiert ist *Der Herr/Mann mit dem Schöpferhut*, ein zweibändiges Szenarium von 132 Seiten für einen Film von ALFRED R. BÖTTCHER; eine zweite Fassung der DEFA vom 31. Juli 1983 erstellte WOLFGANG BARTSCH.

Angesichts der kontinuierlich präsenten HAECKEL-Forschung in der DDR wirkt ein Vorgang vom 3. Dezember 1990 allerdings befremdlich: Der 65-jährige GÜNTHER HÖPFNER verteidigt seine mittlerweile 30 Jahre alte Doktorarbeit über HAECKEL. Die Prüfungskommission im Institut für Geschichte der ehemaligen Akademie der Wissenschaften (Leipzig) bescheinigt dieser Dissertation ihren vollen Wert. HÖPFNER brilliert derart bei der Verteidigung, dass ihm für diese einst wegen der Ausführungen zur HAECKEL-Rezeption im Nationalsozialismus abgelehnten Schrift gleich der Titel „Dr. phil. habil." und nicht nur „Dr. phil." verliehen wird (vgl. *Wochenpost* 15/1991, S. 14).

8 | Haeckel-Darstellung der 1970er Jahre

## Bundesrepublik

Während sich die HAECKEL-Forschung auch in der DDR weiterhin auf Jena konzentrierte, war es in der Bundesrepublik vornehmlich der Göttinger Anthropologe und Zoologe GERHARD HEBERER, der die wissenschaftshistorische Bedeutung HAECKELS würdigte, wobei die Abhandlung *Der gerechtfertigte Haeckel* von 1968 herausragt. Dieses 588 Seiten umfassende Buch stellt gewissermaßen für die westdeutsche Rezeption eine der bedeutendsten wissenschaftlichen Zäsuren des Jenenser Biologen dar. Sechs Jahre nach HEBERERS Buch publiziert der Anthroposoph JOHANNES HEMLEBEN seine Schrift *Ernst Haeckel, der Idealist des Materialismus* (1974), in der er auf konfusen 160 Seiten dem Werk des Zoologen HAECKEL gerade einmal dreieinhalb Seiten zugesteht und nach knappen Bemerkungen über den Monismus die Biografie abrupt abbrechen lässt. Kompilierend und weniger über das bisher Bekannte hinausgehend vermitteln beispielsweise die Publikationen von KLAUS KEITEL-HOLZ (*Ernst Haeckel: Forscher – Künstler – Mensch, eine Biographie*, 1984) sowie HEINRICH K. ERBEN (*Evolution – Eine Übersicht sieben Jahrzehnte nach Ernst Haeckel*, 1990). Zudem bilden sie den Abschluss einer HAECKEL-Rezeption in der Bundesrepublik im 20. Jahrhundert.

## Haeckel aus heutiger Sicht

ERNST HAECKEL war, was die Breitenwirkung in der Öffentlichkeit und in der Wissenschaftlergemeinschaft anbelangt, einer der

Popstars des 19. Jahrhunderts. Eine weltweite Korrespondenz mit derzeit 40.000 erhaltenen Briefen, eine Bibliografie von fast 700 Beiträgen, eine Sammlung von fast 1.200 Aquarellen und Skizzen von seinen fast 90 großen Reisen, die Neubeschreibung Tausender niederer Meerestiere und so weiter stehen auf der Habenseite und sprechen für sich. Die andere HAECKEL-Seite offenbart aber auch einen Hang zum Narzissmus, zur Selbstdarstellung und Selbstüberschätzung, zur Politisierung der Biologie in der Gesellschaft. Gerade für die jüngere Biologengeneration, die wenig biologiehistorisch geschult, HAECKEL nur noch durch das gelegentliche Studium seiner zeitgebundenen naturphilosophischen und biologischen Schriften kennt, ist das HAECKEL'sche Lebenswerk oftmals nicht klar konturiert. Dass HAECKEL in wesentlichen Punkten (wenn man diese historisch einordnet) „recht gehabt hat", sei es beispielsweise hinsichtlich seiner Aussagen zu einer evolutionären Embryologie und Morphologie, so wie das ja auch für CHARLES DARWIN gilt, auf dem HAECKEL größtenteils fußte, gilt heute als weitgehend gesichert. Hingegen müssen seine Äußerungen hinsichtlich Politik und Gesellschaft, die er mit zunehmendem Alter von sich gab, diffiziler gesehen, als seine Art von Volksaufklärung (Beitrag zur Volksbildung) gedeutet werden, die später mehr und mehr den Charakter einer Propaganda annahm. Diese Aussagen lieferten schließlich mit allen heute bekannten Konsequenzen das argumentative Grundgerüst für die Vereinnahmung von Teilen des HAECKEL'schen Werkes seitens der Sozialdarwinisten, Rassenhygieniker, Nationalsozialisten und Kommunisten. Heute beruft man sich in derartigen Diskussionen nicht mehr auf HAECKEL, das Thema eugenische Auslese jedoch wird auch mehr als ein halbes Jahrhundert nach dem rassenhygienischen Terror der Nazis noch diskutiert, wie sich an den Themen Pränataldiagnostik und Stammzellenforschung zeigt. Für die Biologie bleibt HAECKEL derjenige, der neben FRITZ MÜLLER als einer der Ersten das „Biogenetische Grundgesetz" formulierte, nach dem die Entwicklung des Individuums (die Ontogenese) eine abgekürzte, modifizierte Wiederholung der Stammesentwicklung (Phylogenese) ist. Für die Biologie so unverzichtbare Begriffe wie „Ontogenie" (Lehre von der individuellen Entwicklung), „Phylogenie" (Lehre von der stammesgeschichtlichen Entwicklung), „Chorologie" (Lehre von der räumlichen Verbreitung der Lebewesen), „Ökologie" (Wissenschaft von den Beziehungen des Organismus zur umgebenden Außenwelt und deren Existenzbedingungen) sowie „Stamm" („Phylon") gehen ebenso auf ERNST HAECKEL zurück. Das System der Organismen wird von ihm genealogisch interpretiert, wobei HAECKEL erstmalig die stammesgeschichtlichen Beziehungen in Form von Stammbäumen unter Einschluss des Menschen dargestellt hat.

### Anmerkungen

[1] Vgl. hierzu das 29. Kapitel in der *Generellen Morphologie* (1866): „Die Einheit der Natur und die Einheit der Wissenschaft (System des Monismus)" (S. 441–447) sowie das 30. Kapitel „Gott in der Natur" (Amphitheismus und Monotheismus) (S. 448–452).

[2] Ernst-Haeckel-Haus (EHH), Bestand G, Handschriftlicher Entwurf Haeckels vom 14. September 1918. Den Terminus „Genetik" gebrauchte Haeckel synonym für Entwicklungslehre, Evolutismus oder Evolutionismus (vgl. E. Haeckel: Die Welträthsel. Gemeinverständliche Studien über monistische Philosophie. Bonn 1899, S. 277).

[3] EHH, Bestand G, Sitzungsprotokoll des Kuratoriums vom 21. Juli 1920.

[4] EHH, Nachlass Franz, Bestand Z, Ordner Brücher, Brief von Stengel von Rutkowski an den Lehmann Verlag, Dr. Spatz, vom 3. Juni 1936.

[5] Vgl. Kuratoriumssitzung vom 6. Februar 1937, Archiv EHH.

[6] Universitätsarchiv Jena, Bestand A, Abt. X, Nr. 17.

[7] U. Hoßfeld/T. Kaiser/H. Mestrup (Hrsg.): Hochschule im Sozialismus. Studien zur Geschichte der Friedrich-Schiller-Universität (1945–1990). 2 Bde., Weimar et al. 2007.

[8] Zeitungsausschnittsammlung des Ernst-Haeckel-Hauses Jena.

[9] Ansprache auf dem Festakt anlässlich des 15. Jahrestages der Neueröffnung der Friedrich-Schiller-Universität am 10.10.1960.

[10] Archiv des Phyletischen Museums.

[11] Staatsarchiv Rudolstadt, Bestand SED-Universitätsleitung der Friedrich-Schiller-Universität Jena, Akte 601, Blatt 188. Den Hinweis auf diesen Bestand verdanken wir Herrn Alexander Eidner.

[12] Ebd. Blatt 93–94, UPL Sitzung vom 27.6.1962.

[13] Vgl. eine Zeitungsnotiz (undatiert) in der *Thüringischen Landeszeitung* unter dem Titel „Professor im Sinne des Wortes. Ernst Haeckel – ein heute noch gültiges Vorbild als Hochschullehrer" (von O. Leitholf); aus dem Besitz des Verfassers.

[14] E. Krauße: Ernst Haeckel. Leipzig, 1984.

**Literatur**

Bavink, B. (1928): Zweck und Ziel des Keplerbundes in der Gegenwart. In: Unsere Welt 20, S. 257 f.

Bölsche, W. (1934): Haeckel als Erlebnis. In: Der Biologe 3, S. 34–38.

Breitenbach, W. (1904): Ernst Haeckel. Ein Bild seines Lebens und seiner Arbeit. Brackwede i. W.

Brücher, H. (1936): Ernst Haeckels Bluts- und Geistes-Erbe. Eine kulturbiologische Monographie. München.

Dennert, E. (1932): Zum 25jährigen Bestehen des Keplerbundes (25.11.1907). In: Unsere Welt 24, S. 321–326.

Ermel, H. D. (1971): Die Kirchenaustrittsbewegung im Deutschen Reich 1906–1914. Studien zum Widerstand gegen die soziale und politische Kontrolle unter dem Staatskirchentum. Diss. Phil. Fakultät der Universität zu Köln.

Fischer, M. S./G. Brehm/U. Hoßfeld (2008): Das Phyletische Museum in Jena. Gera.

Groschopp, H. (1997): Dissidenten. Freidenkerei und Kultur in Deutschland. Berlin.

Gumppenberg, H. v. (1899/1900): Ernst Häckel und die Religionsfrage. In: Der Türmer I, S. 369–377.

Haeckel, E. (1877): Ueber die heutige Entwickelungslehre als Gesammtwissenschaft. Vortrag, gehalten am 18. September 1877 in der ersten öffentlichen Sitzung der fünfzigsten Versammlung Deutscher Naturforscher und Ärzte. München, S. 14–22.

Haeckel, E. (1892): Die Weltanschauung des neuen Kurses. Freie Bühne für den Entwicklungskampf der Zeit, Berlin, H. 3, Jg. 3.

Haeckel, E. (1910): Mein Kirchenaustritt. Sonderabdruck aus der Frankfurter Halbmonatsschrift „Das freie Wort", Jg. X, Nr. 18 (2. Dezemberheft 1910).

Hoßfeld, U. (2005): Nationalsozialistische Wissenschaftsinstrumentalisierung: Die Rolle von Karl Astel und Lothar Stengel von Rutkowski bei der Genese des Buches *Ernst Haeckels Bluts- und Geistes-Erbe* (1936). In: E. Krauße (Hrsg.): Der Brief als wissenschaftshistorische Quelle. Berlin, S. 171–94.

Hoßfeld, U./T. Kaiser/H. Mestrup (Hrsg.) (2007): Hochschule im Sozialismus. Studien zur Geschichte der Friedrich-Schiller-Universität (1945–1990). 2 Bde. Weimar et al.

Hoßfeld, U. (2010): Ernst Haeckel. Freiburg.

Korch, H. (1965): Erkenntnistheoretische Fragen der Abstammungslehre. In: M. Gersch (Hrsg.), Gesammelte Vorträge über moderne Probleme der Abstammungslehre. Friedrich-Schiller-Universität Jena.

Krauße, E./U. Hoßfeld (1999): Das Ernst-Haeckel-Haus in Jena. Von der privaten Stiftung zum Universitätsinstitut (1912–1979). Verhandlungen zur Geschichte und Theorie der Biologie 3, S. 203–232.

Nöthlich, R./O. Breidbach/U. Hoßfeld (2005): „Was ist die Natur?" Einige Aspekte der Wissenschaftspopularisierung in Deutschland. In: M. Steinbach/S. Gerber (Hrsg.), „Klassische Universität" und „akademischen Provinz". Die Universität Jena von der Mitte des 19. bis in die 30er Jahre des 20. Jahrhunderts, Jena, S. 238–250.

Nöthlich, R. et al. (2006): „Substanzmonismus" und/oder „Energetik": Der Briefwechsel von Ernst Haeckel und Wilhelm Ostwald (1910–1918). Zum 100. Jahrestag der Gründung des Deutschen Monistenbundes. Berlin.

Nöthlich, R. et al. (2007): „Ich acquirirte das Schwein sofort, ließ nach dem Niederstechen die Pfoten abhacken u. schickte dieselben an Darwin". Der Briefwechsel von Otto Zacharias mit Ernst Haeckel (1874–1898). In: Annales of the History and Philosophy of Biology 11, S. 177–248.

Nöthlich, R. et al. (2008): Weltbild oder Weltanschauung – Die Gründung und Entwicklung des Deutschen Monistenbundes. In: Jahrbuch für Europäische Wissenschaftskultur 3, S. 19–67.

Schmidt, H. (1934): Ernst Haeckel. Denkmal eines großen Lebens. Jena.

Weber, H./U. Hoßfeld (2006): Stichwort „Monismus". Naturwissenschaftliche Rundschau 59, S. 521–522.

Ziche, P. (Hrsg.) (2000): Monismus um 1900. Wissenschaftskultur und Weltanschauung. Berlin.

# 2
# Schöpfung im Kontext der Evolution

# Architectus mundi

„Großzügig wird hier mit einem Zirkelschlag die Welt entworfen. Dargestellt ist der Schöpfer von Himmel und Erde. Sein Blick ist ganz seinem Werk zugewandt. Auf der Scheibe sind die Sterne des Kosmos und die Wellen der Weltmeere zu erkennen. Es sieht so aus, als trete Gott eben in das gerahmte Bild hinein, um die Schöpfung der Welt zu vollbringen." So beschreiben die Autoren des KUNST Bildatlas (Stuttgart 2007) knapp das Bild auf der gegenüberstehenden Seite. Es stammt aus der Bible moralisée, die im 13. Jahrhundert in Frankreich entstand. Der Zirkel in der Hand Gottes symbolisiert die Architektur, der Schöpfer der Welt wird somit mit dem Architekten einer Kathedrale verglichen.

Der mittelalterliche Maler ging davon aus, dass die Bibel ihre Leser nicht nur über Gott und den Menschen, sondern auch über die Welt informiert. Daher entnahm er Informationen über die Entstehung des Kosmos, wie damals allgemein üblich, den biblischen Schöpfungserzählungen. Heute wissen wir aus der Astrophysik vom Urknall und der weiteren Entwicklung des Weltalls und aus der Biologie von der Evolution des Lebendigen. Aufgrund dieser Erkenntnisfortschritte werden die biblischen Texte nicht mehr als naturkundliche Schriften gelesen. Nach Ansicht führender Theologen der großen Konfessionen dienen die Schöpfungserzählungen der Deutung der Welt und des Menschen aus der Sicht der Religion. Nach heutiger theologischer Auffassung haben diese Texte, die die kosmologischen Vorstellungen ihrer Entstehungszeit beschreiben, das vorrangige Ziel, ein spezifisch religiöses Welt- und Menschenbild zu vermitteln. Eine solche Interpretation steht mit den Naturwissenschaften nicht im Widerspruch. Wie im folgenden Artikel dargelegt, geht diese Deutung schon auf Augustinus (354 – 430 n. Chr.) zurück. Er wurde dazu durch das Weltbild des Ptolemaeus (um 100 – etwa 175 n. Chr.) veranlasst, das ebenfalls nicht mit dem Weltbild der Bibel übereinstimmt. Ptolemaeus sah die Erde als Mittelpunkt des Weltalls an, die von Gestirnen umkreist wird.

Kreationisten, die mit Mitteln der Wissenschaft beweisen wollen, dass die Welt von einem intelligenten Designer wie dem hier dargestellten architectus mundi entworfen und gebaut worden ist, müssen scheitern; denn für den Nachweis von übernatürlichen Einflüssen besitzen die Naturwissenschaften keine Methoden. **HB**

586–536 v. Chr. Babylonisches Exil der Israeliten; Entstehungszeit des 1. Buch Mose

408 n. Chr. Der Kommentar *Über die wörtliche Bedeutung der Genesis* von Augustinus erscheint

> Ich fühle mich nicht zu dem Glauben verpflichtet, dass derselbe Gott, der uns mit Sinnen, Vernunft und Verstand ausgestattet hat, von uns verlangt, dieselben nicht zu benutzen. GALILEO GALILEI (1564–1642)

Richard Schröder

# Schöpfung und Evolution

### Schöpfungsgeschichten

Die Religionswissenschaft kennt eine unermessliche Anzahl von Schöpfungsgeschichten aus den verschiedensten Kulturkreisen mit sehr verschiedenen Pointen. Auch für die Umwelt, in der das Alte Testament mit seinen Schöpfungsgeschichten entstanden ist, kennen wir eine Vielzahl solcher Geschichten. Warum erzählen sich Menschen solche Geschichten, oder: Welche Funktion haben Mythen?

Als der britische Kolonialbeamte Sir GEORGE GREY 1845 die Verwaltung von Neuseeland übernahm, machte er sich daran, die Muttersprache der Neuseeländer zu erlernen. Doch da tat sich ihm eine weitere Verständigungsbarriere auf. „Zu meiner Überraschung fand ich [...], dass diese Häuptlinge entweder in ihren Reden vor mir oder in ihren Briefen häufig zur Erklärung ihrer Ansichten und Absichten Fragmente alter Gedichte und Sprichwörter zitierten. Oder Anspielungen machten, die auf einem alten mythologischen System beruhten." GREY musste also neben der Sprache ein zweites Verständigungssystem lernen, die neuseeländische Mythologie. Aus dem Vorwort seiner *Polynesian Mythology* habe ich zitiert (zit. n. KERÉNYI 1976, S. 105). KARL KERÉNYI bemerkt dazu: Dieselbe Erfahrung hätten wir gemacht, wenn wir das antike Griechenland besucht hätten (ebd., S. 219).

Mythen sind Geschichten, mit deren Hilfe sich Menschen ihren Weltaufenthalt verständlich machen oder auslegen. Schöpfungsgeschichten tun das, indem sie Gründungsgeschichten der Welt erzählen, aus denen hervorgehen soll, was es mit der Welt, der Erde und ihnen selbst auf sich hat. „Schöpfungskonzepte [liefern] Begründungen für die Bedingungen und Umstände menschlichen Lebens" (AHN 1999, S. 253). Sie sind insofern immer primär gegenwartsbezogen.

Der uns geläufige Typ von Schöpfungsgeschichten, nämlich Geschichten von einem *einmaligen Anfangsereignis*, sind für das alte Babylon und dann für Judentum, Christentum und Islam typisch, also den vorderasiatisch-europäischen Raum. Unter den Bedingungen des Polytheismus sind solche Geschichten genealogisch-theogonisch, indem sie noch *vor* der Weltentstehung von der Entstehung der Götter und Mächte erzählen, die die Weltentstehung und das Weltgeschehen bestimmen, und dies als Familiengeschichte einer Generationenfolge. So der babylonische Mythos *Enuma elisch* und, von dieser Tradition abhängig, Hesiods Theogonie. Unter monotheistischen Voraussetzungen müssen solche theogonischen Vorgeschichten der Schöpfung ersatzlos verschwinden.

Für den indischen Kulturkreis dagegen sind nicht solche Weltanfangsgeschichten charakteristisch, sondern Vorstellungen von

**1543 n. Chr.** Nikolaus Kopernikus begründet die Theorie, dass die Erde sich um die Sonne dreht

**1859** Charles Darwin begründet die Theorie, wie biologische Arten entstehen und sich verändern

*sich wiederholenden Weltzyklen.* In anderen Kulturen ist die Verbindung von Mythos und Kultus so eng, dass Schöpfung und Erhaltung der Welt sich *in rituellen Vollzügen iterativ-gegenwärtig ereignen.* Die Azteken zum Beispiel führten die sogenannten Blumenkriege, um Gefangene für Menschenopfer zu machen, denn ohne dieses Menschenblut würde ihrer Vorstellung nach die Sonne ihren Lauf beenden.

Übrigens orientieren wir uns auch heute noch in weit höherem Maße an Geschichten, als wir uns das in der Regel eingestehen, es fragt sich nur, an welchen.

## Der biblische Schöpfungsglaube

**Entstehung der Bibel.** Die Entstehung der Bibel ist in den letzten 200 Jahren sehr gründlich erforscht worden. Ein Ergebnis lautet: Das Bekenntnis zu Gott dem Schöpfer ist in der israelitischen Religionsgeschichte recht jung. Das israelitische Urbekenntnis gilt nicht Gott, dem Schöpfer, sondern Gott, dem Erretter aus der ägyptischen Knechtschaft. Das ist die Exodus-Erfahrung, also eine Erfahrung aus dem Feld der Geschichte, nicht der Natur. Somit: unser Gott, der uns aus Ägypten befreit hat, ist auch der Schöpfer der Welt. Obwohl die Schöpfungsgeschichte am Anfang der Bibel steht, ist sie nicht das Fundament oder der Ursprung der israelitischen Gotteserfahrung.

Die erste der beiden biblischen Schöpfungsgeschichten ist erst aus der Begegnung mit und im Widerspruch zu babylonischen Schöpfungsmythen während des babylonischen Exils (586 – 536) entstanden.

Dass am Anfang der Bibel zwei Schöpfungsgeschichten hintereinander stehen, die sich inhaltlich widersprechen, ist für den aufmerksamen Leser, der darauf gefasst ist, evident.

Die *erste Schöpfungsgeschichte* (1. Mose 1) lässt die Welt in 6 Tagen entstehen, und zwar in der Abfolge 1. Licht; 2. Firmament, 3. Trennung von Erde und Meer, Pflanzen; 4. Sonne, Mond und Sterne; 5. Wassertiere und Vögel; 6. Landtiere und Mensch „als Mann und Frau" und „zum Ebenbild Gottes". Am 7. Tag ruhte Gott von seinem Werk aus. Damit begründet diese Geschichte den Brauch der Sabbatruhe am 7. Wochentag.

Die *zweite Schöpfungsgeschichte* (1. Mose 2) dürfte erheblich älter sein. Sie erzählt, dass die Erde eine Wüste war, dass Gott es

1 | Französische Buchmalerei des 12. Jahrhunderts: Gott erschafft die Welt und den Menschen, danach die Geschichte des Sündenfalls.

regnen ließ, „den Menschen" (Adam) aus Lehm schuf und ihm den Lebensodem einhauchte. Dann legte Gott einen Garten in der Wüste an (das Paradies als Oase) und setzte den (ersten) Menschen Adam in diesen Garten, aber Adam war einsam. Da schuf Gott die Tiere und ließ Adam sie benennen, aber er fand unter den Tieren keine Hilfe, die zu ihm passte. Da schuf Gott Eva aus einer Rippe Adams, und diese nahm Adam an.

Diese zweite Geschichte stammt aus dem Milieu der Wüstennomaden und sagt am Schluss selbst, was sie erklären oder begründen soll: „Darum verlässt der Mann Vater und Mutter und hängt seinem Weibe an." Sie zeigt dabei einen patriarchalen Zug (die Frau als Gehilfin des Mannes), der in der ersten Schöpfungsgeschichte nicht begegnet. Diese Schöpfungsgeschichte hat gar keine kosmologischen Erklärungsinteressen, sondern soziale.

Die erste Schöpfungsgeschichte dagegen ist deutlich kosmologisch orientiert. Hier ist orientalisches Priesterwissen im Spiel, das an Ordnungen und plausiblen Sukzessionen interessiert ist. Einiges davon ist auch für uns noch überzeugend: Pflanzen vor Tieren, Wassertiere vor Landtieren und der Mensch zuletzt. Anderes verwundert uns: die Pflanzen vor der Sonne und das Licht vor den Gestirnen? Gegen solche rationalistische Kritik an dieser Schöpfungsgeschichte hat MATTHIAS CLAUDIUS eingewendet: Es wird doch tatsächlich bereits vor Sonnenaufgang hell, also ist das Licht „früher" als die Sonne. Er hat damit wohl kongenial erfasst, wie die Autoren der Schöpfungsgeschichte gedacht haben, nämlich nicht auf der Grundlage einer wissenschaftlichen Kosmologie, sondern aufgrund lebensweltlicher Erfahrungen. Im Mittelalter hat man übrigens die Erschaffung des Lichts auf die Erste Materie bezogen.

2 | Reliefskulptur des babylonischen Gottes Marduk mit einem Drachen

**Biblische und babylonische Schöpfungsgeschichten.** Vergleichen wir diese erste Schöpfungsgeschichte mit babylonischen Schöpfungsmythen. Einerseits teilen diese Schöpfungsgeschichte und andere alttestamentliche Texte selbstverständlich damalige kosmologische Überzeugungen, namentlich das Weltmodell der „Käseglocke" oder des Himmelszelts, also ein firmamentum (Festes) über der Erde als Scheibe, die auf Säulen ruht, ohne dergleichen aber systematisch darzustellen. Andererseits gibt es interessante Unterschiede.

Im babylonischen Schöpfungsmythos *Enuma elisch* entsteht die Welt, indem der Gott Marduk (Babylons Stadtgott) seine Mutter Thiamat tötet, zerteilt und aus ihr den Kosmos bildet. Thiamat ist die Urflut (Chaos), die nun das Wasser über der Erde (den blauen Himmel und den Ursprung des Regens) und das Wasser unter der Erde (den Ursprung der Quellen) bildet. In 1. Mose 1 heißt es dagegen: Gott machte das Firmament und schied die Wasser unter dem Firmament von den Wassern über dem Firmament. Da ist nur noch von Wasser die Rede, nicht mehr von einer geschlachteten Göttin. Wenn man bedenkt, dass in Babylon die Sterne, namentlich die Planeten, als Götter verehrt wurden, wirkt auch diesbezüglich die erste Schöpfungsgeschichte ausgesprochen prosaisch: Gott schuf zwei Lampen, eine für den Tag und eine für die Nacht.

Nach babylonischem Verständnis haben die Götter die Menschen geschaffen, damit sie ihnen dienen, „um ihnen den Tragkorb der Götter aufzubürden" (AHN 1999, S. 255). Dagegen heißt es 1. Mose 1: Gott schuf den Menschen nach seinem Bilde, als Mann und Frau schuf er sie. Und es folgt der Auftrag: „Seid fruchtbar und mehret euch [...] und macht euch die Erde untertan und herrscht über die Tiere."

Marduk ist der Stadtgott von Babylon, der die Herrschaft des babylonischen Königs legitimiert. Der König als der Stellvertreter Gottes ordnet das Tragen der Tragkörbe bei den Bauarbeiten an. In 1. Mose 1 dagegen wird keine politische Herrschaftsordnung legitimiert, sondern dem ganzen Menschengeschlecht die Gottesebenbildlichkeit und die Herrschaft über die Erde und die irdischen Geschöpfe zugesprochen.

CARL AMERY (1972) hat dieses biblische Weltherrschaftsmandat verantwortlich gemacht für den Raubbau an der Natur in der neuzeitlichen abendländischen Kultur. Die Kritik an solchem Raubbau ist berechtigt, aber doch nicht als Widerruf des Weltherrschaftsmandats, sondern als dessen Interpretation: Macht euch die Erde untertan, aber nicht wie die Räuber, sondern wie die Hirten oder Gärtner, die zugleich das pflegen, wovon sie leben (ROBERT SPAEMANN 1983).

Was also die biblische Schöpfungsgeschichte von babylonischen Schöpfungsmythen vor allem unterscheidet, ist zum einen eine *Entmythologisierung der Welt zur Schöpfung*. Sie ist von Gott geschaffen, den astronomischen Himmel eingeschlossen, und nicht selbst göttlich. Der (monotheistische) Schöpfungsgedanke zwingt zur grundsätzlichen Unterscheidung zwischen Gott und Welt und eröffnet insofern erst den Blick auf die „Weltlichkeit" der Welt.

Und zum anderen ist es die erstaunliche Stellung, die sie *den Menschen* (und nicht etwa nur dem Volk Israel) zuspricht: nicht Diener der Götter oder Gottes, sondern *als Gottes Ebenbild* sein Stellvertreter auf Erden zu sein.

**Menschenverständnis der Bibel.** Dass die christliche Kirche die Bibel der Juden als „Altes Testament" in ihre Bibel aufgenommen hat, war seinerzeit nicht selbstverständlich. Der älteste „christliche" Kanon war der des MARCION. Er bestand aus dem Lukasevangelium und den Paulusbriefen und schloss das „Alte Testament", das für Jesus und die Urgemeinde ganz selbstverständlich „die Bibel" war, ausdrücklich aus. Der Grund war die Beurteilung der Schöpfung. MARCION teilte nämlich mit der hellenistischen Gnosis die Überzeugung, dass die Welt von einem bösen Gott (Demiurg) geschaffen sei, der die menschlichen Seelen, die vom guten Gott stammen, in die Materie eingefangen habe. Diesem radikalen Dualismus einer radikalen Weltverachtung hat die christliche Kirche ausdrücklich widersprechen wollen, als sie die hebräische Bibel als Altes Testament in ihre Bibel aufnahm. Gegen MARCION erklärte sie damit: Die Welt ist nicht das Gefängnis der göttlichen Seelenfunken, sondern Gottes gute, wenn auch gefallene und dadurch ambivalente Schöpfung. In der ersten Schöpfungsgeschichte schließt jedes der sechs Tagewerke mit der Formel: „Und Gott sah, dass es gut war." Zu dieser *ursprünglichen* Güte der Schöpfung wollte sich die christliche Kirche bekennen, als sie gegen MARCION und seinesgleichen die hebräische Bibel in die christliche Bibel aufnahm. Das übersehen leicht diejenigen, die dem Christentum – nicht ohne jede Berechtigung – Weltflucht und Weltverachtung vorwerfen.

Was wir von der hebräischen Bibel sagten, gilt analog vom christlichen (apostolischen) Glaubensbekenntnis. Es beginnt zwar mit dem Bekenntnis zu Gott, dem „Schöpfer Himmels und der Erden", aber das Fundament des christlichen Glaubens sind Wort, Werk und Geschick Jesu Christi, also der zweite, erheblich längere Artikel dieses Glaubensbekenntnisses. Also: Gott, wie er sich in Jesus Christus gezeigt hat, ist auch der Schöpfer der Welt. Er ist, wie Paulus einmal sagt, der, „der das Nichtseiende ruft, dass es sei" (Römer 4, 17). Und dies erweist sich an Jesu Auferweckung ebenso wie an der Erneuerung der Herzen durch Gottes Geist und eben auch schon an der Erschaffung der Welt. Bekanntlich gibt es bisher im christlichen Festkalender kein besonderes Fest der Schöpfung. Dies Thema kommt im Festkreis begleitend vor, am häufigsten in den Pfingsttexten. „Veni creator spiritus" („Komm, Gott Schöpfer, Heiliger Geist") bezieht sich aber nicht zuerst auf etwas Vergangenes, die Weltentstehung, sondern auf die *Zukunft*, dass nämlich Glaube, Liebe, Hoffnung in unseren Herzen wachsen.

Der christliche Schöpfungsglaube hat also seine Pointe nicht in einer speziellen Weltentstehungstheorie, sondern in einem *spezifischen menschlichen Selbstverständnis*. Es legt seinen Ak-

3 | *Systema solare et planetarium* gemäß Nikolaus Kopernikus aus dem *Neuen Himmelsatlas* von Johann Baptist Homann, 1742. Inschrift „EX HIS CREATOREM": aus den dargestellten Zusammenhängen kann man den Schöpfer erkennen; links oben: Größenverhältnisse von Sonne und Planeten; rechts oben: Fixsterne als Sonnen mit Planeten; links unten: Erde vom Nordpol gesehen mit Mondschatten der Sonnenfinsternis, beobachtet am 12. 5. 1706 in Nürnberg; rechts unten: Astronomie, dazu die Systeme des Ptolemäus (zerbrochen), des Tycho Brahe („sic oculis", „aufgrund von Beobachtungen") und des Kopernikus („sic ratione", „aufgrund rationaler Überlegungen").

zent nicht zuerst in Aussagen über ein Ereignis vor soundsovielen Jahren – in der abendländischen Christenheit hat man bekanntlich die Zeitrechnung nicht mehr auf den Weltanfang, sondern auf Christi Geburt geeicht –, sondern in das *Vertrauen* darauf, dass wir hier und jetzt von Gott bejaht sind, unser Existenzrecht nicht vor anderen Menschen oder „der Gesellschaft" rechtfertigen oder gar uns erst verdienen müssen. Die Welt, in der wir leben, ist *nicht nur* ein Kampfplatz, auf dem der Stärkere auf Kosten des Schwächeren überlebt, sondern zuerst Geschenk, uns zu pfleglichem und solidarischem Gebrauch anvertraut. Die dem Schöpfungsgedanken entsprechende Lebenshaltung ist *Dankbarkeit*, für die eigene Existenz, für unsere Lebensmöglichkeiten und Chancen und für die Mitkreatur, deren wir uns zwar nicht in jedem Einzelfall – Mücken sind lästig und Pestbakterien furchtbar –, aber doch grundsätzlich freuen dürfen.

Dieser Schöpfungsglaube wird nicht von denen infrage gestellt, die die beschriebene Entstehungsabfolge in sechs Tagewerken bestreiten, sondern von denen, die das entsprechende menschliche Selbstverständnis ablehnen.

Als jene Schöpfungsgeschichten der Bibel niedergeschrieben wurden, gab es noch keine Wissenschaft im heutigen Sinne. Vorläufer davon war das Priesterwissen, das auch das medizinische einschloss. Aber bereits in der griechisch-hellenistischen Antike entsteht Wissenschaft, verstanden als rational und argumentativ begründetes Wissen, namentlich die Geometrie (Euklid), Astronomie (Ptolemäus) und Kosmologie (Aristoteles). Das Christentum entstand in der hellenistischen Welt und deshalb haben sich die antiken christlichen Theologen (Kirchenväter) bereits mit dem Verhältnis der biblischen Texte zu jenen hellenistischen Wissenschaften auseinandergesetzt. Besonders einflussreich wurde Augustins Kommentar zum 1. Buch Moses *(De genesi ad literam)*, der im Mittelalter und in der frühen Neuzeit zum theologischen Grundwissen gehörte (siehe dazu die Ausführungen zu Galilei, S. 119). Augustin diskutiert zur Schöpfungsgeschichte, ob es denn tatsächlich ein firmamentum gibt, denn nach ptolemäischer Auffassung umkreisen ja die Gestirne auf Kreisbahnen die Erde als Kugel. Oder er fragt, ob sich über dem firmamentum tatsächlich Wasser befindet, wie in der 1. Schöpfungsgeschichte unterstellt. Er erklärt dazu als Auslegungsgrundsatz: Wenn es wissenschaftliche Beweise gibt, die dem Wortlaut der Bibel widersprechen, dürfe man nicht gegen die Beweise zu Felde ziehen – und damit sich und den christlichen Glauben blamieren, sondern müsse annehmen, dass sich die Bibel an solchen Stellen nach der Weise des Volkes ausdrücke. Denn die Bibel beabsichtige nicht, uns über die Natur zu belehren, sondern über Gott und den Weg zur Seligkeit. So sind denn auch im mittelalterlichen Abendland die (vorchristlichen) philosophischen und naturkundlichen Texte schließlich nicht als heidnisch verboten, sondern ausgiebig studiert worden, allen voran Aristoteles. In den Universitäten, die ja eine originäre Schöpfung des christlichen Mittelalters sind, fanden diese Texte ihren institutionellen Ort in der Artistenfakultät, die alle Studenten absolvieren mussten, ehe sie an einer der höheren Fakultäten Medizin, Jurisprudenz oder Theologie studierten.

### Schöpfung und Naturforschung am Anfang der neuzeitlichen Wissenschaft

Die neue Naturwissenschaft ist wohl das markanteste Neue der Neuzeit. Als ihre Gründer gelten Kopernikus, Kepler und Galilei. Die erste großartige Zusammenfassung hat Newton geliefert: *Philosophiae naturalis principia mathematica* (1687).

Weil Galilei 1633 gezwungen wurde, der kopernikanischen Lehre abzuschwören, hat sich die Überzeugung verbreitet, jene neue Naturwissenschaft habe sich von Anfang an gegen den Widerstand der Kirche behaupten müssen, weil diese wissenschaftsfeindlich eingestellt gewesen sei. In Wahrheit aber hatten weder Galilei noch seine Zeitgenossen erwartet, dass die Inquisition eine astronomische These verbietet, denn das war eine Neuerung – mit verheerenden Folgen.

Sowohl der einzige Schüler des Kopernikus, Joachim Rheticus, als auch Galilei haben nämlich die Vereinbarkeit des Kopernikanismus mit der Bibel dargelegt mit ausführlichen Zitaten jener Auslegungsgrundsätze Augustins, die damals allgemein anerkannt waren. Sowohl Kopernikus als auch Galilei gehörten übrigens als Domherren der niederen Geistlichkeit an, und sehr viele der Kopernikaner waren damals Kleriker.

Für unseren Zusammenhang ist von besonderem Interesse, dass jene Pioniere der neuzeitlichen Naturwissenschaft ihr Unternehmen ausdrücklich mit dem Schöpfungsgedanken begrün-

4 | Kupferstich aus Jacques Grandamis *Nova demonstratio immobilitatis terrae petita ex virtute magnetica* von 1645: Engel führen Experimente durch, um zu beweisen, dass die Erde sich nicht bewegt.

det haben. AUGUSTIN hatte in seinem Genesiskommentar einen Satz aus der (apokryphen) *Sapientia Salomonis* (11,20/Septuaginta, 11,21 Vulgata) zitiert: „Du hast die Welt nach Maß, Zahl und Gewicht geschaffen." Dieser oft zitierte Satz begründet die nicht selbstevidente (aber bereits pythagoräisch-platonische) Erwartung, dass Mathematik die Natur zu erschließen vermag. Man versteht dabei Gott als Schöpfer in Analogie zu einem Architekten oder Handwerker, namentlich Uhrmacher – und die Welt in Analogie zur Räderuhr, die im Hochmittelalter erfunden wurde. Daraus ist ein mittelalterlicher Bildtyp hervorgegangen, den man „architectus mundi" nennt (siehe die Abbildung S. 81) und der Gott den Schöpfer darstellt, wie er einen Zirkel über den Kosmos schwingt. Die neuen Naturwissenschaftler sagen: Nun lasst uns doch einmal nachmessen und nachrechnen. KoPERNIKUS begründet seine astronomische Reform im Widmungsschreiben an den Papst nämlich so: „Als ich darüber [über die Unsicherheiten in der astronomischen Überlieferung] bei mir lange nachdachte, erfasste mich Unwillen darüber, dass keine unangreifbare Berechnung der Bewegung der Weltmaschine, die um unseretwillen vom besten und genauesten Werkmeister gebaut ist, den Wissenschaftlern glücken wollte." (COPERNICUS 1990, S. 72 f.) Die Väter der neuzeitlichen Physik suchen mithilfe der Mathematik nach Gottes Schöpfungsplan. Das Buch der Natur „ist in der Sprache der Mathematik geschrieben [...].

Ohne sie ist es keinem Menschen möglich, ein einziges Wort davon zu verstehen", schreibt GALILEI (zit. n. DRAKE 1999, S. 113) und bezieht sich dabei auf eine antike christliche Überlieferung, nach der Gott uns Menschen zwei Bücher übergeben habe, das Buch der Offenbarung und das Buch der Natur. Darin liegt zugleich die Überzeugung, dass Naturerkenntnis auch zur Gotteserkenntnis beitrage.

### Die Auseinandersetzungen um DARWIN

**Die Evolutionstheorie.** Man sagt, alle Begriffe seien ursprünglich Metaphern. Evolution heißt wörtlich „Entrollung" oder „Entwicklung". Der metaphorische Hintergrund ist das Aufrollen einer Buchrolle. Alles ist in ihr enthalten, aber erst entrollt wird es lesbar. Das Wort ist von NIKOLAUS VON CUSA benutzt worden für das Verhältnis zwischen Gott, dem Absoluten, und der Welt, zwischen dem Einen und dem Vielen. Dieser neuplatonische Gedanke, dass sich das Eine in das Viele entfaltet, und zwar im Sinne einer Wesensnotwendigkeit, hat auch das Denken des deutschen Idealismus geprägt und sich namentlich in der Geschichtsphilosophie mit dem Gedanken eines Fortschritts im Sinne einer Höherentwicklung zum Ziel der Vervollkommnung und Vergeistigung des Menschen verbunden. Man nannte dieses Denken im 19. Jahrhundert „Evolutionismus", ohne dass dabei an DARWIN zu denken wäre.

Mit DARWIN hat dieser Evolutionismus in der Tat nichts zu tun. Er hat auch nicht daran angeknüpft. Man muss das eigens betonen, weil man oft feststellt, dass bei „Evolution" oder „Entwicklung" sehr oft die Momente der Höherentwicklung (Entfaltung) und der (Wesens-)Notwendigkeit assoziiert werden. Die „wissenschaftliche" marxistische Geschichtstheorie gehört in die Tradition jenes Evolutionismus und nicht in die der DARWIN'schen Evolutionstheorie.

DARWINS Anknüpfungspunkt ist ein ganz anderer, nämlich die Naturtheologie (Physikotheologie) der Aufklärung. Die Aufklärung war bekanntlich von einer tiefen Skepsis gegenüber aller Überlieferung geprägt (GADAMER sagt: von einem Vorurteil gegenüber dem Vorurteil geprägt) und auf der Suche nach dem vernünftigen, natürlichen System des Wissens. Diese Skepsis gegenüber aller Überlieferung betrifft auch die Gottesfrage. Die Natur selbst und nicht mehr Überlieferungen soll Gott erschließen, ja beweisen, deshalb Physikotheologie. PALEYS *Natural Theology* (1802) ist im englischsprachigen Raum bis heute der Klassiker dieser Physikotheologie, während auf dem Kontinent die Tradition jener Physikotheologien vor allem durch KANTS Kritik der Gottesbeweise, darunter auch des physikotheologischen, marginalisiert wurde.

DARWIN hat PALEYS Werk in seinem Theologiestudium gründlich gelesen und war zunächst von ihm auch überzeugt. PALEY will den Nachweis führen, dass die Wohlordnung der Natur ein Beweis für Gottes Schöpfungshandeln sei. Das ist sein „argument from design". Zugrunde liegt das Modell des Uhrmachers: keine Uhr ohne Uhrmacher. „Design muss einen Designer gehabt haben. Jeder Designer muss eine Person gewesen sein. Jene Person ist Gott." Diese Physikotheologen setzen also die Suche nach Gottes Schöpfungsplan fort, aber nun nicht mehr auf die astronomischen und physikalischen Bewegungsgesetze bezogen, sondern auf die Sphäre des Lebendigen. Sie verstehen Naturwissenschaft als Aufweis von Gottes wohltuendem, wohlwollendem Wirken in der Natur und haben übrigens die Naturforschung im Detail enorm befördert. Auch unter DARWINS Lehrern sind einige solcher naturforschender Theologen. DARWIN hat zeitlebens die Akribie empirischer Forschung dieser Naturtheologen geschätzt.

Analog zur Kosmologie, die ja damals noch nicht Kosmogonie betrieb, suchen diese Forscher die Gesetze der belebten Natur und setzen dabei voraus, dass Gott die Lebewesen ihrer Umwelt vorzüglich angepasst habe. Auch LINNÉS natürliches System der Lebewesen beansprucht, eine Systematik zu liefern, die Gottes Schöpfungsplan dokumentiert. Eher selbstverständlich wird dabei, in der Tradition der Metaphysik, die Konstanz der Arten vorausgesetzt.

Diesen uralten, von PLATON und ARISTOTELES ausdrücklich etablierten Grundsatz der Konstanz der (biologischen) Arten (ideai oder eide) hat DARWIN aus den Angeln gehoben. Nicht nur Individuen entstehen und vergehen, sondern auch die Arten. Das war neu und unerhört. Angeregt war Darwin durch die geologische These von LYELL, dass der gegenwärtige Zustand der Erde nicht durch Katastrophen (zum Beispiel die biblische Sintflut, vgl. „vorsintflutlich" für Fossilien) erklärt werden muss, sondern aus der Wirkung von Faktoren erklärt werden kann, die heute

5 | Die Stufenleiter der Schöpfung in einem Holzstich aus Raimundus Lullus' *De nova logica* (1512). Der Mensch steht auf Stufe 5, nach den Tieren und vor den Engeln und Gott.

deckung der Erbgesetze nicht kannte und auch noch nichts von der Verschmelzung von Ei- und Samenzelle wusste, hat er eine uns heute merkwürdig anmutende Theorie von den „gemules" („Keimchen") entwickelt, durch die erworbene Eigenschaften vererbbar seien und so die Variationen erklärten. Hier sind wir klüger als Darwin, seitdem wir die Mechanismen der Vererbung – wenigstens in Grundzügen – kennen und Darwins „Gesetz der Variation" durch den molekularbiologisch präzisierten Begriff der Mutation ersetzen können. (Das Thema der Vererbung erworbener Eigenschaften meldet sich derzeit variiert wieder an in Gestalt der Epigenetik.)

Das Charakteristische an Darwins Theorie ist vor allem dies:

1. Auch die Arten sind entstanden. In der 3. Auflage seines Hauptwerks nennt er eine ganze Reihe von Vorläufern für diese These, widerspricht aber ausdrücklich der Grundannahme jener Naturtheologen, dass Gott jede Art einzeln geschaffen habe.
2. Darwin kann erklären, wie Zweckmäßigkeit (Anpassung an die Umwelt, das Hauptargument jener Physikotheologen für ihren Gottesbeweis) durch einen kausalen Prozess entstehen kann, der nicht (von Gott) geplant sein muss. Er bietet eine kausale Erklärung für Teleologie (Zweckmäßigkeit), nämlich durch Selektion: Der am besten Angepasste überlebte.
3. Darwin hat klar gesehen, dass diese seine Theorie keine der „notwendigen" Höherentwicklung ist. Er notiert einmal: „Verwende nie das Wort höher und niedriger." (zit. n. Engels 2007, S. 100) Denn der Regenwurm ist in seiner Umwelt nicht weniger gut angepasst als der Gorilla in seiner.

Im Besonderen hat Darwin Lamarck widersprochen, der eine angeborene Neigung zur Vervollkommnung in allen Organismen am Werk sah. Er verweist darauf, dass dann ja die „niederen" Arten ausgestorben sein müssten.

**Einwände und Gegeneinwände.** Der Widerspruch, den Darwin neben viel Anerkennung fand, kam vor allem von Naturwissenschaftlern – und nicht etwa von Theologen oder gar von der Kirche. Herschel, der berühmte Astronom jener Zeit, bestritt, dass Darwin durch seine Theorie der Biologie den Anschluss an Newtons Physik verschafft habe – worauf es Darwin (irrigerweise) tatsächlich abgesehen hatte. Er sprach von einem „Gesetz des kunterbunten Durcheinanders" und von einem „Gesetz von Kraut

noch wirken, wenn man riesige Zeiträume unterstellt. Dieses Deutungsmuster übertrug Darwin von der Geologie auf die Biologie und fand bei seiner Forschungsreise reichlich Material, das sich dieser Deutung fügte.

Darwin also erklärte, dass auch die uns bekannten Arten entstanden sind, und zwar vor allem aufgrund zweier „Naturgesetze", nämlich Variation und Selektion. Da Darwin Mendels Ent-

und Rüben" (zit. n. ENGELS 2007, S. 115). Diese Kritik hatte einen berechtigten Kern. DARWINS „Gesetze" der Variation und Selektion sind keine Naturgesetze im Sinne der mathematischen Naturgesetze der klassischen Physik, die, etwa bei den Planetenbewegungen, exakte prognostische Berechnungen erlauben – sofern nicht das solare Planetensystem von Außenfaktoren beeinflusst wird. Tatsächlich erlaubt die Evolutionstheorie keine exakten Prognosen über zukünftig entstehende Tierarten. Was diesbezüglich gelegentlich behauptet wird, ist bloß science fiction, neue Mythen. DARWIN irrte, wenn er meinte, die Biologie zu einer exakten Wissenschaft im Sinne der klassischen Physik gemacht zu haben. Die kann es offenkundig in der Welt des Lebendigen so gar nicht geben. Trotzdem ist die Evolutionstheorie, nun verbunden mit der Genetik und belegt durch eine Überfülle von Fossilien, die gefunden und eingeordnet wurden, die erfolgreichste Theorie der Biologie, die sie revolutioniert hat.

Andere, darunter auch Freunde DARWINS, wollten seine Abstammungstheorie mit der des göttlichen Designs verbinden, im Besonderen ASA GRAY, der DARWIN in den USA bekannt machte. Er erklärte: Die Transmutationstheorie sei für Theisten und Atheisten dieselbe, erklärte aber die Variationen mit dem göttlichen Design. Gott habe bestimmte „wohltätige Strecken" geplant.

DARWIN hat sich zwar selbst in diesen religiösen oder theologischen Fragen als Agnostiker verstanden. Gelegentlich sagt er, er neige dazu, alles als Resultat geplanter „Gesetze" zu verstehen, sagt aber auch, das Mysterium vom Anfang aller Dinge sei nicht aufklärbar. Statt „Schöpfung" möchte er lieber sagen: Die Lebewesen und Arten erschienen durch einen völlig unbekannten Prozess. Es sei unsinnig, über den Ursprung des Lebens und der Materie nachzudenken (ENGELS 2007, S. 121 ff.).

In der *Entstehung der Arten durch natürliche Zuchtwahl* schrieb DARWIN aber: „Ich sehe keinen vernünftigen Grund, warum die in diesem Werke entwickelten Ansichten irgendwie religiöse Gefühle verletzen sollten." „Meines Erachtens stimmt es nach allem, was wir wissen, besser mit dem vom Schöpfer der Materie eingeprägten Gesetzen überein, dass das Entstehen und Vergehen der früheren und heutigen Erdenbewohner genauso wie Geburt und Tod der Individuen eine Folge sekundärer Ursachen ist." (DARWIN 1980, S. 529, 537) Mit den sekundären Ursachen sind seit AUGUSTIN die innerweltlichen Ursachen im Unterschied zu Gott, der Primärursache der Welt, gemeint. Wer bekennt: „Ich glaube, dass mich Gott geschaffen hat", bestreitet ja damit nicht, dass er Vater und Mutter (Sekundärursachen) hat.

DARWIN hätte sich auf die erste biblische Schöpfungsgeschichte beziehen können, in der es zum Beispiel heißt: „Und Gott sprach: die Erde bringe lebende Wesen hervor" (1. Mose 1,24). Der Befehl geht an die Sekundärursache Erde, die die Lebewesen hervorbringen soll. Ich schließe mich dieser Auffassung DARWINS an. Aus seinen Tagebüchern wissen wir aber, dass ihn der Gedanke möglicher atheistischer Konsequenzen seiner Theorie geplagt hat – geplagt und nicht erfreut.

In Physik und Chemie werden erkannte Gesetzmäßigkeiten angewendet, das heißt technisch genutzt. Diese technische Anwendbarkeit von Gesetzmäßigkeiten hat einerseits DARWIN selbst vor Augen gestanden, als er im Titel seines Buches von „natürlicher Zuchtwahl" sprach. Denn dabei wird das Tun des Züchters (Zuchtwahl), der bewusst auf bestimmte Variationen etwa bei Tauben oder Blumen zielt, sozusagen zum hermeneutischen Schlüssel; und dasselbe, nämlich Zuchtwahl, geschieht bei der natürlichen Zuchtwahl von selbst, ohne Zucht.

DARWIN hat aber genau gesehen, dass die „Gesetze" der natürlichen Zuchtwahl nicht ohne große Gefahr auf den Menschen angewandt werden können. Mit anderen Worten: Er hat bereits klar die Gefahr, sagen wir besser: Abgründe des Sozialdarwinismus gesehen und erklärt, dass bei „hochzivilisierten Völkern [...] der beständige Fortschritt nur in beschränktem Maße von natürlicher Zuchtwahl" (DARWIN 2008, S. 808) abhängt. Und er hat sich der Anwendung des Ausleseprinzips auf die menschliche Gesellschaft widersetzt mit dem Argument, dass dies nicht ohne „Zerstörung in dem edelsten Teil unseres Wesens" (ebd., S. 802) geschehen könnte, womit er vermutlich das Gewissen oder allgemeiner die menschliche Moral gemeint haben wird, denn er spricht vom menschlichen Wesen und nicht vom menschlichen Körper. „Also müssen wir die zweifellos schlechten Folgen des Überlebens und der Fortpflanzung der Schwachen ohne zu klagen auf uns nehmen." (ebd., S. 802) DARWIN also hatte Gründe, den Darwinismus nicht zu universalisieren.

DARWIN ist in dieser Frage nicht bis zur letzten Klarheit vorgedrungen. Gelegentlich schreibt er, die intelligenteren und erfolgreicheren Menschen werden auch mehr Nachkommen haben (ENGELS 2007, S. 189 ff.), was jedenfalls für Gesellschaften des westlichen Typs nicht stimmt, aber aus Gründen, die jenseits der biologischen Mechanismen liegen, wie dem Problem der Vereinbarkeit von Familie und Beruf. Kultur als die „zweite Natur" des Menschen eröffnet ein Verhältnis zur ersten Natur. Darwin übersieht hier, dass das *Wissen* von der Fortpflanzung den tierischen Automatismus außer Kraft setzt (Empfängnisverhütung, Familienplanung). Er wagt dort einen Blick in die Zukunft und sagt: „Da die natürliche Zuchtwahl nur durch und für den Vorteil der Geschöpfe wirkt, so werden alle körperlichen Fähigkeiten und geistigen Gaben immer mehr nach Vervollkommnung streben." Er prognostiziert „die Erzeugung immer höherer und vollkommenerer Wesen" (Darwin 1980, S. 538). Es wird nicht ganz deutlich, welche Art von Vervollkommnung namentlich der geistigen Fähigkeiten er meinte – auch die moralische? An dieser Stelle hat er selbst die Grenze zwischen seiner Evolutionstheorie und jenem Evolutionismus der Höherentwicklung nicht beachtet.

Nach den Erfahrungen des 20. Jahrhunderts, das statt des im 19. Jahrhundert allgemein erwarteten Fortschritts der Humanität ganz anderes, nämlich Auschwitz und Hiroshima, brachte, erscheint uns dieser Optimismus Darwins sträflich naiv. Wir dürfen nicht übersehen, dass die völlig unwissenschaftliche nationalsozialistische Rassentheorie sich biologistisch gegeben hat. Der Ausdruck „Kampf ums Dasein", den Darwin von Malthus übernommen hatte, gehörte ebenso zur nationalsozialistischen Terminologie wie der (schlecht übersetzte) Ausdruck „Überleben des Stärkeren" (survival of the fittest), den Darwin von Spencer übernommen hatte. Dieser Hinweis auf den Sozialdarwinismus soll hier nur belegen, dass alles in der Welt missbraucht werden kann, auch Darwins so erfolgreiche Theorie.

Wir können heute deutlicher als Darwin sehen, dass naturwissenschaftliches Wissen nicht das einzige Wissen sein kann. Es gibt in Wahrheit keine „wissenschaftliche Weltanschauung", wie sie zum Beispiel der Marxismus-Leninismus proklamiert hatte. Wir brauchen noch eine andere Art von Wissen mindestens dann, wenn wir mit der Frage konfrontiert sind, welchen Gebrauch wir von naturwissenschaftlichem Wissen machen sollen. Schon bei Aristoteles findet sich die Bemerkung, dass der Arzt, der weiß, wie man heilen kann, damit auch weiß, wie man töten kann. Wir brauchen, hat Mittelstrass gesagt, neben dem Verfügungswissen, das unsere Handlungsmöglichkeiten erweitert und prinzipiell erwünscht ist, noch Orientierungswissen, das uns eröffnet, was von dem vielen, das wir tun können – und das wird dank fortschreitender Naturerkenntnis immer mehr –, wir auch tun sollten, ohne Schaden anzurichten. Damit berühren wir das Problem der Verantwortung. Verantwortung, Schuld und Vergebung, Gerechtigkeit, Frieden, Menschenwürde und vieles mehr, was uns als Menschen zuhöchst interessieren muss, sind aber jedenfalls keine Begriffe der Naturwissenschaft. Sie gehören zu einem anderen Diskurs. In diesen anderen Diskurs gehört auch die Religion. In diesem Diskurs kann nicht mit naturwissenschaftlichen Methoden entschieden werden. Da geht es um Fragen unseres Selbstverständnisses, die wir nur im Lebensvollzug ernsthaft beantworten können.

## Evolutionstheorie und menschliches Selbstverständnis

**Der Mensch als Säugetier.** Die Evolutionstheorie stellt den Menschen, *Homo sapiens*, als Säugetier in die Reihe der Lebewesen, das sich aus nichtmenschlichen Vorfahren entwickelt hat. Dagegen protestieren bis heute viele, weil sie darin die Sonderstellung des Menschen aufgegeben sehen. Sie sind sozusagen beleidigt und fühlen sich gedemütigt. Ich halte das für übertriebene Empfindlichkeit. „Abstammung" bezieht sich doch hier auf die Entstehung der Art und nicht des Individuums im Sinne unehrenhafter Eltern – einmal abgesehen davon, dass wir aus guten Gründen auch ein Individuum nicht nach seinen Eltern, etwa der unehelichen Geburt, bewerten (sollten).

Die Sonderstellung des Menschen bleibt uns doch jedenfalls erhalten:

— Nur Menschen können Darwinisten sein, das heißt hier: Wissenschaft betreiben. Man kann nämlich nicht behaupten, Anpassung sei ein Prinzip der Evolution und diese Erkenntnis sei wiederum eine Anpassung – woran? Erkenntnis wäre dann nämlich keine Erkenntnis, denn diese erhebt ja den Anspruch auf Wahrheit und nicht nur auf Angepasstheit, was in diesem Falle als Opportunismus getadelt würde. Wir müssen also annehmen, dass „die Evolution" schließlich etwas Neues, nämlich eine gewisse Freiheit von ihren bisherigen Mechanismen, hervorgebracht hat.

— Unter allen irdischen Lebewesen hat nur der Mensch – bestenfalls – ein Verhältnis zu sich und seiner Welt. Das ist nicht nur ein Segen und man kann fragen, ob nicht Tiere, die in

6 | Ein moderner *Homo sapiens* mit Vorfahren

ihre Umwelt vollkommen und ohne die Möglichkeiten des Zweifels und der Schuld eingepasst sind, glücklicher sind.
- Nur Menschen können nach Sinn fragen. Nur Menschen stellt sich die Gottesfrage und auch nur ihnen die Theodizeefrage. Es war übrigens diese Frage, die Darwin und Haeckel vom Gottesglauben abgebracht hat, und nicht zuerst naturwissenschaftliche Probleme. Wahrscheinlich haben sie weder das alttestamentliche Buch Hiob noch die Tatsache ernst genommen, dass im Zentrum des christlichen Glaubens das Kreuz steht für Gottes Solidarität mit der geplagten Kreatur.

Dass Menschen ein Verhältnis zu sich selbst haben, verschafft ihnen eine Sonderstellung, aber nicht automatisch eine Höherstellung, etwa gar im moralischen Sinne, sondern eine ambivalente Stellung. Sie können wahrhaftig sein oder sich selbst belügen, wie kein Tier es kann.

**Wie vertragen sich Evolutionstheorie und Schöpfungsglaube?**
Hier müssen wir genau bestimmen, was wir wissen wollen.

Auf die Frage, ob die Erforschung der Natur „notwendig" zu einem Gottesbeweis führt, antworte ich mit „nein". Zur Begründung kann ich auf Kants Kritik der Gottesbeweise in der *Kritik der reinen Vernunft* verweisen, aber auch auf den „methodischen Naturalismus" (methodischen Atheismus) der neuzeitlichen Naturwissenschaft, zu deren methodischen Prinzipien gehört, dass der Verweis auf Gott nicht als zulässige Lösung eines naturwissenschaftlichen Problems anerkannt wird. Naturwissenschaften haben sich ausschließlich im Bereich der „Sekundärursachen" zu bewegen. Auch wenn es keine Gottesbeweise im strengsten Sinne von Beweis gibt, ist aber nicht ausgeschlossen, dass diesbezügliche Argumentationen plausibel oder einleuchtend sind. Ich finde es zum Beispiel nicht besonders plausibel, dass es –

nach kosmischen Zeitmaßen – nur für den Wimpernschlag der Existenz des Menschen Wissen und Verstehen in der Welt geben und gegeben haben soll. Und ich finde es nicht absurd, mich der Schönheit unserer Welt dankbar zu freuen (physikotheologischer Gottesbeweis).

Auf die Frage, ob naturwissenschaftliche Erkenntnisse die Existenz Gottes widerlegen, antworte ich ebenfalls mit „nein". Gott ist kein Teil der Welt und dass wir nicht auf Gott rekurrieren müssen, um eine bestimmtes weltliches Phänomen zu erklären, beweist nichts gegen seine Existenz. Gott anerkennen ist, wie jede Anerkennung, ein Akt der Freiheit, und wir Menschen sind so frei, ihn zu verweigern. Ob das gut für uns ist, ist eine andere Frage. Das wirft übrigens noch einmal ein Licht auf das Unternehmen „Gottesbeweise".

Auf die Frage, ob jemand an Gott den Schöpfer glauben und gleichzeitig die Evolutionstheorie akzeptieren kann, antworte ich mit „ja". Man kann sehr wohl sagen: Ich glaube, *dass* mich Gott geschaffen hat (dass ich von ihm gewollt und anerkannt bin); *wie* das vonstattenging, phylogenetisch und ontogenetisch, darüber sagen uns die Naturwissenschaften sehr viel, wenn auch nicht in jedem Falle Endgültiges. Es gibt ja auch Grundlagenkrisen in den Wissenschaften und wissenschaftliche Revolutionen.

**Zufall – oder Wunder?** Auch wer die Evolutionstheorie für eine ausgesprochen erfolgreiche naturwissenschaftliche Theorie hält, muss sich doch über ihre prinzipiellen oder konstitutionellen Grenzen Rechenschaft ablegen, wenn er klar denken möchte.

Die Evolutionstheorie erklärt uns nicht die Entstehung von Neuem erschöpfend, sondern seine Erhaltung oder Durchsetzung. Ihre Stärke ist die Retrospektive, die Entstehungsgeschichte von Gegebenem, nicht die Prognose.

Das Neue versteht sie zunächst als Zufallsresultat, nämlich als Mutation, die zum Beispiel auf Kopierfehler der DNA, chemische Substanzen oder Strahlung zurückgehen kann (siehe S. 13). Die sich derzeit etablierende Epigenetik wird daran wohl grundsätzlich nichts ändern. DARWIN hat einmal gesagt, Zufall sei nur der Ausdruck unserer Unkenntnis. Er hat erwartet, dass schließlich alle Gesetze, durch die Variationen entstehen können, bekannt sein können. Seitdem wir die Variationen genetisch erklären können, ist diese – irrigerweise an NEWTONS Physik orientierte – Erwartung gegenstandslos.

Der Verlauf der irdischen biologischen wie der kosmischen Evolution ist (auch) von Ereignissen bestimmt, die nicht notwendig so geschehen mussten. Die Säugetiere brachten viele neue Arten hervor, nachdem die Großsaurier vor etwa 60 Millionen Jahren ausgestorben waren. Dies geschah nach heutigem Wissen aber nicht aufgrund von Fehlanpassungen an ihre Umwelt, sondern wohl durch eine außerirdisch verursachte dramatische Veränderung ihrer Umwelt, durch einen Meteor. Der unterlag zwar mit allem, was er auslöste, den Gesetzen der Physik (und Chemie), aber eben nicht denen der biologischen Evolution. Auf sie bezogen war er „Zufall".

Kurz: dass es uns gibt, ist nicht das „notwendige" Resultat von quasimechanischen linearen Kausalketten, sondern von vielen Zufällen im beschriebenen Sinn des Wortes abhängig, oder, religiös formuliert, ein Wunder, für das wir dankbar sein können. Wem? Entweder dem Zufall, was schwer nachvollziehbar sein dürfte, oder Gott. Ob wir uns so oder so verstehen, ergibt ein anderes Selbstverständnis und auch andere Leitsterne für unser Tun und Lassen. Wir Menschen sind nach den Einsichten der Evolutionstheorie auf sehr verschlungenen Wegen ins Dasein getreten. Das schließt aber nicht die Überzeugung aus, dass wir „gewollt" sind.

Das jeweils Neue wäre ja gar nichts Neues, wenn es sich vollständig aus Bisherigem ableiten und verstehen ließe. Im Besonderen lässt sich das Lebendige nicht vollständig vom Unbelebten her verstehen, auch wenn wir annehmen, dass es aus ihm entstanden ist, und ebenso wenig lassen sich mit (Selbst-)Bewusstsein begabte Wesen hinreichend als Tiere verstehen. Zum Verständnis des Lebendigen müssen wir vor allem dieses selbst in den Blick nehmen und zum Verständnis (selbst-)bewusster Wesen analog vor allem diese, also uns selbst. Das ist trivial, wird aber oft übersehen. Die Faszination der Evolutionstheorie verführt manche dazu, das spezifisch Menschliche begreifen zu wollen durch den Rekurs auf Nicht-Menschliches, aus dem die Menschen hervorgegangen sind, also auf die Menschenaffen oder deren Vorfahren oder die in Talkshows so beliebte „Urhorde". In der französischen Aufklärung hat LA METTRIE sogar den Schritt zurück ins Unbelebte versucht: „Der Mensch, eine Maschine." Das führt regelmäßig zu einer Primitivisierung der Diskurse und nicht selten zu verdeckten Formen des naturalistischen Fehlschlusses vom Sein aufs Sollen, indem nämlich

Geltungsfragen durch den Rekurs auf Entstehungskonstellationen des Menschen beantwortet werden. Dagegen muss angemahnt werden: Was auch immer unser evolutionäres oder animalisches Erbe ist, jedenfalls können wir ein Verhältnis dazu haben und sind ihm nicht zwangsläufig quasimechanisch ausgeliefert. Und eben darin sind wir Menschen – der Möglichkeit nach – etwas Neues, ein Anfang für Neues, nämlich für Wissen, Verstehen, Sinn für das Schöne und interesseloses Wohlgefallen.

**Intelligent Design.** Zuletzt noch eine Bemerkung zur Intelligent-Design-Bewegung in den USA. Lassen wir die politischen Ziele beiseite, die mit der amerikanischen Trennung von Staat und Kirche im Schulwesen zusammenhängen. Wie wir gesehen haben, knüpft sie an die Naturtheologie des 18. und 19. Jahrhunderts an, wie sie für das Denken auf dem europäischen Kontinent unüblich ist. Sie möchte wie jene beweisen, dass es Naturphänomene gibt, die man nur mit Rekurs auf einen intelligenten Planer erklären könne. Im Besonderen behaupten sie das für irreduzible Komplexität. Dagegen wende ich ein: Sage niemals nie. Forschungsergebnisse und zukünftige Erklärungsmuster lassen sich grundsätzlich nicht antizipieren (nach POPPER). Für natürliche Einzelphänomene kann man nie behaupten, dass eine natürliche Erklärung (das heißt auf der Ebene der „Sekundärursachen") ausgeschlossen sei. Jene Naturtheologen haben tatsächlich Naturforschung als Gottesdienst verstanden und naturwissenschaftliche Gottesbeweise führen wollen. Dem hat DARWIN (1980, bes. Kap. 15, S. 507 ff.) widersprochen: Die Angepasstheit der Arten an ihre natürliche Umwelt ist kein zwingender Beweis für ihre geplante Einzelerschaffung. Man kann das auch anders erklären und übrigens trotzdem im Resultat Gottes Wirken erkennen.

Wenn Gott im Sinne strenger wissenschaftlicher Beweise bewiesen werden könnte, würde sich der Gottesglaube in Gotteswissen verwandeln. BONHOEFFER (2006, S. 514 f.) hat einmal gesagt: Einen Gott, den es gibt, gibt es nicht. Gott ist nach christlichem Verständnis kein Teil der Welt, das wir aus anderen Teilen der Welt wie ein missing link erschließen könnten. Es ist eher umgekehrt: Im Glauben an Gott schaut man anders in die Welt.

Ohne zwingende Beweise jemandem glauben, das ist zwar in der Wissenschaft offiziell verpönt (obwohl kein Wissenschaftler alles selbst überprüfen kann, was er an Erkenntnissen übernimmt), in unserem Lebensvollzug aber kennen wir dies durchaus. „Beweise mir, dass du mich liebst" – mit dieser Forderung lässt sich jede Liebesbeziehung schnell ruinieren. Sie ist bereits durch diese Forderung ruiniert. So ähnlich steht es mit der Gottesfrage. Wer sie beantwortet haben möchte wie den Existenzbeweis von Schildkröten oder Tornados, hat die Gottesfrage falsch verstanden.

**Literatur**
Ahn, G. (1999): Artikel „Schöpfer/Schöpfung", Altes Testament, in: G. Müller (Hrsg.), Theologische Realenzyklopädie, Bd. 30, Berlin/New York, S. 250–305.
Amery, C. (1972): Das Ende der Vorsehung. Die gnadenlosen Folgen des Christentums. Reinbek.
Bonhoeffer, D. (2006): Widerstand und Ergebung. In: Werke, hrsg. E. Bethge u. a. 4. Aufl. Gütersloh.
Copernicus, N. (1990): Das neue Weltbild. Hrsg. H. G. Zekl. Hamburg.
Darwin, Ch. (1980): Die Entstehung der Arten durch natürliche Zuchtwahl. Übers. v. C. W. Neumann. Leipzig.
Darwin, Ch. (2008): Die Abstammung des Menschen. In: Gesammelte Werke nach Übersetzungen von J. V. Carus. Frankfurt/Main.
Kerényi, K. (Hrsg.) (1976): Die Eröffnung des Zugangs zum Mythos. (Wege der Forschung XX). Darmstadt.
Spaemann, R. (1983): Philosophische Essays. Stuttgart.

Überblicke und weiterführende Literatur finden sich in dem Artikel „Schöpfer/Schöpfung" in der *Theologischen Realenzyklopädie*, Bd. 30, hrsg. Gerhard Müller, Berlin/New York 1999, S. 250–305. (Religionsgeschichtlich: Georg Ahn; Altes Testament: Reinhard Kratz/Hermann Spiekermann; Neues Testament: Cilliers Breytenbach; Judentum: Norbert M. Samuelson/Günter Stemberger; Alte Kirche: Gerhard May; Mittelalter: Leo Scheffczyk; Reformation bis Neuzeit: Johannes von Lüpke; Systematisch-theologisch: Oswald Bayer; Ethisch: Martin Honecker.)
Eine gut lesbare kurze theologische Darstellung bietet: Wolf Krötke, Erschaffen und erforscht. Mensch und Universum in Theologie und Naturwissenschaft, Berlin 2002.
Die geistes- und wissenschaftsgeschichtlichen Kontexte von Darwins Abstammungslehre sind berücksichtigt in: Eve-Marie Engels, Charles Darwin, München 2007.
Zur damaligen Auseinandersetzung über Kopernikanismus und Bibel sowie Augustins Hermeneutik: Richard Schröder, Die Bibel im Streit um KOPERNIKUS, in: Berlin-Brandenburgische Akademie der Wissenschaften. Berichte und Abhandlungen Bd. 14, Berlin 2008, S. 51–86.

# Im Staub der Erde: Anpassung oder Strafe Gottes?

In der hochrangigen Wissenschaftzeitschrift *Nature* wurde 2006 ein Fossil vorgestellt, welches als Bindeglied zwischen den heutigen Schlangen und den sonstigen Echsen betrachtet werden kann. Mit Ausnahme der heutigen Schlangen haben alle Echsen ja Gliedmaßen oder zumindest noch Gliedmaßenansätze im Skelett (Schleichen). Diese Schlangenart aus der Kreidezeit besaß jedoch noch hintere Gliedmaßen sowie ein Brustbein (*Nature*, 440, S. 1037–1040).

Kreationisten behaupten gerne, dass es keine Bindeglieder zwischen den unterschiedlichen Tiergruppen gäbe. Zum Bindeglied Echsen/Schlange gab es daher nun folgenden Erklärungsversuch eines Kreationisten:

„Die aktuelle Entdeckung entspricht durchaus der Bibel. Denn die Schlange scheint ursprünglich ein komplexer gebautes Tier gewesen zu sein, als sie es heute ist: ‚Aber die Schlange war listiger als alle Tiere des Feldes, die Gott der Herr gemacht hatte …' (1. Moses 3,1). Weil der Teufel in Gestalt einer Schlange die Menschen zu Fall brachte, wurde auch sie von Gott mit einem besonderen Fluch belegt. ‚Da sprach Gott der Herr zur Schlange: Weil du dies getan hast, so sollst du verflucht sein mehr als alles Vieh und mehr als alle Tiere des Feldes. Auf deinem Bauch sollst du kriechen und Staub sollst du fressen dein Leben lang!' Offensichtlich besaß die Schlange vor dieser Verfluchung einen anderen Körper. Sie hatte Beine, ging aufrecht und zudem war sie intelligenter. Erst später wurde sie zu einem kriechenden Tier. Hieraus könnte man auch ableiten: Die Tatsache einer früher höher entwickelten Schlange spricht gegen die Evolution. Die Entdeckung des Schlangenfossils in Argentinien deutet eher auf eine Rückentwicklung hin." (Zitat aus *factum* online, 13. 10. 2006)

Welch hilfloser und natürlich auch völlig falscher Versuch, wissenschaftliche Fakten mit einer metaphorischen Bibelaussage zusammenzubringen!

RL

**um 1320** Fertigstellung der *Göttlichen Komödie* von Dante Alighieri

**1667** Erstausgabe des *Verlorenen Paradieses* von John Milton

> I think we ought always to entertain our opinions with some measure of doubt. I shouldn't wish people dogmatically to believe any philosophy, not even mine.
> 
> Bertrand Russell (1872–1970)

Hansjörg Hemminger

# Gegen ein geschlossenes Weltbild – gegen Kreationismus und Szientismus

Vor 65 Millionen Jahren stürzte ein gewaltiger Meteorit in die heutige Karibische See. Die Dinosaurier starben aus und es entstand Raum für die Evolution der Säuger, bis hin zum Menschen. Führte die globale Katastrophe zu uns Menschen, weil der Himmelskörper zufällig die Erde traf oder weil Gott Menschen schaffen wollte? Was sagt die Naturwissenschaft, was sagen Kosmologie, Geologie und Biologie zu der existenziellen Frage nach Ursprung, Sinn und Ziel des Lebens? Sie sagen nichts dazu.

Der vorliegende Beitrag wird im Kern nichts anderes versuchen, als diese negative Antwort zu begründen und einige Schlüsse aus ihr zu ziehen. Die Frage nach Sinn und Ziel der Existenz ist nicht dadurch zu beantworten, dass man die Natur in ihren Details studiert, in ihren kausalen Mustern und wunderbaren Ordnungen, in ihren chaotischen Wirrnissen und verlockenden Rätseln. Aufgrund der Ergebnisse der Naturwissenschaft muss man weder annehmen, dass die Geschichte der Welt einen Autor hat, aus dessen Wollen sie entspringt, noch muss man annehmen, dass diese Geschichte selbstlaufend und selbstgenügsam sei. Die Eindeutigkeit der Wissenschaft, so formulierte es einmal der Physiker Alfred Gierer, hebt die Vieldeutigkeit der Welt nicht auf. Diese Einsicht gehört zum Bestand von 400 Jahren Aufklärungsgeschichte in Religion und Wissenschaft. Es war ein Ertrag dieser Geschichte, dass die Religion von der Aufgabe zurücktrat, das innere Funktionieren der Natur zu erklären, und die Wissenschaft von der Aufgabe zurücktrat, den Sinn der Welt und das richtige Handeln des Menschen zu begründen.

Beides gelang nicht ohne Konflikte. Die christliche Herkunftsreligion der westlichen Moderne löste sich in diesen Konflikten von ihrem ganzheitlichen religiösen Weltbild und akzeptierte die Offenheit eines immer weiter und tiefer zu erforschenden Naturgeschehens. Die neu auf den Plan tretende Wissenschaft löste sich von ihrem ebenso ganzheitlichen Anspruch, der sie von Anfang an begleitete, nicht nur die Wahrheit von Naturgesetzen, sondern alle und jede Wahrheit der Welt mit menschlicher Vernunft zu entziffern. Wissenschaft und Religion schieden sich voneinander, auch wenn sie keineswegs – wie viele meinen – von Anfang an in Gegensatz gerieten oder als unvereinbare Alternativen betrachtet wurden. Vielmehr wurde gerade ihre Scheidung weithin als Voraussetzung ihrer jeweiligen Berechtigung verstanden. Zu einer scheinbaren Unvereinbarkeit kam es erst im Zug der Ideologiegeschichte der Moderne, vornehmlich im 19. Jahrhundert, in der ein absolut gesetzter Wissenschafts- und Fortschrittsglaube selbst zur säkularen Glaubensmacht wurde. Es entstand ein vielgestaltiger Szientismus, der die Wissenschaft an die Stelle der Religionen setzte und in Form politischer Ideologien umfassende Machtansprüche erhob.

1473–1543 Nikolaus Kopernikus     1571–1630 Friedrich Johannes Kepler     1564–1642 Galileo Galilei

Der neuzeitliche Rassismus, der Nationalismus, die Eugenik-Programme der völkischen Propheten, Faschismus und Marxismus-Leninismus verstanden sich meist als Verbündete der Wissenschaft gegen die Religion. Einige Verbindungen von Ideologie und Religion, wie die katholischen Neigungen im spanischen und italienischen Faschismus oder die okkult-mythologischen Züge des Nationalsozialismus, bestätigen als Ausnahmen die Regel.

Man könnte meinen, dass sich alle diese unterschiedlichen Gemengelagen mit dem (vorläufigen) historischen Ende der neuzeitlichen Ideologien erledigt hätten und dass die aufgeklärte Einsicht von der rechten Scheidung zwischen Wissenschaft und Religion seither wieder in Kraft getreten sei. Das ist aber so einfach nicht der Fall. Zum Beispiel ist eine Orientierung an Wissenschaft und Technik im Alltag besonders im Osten Deutschlands weiterhin für eine Mehrheit der Menschen selbstverständlich. Die dortige, unspektakuläre und unideologische, scheinbar keiner Rechtfertigung bedürfende Wissenschafts- und Vernunftorientierung ist tatsächlich so konfessionslos, wie es die gängige Bezeichnung dieses Milieus sagt: Ein religiöser Wirklichkeitszugang wird dort nicht mehr aktiv abgelehnt, weil man ihn nicht mehr kennt. Er ist als Option der Lebensorientierung lebensweltlich nicht mehr vorhanden. Die wie auch immer verstandene Wissenschaft verfügt mangels anderer Optionen über ein Monopol der Welt- und Sinndeutung.

Das ist aber nicht die einzige Art und Weise, die Scheidung von Religion und Wissenschaft heute wieder aufzulösen. Die „neuen Atheisten" um ihren Propheten RICHARD DAWKINS beanspruchen, sie könnten die Eindeutigkeit der Naturwissenschaft in ein ebenso eindeutiges, naturalistisches Weltbild umwandeln. Sie agieren so laut und aufgeregt, dass sie von anderen, nachdenklicheren Atheisten gelegentlich als Krawallmacher abgetan werden. Dennoch tauchten ihre Werke auf den Sachbuch-Bestsellerlisten der Intelligenzblätter auf. Was treibt sie dazu, die Religion wie im 19. Jahrhundert wieder als Unheilsmacht der Weltgeschichte zum Feindbild der Vernunft zu machen und sie mithilfe der Wissenschaft exorzieren zu wollen? Einige Christen und Muslime beanspruchen gerade umgekehrt, sie könnten eine alternative Naturwissenschaft konstruieren, die ein ebenso eindeutiges, aber dieses Mal religiöses Weltbild zu begründen imstande wäre. In Form des „wissenschaftlichen Kreationismus" und der Bewegung für ein „intelligentes Design" produzieren sie Schlagzeilen, weniger wegen ihrer aktuellen Kulturbedeutung in Europa, sondern wegen ihres enormen Einflusses auf die Politik in den USA und in einigen anderen Staaten, darunter die Türkei. Welche religiösen Motive jenseits des politischen Machtgerangels treiben diese Christen und Muslime zum Kampf gegen die Naturwissenschaft? Ein Rückblick kann hilfreich sein, um die Ziele sowohl der religiösen und unreligiösen Geschichtsrevisionisten zu verstehen.

**Die Urgeschichte der Bibel: Eine große Erzählung?** Beschränken wir uns im Rückblick auf die Geschichte Europas, an dem Punkt, wo zwischen den Jahren 1500 und 1700 nach Christus die Naturwissenschaft aus einem christlichen Weltverständnis heraus entstand. Dieses Weltverständnis wurde von den „heiligen Mythen" aus der Urgeschichte der Bibel (1. Mose Kapitel 1 bis 11) viele Jahrhunderte lang geprägt. Sie wurden zu einer „großen Erzählung" gestaltet, die eine Historie der Welt, der Natur und der Menschheit umfasste. Alles Welt- und Naturwissen wurde in den Rahmen dieser großen Erzählung eingeordnet. Damit wurde das Natur- und Weltbild zu einer Predigt des Schöpfungsglaubens geformt. Das Menschenbild war selbstverständlich ein christliches, in dem Naturwissen und Schöpfungsglauben untrennbar verbunden war. Allerdings wurde dieses Naturbild durch die sich seit dem 16. Jahrhundert entfaltende Naturwissenschaft Schritt um Schritt entmachtet. Man kann den Vorgang in der Literatur verfolgen: Vergleicht man zum Beispiel DANTES *Divina Commedia (Die Göttliche Komödie)* aus dem 14. Jahrhundert (**Abb. 1**), vor allem das im *Purgatorio* (Fegefeuer) entworfene Weltgemälde, mit MILTONS *Paradise Lost (Das verlorene Paradies)* aus dem 17. Jahrhundert (**Abb. 2**), findet man in beiden monumentalen Werken das spätmittelalterliche Weltbild grandios entfaltet.

Allerdings stellt die *Göttliche Komödie* von DANTE ALIGHIERI (1265–1321) noch das scholastische Weltbild des späten Mittelalters dar, das durch die Verbindung antiker Wissenschaft (ptolemäisches System) und christlicher Theologie entstand. In der Tiefe der Erdkugel liegt die Hölle, und der Berg des Fegefeuers ragt gegen den Himmel. Die Sphären der Planeten, der Sonne und des Mondes, umgeben die Erde, jenseits davon liegen die Engelssphären. Das himmlische Paradies befindet sich

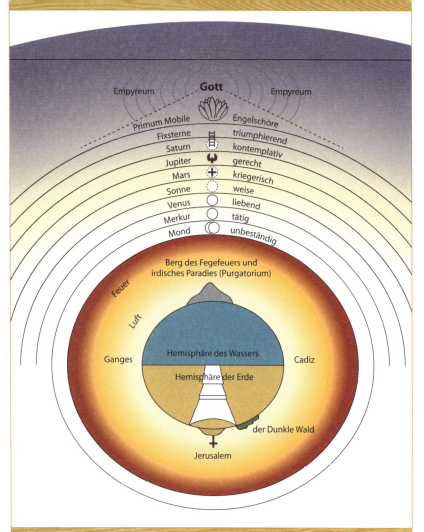

1 | Das Weltbild in Dante Alighieris *Divina Commedia*. Das Bild, das sich Dante um das Jahr 1300 von Kosmos und Erde macht, ist geprägt durch antike geozentrische und theologische Vorstellungen. Die Erde ist hierarchisch geordnet (oben das Paradies, unten die Hölle) und ist von Sphären umgeben, deren äußerste das Empyreum darstellt.

außerhalb des Weltsystems in einem eigenen Reich. Der Kosmos wird aus dieser Sicht zum Realsymbol religiösen Glaubens.

Das Epos *Paradise Lost* des Protestanten und frühen Aufklärers JOHN MILTON (1608–1674) spielt dagegen in einem Kosmos, in dem mehr als hundert Jahre nach KOPERNIKUS die Gestalt des Sonnensystems für den Dichter ungeklärt war. Erdkugel, Sonnensystem und Himmel sind durch das Reich des Chaos von der Hölle getrennt, die Erde bewegt sich um den Himmelsberg. Wie sich diese Bewegung der im Verhältnis zur Sonne und zu den Planeten stehenden Erde vollziehen könnte, lässt der Dichter offen. Auch bei MILTON ist also die „große Erzählung" über Herkunft und Sinn des Menschenlebens noch weitgehend in Geltung. Aber das System von Sonne und Planeten hat sich (als Folge der neuen Astronomie nach KOPERNIKUS, GALILEI und KEPLER) bereits seiner theologischen Bestimmung entzogen. MILTON umgeht die Frage, ob die Erde immer noch im Mittelpunkt des Kosmos ruht oder nicht, indem er die Bewegungen der Gestirne zum Geheimnis Gottes erklärt, mit dem man sich besser nicht befasse. Das rät jedenfalls der Erzengel Raphael dem noch in paradiesischer Unschuld lebenden Vater der Menschheit, Adam. Der Engel, der für den Autor spricht, kritisiert die menschliche „curiositas" als eine gefährliche Eigenschaft. Man ahnt hinter seiner Warnung die Sorge, wohin der ungezügelte Forschungsdrang der damals neuen Naturwissenschaft noch

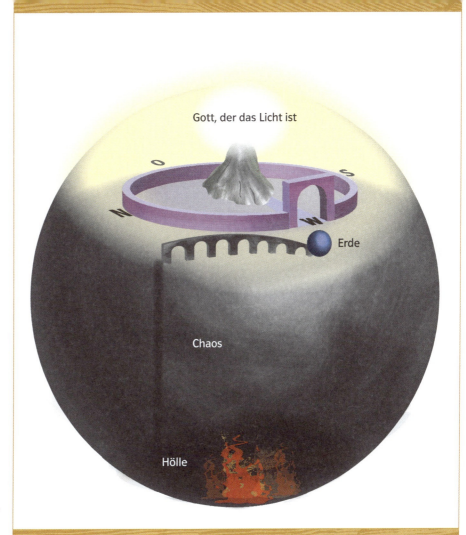

2 | Das Weltbild in John Miltons *Paradise Lost*. Das im 17. Jahrhundert entstandene Epos reflektiert die Zweifel am alten ptolemäischen Weltbild, die durch die moderne Astronomie geweckt wurden.

führen werde. Vielleicht hatte er aus heutiger Sicht damit nicht einmal ganz unrecht. Aber eine Entscheidung gegen die kosmische „curiositas", wie sie Milton 1667 befürwortete, war schon damals unmöglich geworden.

Anfang des 17. Jahrhunderts entdeckte William Harvey durch sorgfältige anatomische Beobachtungen und Experimente zur Blutbewegung den Blutkreislauf und stritt sich mit dem Philosophen René Descartes, der an der Autorität des antiken Arztes Galen festhielt. Seither hat sich die forschende Neugier in mehr als drei Jahrhunderten als ungeheuerlich erkenntnismächtig erwiesen. Das vorwissenschaftliche Naturwissen wurde durch neue und oft ganz andere Naturbilder ersetzt. Dieser Prozess begann nicht mit der Biologie und dem Menschen, sondern mit Astronomie und Kosmologie, und setzte sich mit Geologie und Paläontologie fort. Mit der Evolutionstheorie Charles Darwins erreichte der Umbau jedoch endgültig den Menschen selbst. Das Menschenbild wurde in die Biologie einbezogen und damit verwissenschaftlicht. Dem folgten weitere Umbrüche des Naturbilds: die physikalischen Relativitätstheorien, die Quantenphysik, die moderne Astrophysik. Aber keiner dieser späteren Umbrüche berührte das Menschenbild so wie die biologische Evolutionstheorie. Deshalb ist diese Theorie bis heute menschlich und kulturell unhandlich, strittig und dem „Weltanschauungskampf" ausgesetzt.

Dennoch ist die Trennung des naturwissenschaftlich fundierten Natur- und Menschenbilds von der Theologie, als Teil der epochalen Scheidung von Wissenschaft und Religion, auch in Bezug auf den Menschen selbst unumkehrbar. Sich ihm zu verweigern ist nur noch durch Täuschung und Selbsttäuschung möglich, wie auch immer man den geistigen Weg der Moderne insgesamt bewerten mag. Die Erfolgsgeschichte der Naturwissenschaft bindet uns an das Wissen, das sie erzeugt hat, mit allen seinen Möglichkeiten und Gefahren. Zu den Gefahren gehörte und gehört es, dass sich innerweltliche Ideologien, wie sie bereits aufgezählt wurden, mit einer Bestreitung ihrer angeblich wissenschaftlichen Weltdeutungen im Namen der Vernunft ebenso wenig abfinden wollen wie eine rückwärtsgewandte Religion. Sie transformieren die Naturwissenschaft immer wieder zu einem Szientismus, der die religiöse „große Erzählung" durch eine antireligiöse ersetzt. Damit agieren die Szientismen letztlich ebenso geschichtsrevisionistisch wie ihre antiwissenschaftlichen Gegner. Aus ihrer Sicht beantwortet die Naturwissenschaft nicht nur die Fragen nach der Struktur und Dynamik der natürlichen Dinge, der „res naturalia", sondern die nach Wesen und Sinn von allem, was ist. So wird – wie bei der Giordano-Bruno-Stiftung (http://www.giordano-bruno-stiftung.de) – zum Beispiel die Geschichte von der Evolution des Menschen zur ganzen Geschichte und umfasst alles, was es zu Ursprung und Ziel des Menschseins zu sagen gibt. Wir sind danach keine Kinder Gottes, sondern Kinder der Evolution – die Biologie hat es bewiesen.[1] Klarer kann man es kaum mehr machen, dass für die Stiftung die Biologie nicht an die Seite, sondern an die Stelle der Religion tritt.

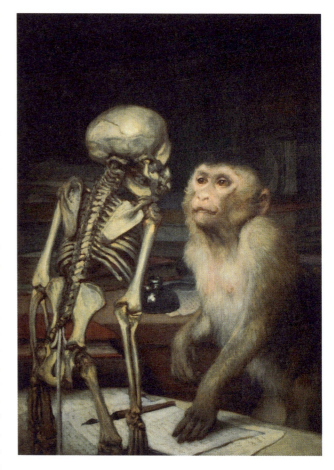

Dass es gebildete Leute gibt, die es für denkbar halten, Kinder sowohl der Evolution als auch des schaffenden Gottes zu sein, ist aus dieser Sicht nur durch intellektuelle Verwirrung zu erklären. Aber die Alternative zum ideologischen Denken ist nicht das verwirrte Denken, sondern das differenzierte Denken. Es gibt keinen Grund, aus einer religiösen Perspektive auf das Staunen über den unglaublichen Prozess menschlicher Evolution zu verzichten, im Gegenteil: Die aus erdgeschichtlicher Sicht extrem rasche (für unser Empfinden aber immer noch ungeheuer langsame) Veränderung aufrecht gehender Hominiden zu immer intelligenteren und immer kulturfähigeren Vormenschen, schließlich zum *Homo sapiens*, der Zeitrahmen von mehreren Millionen Jahren, der Umbau des Skeletts, die Zunahme von Gehirnvolumina, die genetischen Veränderungen, die heute immer besser fassbar werden, die raffinierten Artefakte aus Stein, Knochen und (selten) Holz, der Gebrauch des Feuers, alles ist hervorragend wissenschaftlich beschrieben und eine Quelle des Staunens. Aber nur eine willkürliche Ideologisierung fügt diese Daten zu einem Menschenbild zusammen. Denn über Sinn und Ziel des Lebens eines *Homo neanderthalensis* sagen sie an sich nichts, noch weniger über unsere eigene Existenz. Eine authentische Sinn- und Existenzdeutung der menschlichen Evolu-

3 | Links:
Gabriel von Max,
Affe vor Skelett,
Ölgemälde, um 1900

4 | Rechts:
Edwin Henry Landseer,
The Travelled Monkey,
Ölgemälde von 1827

Die Gemälde von Max und Landseer illustrieren eine sanft-ironische (im Falle von Landseer satirische) Verwertung der durch die Evolutionstheorie geschaffenen, natürlichen Nähe zwischen Affe und Mensch.

tion greift notwendigerweise auf philosophische oder theologische Voraussetzungen jenseits der Naturwissenschaft zurück.

Umgekehrt gilt allerdings, dass sich auch der biblische Schöpfungsglaube authentisch nur noch mit diesen naturwissenschaftlichen Daten und nicht gegen sie formulieren kann. Das Ende der „großen Erzählung" von den sechs Schöpfungstagen, von Adam und Eva, dem Sündenfall und der Sintflut, ist nicht rückgängig zu machen, was immer der Kreationismus versuchen mag. Aber ist dieses Ende überhaupt ein Verlust für den christlichen Glauben? Es ist kaum möglich, darauf argumentativ zu antworten; geschichtliche Prozesse lassen sich so einfach nicht in Kosten- und Nutzenabwägungen pressen. Aber immerhin haben die neuzeitliche Theologie und die wissenschaftliche Analyse der Bibel sich in diesen dreihundert Jahren ebenso entfaltet wie die Naturwissenschaft. Eine ihrer Erkenntnisse lautete, dass die große, mittelalterliche Synthese zwischen Naturbild und Schöpfungsglauben auch ihre Risiken und Engführungen hatte. Weil die „heiligen Mythen" der biblischen Urgeschichte in den Rahmen einer einheitlichen Natur- und Weltgeschichte eingebaut wurden, wurden sie von dieser kulturmächtigen Historisierung auch festgelegt, ja gefangengenommen. Die erste Schöpfungsgeschichte, in denen Gottes schaffendes Wort in sechs Tagen das Weltganze baut, die zweite Schöpfungsgeschichte, in der Mann und Frau einander zugeordnet werden und auf die der Verlust der Gottesnähe folgt, die Geschichte von Kain und Abel, die furchtbare Geschichte von der Sintflut: das sind Geschichten, hinter deren Bildern und Handlungen tiefere Wahrheiten auftauchen als die einer äußeren Natur- und Weltgeschichte. Die Historisierung nimmt ihnen ihre deutende Kraft, sie gefährdet sogar das biblische Gottesbild. So liefert der Fall des Menschen, ein individueller Fehler zweier Personen, in der historisierten Fassung des späten Mittelalters die ganze Erde der Sünde und dem Tod aus. Die Sintflut zerstört mit unvorstellbarer Grausamkeit eine ganze Welt, aber die Himmel bleiben vom Elend der Menschen unberührt und lachen über ihre Torheit.

Es verwundert nicht, dass JOHN MILTON mit seinem *Verlorenen Paradies* ausdrücklich den Zweck verfolgte, das Handeln Gottes vor den Menschen zu rechtfertigen. Seine Zeitgenossen bedurften der Rechtfertigung Gottes, aber der Erfolg der Naturwissenschaft hat den biblischen Schöpfungsglauben davon weitgehend befreit. Denn sobald das Handeln Gottes in der Welt nicht mehr eindeutig gewusst wird, sondern wieder in die Dimension eines Geheimnisses eintritt, kann es neu und anders bedacht werden – auch anhand der biblischen Urgeschichte. Viele Jahrhunderte haben zwar mit der „großen Erzählung" vom Anfang und Ende der Welt gelebt, aber heute können Christen im Rückblick sagen: Glaube, Hoffnung und Liebe sprachen auch aus diesem gewaltigen Welt- und Geschichtsbild nicht ohne Brüche. Es war ein grandioses Werk, aber es war Menschenwerk, es war deshalb vergänglich, und das ist gut so. Es war gut, dass die biblischen Mythen der Urgeschichte von der Überfrachtung mit der Historie des Spätmittelalters befreit wurden, sodass sie jetzt für unsere anders andrängenden Fragen und Deutungen offen sind. Es war gut für den Schöpfungsglauben, dass im fruchtbaren Reden und Ringen mit der Naturwissenschaft die Sicherheit des Wissens zugunsten der Gewissheit des Vertrauens in den Schöpfer aufgegeben werden konnte. Es war gut für die Glaubenden und für die Nichtglaubenden, mit denen ein nicht von falschen Wissensansprüchen belasteter Glaube in ein fruchtbares Gespräch eintreten kann. Diesen Gewinn gilt es heute zu sichern, gegen alle, die immer noch meinen, mit den Erkenntnissen der Naturwissenschaft oder gegen sie die Grundlage für eine geschlossene, auf absolutem Wissen beruhende Weltdeutung zu besitzen.

**Was ist Naturwissenschaft?** Wir machen Erfahrungen mit der Natur, entwickeln Ideen, erkennen Regeln und nutzen Vorhersagbarkeiten. Die Naturwissenschaft fasst diese in logische und formalisierte Systeme, also in Hypothesen und Theorien. Sie erzeugt damit ein Abbild der Realität in unserem Wissen. Weder dessen Abbildcharakter noch dessen Realismus dürfen übersehen werden. „Die Evolutionstheorie ist nur eine Theorie", ist von kreationistischer Seite zu hören. Richtig, aber sie ist eine realistische Theorie, was man vom Kreationismus nicht sagen kann. Der Szientismus neigt dagegen dazu, den Abbildcharakter der Naturwissenschaft zu übersehen. Die von einer naturwissenschaftlichen Theorie formulierten Kausalbeziehungen sind nicht mehr, aber auch nicht weniger als die Formalisierung dessen, was menschliche Erfahrung als regelhaft erkannt und in der Sprache der Logik und Mathematik erschlossen hat. Nach BEUTTLER (2009, S. 100 f.) erkennen wir sogenannte „Naturgesetze"

> aus den Ereignissen in der Zeit als deren Zusammenhang […]. Naturgesetze sind nicht naturnotwendig, sie sind aber nötig für die regelhafte Erfahrung und Beschreibung der Natur […]. Auch Kausalität ist eine Kategorie der Naturbeobachtung, nicht der Naturordnung.

Wenn dies zutrifft, ist der Begriff „Naturgesetz" missverständlich, zumindest wird er zu allgemein verwendet. Wir würden zögern, einen nur mäßig regelhaften Zusammenhang von Ereignissen in der Zeit wie den zwischen den Witterungsbedingungen heute und der Wettervorhersage für die Zukunft als „Naturgesetz" zu bezeichnen. Dazu ist der Zusammenhang – obwohl durch die Meteorologie empirisch gesichert – zu abhängig von wechselnden, unkontrollierbaren und zum Teil unbekannten Randbedingungen. Die moderne Wissenschaftstheorie weist jedoch darauf hin, dass die meisten Kausalzusammenhänge, die von der Naturwissenschaft formuliert und in der Technik praktisch genutzt werden, von ähnlicher Art sind. Es ist das normale Geschäft der Forschung, die Anfangs- und Randbedingungen von Naturprozessen immer besser mit den Folgen in Zusammenhang zu bringen und diese Zusammenhänge möglichst in der Sprache von Logik und Mathematik zu formulieren, um die Manipulierbarkeit der Abläufe immer mehr zu verbessern. Genau dadurch hat die Naturwissenschaft ungeheure technische Macht produziert. Eine chemische Reaktionsformel würden wir wohl ebenfalls nicht als Naturgesetz bezeichnen wollen. Dennoch erlauben solche Formeln, in Verbindung mit den Theorien der Thermodynamik, der Physik chemischer Bindungen und so weiter, die technische Produktion von chemischen Substanzen in einem ohne wissenschaftliche Chemie undenkbaren Ausmaß. Aber was ist nun ein Naturgesetz im Sinn der Naturwissenschaft? Man könnte immerhin wissenschaftlich formulierte Kausalzusammenhänge von besonders großer Reichweite und Erklärungstiefe als „Gesetz" titulieren, zum Beispiel das Energie-Masse-Äquivalent der Relativitätstheorie oder die Veränderung von Lebewesen durch Selektion anhand der relativen Fitness ihres Erbguts. Aber man sollte sich darüber im Klaren sein, dass die Natur kein Subjekt ist, schon gar kein Souverän, und dass der Begriff „Gesetz" selbst in solchen Fällen bildhaft zu verstehen ist.

Der Gegenbegriff zum recht verstandenen Naturgesetz ist auf der Ebene der Wissenschaft nicht das Unerklärte und Unbestimmte, sondern das Anomale, also ein Geschehen, das aus der uns bereits bekannten Regelhaftigkeit herausfällt. Der Begriff „Wunder" oder „übernatürliche Verursachung" ist kein zulässiger Gegenbegriff, weil er das Handeln einer transzendenten Macht als Deutung voraussetzt. Zum Beispiel sind unerklärliche Heilungen, die gegen jede medizinische Prognose erfolgen, zwar selten, aber gut belegt (vgl. Pawlikowski 2010). Insofern sind sie echte Anomalien. Aber sie als Wunder zu deuten, die Gott bewirkt oder die einem Heiligen zugeschrieben werden (wie im katholischen Verfahren der Heiligsprechung), setzt einen Schritt außerhalb der Wissenschaft voraus, nämlich eine theologische Einzelfall-Entscheidung. Ebenso setzt die Idee eines „Intelligenten Designs" eine übernatürliche Intelligenz voraus, die mit der Natur in Wechselwirkungen tritt. Sie kann deshalb nicht als naturwissenschaftliche Hypothese formuliert werden. Design könnte in der Evolutionstheorie nur vorkommen, wenn die planende Intelligenz als Naturphänomen beschrieben wird. Diesbezügliche Vorschläge gibt es nicht, deshalb sind die Argumente für ein „intelligentes Design" der Lebewesen nicht prüfbar. Dass sie auch noch logisch inkonsistent sind, kommt als Kuriosität hinzu (siehe zum Beispiel die Analyse von Perakh 2005).

Allerdings ist das umgekehrte Argument, das die „neuen Atheisten" vorbringen, nämlich dass die Religion durch die Abwesenheit von Übernatürlichem in der Natur widerlegt sei, ebenfalls nicht haltbar. Denn ob das Übernatürliche wirklich abwesend ist, entscheidet sich daran, ob alle Anomalien durch wissenschaftliche Kausalerklärungen auflösbar sind. Genau das kann man nicht wissen. Dass die Welt in sich abgeschlossen sei und dass die unerklärten oder unverfügbaren Phänomene durchweg von derselben Art seien wie die kausal erklärbaren Phänomene, ist eine philosophische Prämisse, kein Ergebnis der Wissenschaft. Sie wird nie zwingend bewiesen werden, ihr Gegenteil ebenso wenig. Ein Szientismus ist deshalb eine denkbare Deutung der zu deutenden Erfahrung, nämlich der Regelhaftigkeit der Natur und des Funktionierens der naturwissenschaftlichen Methode, aber nicht die einzige. Wenn man im Sinn des Szientismus folgert, dass alles, was geschieht, gesetzmäßig und aufgrund von weltimmanenten (natürlichen) Prinzipien und Mechanismen geschieht, deutet man die naturwissenschaftlich vermittelte Wirklichkeit durchaus konsistent.

Die Naturwissenschaft benötigt diese spezielle Deutung jedoch nicht. Vielmehr sind andere Deutungen ebenso mit ihr verträglich, die buddhistische Philosophie des Theravada (mit einigen Parallelen zum kausalen Denken der Naturwissenschaft in der Vorstellung vom „bedingten Entstehen"), eine biblische Schöpfungstheologie und so weiter. Dass die kausal erklärbaren Phänomene, ebenso wie die unerklärten und unerklärbaren, dem schaffenden Willen Gottes entspringen, der unter anderem ihre Regelhaftigkeit will, ist eine konsistente philosophische Deutung. Die alte Idee Galileis und Keplers, die Erklärbarkeit der Natur spiegle die Schöpfungsvernunft Gottes wider, ist nicht an sich unplausibler als die noch ältere Idee, sie spiegle einen geordneten, aber blinden Tanz der Materie wider. Sogar das abgeschwächte Argument, der Wissenschaftsglaube sei einfacher als religiöse oder idealistische oder buddhistische oder stoische oder andere Weltanschauungen, überzeugt nicht. Das Einfachheitsargument (Okham's Razor) ist ein Kriterium zur Unterscheidung spezieller Hypothesen, nicht allgemeiner Prämissen der Weltdeutung. Die stehen in jedem Fall für sich selbst.

**Die Sehnsucht nach der ganzen Antwort.** Warum finden sich so viele Menschen nicht damit ab, dass eine umfassende Weltanschauung nicht wissenschaftlich bewiesen werden kann, sondern eine existenzielle Entscheidung erfordert? Warum ist eine einheitliche Perspektive, die alle menschliche Welt- und Menschenkenntnis verbindet, nach allem, was wir heute über die Natur und über den Menschen wissen, dennoch unmöglich? Betrachten wir noch einmal die scheinbar simple Frage, die am Anfang des Kapitels stand, ob die Welt einem Zufall (beziehungsweise vielen Zufällen) entspringt oder ob sie eine Schöpfung Gottes ist. Dazu muss diese Alternative allerdings präziser formuliert werden: „Sind die Lebewesen einschließlich des Menschen ausschließlich durch Naturprozesse entstanden, also durch kausal erklärbare Prozesse und durch unerklärbare Einzelereignisse, oder waren und sind diese Prozesse eingebettet in einen größeren, transzendenten Zusammenhang, der die natürlichen Dinge übersteigt?"

So formuliert, enthüllt sich der scheinbare Widerspruch als fragwürdig. Die naturwissenschaftliche Forschung kann sich der Naturprozesse annehmen, sie kann Kausalerklärungen geben und Einzelereignisse wenigstens beschreiben, aber kann sie einen größeren Zusammenhang, einen transzendenten Kontext dessen, was in der Natur geschieht, und die damit verbundenen Sinnaussagen überhaupt untersuchen? Meint man mit Letzterem Gottes Schöpfungshandeln im Sinn des biblischen Zeugnisses, entfällt der Widerspruch vollständig, sofern man Gottes Handeln nicht als Intervention von außen in einen ansonsten selbstlaufenden Naturprozess versteht. Ein solches Verständnis würde dem biblischen Schöpfungszeugnis aber nicht gerecht. Die Frage „Zufall oder Schöpfung?" ist (sieht man von einem überholten Interventionismus oder Okkasionalismus[2] ab) eine Frage nach dem Ganzen der Welt, nach allem Seienden, und damit eine philosophische und theologische Grundfrage. Die Naturwissenschaft fragt jedoch immer nach den speziellen Erscheinungen der Natur, nie nach dem letzten Sinn und Ziel hinter den Erscheinungen. Eine Vereinheitlichung der philosophischen, theologischen und naturwissenschaftlichen Perspektiven widerspricht deshalb sowohl dem christlichen Schöpfungsglauben, wie er heute zu verstehen ist, als auch der heutigen wissenschaftlichen Einsicht in die Natur des menschlichen Erkennens.

Die Sehnsucht nach einem kausal durchstrukturierten, eindeutigen und geschlossenen Weltbild ist vermutlich selbst Pro-

5 | Lucas Cranach, Erschaffung der Welt, Holzschnitt von 1534 aus der Luther-Bibel-Übersetzung

dukt der Evolution. Denn eine so beschaffene „innere Repräsentation" der Welt schafft Handlungs- und Zukunftssicherheit im Alltag. In Bezug auf diejenigen Abläufe, die dem Menschen für sein Handeln zur Verfügung stehen, ist es entscheidend, kausale Zusammenhänge von Ursache und Wirkung zu erkennen. Ungeklärte Kausalverhältnisse und offene Situationen oder Rätsel machen Angst. Das menschliche Explorations- und Lernverhalten zielt darauf, Erkenntnislücken zu schließen und Rätsel zu lösen. Diese Verhaltensmuster, verbunden mit der neuronalen „Hardware" zur inneren Modellierung einer komplexen Welt, hatten in der Evolution der Hominina vermutlich einen hohen selektiven Wert.

Aber es ist nicht möglich, dieses Bedürfnis nach Eindeutigkeit und Kausalität auf existenzielle Grundfragen auszudehnen. Kritisches Denken reflektiert auch die Grenzen des kausalen Erklärens und des schlüssigen Beweisens. Die Offenheit von Sinnantworten auszuhalten ist uns von der Evolution vermutlich nicht in die verhaltensbiologische Wiege gelegt worden, es handelt sich um eine Kulturleistung. Aber ohne diese Leistung kommen wir nicht mehr aus. Denn die scheinbare logische oder empirische Geschlossenheit von Natur- und Weltdeutungen kann immer nur fiktiv sein. Dies gilt für den Bibelglauben des Kreationismus ebenso wie für den angeblich wissenschaftlich bewiesenen Naturalismus der „Neuen Atheisten". Deshalb ist grundsätzlich allen Versuchen zu misstrauen, die menschlichen Erkenntnisperspektiven kognitiv zu vereinheitlichen. Die Naturwissenschaft liefert Erkenntnisse, die nicht unmittelbar mit philosophischen oder religiösen Deutungen des Seienden zu verbinden sind. Sie sind nur mittelbar, aufgrund philosophischer Grundentscheidungen, dafür relevant. Das philosophische oder theologische Naturbild hängt von solchen Prämissen ab und wird zum Beispiel im Rahmen der buddhistischen Theravada-Philosophie anders ausfallen als im Rahmen des Schöpfungsglaubens oder des Materialismus. Mit anderen Worten: Naturwissenschaftliche Theorien sind prinzipiell philosophisch (genauer: ontologisch) unterbestimmt. Vom derzeit gültigen naturwissenschaftlichen Wissensstand her sind verschiedene Naturbilder ohne innere Widersprüche ableitbar. Sowohl Schöpfungsglaube wie Naturwissenschaft erlauben diesen Schluss. Beide führen aufgrund ihrer Menschenbilder zwingend zu dem Ergebnis, dass wissenschaftliche Naturerkenntnis sowohl fragmentarisch, als auch vorläufig und überholbar sein muss. Es ist immer wieder erstaunlich zu beobachten, wie dieser (eigentlich offensichtliche) Schluss von den „Neuen Atheisten" ebenso ignoriert wird wie vom „wissenschaftlichen Kreationismus". Bei *Answers in Genesis* liest sich das so:

> Definitionsgemäß kann kein noch so einleuchtendes, erkanntes oder behauptetes Beweismaterial auf irgendeinem Gebiet, eingeschlossen Geschichte und Chronologie, wahr sein, wenn es im Widerspruch zu den biblischen Berichten steht. Von elementarer Wichtigkeit ist die Tatsache, dass das Beweismaterial immer von fehlbaren Menschen interpretiert wird, die nicht alles Wissen haben.
> (http://www.answersingenesis.org/de/faith [24.11.2010])

Die Bibel enthält also nach Ansicht von *Answers in Genesis* absolut richtiges Wissen auf allen Wissensgebieten, das Erfahrung und Vernunft vorgeordnet ist. Der Kreationismus ist eine zu diesem Schriftverständnis passende, alternative Sicht der Natur. Nach MICHAEL J. REISS (2009) darf man ihn deshalb nicht als Naturwissenschaft interpretieren, sondern als geschlossenes, extern nicht kommunizierbares Weltbild (world view). Die Glaubensgewissheit wird innerhalb dieses Weltbilds abhängig von einem Text in menschlicher Sprache, und der Schöpfungsglaube wird abhängig von der Naturerkenntnis. Darin ähnelt der Kreationismus bei allen Unterschieden dem Szientismus. Denn auch wenn man seine Weltanschauung mit der Naturwissenschaft vollständig homogenisiert, ja identifiziert, liefert man sie der Naturwissenschaft aus. Homogenität aller menschlichen Aussagen, allen Wissens und aller Erkenntnis ist kein Merkmal eines produktiven Denkens, sondern eher eines von Realitätsverlust, sogar von Fanatismus und ideologischer Starrheit. Inhomogenitäten und Inkonsequenzen zwischen verschiedenen Wissens- und Erkenntnisebenen sind keineswegs Defizite, sondern einerseits unüberholbar und andererseits die Voraussetzung für neue Einsichten und Lernprozesse.[3]

Dies abzustreiten führt keineswegs zurück in die für uns unerreichbaren Sicherheiten eines vormodernen Weltbilds, sondern in den Dunstkreis modernistischer Ideologien, deren Unheilspotenzial inzwischen deutlich genug geworden ist. Das soll am Beispiel „wissenschaftlicher Kreationismus" verdeutlicht werden.

6 | Gustave Doré, Illustration zu Dantes *Göttlicher Komödie* (Paradies) von 1861

**Was hat es mit Kreationismus auf sich?** Der Kreationismus ist naturwissenschaftlich substanzlos. Er stellt entgegen dem Augenschein keine Antithese zur Naturwissenschaft dar. Die Substanz des Kreationismus liegt in seiner theologischen Position, vor allem im Bibelverständnis. Auch der sogenannte wissenschaftliche Kreationismus (scientific creationism) wird trotz seiner Selbstbezeichnung nicht von wissenschaftlichen, sondern von religiösen Fragen motiviert, vor allem nach der Autorität der Bibel und nach der Begründung eines christlichen Menschenbilds. Da der Kreationismus beides als unaufhebbaren Gegensatz zur Evolutionstheorie (im weiteren Sinn zur gesamten Naturwissenschaft) betrachtet, reagiert er mit einer neuzeitlichen „Bibel-Ideologie". Um diese Ideologie abzusichern, verfolgt er das Projekt einer alternativen Naturwissenschaft, die mit dem (fundamentalistisch verstandenen) Schöpfungszeugnis der Bibel und mit der biblischen Urgeschichte konform geht. Von vielen Christen, auch Nicht-Kreationisten, wird der Kreationismus deshalb als Beispiel einer HEGEL'schen Antithese begriffen. Die Lösung, so meinen sie, liege vermutlich nicht im Kreationismus selbst, aber in einer noch nicht gefundenen Synthese zwischen Naturwissenschaft und Schöpfungsglauben. Diese vermittelnde Sicht ist jedoch falsch. Eine Antithese benötigt eine eigene Erkenntnissubstanz, die dem wissenschaftlichen Kreationismus fehlt. Seine scheinbar alternative Naturwissenschaft kommt zustande, indem Fakten ausgeblendet und für Fachleute offenkundige Irrtümer dem allgemeinen Publikum als Richtigkeiten suggeriert werden. Die scheinbar naturwissenschaftliche Methode des Kreationismus lässt sich mit dem lateinischen Vorwurf „suppressio veri, suggestio falsi" nahezu vollständig erfassen. Im Fall der größten deutschsprachigen Organisation, der Studiengemeinschaft „Wort und Wissen", wird dieser Sachverhalt anders als zum Beispiel bei *Answers in Genesis* nicht sofort deutlich, da die eigene, antiwissenschaftliche Position in vielen Schriften, vor allem in dem Hauptwerk *Evolution – ein kritisches Lehrbuch* (JUNKER/SCHERER 2006) nur partikulär oder gar nicht formuliert wird. Vielmehr werden lediglich naturwissenschaftliche Erkenntnisse kritisiert. Das Fehlen einer Antithese wird also verschleiert, indem man auch der Leserschaft von vornherein keine anbietet. Betrachtet man aber das für die Gemeinden bestimmte Schrifttum von *Wort und Wissen*, zum Beispiel die naturwissenschaftliche Interpretation der Sintflutgeschichte, trifft man auf Anti-Wissenschaftlichkeit bis hin zur Irreführung.

Das Fehlen von naturwissenschaftlichen Erkenntnissen des Kreationismus erklärt, warum Naturwissenschaftler auf ihn meist pauschal ablehnend und oft sehr emotional reagieren. Sie sind zwar Experten für das Wechselspiel von These, Antithese und Synthese naturwissenschaftlichen Erklärens. Daran beteiligt sich der Kreationismus aber nicht. Naturwissenschaftler sind jedoch keine Experten für Sprach- und Ideologieanalysen. Das polemische Verwirrspiel des Kreationismus im Detail aufzudecken entspricht nicht ihrer Kompetenz und ihrem Erkenntnisinteresse. Die Dialogverweigerung gegenüber dem Kreationismus hat ihre Ursache folglich meist nicht in ideologischen Festlegungen der „scientific community", sondern in der Einsicht, dass es sich gar nicht um ein naturwissenschaftliches Dialogangebot handelt. Ein sinnvoller Dialog sollte sich auch tatsächlich nicht mit pseudonaturwissenschaftlichen Scheingefechten befassen, sondern mit philosophischen und theologischen Grundfragen. Die Evangelische Kirche in Deutschland (EKD) lehnt den Kreationismus jedenfalls ebenso ab wie die Idee des „Intelligenten Designs". Die Orientierungshilfe *Weltentstehung, Evolutionstheorie und Schöpfungsglaube in der Schule* (EKD 2008, S. 13) kritisiert jedoch nicht nur den Kreationismus, sondern ebenso die angeblich naturwissenschaftliche Kritik am Schöpfungsglauben: „Die Verengung der Wahrnehmung durch einen ideologischen Szientismus tangiert nicht nur die Theologie, sondern stellt auch eine eminente Herausforderung für das Denken überhaupt dar."

**Schluss.** Dem ist wenig hinzuzufügen. Der sogenannte „neue Atheismus", der im Unterschied zur alltäglichen Konfessionslosigkeit laute und aggressive Atheismus, leugnet beharrlich den Unterschied zwischen Naturwissenschaft und philosophischem Naturalismus. Damit steht er in der Tradition der materialistischen Religionskritik der Neuzeit. Dass diese Kritik heute wieder virulent wird, weist auf die Rückkehr der Religion als kulturelle Lebensmacht hin. Die Aufgabe für die Bildungseinrichtungen von Staat und Kirche besteht angesichts dieser neuen (positiven wie negativen) Aufmerksamkeit für die Religion nicht darin, die wissenschaftliche Rationalität durch substanzlose Proteste und Überzeichnungen zu schwächen, sondern sie gerade in ihrer Differenziertheit zu stärken. Der scheinbare Widerspruch zwischen Bibel und Biologie, den Kreationisten und „neue Atheisten" einträchtig beschwören, ist nicht unlösbar, er ist noch nicht einmal bedrohlich, weder für die Wissenschaft noch für die Religion. Denn wenn es einen schöpferischen Willen hinter dem Naturgeschehen gibt, integrieren sich seine Effekte jeweils in den regelhaften Ablauf der Natur und lassen sich naturwissenschaftlich nicht aus ihr herauspräparieren. Probleme ergeben sich vor allem aus der Verwechslung von Kategorien. Die Aussage „Der Mensch entstand durch Zufall" und die Aussage „Der Mensch entstand nach Gottes Willen" sind keine konkurrierenden Sätze, sofern sich die erste auf die biologische Evolution bezieht. Warum findet der „neue Atheismus" mit seinen größtenteils alten Argumenten dennoch derzeit so viel Beachtung? Man kann vermuten, dass es sich um eine abwehrende Reaktion auf die allseits zu beobachtende Rückkehr der Religion als kulturelle Lebensmacht handelt. Wenn dies so wäre, hätte der „neue Atheismus" eine andere, nämlich defensivere Qualität als die aufklärerische Religionskritik des 19. und 20. Jahrhunderts. Moderne, freiheitshaltige Lebensorientierungen, die Freiheit der Wissenschaft und die Autonomie des Subjekts, sollen vor der angeblichen oder wirklichen Bedrohung durch die Religion gesichert werden. Dieses Anliegen können hierzulande auch religiöse Menschen mit Sympathie betrachten. Mit der Wiederbelebung antireligiöser Ideologien, ebenso wie mit der Umwandlung der Religion in eine Ideologie, wird jedoch nichts zu gewinnen sein.

**Anmerkungen**
1. Siehe den Video-clip *Darwin & the Naked Apes – We are Children of Evolution* (http://www.youtube.com/watch?v=wbIa9fZuTFA [24.11.2011]).
2. Der Okkasionalismus im engeren Sinn behauptet, dass materielle und geistige Welt keine Wechselwirkungen aufweisen, auch nicht im menschlichen Bewusstsein, sondern dass Gott diese Wechselwirkungen vermittelt. Im weiteren Sinn wird diese Idee auf alle Kausalbeziehungen ausgedehnt: Jede Ursache-Wirkungs-Beziehung beruht darauf, dass Gott sie will und bewirkt.
3. Die Formulierung geht auf eine persönliche Mitteilung von Rudolf Jörres (Universität München) zurück.

**Literatur**
Beuttler, U. (2009): Gottes Wirken in der Zeit – über die Vereinbarkeit von Naturgesetzlichkeit und dem freien Wirken Gottes. In: G. Souvignier/U. Lüke/J. Schnakenberg/H. Meisinger (Hrsg.): Gottesbilder an der Grenze zwischen Naturwissenschaft und Theologie. Darmstadt.
EKD = Evangelische Kirche in Deutschland (2008). EKD-Text 94: Weltentstehung, Evolutionstheorie und Schöpfungsglaube in der Schule. http://www.ekd.de/download/ekd_texte_94.pdf [24.11.2010].
Junker, R./S. Scherer (2006): Evolution – ein kritisches Lehrbuch. 6. Aufl. Gießen.
Pawlikowski, J. (2010): What can physicians say about a miracle? Paper at the European Conference on Science and Theology XIII, Edinburgh 2010.
Perakh, M. (2005): The dream world of William Dembski's creationism. http://www.talkreason.org [2009].
Reiss, M. J. (2009): The relationship between evolutionary biology and religion. In: *Evolution*, July 2009, S. 1934–1941.

# Gott eine Illusion?

Der Evolutionsbiologe RICHARD DAWKINS löste mit seinem 2007 auf Deutsch erschienenen Buch *Der Gotteswahn* (englisch *The God Delusion*, 2006) eine zum Teil sehr emotional geführte Kontroverse aus. Einer Gotteshypothese stellt er seine Ansicht gegenüber: „Jede kreative Intelligenz, die ausreichend komplex ist, um irgendetwas zu gestalten, entsteht ausschließlich als Endprodukt eines langen Prozesses der allmählichen Evolution. Da kreative Intelligenz durch Evolution entstanden ist, tritt sie im Universum zwangsläufig erst spät in Erscheinung. Sie kann das Universum deshalb nicht entworfen haben. Gott im eben definierten Sinne ist eine Illusion – und zwar [...] eine gefährliche Illusion" (S. 46). DAWKINS, der sich selbst als Atheist bezeichnet, wendet sich dabei gegen die Religion allgemein: „Ich greife nicht eine bestimmte Version von Gott oder Göttern an. Ich wende mich gegen Gott, alle Götter, alles Übernatürliche, ganz gleich, wo und wann es erfunden wurde oder noch erfunden wird" (S. 53).

Gegen diesen Angriff besteht nur ein einziger Einwand: Er wendet sich nicht gegen den Gott der Theologie; denn dieser wird als „übernatürlich" verstanden. Er ist demnach nicht Teil der Welt und damit auch nicht Produkt der Evolution. Gott ist also nichts von alledem, was – theologisch formuliert – „geschaffen" wurde. Wäre er ein „Geschöpf", so wäre er nicht Gott. Der Aussage, dass kreative Intelligenz ein Produkt der Evolution und diese wiederum die Voraussetzung für Religionen ist, werden hingegen auch viele Theologen nicht widersprechen.

DAWKINS kritisiert auch vehement die agnostische Haltung einiger Kollegen, die das Thema der Religion nicht im Bereich der Naturwissenschaften angesiedelt sehen. Vielmehr vertritt er die Ansicht, dass sich auch über die Existenz eines Gottes naturwissenschaftliche Aussagen treffen lassen: „Und wenn Gottes Existenz nie mit Sicherheit bewiesen oder widerlegt werden kann, können wir anhand der verfügbaren Anhaltspunkte und mit unserer Vernunft zu einer Abschätzung der Wahrscheinlichkeit gelangen, die weit von 50 Prozent entfernt ist" (S. 72). Eine wissenschaftliche Erklärung dafür, wie er zu dieser Wahrscheinlichkeitsabschätzung kommt und wie ein Messverfahren zum Nachweis eines Gottes aussehen könnte, liefert DAWKINS allerdings nicht.

AF

**vor etwa 3,5 Milliarden Jahren** Entstehung des Lebens auf der Erde     **vor etwa 150.000 Jahren** Auftreten des heutigen Menschen

> What a piece of work is a man! how noble in reason! how infinite in faculty! in form and moving how express and admirable! in action how like an angel! in apprehension how like a god!
>
> WILLIAM SHAKESPEARE (1564 – 1616)

Dirk Evers

# Gott als Grund der Wirklichkeit und die Entwicklung der Lebewesen

In diesem Beitrag soll es um die Frage gehen, was glaubende Menschen eigentlich meinen, wenn sie von Schöpfung reden, und in welchem Verhältnis dieses Reden von Schöpfung zu naturwissenschaftlicher Erkenntnis steht. Dabei wollen wir uns auf den christlichen Glauben beschränken. Analoge Überlegungen könnten selbstverständlich auch für andere Religionen angestellt werden, die unsere Wirklichkeit auf einen Schöpfungsakt Gottes zurückführen. Das machen viele Religionen, aber durchaus nicht alle.

Wir beschränken uns also auf den christlichen Glauben, dessen Schöpfungsverständnis wir kritisch und konstruktiv erläutern wollen. Dies ist eine genuine Aufgabe der *christlichen Theologie*, die für unsere Zwecke in einer ersten Näherung beschrieben werden kann als diejenige Wissenschaft, die den Wahrheitsanspruch und das Wirklichkeitsverständnis des christlichen Glaubens vor dem Wahrheits- und Wirklichkeitsverständnis der jeweiligen Zeit zu verantworten sucht. Die Theologie entspricht dem zum einen dadurch, dass sie den Ursprüngen des christlichen Glaubens auf den Grund geht. Dies geschieht in der Auslegung der biblischen Texte und kirchlichen Traditionen, die die Theologie auf ihre wesentlichen Bedeutungen und Aussageabsichten hin untersucht (Auslegung des Alten und Neuen Testaments, Kirchen- und Theologiegeschichte). Zum anderen sucht die Theologie die zentralen Bedeutungsinhalte des christlichen Glaubens so zu verstehen und darzustellen, dass sie vor dem Wahrheits- und Wirklichkeitsbewusstsein ihrer Zeit verantwortet werden können (Systematische Theologie, Ethik). Dazu muss die Theologie sich natürlich mit dem entsprechenden Wissen und den verschiedenen Möglichkeiten eines zeitgenössischen Wirklichkeitsverständnisses beschäftigen und auseinandersetzen. Deshalb ist der Dialog mit anderen Wissenschaften (von der Philosophie über die Geschichte bis hin zu den Naturwissenschaften) ein wichtiger Bestandteil theologischen Nachdenkens, auch wenn gerade der Dialog mit den Naturwissenschaften oft vernachlässigt wurde.

Natürlich bedingen und beeinflussen sich beide Fragerichtungen der Theologie: Die Frage nach den Ursprüngen des Glaubens in den biblischen Texten und der theologischen Tradition erfolgt immer schon aus einer zeitgenössischen Perspektive, wie umgekehrt die Auseinandersetzungen mit den Erkenntnissen und Methoden der zeitgenössischen Wissenschaften immer schon aus der Perspektive gewisser Grundüberzeugungen des Glaubens heraus erfolgen. Zusammengefasst geht es der Theologie also um die Vermittlung einer durch die christlichen Überlieferungen geprägten elementaren Lebensgewissheit mit dem Wissen, das dem Menschen unabhängig vom Glauben zugänglich ist.

1 | Marc Chagall,
Die Erschaffung des Menschen,
Ölgemälde von 1956–58

Diese Grundstruktur einer Vermittlung von Lebensgewissheit und Wissen teilt die Theologie im Übrigen mit allen Bemühungen, das menschliche Selbstverständnis angesichts der Erkenntnisse der Naturwissenschaften auszuloten und zu formulieren. Ein Beispiel sind die aktuellen Debatten um das Menschenbild angesichts der Erkenntnisse der Hirnforschung – Debatten, bei denen sich Theologen, Philosophen, Mediziner und Juristen beteiligen, auf jeweils ganz unterschiedliche Art. Dabei geht es weder darum, sich von den Naturwissenschaften einfach nur bestätigen zu lassen, noch darum, diesen etwas vorschreiben zu wollen, sondern es sollen eben grundlegende Lebensgewissheiten zu wissenschaftlicher Erkenntnis in Beziehung gesetzt und dabei nach beiden Seiten sowohl kritisch (etwa gegenüber illusionären Gewissheiten) als auch konstruktiv (etwa die Forschung und ihre Konzepte inspirierend) argumentiert werden.

2 | William Blake, Elohim erschafft Adam, 1795

Fragen wir also in diesem Sinne theologisch danach, was denn mit „Schöpfung" und „erschaffen" gemeint ist und wie dies zu den Erkenntnissen der Naturwissenschaften, insbesondere der Biologie ins Verhältnis gesetzt werden kann.

### Gott als Grund der Wirklichkeit

**Warum ist überhaupt etwas und nicht nichts?** Es ist eine Grundüberzeugung des christlichen Glaubens, dass unsere gesamte Wirklichkeit ihr Dasein nicht aus sich selbst hat, sondern sich Gott als ihrem Grund verdankt. Diese Aussage hat zwei Aspekte, die ich mit zwei Zitaten von Martin Luther erläutern will. Zum einen heißt dies: Gott ist die christliche Antwort auf die Frage, warum überhaupt etwas ist und nicht nichts. Oder um es mit Luther auszudrücken:

> Es ist seine [Gottes] Natur, Alles aus Nichts zu schaffen. Und das ist seine ureigenste Natur: Er ruft das Nichtseiende, dass es sei [vgl. Röm. 4,17].
> (Luther 1962, S. 154)

Zum anderen ist der christliche Glaube davon überzeugt, dass Gott nicht nur der Grund für das Dass der Wirklichkeit, sondern auch für ihre Vielfalt und Fülle ist. Dass unsere Welt nicht steril, sondern so fruchtbar ist, dass immer Neues in ihr ins Dasein tritt, ist der zweite Aspekt des christlichen Schöpfungsverständnisses. Oder um es noch einmal mit Luther zu sagen:

> Schaffen ist immer Neues machen:
> creare est semper novum facere.
> (Luther 1883, S. 563)

Beide Aspekte sind auch wesentlich für unsere Rede von menschlicher Schöpferkraft: Menschen sind dann schöpferisch, wenn sie etwas erschaffen, das es ohne diesen Vorgang nicht geben würde, und wenn sie es so erschaffen, dass wesentlich Neues dadurch entsteht. Doch insofern der Glaube Gott als den Grund der *gesamten* Wirklichkeit bekennt, der geschaffenen Wirklichkeit aber andererseits auch relative Eigenständigkeit zukommt, ergeben sich demgegenüber bestimmte Verschiebungen und Besonderheiten für das Verständnis *göttlichen* Schaffens. Diese sind vor allen Dingen deshalb von entscheidender Bedeutung, weil aus ihrer Nichtbeachtung einige grundlegende Missverständnisse erwachsen können. Während der schöpferische Mensch sein geschaffenes Werk in Raum und Zeit und durch die Gestaltung von vorhandenen Materialien hervorbringt, bringt Gott als Grund der Wirklichkeit Raum, Zeit und Stoff selbst allererst hervor. Dann aber stellt sich die Frage, ob und wie denn Gott als Schöpfer *in* Raum und Zeit überhaupt identifiziert werden kann.

Das daraus folgende Problem soll der folgende Abschnitt erörtern.

**Die Verborgenheit des Schöpfers.** Aus der Überzeugung, dass Gott der Grund der gesamten, relativ selbständigen Wirklichkeit ist, folgt, dass Gott nicht selbst wieder als ein Element in oder ein Moment an der Wirklichkeit identifiziert werden kann. Er steht gewissermaßen „hinter" aller Wirklichkeit und ist gerade deshalb kein Teil von ihr. Das ist auch der Grund, warum ein Schöpfer als Grund der Wirklichkeit weder als ein Gegenstand im Rahmen naturwissenschaftlicher Erkenntnis auftaucht noch als ein Moment, eine Kraft oder Ähnliches aus den Gleichungen der Wissenschaftler herausgerechnet werden kann. Der Grund der Wirklichkeit „existiert" (wenn man überhaupt in einem bestimmten Sinn von Existenz reden kann) jedenfalls nicht in Raum und Zeit und ist mit keinem der in Raum und Zeit entstehenden Gegenständen identisch.

Zur Verborgenheit Gottes bemerkte der Künstler CHRISTOPH SCHLINGENSIEF:

> Das ist eben das Paradox mit Gott. Da ist einer weg, ist nicht da, aber trotzdem ganz nah bei uns. Wenn jemand nicht da ist, dann ist er vielleicht einfach das Ganze. Wenn jemand da ist, dann sieht man, dass sein Haaransatz zurückgeht oder er beim Reden lispelt. Wenn jemand da ist, dann sieht man halt die Bescherung. Deshalb ist Gott lieber nicht da. Dann kann er alles sein und selbst in seiner Abwesenheit anwesend sein.
>
> (SCHLINGENSIEF 2010, S. 254)

Doch wenn es so ist, dass die Wirklichkeit einfach da ist und von sich aus nichts von einem Schöpfer verrät, wie kommen dann Menschen auf den Gedanken, dass sich die Wirklichkeit nicht sich selbst, sondern einem Schöpfer verdankt?

**Schöpfungsglauben und „Offenbarung".** Der wesentliche Grund dafür liegt in solchen Erfahrungen von Menschen, in denen sie ihr Leben als etwas erfahren, das ihnen geschenkt und anvertraut ist, das sie genießen, mit dem und in dem sie aber auch scheitern können. Dankbarkeit und Ehrfurcht sind wohl der Ausgangspunkt für alle Vorstellungen von Schöpfung. Dankbarkeit und Ehrfurcht aber verlangen nach einem Gegenüber, an das sie gerichtet sind. Zitieren wir noch einmal MARTIN LUTHER aus seiner Erklärung des 1. Glaubensartikels im Kleinen Katechismus:

> Ich glaube an Gott den Vater, den Allmächtigen, Schöpfer Himmels und der Erde.
> *Was ist das?*
> Ich glaube, dass mich Gott geschaffen hat samt allen Kreaturen, mir Leib und Seele, Augen, Ohren und alle Glieder, Vernunft und alle Sinne gegeben hat und noch erhält […] und das alles aus lauter väterlicher, göttlicher Güte und Barmherzigkeit ohn' all mein Verdienst und Würdigkeit; des alles ich ihm zu danken und zu loben und dafür zu dienen und gehorsam zu sein schuldig bin. Das ist gewisslich wahr.
>
> (LUTHER 1983, S. 41)

Hier ist bei der Auslegung des Schöpfungsglaubens nicht von Welt- oder Lebensentstehung die Rede, sondern vom Getragensein der eigenen Existenz durch Gottes gnädige Gegenwart. Dass es dieses Gegenüber wirklich gibt und dass es „gewisslich wahr ist", dass wir diesem Gegenüber in unserem Leben mit seinen Brüchen und Grenzen vertrauen dürfen, wir ihm aber auch verantwortlich sind, diese Lebensgewissheit zeigt sich nicht primär in der Natur als solcher, sondern mitten im Alltag menschlichen Lebens.

Genau dies aber ist der christliche Sinn von *Offenbarung*: Gott offenbart sich, Gott zeigt sich in seinem Wesen in, mit und unter den Zusammenhängen menschlicher Existenz. Offenbarung im christlichen Sinn meint nicht eine Art übernatürlicher Informationsübermittlung, die von besonderen Personen auf besondere Weise empfangen worden wäre und die die Glaubenden ohne Nachfrage für wahr zu halten haben. Offenbarung meint vielmehr den Vorgang, durch den Menschen in ihrem Lebensvollzug die Gewissheit erfahren, ihr Leben mit seinen Möglichkeiten und seinen Herausforderungen als Geschenk erhalten

3 | Arnold Böcklin, Gottvater zeigt Adam das Paradies, um 1884

zu haben, darin aber auch zugleich eine Beauftragung erfahren, ihr Leben im Zusammensein entsprechend zu gestalten. Von bestimmten Gruppen abgesehen, werden die Texte der Bibel deshalb von den meisten Christen so gelesen, dass sie als Anleitungen zu Entdeckungen im eigenen Leben verstanden werden und als Aufforderungen zu einer dankbaren Gestaltung menschlicher Gemeinschaft, nicht aber zum Beispiel als übernatürlich inspiriertes Naturkundebuch. Deshalb sind die Texte der Bibel auf Auslegung angewiesen, wie dies Woche für Woche in den christlichen Gottesdiensten geschieht.

Zum christlichen Glauben gehört zwar die Überzeugung, dass als Grund der Wirklichkeit niemand anders infrage kommt als der Gott, dem die Glaubenden in ihren Lebensvollzügen Vertrauen schenken. Doch eine eigene Weltentstehungstheorie, die auch dann für absolut wahr gehalten werden müsste, wenn der Fortschritt wissenschaftlicher Erkenntnis ein anderes Bild zeichnet, lässt sich daraus nicht ohne Weiteres ableiten. Vielmehr gilt, dass die Schöpfungsvorstellungen in Judentum und Christentum den Heilserfahrungen nachgeordnet sind, die den eigentlichen Grund religiöser Glaubensgewissheit ausmachen.

So steht zwar eine Schöpfungserzählung am Anfang der Bibel (1. Mose 1,1–2,4a), doch handelt es sich gerade nicht um den ältesten Text, sondern um eine eher späte Tradition, in der vermutlich Mitglieder der israelitischen Priesterschaft sich mit den kosmologischen Erzählungen, die in Babylon tradiert wurden, auseinandersetzten. Unter dem Eindruck der fremden Mythen und ihrer Erklärungskraft formulierten diese Kreise eine eigene Erzählung, die den geschichtlich erfahrenen Gott Israels, den Gott des Auszugs aus Ägypten, den Gott Abraham, Isaaks und Jakobs mit dem Schöpfer des Kosmos identifizierte und zugleich polytheistische und naturreligiöse Vorstellungen (etwa den in Babylon üblichen Gestirnskult) zurückwies. Diese Erzählung ersetzte aber nicht einfach die ältere Überlieferung (1. Mose 2,4b – 25), sondern wurde dieser, die einen deutlich früheren Erkenntnisstand widerspiegelt, vorangestellt, ohne dass dies als Widerspruch empfunden wurde (vgl. dazu den Beitrag von SCHRÖDER in diesem Band).

**Die Welt – ein Kosmos?** Dennoch ist mit der Schöpfungsvorstellung auch eine inhaltliche Aussage über die Wirklichkeit verbunden, nämlich die Überzeugung, dass es sich bei unserer Wirklichkeit nicht um ein ungeordnetes Chaos und bei der Existenz des Menschen nicht um ein zufälliges Zusammentreffen günstiger Umstände handelt, sondern um ein sinnvolles, geordnetes Ganzes, bei dem die Existenz der Lebewesen und der Menschen vom Grund der Wirklichkeit gewollt und bejaht ist. Ob diese Hypothese sich bewährt und halten lässt, ist eine Frage, die nicht einfach mit dem Verweis auf naturwissenschaftliche Erkenntnis bejaht oder verneint werden kann. Zwar zeigen uns Physik und Kosmologie, dass die physikalisch beschreibbare Wirklichkeit tatsächlich ein von Naturgesetzen geordneter Kosmos (von griechisch *kosmé* = „Ordnung, Schmuck", vgl. *Kosmetik*) ist und kein Chaos. Doch ob sich darin eine der Welt zugrunde liegende höhere Vernunft äußert oder sich in der unerbittlichen Notwendigkeit der Naturgesetze eher zeigt, dass die Natur gleichgültig ist gegenüber den Lebens- und Schicksalsfragen des Menschen, ist damit noch nicht ausgemacht. Wissenschaftler haben deshalb auch ganz unterschiedliche Interpretationen der Ordnung der Welt vertreten.

So hat sich ALBERT EINSTEIN zu einem Gott bekannt, „der sich in der gesetzlichen Harmonie des Seienden offenbart" (zit. n. JAMMER 1995, S. 31). In den Gesetzen der Natur manifestiere sich eine göttliche, der menschlichen schlechthin überlegene Vernunft, die hinter den Erscheinungen verborgen und deshalb nicht leicht zu erkennen sei, der wir jedoch durch Wissenschaft ansatzweise auf die Spur kommen können. „Raffiniert ist der Herrgott, doch bösartig ist er nicht", hat EINSTEIN in diesem Sinne einmal bemerkt (vgl. PAIS 1986). Doch zugleich hat er die Vorstellung eines personalen Gottes, der sich „mit den Schicksalen und Handlungen der Menschen abgibt", abgelehnt (JAMMER 1995, S. 31).

Der religionskritische Biologe RICHARD DAWKINS wiederum hält es für nicht plausibel, dass der Wirklichkeit überhaupt eine als göttlich zu bezeichnende Vernunft zugrunde liegen kann, da komplexe Gebilde wie Lebewesen immer aus einfachen Elementen und Strukturen hervorgehen, nicht aber umgekehrt einfache Elemente und Strukturen als aus komplexen Voraussetzungen (wie etwa ein Schöpfergott sie nach DAWKINS darstellt) entstanden zu denken sind. Unsere naturgesetzliche Wirklichkeit mit dem aus ihr hervorgehenden Potenzial zur Entwicklung komplexer Gestalten ist deshalb einfach hinzunehmen, wie sie ist.

Für andere dagegen erscheint es als eine höchst sinnvolle Überlegung anzunehmen, dass es einen Grund unserer Wirklichkeit gibt, der sie mit all ihren Möglichkeiten zur Ausbildung komplexer Strukturen hervorbringt und der jedenfalls nicht weniger komplex sein kann als die Wirklichkeit selbst. So hat der Theologe PAUL TILLICH der These EINSTEINS zugestimmt, dass Gott nicht als personales Wesen wie ein Mensch verstanden werden darf. Doch andererseits, so argumentiert TILLICH, könne der Grund der Wirklichkeit, der zugleich für das Ganze ihrer Möglichkeiten steht, nicht weniger komplex sein als das, was er hervorbringt, und sollte deshalb nicht als un-personal, sondern eher als über-personal gedacht werden.

Wie immer man sich in dieser Frage entscheidet, so viel dürfte deutlich sein, dass diese Entscheidung nicht einfach mit Mitteln der Naturwissenschaft getroffen werden kann, sondern von dem bestimmt wird, wie man die eigene Lebensgewissheit begründet. Entscheidend sind hier also philosophische und theologische Grundüberzeugen, mit denen man wissenschaftliche Theorien interpretiert. Und es zeigt sich darüber hinaus, dass die Frage nach dem Grund der Wirklichkeit zwar die Frage nach dem Sinnganzen der Schöpfung stellt, über das konkrete Geschehen der Schöpfung aber fast nichts aussagt. Richtig spannend wird es erst, wenn wir versuchen, den konkreten Entstehungsprozess des Lebens auf unserem Planeten aus der Perspektive des Glaubens heraus zu verstehen.

Doch fassen wir kurz die besherigen Ergebnisse zusammen:
— Der christliche Schöpfungsglauben bekennt sich dazu, dass sich unsere Wirklichkeit nicht sich selbst verdankt, sondern Gott als ihrem Grund.
— Als Grund der Wirklichkeit kann Gott weder ein Teil der Wirklichkeit noch ein Moment in ihr sein, sondern ist er in ihrem

Gesamtzusammenhang verborgen. Der Grund der Wirklichkeit taucht in den Beschreibungen, Gesetzen und Formeln der Wissenschaft nicht auf.
- Das Bekenntnis zu Gott als dem Grund der Wirklichkeit bezieht seine Überzeugungskraft nicht daraus, dass Gott zur wissenschaftlichen Welterklärung notwendig wäre, sondern aus einer sich im Lebensvollzug von Menschen einstellenden Lebensgewissheit. Über seine allgemeine Plausibilität kann man deshalb nur im Horizont der Frage nach dem Sinn menschlicher Existenz streiten, nicht aber mithilfe von naturwissenschaftlichen Erkenntnissen verbindlich entscheiden.
- Die Tatsache, dass die Wirklichkeit der Welt, wie sie auch von den Naturwissenschaften erforscht und beschrieben wird, sich nicht als sinnloses Chaos, sondern als kohärenter und – im Falle des irdischen Lebens – als überaus fruchtbarer Zusammenhang darstellt, legt es für glaubende Menschen nahe, den Gott, dem sie in ihrer Lebensführung vertrauen, mit dem Grund der Welt zu identifizieren.
- Damit ist über den konkreten Vorgang der Schöpfung allerdings noch wenig gesagt. Hier beginnen allererst die eigentlichen und spannenden Fragen zwischen Biologie und Religion, die das Zusammenspiel von naturgesetzlichen Vorgängen und einem möglichen Schöpferhandeln Gottes zum Gegenstand haben.

### Schöpfung und die Entstehung der Lebewesen

Damit kommen wir zu unserem zweiten Teil, der sich mit der Frage befasst, ob und wie man das Leben auf unserem Planeten als die Schöpfung Gottes bezeichnen kann.

Wir hatten uns zu Beginn klargemacht, dass schon in der Bibel nicht einfach auf übernatürliche Weise über das Geschehen „Schöpfung" *informiert*, sondern jeweils vor dem Hintergrund des Wissens verschiedener Epochen die Natur als Schöpfung Gottes *interpretiert* wird. Damit wir die Konflikte um das heutige Verständnis von Natur als Schöpfung besser verstehen können, ist es ratsam, sich wichtige Stationen des Verhältnisses von religiöser Interpretation und Naturwissen in der Geschichte anzuschauen.

**Das Verhältnis von Natur und Schöpfung im Mittelalter.** Die nach dem Zusammenbruch des Römischen Reiches sich allmählich herausbildende mittelalterliche Theologie bezog sich in starkem Maße auf die überkommenen Traditionen der antiken Naturphilosophie und der späteren Kirchenväter. Sie übernahm das antike Weltbild mit der Erde im Mittelpunkt (siehe **Abb. 4**) sowie die aristotelische Physik und Biologie, die das Verhalten von Körpern auf der Erde und von Lebewesen anschaulich beschrieb, ohne es quantitativ in Form von Naturgesetzen fassen zu können. Überliefertes Wissen galt als so etwas wie der Nachklang der ursprünglichen Erkenntnis Adams, die durch die Verwirrung beim Turmbau zu Babel und bei der Sintflut nur noch in Bruchstücken vorlag. Man ging vor allen Dingen daran, zu sammeln und zu systematisieren, was die Väter und die Antike wussten, man glaubte aber nicht, das alte Wissen durch neue Forschungen überbieten zu können.

Schon der Kirchenvater AUGUSTINUS hatte allerdings davon geredet, dass Gott zwei Bücher geschrieben habe, das Buch der Bibel und das Buch der Natur. Mit der Zeit wuchs im Mittelalter der Optimismus, Gott könnte auch durch die Erforschung der Natur erkannt werden, die man als einen Spiegel Gottes zu verstehen begann. Schließlich sollten beide Bücher auf denselben Autor zurückgehen, auf Gott selbst, der sich im Werk der Schöpfung zeigt, wie er auch die biblischen Autoren inspiriert hat. Der mittelalterliche Theologe ALANUS sagt zum Buch der Natur: „Alle Geschöpfe dieser Erde sind wie ein Buch und Bild für uns – und wie ein Spiegel." („Omnis mundi creatura quasi liber et pictura nobis est, et speculum", ALANUS AB INSULIS 1855, S. 579A)

Mit den Umbrüchen der frühen Neuzeit aber wurde immer deutlicher, dass das überlieferte Wissen Stückwerk, ja vielfach sogar falsch ist. Schon die Entdeckung Amerikas machte klar, dass Aristoteles und die Bibel vieles hatten gar nicht wissen können. Und die Entdeckungen eines KOPERNIKUS, KEPLER und GALILEI zeigten, dass beide Bücher doch recht verschiedene Bilder der Schöpfung zeichneten.

**Der Beginn der Naturwissenschaften.** Als MARTIN LUTHER Nachricht davon erhielt, dass KOPERNIKUS das Planetensystem neu rekonstruieren wollte, soll er bemerkt haben: „Der Narr will die ganze Kunst der Astronomie umkehren. Aber wie die heilige Schrift anzeigt, so hieß Josua die Sonne stillstehen, und nicht das Erd-

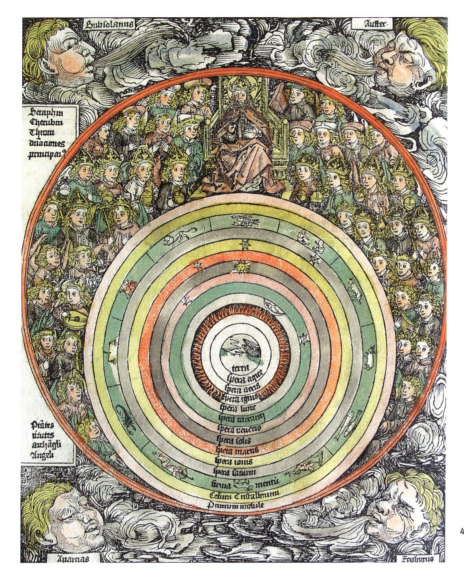

4 | Kolorierter Holzstich mit dem noch geozentrischen (ptolemäischen) Weltbild in Hartmann Schedels *Weltchronik* (1493)

reich [Josua 10,12 + 13]" (WA TR 1, S. 419). Für ihn war klar, dass die biblische Sicht der Verhältnisse der Natur die wahre sein muss.

Galilei hingegen war von der Wahrheit des kopernikanischen Systems überzeugt. Er versuchte die Widersprüche zwischen der Heiligen Schrift und dem Buch der Natur dadurch aufzulösen, dass er die Bibel als das Werkzeug des Heiligen Geistes ansah, das auch dem ungebildeten Menschen den Glauben vermitteln will und sich deshalb der anschaulichen Alltagsvorstellungen der Menschen bedient, während das Buch der Natur nur dem Wissenschaftler zugänglich ist, der es mithilfe der Mathematik zu lesen versteht und dadurch die wahren Verhältnisse der Natur aufdeckt (vgl. zu Augustinus S. 87). Galileo Galilei zum Buch der Schrift und dem Buch der Natur:

> Die Absicht des Heiligen Geistes [in der Schrift] ist es, uns zu lehren, wie man in den Himmel geht, nicht wie der Himmel geht.
> (Galilei 1968, S. 319)

**Die Theologie im 18. und 19. Jahrhundert.** Doch mit dem zunehmenden Fortschritt der Naturwissenschaften zeigte sich je länger je mehr, dass zwischen der Denkwelt der biblischen Texte und dem sich herausbildenden Weltbild der neuzeitlichen Wissenschaft kaum noch vermittelt werden konnte. Längst ging es nicht mehr nur um die scheinbare Bewegung der Sonne um die Erde, sondern auch um die Frage der Wunder, der Unendlichkeit des Kosmos, der Weltentstehung, der Entstehung des Lebens und vielem anderen mehr.

Im 18. und 19. Jahrhundert entwickelten sich deshalb verschiedene Modelle der Theologie, die den Konflikt mit den Naturwissenschaften überhaupt und prinzipiell vermeiden wollten. Diejenigen Theologen, die das wissenschaftliche Weltbild im Großen und Ganzen akzeptierten, versuchten das Gebiet von Glauben und Religion in die Ethik oder in das Lebensgefühl des Menschen zu verlagern, die Welterkenntnis aber ganz den Naturwissenschaften zu überlassen. Der oft als Kirchenvater des 19. Jahrhunderts bezeichnete evangelische Theologe Friedrich Schleiermacher zum Beispiel identifizierte als den Kern der Religion das „Gefühl schlechthinniger Abhängigkeit", durch das sich der Mensch als endliches, durch den Gesamtzusammenhang der Wirklichkeit bedingtes Wesen erfährt. Schöpfungstheologie hat dann für ihn nicht mehr zu tun mit der Entstehung der Welt oder des Lebens, sondern ist nur noch möglich als Auslegung dieser Grundbefindlichkeit von Abhängigkeit. Das aber kann in keinem Widerspruch mehr zu einem naturwissenschaftlichen Aufweis kosmischer und biologischer Entwicklungen stehen. Schleiermacher forderte deshalb, „einen ewigen Vertrag zu stiften zwischen dem lebendigen christlichen Glauben und der nach allen Seiten freigelassenen, unabhängig für sich arbeitenden wissenschaftlichen Forschung, so daß jener nicht diese hindert, und diese nicht jenen ausschließt" (Schleiermacher 1990, S. 351).

Doch dieses Ideal einer schiedlich-friedlichen Trennung von Religion und Wissenschaft scheint heute unerreichbarer denn je. Es dürfte kaum eine Aussage des christlichen Glaubens über unsere Wirklichkeit geben, die ihn nicht mit Aussagen der Naturwissenschaften verwickelt. Die christliche Schöpfungstheologie kommt um die Aufgabe nicht herum, Gott den Schöpfer nicht nur abstrakt als den allgemeinen Grund der Wirklichkeit in Anspruch zu nehmen, sondern auch konkret unser von den

5 | Kupferstich aus Giovanni Battista *Ricciolis Almagestum Novum* (1651): Urania, die Muse der Astronomie, vergleicht die Weltbilder nach Tycho Brahe (teils geo- und heliozentrisch) und Kopernikus (heliozentrisch), wobei die Waagschale zugunsten Brahes ausschlägt. Unten der unterlegene Ptolemäus. Am oberen Bildrand erscheint die Hand Gottes mit den Worten: *Maß – Zahl – Gewicht*. Welches Weltbild auch immer gelten mag, es ist Gott selbst, der die Welt verstehbar eingerichtet hat.

Wissenschaften geprägtes Weltbild und Wirklichkeitsverständnis aus der Perspektive des Glaubens heraus zu interpretieren. Konflikte mit anderen Interpretationen, auch Konflikte mit Interpretationen, die meinen, direkt aus naturwissenschaftlicher Erkenntnis Sinnfragen beantworten zu können, sind dabei unvermeidlich. Sie können jedoch dann fruchtbar und produktiv sein – sowohl für religiöse Menschen als auch für die wissenschaftliche Forschung selbst –, wenn man sich einige Grundzüge der naturwissenschaftlichen Forschung und der theologischen Rede von der Schöpfung klarmacht. Davon handeln die beiden nächsten Abschnitte.

**Naturwissenschaftliche Forschung als Verstehen der Natur.** Die Naturwissenschaften sind mit den Verfahren von Beobachtung, Experiment und überprüfbarer Theorie (siehe **Abb. 6**) sehr erfolgreich, viele Zusammenhänge unserer Wirklichkeit zu beschreiben. Ihre Methodik besteht darin, durch Beobachtungen und Experimente unsere Wirklichkeit auf isolierbare und quantitativ messbare Eigenschaften zu reduzieren und sie in ihrem Zusammenspiel so zu modellieren, dass komplexere Naturprozesse auf möglichst einfache Zusammenhänge zurückgeführt werden können und ihre tatsächliche Beschaffenheit als Sonderfall universal gültiger Gesetze erscheint. Im Idealfall geschieht dies mithilfe mathematischer Formeln.

Neben „strengen" Naturwissenschaften, die sich direkt auf ihre Untersuchungsgegenstände durch Experimente im Labor beziehen können (zum Beispiel Physik, Chemie, Biochemie), gibt es auch eher geschichtlich-beschreibende Naturwissenschaften, die sich vornehmlich auf Beobachtungen natürlicher Vorgänge stützen und für die Experimente zusätzliche Hilfsmittel sind (zum Beispiel Geologie, beschreibende Botanik, Astrophysik). Dabei ist zum Beispiel die Übertragung von experimentellen Daten, die im Labor gewonnen wurden, auf die lebendige Natur ein Vorgang, der nicht ohne Probleme ist: Ist die „Natur" im Labor noch dieselbe wie die nichtpräparierte Natur in ihrem natürlichen, möglichst vom Beobachter ungestörten Zusammenhang? Andererseits sind für die Beschreibung des Verhaltens von Lebewesen in der freien Natur oft verschiedene Interpretationen möglich. Die „Objektivität" wissenschaftlicher Methodik erweist sich bei genauerem Hinsehen jedenfalls als ein durchaus vielschichtiger Anspruch.

6 | Naturwissenschaftlicher Erkenntnisweg beim Experimentieren

Dabei ist es wichtig festzuhalten, dass den Verfahren der Naturwissenschaften in Beobachtung, Experiment und erklärender Theorie *prinzipiell* nichts entzogen ist, was messend bestimmt werden kann. Es gibt keine „Grenzen" der Naturwissenschaften, an die sie mit der Methodik ihres Fragens „stoßen" würden. Es gibt aber andere Zugänge zur Wirklichkeit, die mit dieser anders als messend, beobachtend und mathematisierend umgehen und sie zum Beispiel mit Blick auf die Frage des Menschen nach sich selbst und nach der Gestaltung seines Lebens interpretieren. Erst im Zusammenspiel, der gegenseitigen Ergänzung und Relativierung der verschiedenen Perspektiven auf die Wirklichkeit, kann so etwas entstehen wie deren Gesamtverständnis, das durch neue Erkenntnisse und neue Fragen sich immer wieder verändert.

Wenn wir uns die Geschichte des Erkenntnisfortschritts in den Wissenschaften, ihre immer weitere Beschleunigung, Ausdifferenzierung und Spezialisierung, aber auch die Veränderungen im Selbstverständnis des Menschen in der Kulturgeschichte vor Augen führen, dürfte außerdem deutlich sein, dass ein schlechthin alles umfassendes Gesamtverständnis „der Wirklichkeit" wohl außerhalb der Reichweite menschlicher Möglichkeiten liegt. Wir orientieren uns auch als gut informierte und gebildete Menschen in unserer Wirklichkeit über stets vorläufige und revisionsbedürftige Teilerkenntnisse und Theorien. Diese Einsicht sollte uns in unseren Debatten über das Verhältnis naturwissenschaftlicher Erkenntnisse zum Selbstverständnis des Menschen zu einer gewissen Bescheidenheit Anlass geben.

**Die Schöpfung als metaphorische Rede.** Wir hatten festgehalten, dass Gott als der Grund der Wirklichkeit in der Wirklichkeit verborgen ist, Gott aus ihr mit den Methoden der Naturwissenschaften jedenfalls nicht „herauspräpariert" werden kann. Deshalb gilt für die menschliche Beschreibung von Gottes Schöpfersein, dass sie nur in Bildern und mithilfe von Analogien von Gottes Wirken in der Schöpfung reden kann – wie ja die Bibel auch von Gott überhaupt oder dem Reich Gottes nur in Analogien und Gleichnissen redet: Gott ist zu uns wie ein Vater zu seinen Kindern, das Reich Gottes gleicht einem Festmahl und so weiter.

In den biblischen Texten wird der Vorgang der Schöpfung mit verschiedenen Bildern beschrieben. So ist die Rede davon, Gott habe den Menschen wie ein Töpfer aus Ackerboden geformt und ihm den Lebensatem eingehaucht (1. Mose 2,7). Diese Vorstellung ist offensichtlich durch die Beobachtung angeregt, dass Menschen beim Sterben ihr Leben „aushauchen", also Atemstillstand ein wesentliches Zeichen des Todes ist, und tote Menschen sodann zu zerfallen beginnen. Einige Verse später heißt es entsprechend, dass der Mensch im Tod wieder zur Erde wird, von der er genommen wurde (1. Mose 3,19). An anderer Stelle (1. Mose 1,11) wird die Schöpfung als eine Art Befehl beschrieben. Der Schöpfer spricht: „Es lasse die Erde aufgehen Gras und Kraut, das Samen bringe, und fruchtbare Bäume auf Erden, die ein jeder nach seiner Art Früchte tragen, in denen ihr Same ist. Und so geschah es." Hier steht die Beobachtung im Hintergrund, dass Pflanzen aus der Erde hervorwachsen, und zwar aus den Samen, die sie dann selber wieder produzieren. Dieser Vorgang wird gewissermaßen als Antwort auf das Schöpfungswort verstanden.

Wir wissen heute durch die naturwissenschaftliche Forschung noch sehr viel mehr über die Zusammenhänge, deren sich Lebewesen als einzelne Individuen verdanken. Wir kennen etwa den Vorgang der Verschmelzung von Ei und Samenzelle und wissen, dass sich bei Säugetieren ein neues Lebewesen im Bauch seiner Mutter aus einer einzigen befruchteten Eizelle bildet und dann geboren wird. Vor allen Dingen aber hat die Evolutionstheorie gezeigt, dass die Lebewesen auf unserem Planeten aus einer großen Entwicklung heraus allmählich aus einfachen Anfängen entstanden sind. Wenn wir heute den Vorgang der Schöpfung beschreiben wollen, dann müssen wir auf diese Erkenntnisse Bezug nehmen.

Dabei haben die Erkenntnisse der Evolutionstheorie eines deutlich gemacht: dass das Bild der Schöpfung als einer anfänglichen, geradezu technischen Herstellung funktionierender Organismen untauglich ist. Dabei war es gerade diese Redeweise gewesen, die zu Beginn der Neuzeit als *das* Paradigma einer angemessenen Beschreibung des Vorgangs der Schöpfung gegolten hatte. Inspiriert durch den immer neue „Wunder" entdeckenden Fortschritt der Wissenschaften, besonders der Biologie, aber auch durch die wachsenden technischen Fertigkeiten des Menschen, schien es für Theologen und Philosophen naheliegend, die Schöpfung als das Werk eines grandiosen Baumeisters zu verstehen. Man nannte dieses Verständnis „Physikotheologie". Sie inspirierte viele Naturforscher, schien doch das Erkennen der Natur gleichzeitig ein Eindringen in die Weisheit und die für alles Vorsorge treffende Güte des Schöpfers zu sein, den man sich als genialen und planvollen Hersteller der Geschöpfe auszumalen begann. Viele Bücher erschienen, die naturkundliche Erkenntnisse mit erbaulichen Gedanken über den dahinterstehenden Schöpfer verbanden (siehe **Abb. 7**), und in manchen Kirchen wurde statt über biblische Texte über Naturkunde gepredigt.

Die Interpretation des Schöpferhandelns Gottes im Sinne eines Herstellens von Organismen verdankt sich mehreren Quellen. Zum einen war die Unveränderlichkeit der Arten weniger ein theologischer als vielmehr ein philosophischer Grundsatz. Denn es erschien kaum verständlich, warum zum Beispiel aus einem Kirschkern immer ein Kirschbaum wächst oder aus einem Hühnerei immer ein Huhn hervorgeht, wenn es nicht so etwas gibt wie das festliegende „Wesen" für eine bestimmte

7 | Titel von Friedrich Christian Lessers *Insecto-Theologia* (1738). In seinem Werk bewundert Lesser die Nützlichkeit der Insekten für die Welt und den Menschen mit der Folgerung, dass ein weiser Schöpfer dies so geordnet haben müsse. „Was sagst du nun, verstockter Atheist, der du des Schöpfers Sein und Macht in Zweifel ziehest, wenn du die Polizei der Bienen siehest?" (1. Teil, 1. Buch, 14. Kapitel, S. 217) Dieser Textausschnitt wurde von Theologen des 20. Jahrhunderts, darunter Karl Barth in seiner *Kirchlichen Dogmatik* (III,1 § 42, S. 455 ff.), zur Illustration der in ihrer apologetischen Absicht oft wenig überzeugenden Argumente der Physikotheologie verwendet.

Art von Lebewesen, das jedes Individuum und seine Nachkommen zu Exemplaren einer Art macht. Nur die Vorstellung feststehender, von den einzelnen Individuen relativ unabhängiger Arten schien die eigentümliche Konstanz der Organismen garantieren zu können. Zum anderen schien die Beschreibung der Schöpfung in Analogie zum menschlichen herstellenden Handeln die großartige Komplexität und Funktionalität der Lebewesen zu erklären.

Die Gefahr war naheliegend zu vergessen, dass es sich bei all diesen Beschreibungen doch allenfalls um eine metaphorische Redeweise handeln konnte, nicht aber um eine direkte Beschreibung des Schöpfungsvorgangs selbst. Oft blieb unbemerkt, dass ein solches Verständnis der Lebewesen als entworfene und hergestellte funktionale „Apparate" schon aus inneren, theologischen Gründen problematisch sein könnte.

Auch Darwin selbst war ursprünglich vom physikotheologischen Denkmodell fasziniert gewesen und zu seinen eigenen biologischen Studien angeregt worden. Es waren weniger die Aussagen der Bibel selbst, die man inzwischen als ein historisches Dokument vor dem Hintergrund ihrer Zeit zu lesen gelernt hatte, als diese Verbindung der Funktionalität der Gestalten der Natur mit einem sie entworfen und irgendwie ins Sein gesetzt habenden Schöpfer, die sich für Darwin bei seinem Durchbruch zur Evolutionstheorie auflöste. Darwin erkannte, dass die neuzeitliche Redeweise von der Schöpfung als eines planvollen Herstellens mit der tatsächlichen Entstehungsgeschichte der Lebewesen auf unserem Planeten nicht mehr vereinbart werden konnte. Für Darwin war darüber hinaus die Frage nach dem Bösen in der Welt auch persönlich von Bedeutung: 1851 starb seine Lieblingstochter Annie im Alter von 10 Jahren an einem Fieber. Für ihn zerbrach darüber die Vorstellung eines gütigen Schöpfers, an den wir uns in Dankbarkeit und Vertrauen wenden können.

Als ein Resultat der Evolutionstheorie in theologischer Hinsicht muss man also dieses eine auf jeden Fall festhalten: Der Schluss von der Funktionalität der Natur auf einen die Geschöpfe absichtsvoll herstellenden und dazu auf wunderbare Weise in die Natur eingreifenden Schöpfer ist nicht tragfähig, sondern als Fehlinterpretation anzusehen. Bei der Evolution des Lebens auf unserem Planeten handelt es sich vielmehr um den Prozess einer allmählichen Entstehung der Lebewesen aus ganz verhaltenen Anfängen durch Variation, Selektion und Differenzierung, durch die die überbordende Fülle von Lebensformen ins Dasein trat, die gleichursprünglich mit ihrer Entstehung ein ganzes Netz von komplexen Interdependenzverhältnissen bilden. Das alles ist jedenfalls nicht Ausdruck göttlicher Ingenieurskunst, sondern Ergebnis eines langen Prozesses der Entwicklung und Ausdifferenzierung der Lebewesen.

**Versuch einer schöpfungstheologischen Interpretation der Evolution des Lebens.** Wenn wir uns also von der Vorstellung fertig hergestellter Geschöpfe verabschieden müssen, können wir dann überhaupt noch den christlichen Schöpfungsglauben so zum Ausdruck bringen, dass er sich positiv auf die Darwin'sche Evolutionslehre beziehen lässt? Ich denke, dies ist nicht nur möglich, die Evolutionstheorie hilft vielmehr, bestimmte Grundaussagen des christlichen Schöpfungsglaubens besser zu verstehen. Ich will versuchen, dies anhand einiger wichtiger Punkte deutlich zu machen.

Erstens: Wenn die Lebewesen nicht von einer Art göttlichem Ingenieur als funktionale Meisterwerke hergestellt sind, dann heißt das andererseits auch, dass die Lebewesen nicht einfach Teil eines ihnen vorgegebenen Projekts, sondern *um ihrer selbst willen da* sind. Leben zeichnet sich ja dadurch aus, dass es leben will (Albert Schweitzer), dass es seine eigene Existenz bejaht. Lebewesen sind nicht wie Maschinen oder unbelebte Gegenstände einfach vorhanden, sondern wollen leben. Und erst recht diejenigen Lebewesen, die in ihren höheren Formen neue Freiheitsgrade des eigenen Handelns gewonnen haben, bejahen in ihren Lebensvollzügen gewissermaßen sich selbst. Sie entwickeln etwas, das Menschen aus ihrer Selbsterfahrung kennen: *Lebensfreude*. Lebewesen leben, weil es gut ist zu leben. Und wir Menschen, die wir über uns selbst und unser Leben nachdenken können, empfinden unser Dasein ebenso als etwas, das nicht „gemacht" oder „hergestellt" und deshalb einfach vorhanden ist, sondern als ein Geschenk, das seinen Wert in sich selbst trägt. Schöpfung durch Evolution kann als der Weg verstanden werden, auf dem gerade nicht funktionale Apparate hergestellt, sondern lebendige Wesen ins Sein gerufen werden, die in ihrer Selbstbejahung und Lebensfreude die Bejahung, das Gewolltsein der Schöpfung durch den Grund der Wirklichkeit spiegeln.

Zweitens: Die Evolution des Lebens auf unserem Planeten zeigt uns aber noch weitere Aspekte des Lebens, die sich ebenfalls nicht auf einen Herstellergott beziehen lassen. So erweist sich der Prozess des Lebens selbst als kreativ und vielfältig. Die Fülle der Lebensformen, ihre verschwenderische Buntheit und *Vielgestaltigkeit*, die man in jedem Naturkundemuseum bewundern kann, sind Ausdruck dafür, dass Leben nicht in Funktionalität aufgeht. Schaut man sich die Evolution als Ganzes an, so erscheint sie wie ein Erkundungsprozess von vielfältigen und immer neuen Lebensmöglichkeiten, in dessen Verlauf den Lebewesen auch neue Fähigkeiten zuwachsen, bis hin zur Sprach- und Kulturfähigkeit des Menschen. Im Menschen kommt dieser Gesamtprozess zum Bewusstsein seiner selbst, weil wir diejenigen sind, die über ihn nachdenken können und sich die Frage stellen, woher wir als Lebewesen kommen und wozu wir bestimmt sind. Theologisch kann man diesen Grundzug der Schöpfung so interpretieren: In der Vielfalt ihrer Formen und Gestalten spiegelt die Schöpfung die Vielfalt und Kreativität des Grundes der Wirklichkeit. Und wir Menschen sind dazu befähigt, uns zu diesem Grund der Wirklichkeit in Beziehung zu setzen.

Drittens: Diese sich entwickelnde und differenzierende Vielfalt der Schöpfung ist aber nicht nur ein Nebeneinander von Formen. Arten kooperieren und konkurrieren, Ökosysteme entstehen und Lebensräume werden erschlossen. Techniken wie Schwimmen, Fliegen, Jagen, Graben und anderes werden entwickelt. Früh haben sich Geschlechter ausdifferenziert. Individuen schließen sich zusammen zu Paaren, Rudeln, Herden und Schwärmen, entwickeln soziale Verhaltensformen. Alle höheren Lebewesen leben, wie Albert Schweitzer dies formuliert hat, inmitten von Leben, das Leben will (Schweitzer 2003, S. 111). Ohne diesen Formenreichtum und die vielfältigen, oft durchaus ambivalenten Wechselbeziehungen ist Leben nicht das, was es ist.

Erst im Menschen ist eine Lebensform auf den Plan getreten, die es nun in der Hand hat, die ganze Biosphäre zu dominieren und nachhaltig zu verändern. Deshalb kommt ihr auch eine besondere Verantwortung zu. Noch einmal theologisch interpretiert: Eine wesentliche Bestimmung der Geschöpfe ist Gemeinschaft, und dem Menschen kommt dabei eine besondere Bedeutung zu, weil er dazu fähig und berufen ist, die Gemeinschaft von Menschen untereinander und von Mensch und Natur verantwortlich zu gestalten.

Viertens: Bildlich gesprochen kann man den Vorgang der Schöpfung durch Evolution also als ein Erkunden von Möglichkeiten und Lebensformen beschreiben und das Wirken des Grundes der Wirklichkeit dabei als ein Herausrufen oder Herauslocken der Fülle lebendiger Gestalten verstehen, die mit Lebensfreude, im Falle des Menschen aber auch mit Glauben, Vertrauen und verantwortlichem Handeln auf dieses Herausgerufensein antworten. Eine solche Beschreibung tritt nicht in Konkurrenz zur wissenschaftlichen Aufklärung über die Entstehung des Lebens, sondern sucht sie zu den lebensweltlich gewonnenen Grundüberzeugungen des Glaubens in Beziehung zu setzen, die – wie wir sahen – der eigentliche und entscheidende Ausgangspunkt des Schöpfungsglaubens sind.

Halten wir deshalb abschließend noch einmal die folgenden Punkte zusammenfassend fest:

— Nach allem, was wir heute wissen, ist die Evolution der Vorgang, mit dem die Lebewesen auf unserem Planeten hervorgebracht wurden.
— Wollen wir diesen Vorgang als Schöpfung verstehen, so macht die Evolutionstheorie deutlich, dass weder die Pflanzen noch die Tiere oder Menschen von Gott wie von einem Ingenieur oder Designer entworfen und dann hergestellt wurden. Positiv heißt das, dass Lebewesen keine konstruierten Machwerke sind, sondern ins Leben gerufene Individuen. Im Blick auf das Leben auf unserem Planeten ist Gott nicht als Hersteller zu preisen, sondern als die Quelle, der Grund und der Antrieb der Fülle von Möglichkeiten, die sich in seiner Schöpfung realisieren.
— Die Evolutionstheorie macht deshalb ebenfalls deutlich, dass es sich bei der Schöpfung nicht nur um ein Ereignis am Anfang handelt, sondern um ein fortgesetztes Geschehen.
— Die Evolutionstheorie hilft Christen, die an den Schöpfer als Grund der Wirklichkeit glauben, die Schöpfung in ihrer Vielfalt und ihrem Beziehungsreichtum, vor allem aber in ihrem Lebensrecht als Geschenk des Schöpfers anzusehen, das nicht nur Material zur Ausbeutung und Nutzung durch den Menschen darstellt, sondern ein in sich wertvolles Gut, dem auch der Mensch seine eigene Existenz verdankt.
— Die Rede von der Schöpfung des Lebens durch Gott erklärt nicht den Vorgang der Entstehung der Lebewesen, sondern versucht ihn als im Grund der Wirklichkeit begründet zu verstehen und auf die Frage des Menschen nach sich selbst und seiner Bestimmung hin auszulegen. Sie ist deshalb nicht die bessere Erklärung der Lebensentstehung und -entwicklung, sondern sie versucht die ganzheitlichere Interpretation der Lebenswirklichkeit des Menschen zu sein.
— Die beste Schöpfungsgeschichte ist die, die angesichts immer neuer Erkenntnisse über die Natur immer wieder neu erzählt werden kann.

**Literatur**

Alanus ab Insulis (1855): Opera Omnia. In: Patrologia Latina, hrsg. v. Jacques-Paul Migne, Bd. 210, Paris.

Bayrhuber, H. et al. (2010): Linder Biologie. Braunschweig.

Galilei, G. (1968): A madama Cristina di Lorena granduchessa di toscana. In: Le opere de Galileo Galilei, Edizione Nazionale, Bd. V, Florenz.

Jammer, M. (1995): Einstein und die Religion. Konstanz.

Luther, M. (1883): Resolutiones disputationum de indulgentiarum virtute [1518]. In: D. Martin Luthers Werke, Abt. 1: Schriften Bd. 1, Weimar, S. 522–628.

Luther, M. (1962): Vorlesung über die Stufenpsalmen, 1532/33 [1540]. In: D. Martin Luthers Werke, Abt. 1: Schriften Bd. 40/2, Weimar.

Luther, M. (1983): Der große und der kleine Katechismus. Göttingen.

Pais, A. (1986): „Raffiniert ist der Herrgott ...". Albert Einstein. Eine wissenschaftliche Biographie. Heidelberg.

Schleiermacher, F. D. E. (1990): Dr. Schleiermacher über seine Glaubenslehre, an Dr. Lücke. In: Theologisch-dogmatische Abhandlungen und Gelegenheitsschriften (KGA Abt. 1: Schriften und Entwürfe 10), hrsg. v. H.-F. Traulsen, Berlin.

Schlingensief, Ch. (2010): So schön wie hier kann's im Himmel gar nicht sein! Tagebuch einer Krebserkrankung. München.

Schweitzer, A. (2003): Die Ehrfurcht vor dem Leben. Grundtexte aus fünf Jahrzehnten. Hrsg. v. H. W. Bähr. München.

# 3

# Evolution und Schöpfung im Kontext der Fachdidaktik

# Evolutionstheorie – eine Frage der Einstellung?

Seit der Veröffentlichung von Charles Darwins *On the Origin of Species* hat die Evolutionstheorie immer wieder starke ablehnende Reaktionen hervorgerufen. Wie keine andere Theorie berührt die Evolutionstheorie das Selbstverständnis der Menschen. Und wie keine andere Theorie führt sie zu extremen gesellschaftlichen Kontroversen. Besonders sichtbar sind ablehnende Einstellungen zur Evolutionstheorie in den USA, wo sie vehement vorgetragen werden, insbesondere von Kreationisten, die die Schöpfungserzählung der Bibel wörtlich nehmen. So vertreten sie zum Beispiel die irrige Ansicht, Dinosaurier hätten gemeinsam mit dem heutigen Menschen auf der Erde gelebt. Aber auch die Anhänger der Intelligent-Design-Bewegung vertreten die Einstellung, die Entstehung des Lebens und der Arten sei mit übernatürlichen Eingriffen zu erklären. Weil diese Behauptung nicht mit naturwissenschaftlichen Methoden überprüft werden kann, muss „Intelligent Design" als Pseudowissenschaft angesehen werden.

Häufig sind es gläubige Menschen – auch in Europa –, denen es schwerfällt, die Evolutionstheorie uneingeschränkt anzuerkennen. Verschiedene Studien belegen einen engen Zusammenhang zwischen Glauben und ablehnenden Einstellungen zur Evolutionstheorie. Besonders deutlich werden Einstellungen zur Evolutionstheorie bei der Frage, ob die Evolution des Menschen auf rein naturwissenschaftliche Art und Weise erklärbar ist. Wenn sich Menschen zu diesem Thema äußern, wird die Vielgestaltigkeit der Einstellungen zur Evolutionstheorie deutlich. Und es wird klar, dass es nicht nur die pauschale Ablehnung des Evolutionsgedankens beziehungsweise die unbeweisbare Annahme des Wirkens einer höheren Macht gibt, welche die Einstellungen von Menschen zur Evolutionstheorie prägen. Vielmehr gilt es eine Reihe sehr persönlicher Vereinbarungsstrategien zwischen Glaube und Akzeptanz der Evolutionstheorie bei der Vermittlung von evolutionsbiologischem Wissen in der Öffentlichkeit und in der Schule zu berücksichtigen. Die Akzeptanz oder Ablehnung der Evolutionstheorie erweist sich dabei tatsächlich als eine Frage der Einstellung – wobei der Glaube aber nicht zwingend zur Ablehnung der Evolutionstheorie führen muss.

**MH, RA**

**2002** Deutscher Schulbuchpreis geht an das kreationistische Schulbuch *Evolution – Ein kritisches Lehrbuch*

**2006** Gießener Kreationismus-Skandal anlässlich des Dokumentarfilmes *Der Teufel heißt Darwin*

> The *Origin* was one of the most significant and controversial works of the age – of any age – most particularly because the book was seen to challenge long-held views about religion, specifically the Christian religion and its claims about creation and about the nature of God, of human, and of our relationship to God.
>
> MICHAEL RUSE (*1940)

Marcus Hammann, Roman Asshoff

# Einstellungen zur Evolutionstheorie

### „I am not related to monkeys"

Ablehnende Einstellungen zur Evolutionstheorie können das Lernen im Biologieunterricht behindern. Hiervon berichtet LARISA DESANTIS (2009). Ihre Ankündigung des Unterrichtsthemas „Evolution" traf in einer 8. Klasse in Florida auf die abwehrende Äußerung eines Schülers: „I am not related to monkeys" (S. 106). Die Autorin berichtet weiter (ebd.): „Ich bemerkte, dass die Schülerinnen und Schüler häufig nicht bereit waren, in Diskussionen über dieses Thema unvoreingenommen zu sein, wohingegen andere Disziplinen (wie Geologie oder Ökologie) niemals derartige Reaktionen hervorriefen. Warum schalteten sie ab, wenn ich ‚Evolution' erwähnte? Wie konnte ich ihnen ein Verständnis von dem vermitteln, was Evolution wirklich ist?"[1] Das Zitat des Schülers lässt die Überzeugung erkennen, dass er selbst nicht mit den Affen verwandt sei. Die fehlende Akzeptanz der Evolutionstheorie führt zu Ratlosigkeit bei der Autorin, die empfiehlt, das Wort „Evolution" im Biologieunterricht so lange wie möglich zu vermeiden und nichtkontroverse Beispiele zu verwenden. Ablehnende Einstellungen von Lernenden sollen so umgangen oder sogar ganz vermieden werden, um ihnen die Evolutionstheorie nahezubringen. Allerdings können Einstellungen zur Evolutionstheorie auch auf produktivere Art und Weise thematisiert werden, wie in diesem Beitrag dargestellt wird.

In einer englischen Untersuchung trat eine andere wichtige Einstellung von Schülerinnen und Schülern zutage: die Unvereinbarkeit von Glaube und Evolution (CLEAVES/TOPLIS 2007). Hierüber berichtet eine Lehrkraft (S. 31): „Ich unterrichtete Evolution. Ich redete darüber, wie die Menschen die Evolution beschleunigen. Einige Schülerinnen und Schüler fragten mich, ob ich an Gott glaube. Ich beantworte die Frage nicht."[2] Die Frage der Schüler impliziert die Einstellung, der Glaube an Gott sei unvereinbar mit evolutionsbiologischen Erkenntnissen. Derartige Konflikte erfordern die Bereitschaft der Lehrkraft, das Verhältnis zwischen Naturwissenschaften und Theologie zu thematisieren, denn der Glaube an Gott schließt die Akzeptanz evolutionsbiologischer Erkenntnisse nicht notwendigerweise aus, wie nachfolgend dargestellt wird. Warum die Lehrkraft die Frage des Schülers ignoriert, wird in der Schilderung nicht deutlich. Jedoch trägt die ausweichende Reaktion der Lehrkraft nicht dazu bei, Einstellungen zum Themenkomplex „Evolution und Schöpfung" adäquat zu berücksichtigen.

Als Einzelbeispiele mit anekdotischem Charakter lassen sich die eingangs beschriebenen Unterrichtssituationen zwar nicht verallgemeinern, doch verdeutlichen sie die Dringlichkeit des Themas und die Hilflosigkeit, mit der Lehrerinnen und Lehrer den Einstellungen von Schülerinnen und Schülern manchmal begegnen. Die Beispiele werfen insbesondere zwei Fragen auf:

2007 Resolution des Europarats gegen eine Einbeziehung
von Kreationismus als Wissenschaftsdisziplin in den Unterricht

1 | Werbung für Kreationismus in den USA: ein Schild an einer Straße in Massachusetts/USA

Wie lassen sich Einstellungen von Schülerinnen und Schülern zu evolutionsbiologischen Erkenntnissen erklären, und wie können Lehrkräfte angemessen auf sie reagieren? Mit dem vorliegenden Beitrag wird die Zielstellung verfolgt, einen Beitrag zur Beantwortung dieser Fragen zu leisten, weil ablehnende Einstellungen Lernprozesse behindern können.

## Einstellungen zur Evolutionstheorie

Zunächst soll die Frage geklärt werden, was Einstellungen zur Evolutionstheorie sind. Generell wird Einstellung definiert als „Prädispositionen oder Neigung einer Person, ein Objekt […] in einer bestimmten Art und Weise zu bewerten" (SEEL 2000, S. 118). EAGLY und CHAIKEN (1993) definieren Einstellungen in ähnlicher Weise als „eine psychische Tendenz, die dadurch zum Ausdruck kommt, dass man ein bestimmtes Objekt mit einem gewissen Grad an Zuneigung oder Abneigung bewertet" (zit. n. JONAS et al. 2007, S. 189). Einstellungen erkennt man also an einem wertenden Urteil. Im Fall der Evolutionstheorie besteht dieses Urteil beispielsweise in der Akzeptanz beziehungsweise Ablehnung bestimmter evolutionsbiologischer Erkenntnisse.

Eines der einflussreichsten Einstellungsmodelle ist das Multikomponentenmodell (EAGLY/CHAIKEN 1993; ZANNA/REMPEL 1988). Nach diesem Modell sind Einstellungen zusammenfassende Bewertungen mit einer kognitiven Komponente, einer affektiven Komponente und einer Verhaltenskomponente. Unter der affektiven Einstellungskomponente versteht man Gefühle oder Emotionen gegenüber einem Sachverhalt. Als kognitive Einstellungskomponente bezeichnet man Gedanken, Überzeugungen und Eigenschaften, die mit einem bestimmten Sachverhalt assoziiert werden. Die Verhaltenskomponente beschreibt Verhaltensdispositionen oder Verhaltensweisen, die mit dem zu bewertenden Sachverhalt verknüpft werden. Die verschiedenen

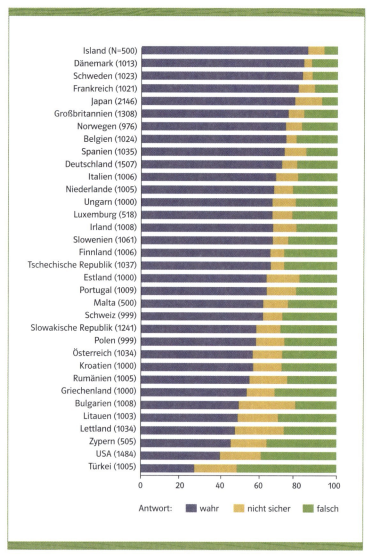

2 | Akzeptanz der Evolutionstheorie in der Öffentlichkeit, 2005. Zu folgender Aussage wurde Stellung genommen: „Menschen, so wie wir sie kennen, haben sich aus früheren Tierarten entwickelt." (Quelle: Miller et al. 2006)

Komponenten von Einstellungen zur Evolutionstheorie sollen anhand eines Beispiels illustriert werden.

Vertritt ein Schüler, wie eingangs angeführt, die Einstellung, dass der Mensch von Gott geschaffen wurde und nicht im Verlauf der Evolution entstand, kann dies auf dem Gefühl beruhen, dass einem eine Welt ohne göttliche Vorsehung unheimlich erscheint, vielleicht auch lieblos und kalt (vgl. DAGHER/BOUJAOUDE 1997). Die kognitiven Anteile von Einstellungen zur Evolutionstheorie können mit den folgenden Fragebogen-Items sichtbar gemacht werden: „Naturwissenschaftler, die an die Evolution glauben, tun dies, weil sie es wollen und nicht aufgrund von Belegen"[3] (Evolution Attitudes Survey, INGRAM/NELSON 2006) und „Die Evolutionstheorie basiert auf Spekulation und nicht auf aussagekräftiger naturwissenschaftlicher Beobachtung und Prüfung"[4] (MATE-Fragebogen, RUTLEDGE/WARDEN 1999; CAVALLO/MCCALL 2008). Um zu diesen Aussagen Stellung zu beziehen, ist Wissen notwendig, weil die Frage daraufhin beurteilt werden muss, ob es für die Evolutionstheorie naturwissenschaftliche Evidenzen gebe. Verhaltensweisen, die mit Einstellungen zur Evolutionstheorie in Verbindung stehen, können beispielsweise der Besuch einer Ausstellung zur Evolution der Saurier sein oder die Lektüre eines Buches zur Evolutionstheorie.

Es bestehen zwei grundsätzliche Zugänge zur Forschung im Bereich der Einstellungen zur Evolutionstheorie. Einerseits wird untersucht, welche evolutionsbiologischen Prinzipien und Schlussfolgerungen Personen anerkennen beziehungsweise ablehnen. Dabei werden die Begriffe „Anerkennung" (acceptance) und „Ablehnung" (rejection) bewusst verwendet (zum Beispiel INGRAM/NELSON 2006), um die Formulierung „an die Evolutionsbiologie glauben" zu vermeiden, da Glaube und naturwissenschaftliche Forschung zwei unterschiedlichen Modi der Weltbegegnung zugeordnet werden können (siehe Abschnitt „Wie können Lehrerinnen und Lehrer Einstellungen zur Evolutionstheorie angemessen berücksichtigen?"). Ein zweiter Zugang besteht in der Untersuchung möglicher positiver beziehungsweise negativer Konsequenzen evolutionsbiologischen Wissens (BREM et al. 2003). Hierbei werden Personen aufgefordert, zu bewerten, wie sich evolutionsbiologische Erkenntnisse auf andere Lebensbereiche auswirken, insbesondere auf die Wahrnehmung vom Sinn des Lebens, auf die Suche nach Spiritualität, die Einschätzung von Selbstbestimmung und freiem Willen sowie die

Rechtfertigung von Egoismus und Rassismus. Beide Zugänge sollen näher charakterisiert werden.

Internationale Studien belegen, dass ablehnende Einstellungen gegenüber den Erkenntnissen der Evolutionstheorie weit verbreitet sind. Allerdings zeigt der Vergleich auch deutliche Unterschiede zwischen den Staaten (siehe **Abb. 2**). Während beispielsweise über zwei Drittel der befragten Personen in Deutschland die Aussage für wahr halten, dass der Mensch von früheren Tierarten abstamme, sind es in den Vereinigten Staaten und in der Türkei nur ca. 40 % bzw. 25 % der Öffentlichkeit. Andere Studien nehmen die Einstellungen von Lehrerinnen und Lehrern in den Blick. So fanden BERKMAN et al. (2008) in ihrer Befragung von 939 Biologielehrern in den USA heraus, dass 16 % der Lehrerinnen und Lehrer annehmen, die Menschen seien von Gott zu einem bestimmten Zeitpunkt innerhalb der letzten 10.000 Jahre geschaffen worden. Eine Studie von ISIK et al. (2007), an der türkische Lehramtsstudierende (n = 520) und Lehramtsstudierende aller Fächer der Universität Dortmund (n = 1.228) teilnahmen, verdeutlicht, dass auch angehende deutsche Pädagogen unsicher sind, ob evolutionsbiologischen Erkenntnissen zuzustimmen ist. Lediglich knapp 70 % der Studierenden des Lehramts Biologie vertraten die Einstellung, dass die Evolutionstheorie eine wissenschaftlich anerkannte Theorie sei. Bei den Lehramtsstudenten anderer Fächer lag die Prozentzahl der Zustimmung zu dieser Frage bei 60 %. Und auf die Frage, ob die modernen Menschen das Ergebnis evolutionärer Prozesse seien, die sich über Millionen von Jahren ereignet haben, signalisierten weniger als 75 % der Lehramtsstudierenden Zustimmung. Bei den türkischen Lehramtsanwärtern war der Grad der Zustimmung zu diesen Fragen erheblich niedriger (bei Frage 1: 15 %; bei Frage 2: 25 % Zustimmung).

Ablehnende Einstellungen gegenüber den Erkenntnissen der Evolutionsbiologie wurden auch bei deutschen Schülerinnen und Schülern ermittelt. Dies erfolgte allerdings bislang nur anhand einer kleinen Stichprobe. RETZLAFF-FÜRST und URHAHNE (2009) untersuchten 83 Lernende an einer brandenburgischen Realschule und ermittelten, dass 23 % der Aussage zustimmten, es gebe keine wirklichen Beweise dafür, dass sich die Menschen aus anderen Lebewesen entwickelt hätten. Der Aussage: „Wissenschaftler, die an Evolution glauben, tun dies, weil sie es wollen und nicht weil es Beweise dafür gibt", stimmten 26 % der Lernenden zu.

Eine andere größere Studie untersuchte die breite Öffentlichkeit Deutschlands. Es wurden 1.520 Personen im Alter von 14 bis 94 Jahren zu ihren Einstellungen bezüglich Evolution und Schöpfung befragt (KUTSCHERA 2008). 12,5 % der befragten Personen vertraten die Einstellung: „Gott hat alle Lebewesen direkt erschaffen, wie es in der Bibel beschrieben wird"[5] und 25 % der Personen identifizierten sich mit der Einstellung: „Das Leben auf der Erde wurde durch ein übernatürliches Wesen (oder Gott) erschaffen und entwickelte sich danach über einen langen Zeitraum. Dieser Prozess wurde durch eine höhere Intelligenz (oder Gott) geleitet."[6] Im Unterschied hierzu akzeptierten 60,9 % der Personen die Evolutionstheorie und gaben an: „Das Leben auf der Erde entwickelte sich ohne den Eingriff Gottes (oder eines höheren Wesens) durch natürliche Prozesse"[7] (S. 84 f.).

Im Februar 2009 widmete sich eine Tagung in Dortmund dem Thema „Einstellung und Wissen zu Evolution und Wissenschaft in Europa", über die im Wissenschaftsmagazin *Science* berichtet wurde (CURRY 2009). Die auf der Konferenz vorgestellten Ergebnisse veranlassten den Autor, den Titel „Creationist Beliefs Persist in Europe" zu wählen, um zu verdeutlichen, dass ablehnende Einstellungen gegenüber der Evolutionsbiologie nicht nur eine US-amerikanische Problematik sind, sondern auch eine europäische. Wie groß das Problem ablehnender Einstellungen gegenüber der Evolutionstheorie in Deutschland tatsächlich ist, lässt sich momentan allerdings nur erahnen. Zwar erlauben die drei beschriebenen deutschen Studien erste Einblicke, aber weitere Studien sind notwendig, um das Ausmaß ablehnender Einstellungen zur Evolutionstheorie und ihre Ursachen näher zu beschreiben. Methodische Probleme bisheriger Studien in Deutschland bestehen zudem darin, dass sich die Schlussfolgerungen auf nur eine einzige Frage mit drei vorgegebenen Antwortmöglichkeiten beziehen und so nicht ausreichend genug differenzieren (zum Beispiel KUTSCHERA 2008) oder auf einem geringen Stichprobenumfang basieren (RETZLAFF-FÜRST/URHAHNE 2009).

Ein grundsätzlich anderer Forschungsansatz besteht in der Untersuchung der wahrgenommenen Konsequenzen evolutionsbiologischen Wissens. Hier ergab eine US-amerikanische Studie mit College-Studenten interessante Ergebnisse (BREM et al. 2003). Diese belegt, dass die Mehrzahl der untersuchten Personen eine vorbehaltlose Akzeptanz der Evolutionstheorie mit der Empfindung negativer sozialer, persönlicher und spiritueller Auswirkungen verbindet. Dies konnte für alle untersuchten Bereiche beschrieben werden, und zwar unabhängig davon, ob die College-Studenten selbst die Evolutionsbiologie ablehnten oder befürworteten. Dies ist ein überraschender Befund, da die Autoren der Studie erwarteten, dass Personen, die selbst akzeptierende Einstellungen gegenüber der Evolutionstheorie besitzen, die sozialen, persönlichen und spirituellen Konsequenzen einer Akzeptanz der Evolutionstheorie positiv oder zumindest nicht negativ einschätzen. Entgegen dieser Erwartung zeigte sich, dass sowohl Personen mit ablehnenden Einstellungen als auch Befürworter der Evolutionstheorie die Akzeptanz der Evolutionstheorie als Hindernis ansehen, „an ein höheres Wesen und ein spirituelles Dasein zu glauben"[8] (S. 193). Weiterhin würde die Anerkennung der Evolutionstheorie es erschweren, einen Sinn im Leben zu finden und den Menschen als ein selbstbestimmtes Wesen mit freiem Willen anzusehen. Allerdings gaben 15 – 39 % der befragten Personen an, evolutionsbiologische Erkenntnisse hätten keine persönlichen und sozialen Auswirkungen, sodass bei diesen Personen die Einstellung vorherrscht, dass Sinnfragen, spirituelle Aspekte und Aussagen über die Prinzipien des menschlichen Zusammenlebens von evolutionsbiologischen Erkenntnissen unberührt bleiben. Derartige Einstellungen sind bei Befürwortern der Evolutionstheorie signifikant häufiger vertreten als bei Personen, welche die Evolutionstheorie ablehnen.

## Zusammenhänge zwischen Wissen und Einstellungen zur Evolutionstheorie

Einstellungen gegenüber den Erkenntnissen der Evolutionsbiologie werden von einer Reihe unterschiedlicher Faktoren beeinflusst. Als besonders gut untersucht gilt der Zusammenhang zwischen Wissen und Einstellungen. Dieser findet aus zweierlei Gründen Beachtung: Einerseits könnte ein angemessenes Verständnis eine Voraussetzung für die Akzeptanz der Evolutionstheorie darstellen. Denkbar ist allerdings auch, dass die mangelnde Akzeptanz der Evolutionstheorie eine Barriere für die Entwicklung eines angemessenen Verständnisses darstellt (NADELSON/SOUTHERLAND 2010). Personen mit ablehnenden Einstellungen würden dann evolutionsbiologische Bildungsangebote weniger effektiv für den Erwerb von Wissen und Verständnis nutzen als Personen mit akzeptierenden Einstellungen.

Viele Autoren empfehlen, zwischen Wissen und Einstellungen im Bereich der Evolutionsbiologie zu unterscheiden (zum Beispiel: SINATRA et al. 2003; NADELSON/SOUTHERLAND 2010). Diese Unterscheidung ist prinzipiell sinnvoll. Allerdings widerlegen die Einstellungsmodelle der Psychologie den Versuch, Wissen und Einstellungen konsequent zu trennen. So ist es allein schon angesichts der kognitiven Anteile von Einstellungen, welche das Multikomponentenmodell postuliert, nicht möglich, Wissen und Einstellungen trennscharf auseinanderzuhalten. Einstellungen zur Evolutionstheorie werden beispielsweise von der Einschätzung der Aussagekraft evolutionsbiologischer Erkenntnisse beeinflusst, welche im Einklang mit der Evolutionstheorie stehen. Evolutionsbiologisches Wissen bildet nach dem Multikomponentenmodell die kognitive Einstellungskomponente und kann nicht isoliert von Einstellungen betrachtet werden. Im Gegensatz hierzu ist es möglich, Aufgaben zu entwickeln, die eine reine Wissensanwendung erfordern, ohne dass Einstellungen zum Tragen kommen. Eine der bekanntesten Aufgaben in dem Bereich der Evolutionsbiologie veranschaulicht dies: „Geparden besitzen die Fähigkeit, schnell zu laufen, ca. 100 km/h, wenn sie Beute jagen. Wie würde ein Biologe erklären, wie sich die Fähigkeit des schnellen Laufens bei Geparden entwickelte, wenn die Vorfahren der Geparden lediglich 30 km/h laufen konnten?"[9] (BISHOP/ANDERSON 1990) Die Lösung der Aufgabe erfordert die Nennung der Tatsache, dass sich bei der Evolution die Allelfrequenzen in aufeinanderfolgenden Generationen ändern. Voraussetzung hierfür ist die Weitergabe von genetischem Material, das zufälligen Veränderungen unterliegt (Variation) und Selektion ausgesetzt ist. In dem Aufgabenbeispiel haben schnelle Geparden häufiger Jagderfolg als langsame. Dies hat zur Folge, dass schnelle Geparden häufiger überleben beziehungsweise mehr Junge in Zeiten knapper Nahrungsressourcen durchbringen. Sie geben daher häufiger ihre Gene an die Nachkommen weiter als langsame Geparden. Besitzen die Schülerinnen und Schüler ein eingeschränktes Verständnis evolutionsbiologischer Prinzipien, können mit dieser Aufgabe Schülervorstellungen erhoben werden, insbesondere lamarckistische Vorstellungen über die Vererbung erworbener Eigenschaften (siehe Beitrag von UPMEIER ZU BELZEN). Welche Einstellungen die Schülerinnen und Schülerinnen gegenüber Evolution besitzen, lässt sich hingegen mit der Geparden-Aufgabe nicht beurteilen, da diese keine Bewertung erfordert.

Einheitliche Zusammenhänge zwischen Wissen und Einstellungen gegenüber der Evolutionstheorie lassen sich in der Empirie nicht nachweisen. Einige Autoren ermittelten mittlere bis starke positive korrelative Zusammenhänge zwischen evolutionsbiologischem Wissen und Akzeptanz der Evolutionstheorie, beispielsweise bei US-amerikanischen Lehrerinnen und Lehrern (r = 0,71; Rutledge/Warden 2000) und Personen aus dem Bereich der pädagogischen Psychologie (r = 0,38; Nadelson/Sinatra 2009). Andere Autoren beschreiben hingegen lediglich schwache positive Zusammenhänge, beispielsweise bei Referendaren in der Türkei (r = 0,20; Deniz et al. 2008). Das Auftreten akzeptierender Einstellungen gegenüber der Evolutionstheorie scheint dabei von dem Bildungsniveau der untersuchten Personen abzuhängen. So ist beispielsweise der Grad der Akzeptanz der Evolutionstheorie bei Studenten signifikant geringer ausgeprägt als bei Professoren (Nadelson/Sinatra 2009). Auch innerhalb der Gruppe der College-Studenten nimmt der Grad der Zustimmung zur Evolutionstheorie mit steigendem Studienjahr zu (Paz-y-Miño/Espinosa 2009). Deniz et al. (2008) ermittelten im Gegensatz hierzu keinen Zusammenhang zwischen dem Studienjahr und der Akzeptanz der Evolutionstheorie. Auch andere Studien ergaben keine korrelativen Zusammenhänge zwischen Wissen und Einstellungen zur Evolutionstheorie, beispielsweise bei US-amerikanischen College-Studenten (Brem et al. 2003; Sinatra et al. 2003). Auch der Zusammenhang zwischen Einstellungen und Leistung in evolutionsbiologischen universitären Lehrveranstaltungen ist als gering einzuschätzen. So ist es möglich, gute Noten in evolutionsbiologischen Kursen zu erzielen, auch wenn die Personen ablehnende Einstellungen gegenüber der Evolutionstheorie besitzen (Ingram/Nelson 2006). Wissen über die Evolutionstheorie lässt sich zudem leichter durch Unterricht beeinflussen als die Akzeptanz der Evolutionstheorie (zum Beispiel Cavallo/McCall 2008). Ältere Befunde über den mangelnden Zusammenhang zwischen Wissen und Akzeptanz (zum Beispiel Bishop/Anderson 1990) konnten so bestätigt werden.

Zusammenfassend lässt sich sagen, dass die empirische Ausgangslage zur Beurteilung des Zusammenhangs zwischen Wissen und Einstellungen gegenüber der Evolutionstheorie uneinheitlich ist. Dies liegt vermutlich daran, dass in den Studien sehr globale – und zum Teil unterschiedliche – Indikatoren verwendet wurden, um evolutionsbiologisches Wissen und Verständnis zu messen. Anhaltspunkte für eine gezielte Bestimmung spezifischer kognitiver Einstellungskomponenten zur Evolutionstheorie lieferte bisher lediglich die Studie von Brem et al. (2003) zu den wahrgenommenen negativen persönlichen und sozialen Konsequenzen der Evolutionstheorie, die im zweiten Abschnitt dieses Beitrags beschrieben wurde.

## Zusammenhänge zwischen anderen Faktoren und Einstellungen zur Evolutionstheorie

In der Literatur werden unterschiedliche Erklärungsansätze für ablehnende Einstellungen gegenüber der Evolutionstheorie diskutiert. Shermer (2007) nennt mögliche Gründe, weshalb Menschen die Evolutionstheorie hinterfragen. Es handelt sich unter anderem um die Einstellung, die Evolutionstheorie impliziere eine Gefahr für spezifische religiöse Grundsätze, die Befürchtung, die Evolutionstheorie degradiere den Menschen, die Gleichsetzung von Evolutionstheorie mit moralischem Verfall und die Annahme, dass die Evolutionstheorie impliziere, dass sich die Menschen in ihren Eigenschaften nicht verändern könnten. Eine wesentliche Ursache für ablehnende Einstellungen sieht Shermer (2007) weiter in generellen Vorbehalten gegenüber den Naturwissenschaften. Dies stellt auch Graf (2008) bei deutschen Studierenden fest, deren Akzeptanz der Evolutionstheorie mit dem Vertrauen zur Wissenschaft positiv korrelierte (r = 0,5). Weiterhin nennt Shermer (2007) die Erziehung als einen Grund für ablehnende Einstellungen gegenüber der Evolutionstheorie. In diesem Punkt stimmt Shermer (2007) mit Mazur (2007) überein, der die Ursachen für Kreationismus auf soziale Einflüsse zurückführt, insbesondere die Zugehörigkeit zu einer Gruppe religiös ähnlich denkender Menschen, aber auch die Zugehörigkeit zu einer Familie und einem Freundeskreis. Als weitere Ursachen für ablehnende Einstellungen benennt Mazur (2007) Persönlichkeitsmerkmale und tief verankerte, irrationale Überzeugungen.

Empirisch gesichert ist der Zusammenhang zwischen religiösen Einstellungen und Einstellungen zur Evolutionstheorie. Personen mit starken religiösen Einstellungen berichten häufig über einen Konflikt zwischen ihrem Glauben und Einstellungen gegenüber der Evolutionstheorie. Derartige Schilderungen findet man zumeist in US-amerikanischen Studien. Bezeichnenderweise legen Personen, die sich in einem derartigen Konflikt befinden, den Inhalt der Bibel wortwörtlich aus. Dies verdeutlicht die folgende Aussage einer Lehrerin, deren Konflikt von den Autoren der Studie als „echt, tief verwurzelt und oft emotional schmerzlich"[10] beschrieben wird:

> Es ist nicht ehrlich, den Schülern zu erzählen „Es ist okay – es passt alles zusammen", wenn es nicht stimmt. Es liegt mir nicht, mich zu verbiegen, um eine ziemlich verschleierte metaphorische Version von Genesis einfach so zu erfinden. Ich glaube, dass es starke Belege für die Evolution gibt [...], und wenn die Evolution wahr ist, dann ist die Bibel es nicht.[11]
> (MEADOWS et al. 2000, S. 103)

Das Zitat verdeutlicht, dass es für Personen schwierig sein kann, Glaube und Evolutionstheorie zu vereinbaren, insbesondere, wenn die biblische Schöpfungserzählung im Vordergrund steht. Generell erwiesen sich starke religiöse Einstellungen als ein Prädiktor für ablehnende Einstellungen gegenüber den Erkenntnissen der Evolutionstheorie. Dies gilt gleichermaßen für Schülerinnen und Schüler (zum Beispiel RETZLAFF-FÜRST/URHAHNE 2009), College-Studenten (zum Beispiel DOWNIE/BARRON 2000) und Lehrkräfte (zum Beispiel AGUILLARD 1999; OSIF 1997; TRANI 2004). Zusammenfassend lassen sich mittlere bis starke korrelative negative Zusammenhänge zwischen religiösen Einstellungen und Einstellungen gegenüber der Evolutionstheorie beschreiben. Allerdings gibt es auch Personen, die über Vereinbarungsstrategien zwischen Glaube und Evolutionstheorie verfügen (siehe Abschnitt *Einstellungen zum Verhältnis von Evolution und Schöpfung*; siehe auch die Beiträge von BAYRHUBER, EVERS, HEMMINGER und SCHRÖDER).

Untersucht wurde weiterhin, in welchem Zusammenhang das Verständnis von *nature of science* (NOS) mit Einstellungen zur Evolutionstheorie steht. NOS kann als Metawissen über die Naturwissenschaften bezeichnet werden, das erkenntnistheoretische und wissenschaftsmethodische Aspekte beinhaltet (LEDERMANN et al. 2002; BSCS 2005). Das Verständnis von NOS ist mehrdimensional und umfasst unter anderem Wissen über Fragestellungen, Methoden des Erkenntnisgewinns, den Gegenstandsbereich und die Grenzen der Naturwissenschaften. Es ist zu erwarten, dass ein differenziertes Verständnis von NOS dazu beitragen kann, dass Personen die Evolutionstheorie akzeptieren: „Es wurde argumentiert, dass ein gutes Verständnis von NOS die Lernenden in die Lage versetzt, unterschiedliche Wissenssysteme zu vergleichen und zu verstehen, in welcher Hinsicht und warum sich das Wissen, das die Naturwissenschaften hervorbringen, von religiösen Überzeugungen unterscheidet"[12] (SINATRA et al. 2003, S. 513). Diskutiert wird weiterhin, dass Personen mit einem differenzierten Verständnis von NOS erkennen, warum Erklärungen von Kreationisten und Intelligent-Design-Anhängern nicht als naturwissenschaftliche Erklärungen gelten können (SMITH 2010).

Zusammenhänge zwischen dem Verständnis von NOS und Einstellungen gegenüber der Evolutionstheorie wurden für Biologielehrkräfte (zum Beispiel RUTLEDGE/WARDEN 2000; TRANI 2004), Studierende (zum Beispiel SINATRA et al. 2003; DENIZ et al. 2008) und Schülerinnen und Schüler (zum Beispiel CAVALLO/MCCALL 2008) untersucht. Diese Studien weisen darauf hin, dass Personen mit einem differenzierten Verständnis über die Entstehung naturwissenschaftlicher Theorien akzeptierendere Einstellungen gegenüber der Evolutionstheorie besitzen als Personen mit einem undifferenzierten Verständnis von NOS. Allerdings sind die Befunde über korrelative Zusammenhänge wie auch bei den Studien zum Zusammenhang zwischen Wissen und Einstellungen uneinheitlich. Teilweise wurden schwache Zusammenhänge zwischen dem Verständnis von NOS und der Akzeptanz der Evolutionstheorie ermittelt (SINATRA et al. 2003). DENIZ et al. (2008) hingegen fanden keinen Zusammenhang zwischen der Akzeptanz der Evolutionstheorie und drei Subskalen, mit denen das Verständnis von NOS gemessen wurde. Andere Ergebnisse erbrachte die Untersuchung von RUTLEDGE/WARDEN (2000) zu amerikanischen Lehrkräften. Hier wurde ein starker Zusammenhang zwischen dem Verständnis von NOS und der Akzeptanz der Evolutionstheorie ermittelt ($r = 0{,}76$). Grundsätzlich gilt, dass Zusammenhänge zwischen dem Verständnis von NOS und Einstellungen gegenüber der Evolutionsbiologie weiter untersucht werden müssen.

Weitere Faktoren, die in einem Zusammenhang mit Einstellungen zur Evolutionstheorie stehen könnten, wurden erst in Ansätzen untersucht. Diskutiert wird die Offenheit gegenüber andersartigen Einstellungen sowie Offenheit gegenüber der

"I still say it's only a theory."

3 | Cartoon von David Sipress: „Und ich bleibe dabei, dass es bloß eine Theorie ist …" Im Alltag gilt eine Theorie als spekulativ und wirklichkeitsfremd. Dagegen handelt es sich bei einer naturwissenschaftlichen Theorie um ein System von vielfach durch Empirie bestätigten Aussagen.

Veränderung von Einstellungen, kognitive Flexibilität und die Bereitschaft zur Verarbeitung von Informationen, welche im Gegensatz zu den eigenen Einstellungen stehen. Diese Faktoren und die Beziehungen, die zwischen ihnen bestehen, wurden als ein komplexes Beziehungsgefüge beschrieben (SINATRA et al. 2003; DENIZ et al. 2008); der Versuch, diese Zusammenhänge in einem Modell darzustellen, gelang allerdings noch nicht zufriedenstellend, da mit den genannten Faktoren nur 10 % der Einstellungsunterschiede der Versuchspersonen (Varianz) bezüglich der Evolutionstheorie aufgeklärt werden konnten (DENIZ et al. 2008). Der Wert der Varianzaufklärung gibt Auskunft darüber, wie groß die Erklärungskraft des Modells ist. Je höher der Wert der Varianzaufklärung ist, desto besser erklärt das Modell die Zusammenhänge zwischen Einstellungen und anderen Faktoren.

### Einstellungen zum Verhältnis von Evolution und Schöpfung

In einer Reihe von Studien wird die Frage thematisiert, wie Personen das Verhältnis zwischen Evolution und Schöpfung beschreiben. So berichten einige Personen, welche die Evolutionstheorie akzeptieren, dass sie Religion und Naturwissenschaften als getrennte Bereiche wahrnehmen, die aufgrund fehlender Berührungspunkte nebeneinander existieren. Ein College-Student argumentiert folgendermaßen:

Sie – Religion und Naturwissenschaften – sind zwei verschiedene Dinge, die nicht vermischt werden können. Glaube ist die eine Sache, Naturwissenschaften die andere. Ich weiß nicht, warum man bei dem Thema ständig so durcheinanderkommt. Mir macht das wirklich keine Probleme, es ist wirklich sehr klar in meinem Kopf, ich habe eine Schublade für den Glauben und eine Schublade für Evolution.[13]

(HOKAYEM/BOUJAOUDE 2008, S. 405)

Im Gegensatz hierzu sehen andere Personen Evolution und Schöpfungsglaube im Konflikt. Sie befinden sich in einem Dilemma zwischen Akzeptanz der Evolutionstheorie und Glaube an einen Gott, der die Welt und die Organismen geschaffen hat. Zu diesem Thema zitiert TRANI (2004, S. 419) eine Lehrkraft, die sich weigert, die Evolutionstheorie zu unterrichten: „Ich werde Evolution nicht unterrichten. Ich glaube nicht daran; außerdem ist es nur eine Theorie und es ist gegen meine Religion."[14] Bezeichnenderweise wird in dem Zitat der Begriff „Theorie" im umgangssprachlichen Sinne verwendet, und es wird nicht verstanden, welchen Stellenwert Theorien in den Naturwissenschaften besitzen (siehe **Abb. 3** und S. 152).

Allerdings sind Glaube und Einstellungen zur Evolution häufig nicht diametral entgegengestellt, obwohl dies die zuletzt zitierte Äußerung vermuten lässt. Akzeptierende Einstellungen zur Evolutionstheorie und der Glaube an Gott schließen sich nicht notwendigerweise aus. Dies belegt eine Untersuchung von Biologielehrerinnen und -lehrern in den Vereinigten Staaten zur Frage, wie sie mit dem persönlichen Konflikt zwischen Evolution und Religion umgehen (MEADOWS et al. 2000). So betont eine der befragten Personen, dass sie Evolution akzeptiere, aber davon ausgehe, dass Gott die Evolution als Mechanismus gewählt habe, um Leben zu erschaffen (S. 105):

> Verstehen Sie mich nicht falsch – ich akzeptiere die Evolution. Ich akzeptiere einige Dinge, die ich nie wissen werde. Das eine betrifft die Ewigkeit, das andere nicht. […] Ich werde häufig gefragt, wie ich Christ sein kann und Naturwissenschaftler, oder andersherum – Naturwissenschaftler fragen mich und meine christlichen Freunde fragen mich, und sie nehmen alle an, dass ich auf beiden Seiten Kompromisse mache, aber das tue ich eigentlich nicht. Ich akzeptiere, dass die Evolution der Mechanismus ist, mit dem Gott das Leben erschuf. Verstehen Sie, einige Spannungen kommen daher, dass der Prozess mit den Ursachen verwechselt wird, das „Wie" mit dem „Wer" und dem „Warum".[15]

Auch ein anderer Lehrer derselben Studie verbindet seinen Glauben an den biblischen Schöpfungsbericht des Menschen mit naturwissenschaftlichen Vorstellungen über die Evolution des Menschen: „Also, ich glaube, dass an irgendeinem Punkt in der Evolution des Menschen Gott in den Menschen den Geist seines Abbildes gehaucht hat. Es ist kein physisches Abbild, sondern ein spirituelles."[16] Auf die anschließende Frage, ob er überzeugt sei, dass die Menschen von niedrigeren Formen abstammen, antwortet er: „Ja, und an irgendeinem Punkt wurde uns die spirituelle Natur Gottes gegeben."[17] (S. 105; vgl. **Abb. 4**)

Derartige Äußerungen müssen nicht zwingend als kreationistische Einstellungen bezeichnet werden, gerade weil Gott eine spirituelle Rolle im Kontext der Evolution des Menschen zugewiesen wird. Die Abgrenzung zu kreationistischen Einstellungen ist gerechtfertigt, weil die Evolutionstheorie anerkannt wird und zu dieser Anerkennung religiöse Einstellungen hinzutreten. Deshalb müssten derartige Einstellungen als *Vereinbarungsstrategien* bezeichnet werden, welche Personen nutzen, um ihr Verhältnis zwischen Glaube und Akzeptanz der Evolutionstheorie zu beschreiben. So wird von beiden Personen (zitiert nach MEADOWS et al. 2000) die Evolutionstheorie akzeptiert, aber es wird gleichzeitig Raum für Gott geschaffen, um die besondere

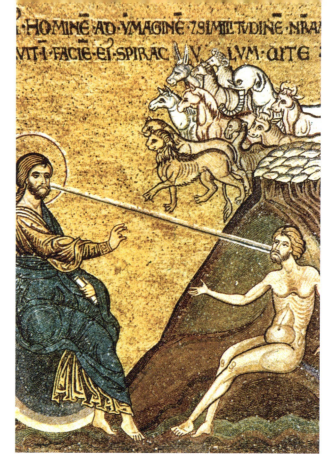

4 | Mosaik in der Kathedrale von Monreale aus dem 12. Jahrhundert: Gott erschafft Adam.

Beziehung zwischen Gott und den Menschen mit der evolutionsbiologischen Erklärung der Entstehung des Menschen zu verbinden. Die zuerst zitierte Person drückt zudem die Einstellung aus, dass hierdurch weder die Evolutionstheorie noch der Glaube beschnitten werde. Vereinbarungsstrategien zeichnen sich also durch den Versuch aus, Glaube und Akzeptanz der Evolutionstheorie nebeneinander existieren zu lassen.

Die angeführten Beispiele verdeutlichen die Vielgestaltigkeit von Einstellungen zum Verhältnis von Evolution und Schöpfung. Auch auf theoretischer Ebene wurden die unterschiedlichen Verhältnisbestimmungen zwischen Naturwissenschaft und Theologie modellhaft beschrieben. Im Anschluss an die verbreitete Typologie von IAN BARBOUR (1990) kann zwischen vier verschiedenen Verhältnismodellen von Naturwissenschaft und Theologie unterschieden werden: das Unabhängigkeits-, das Konflikt-, das Dialog- und das Integrationsmodell. Dem *Unabhängigkeits-*

*modell* liegt die Auffassung zugrunde, dass Theologie und Naturwissenschaften unterschiedliche Gegenstandsbereiche untersuchen und hierfür auch ganz unterschiedliche Methoden verwenden. Das *Konfliktmodell* geht im Gegensatz hierzu davon aus, dass naturwissenschaftliche Welterkenntnis und theologische Schöpfungslehre denselben Erkenntnisgegenstand besitzen. Dies bedeutet, dass beide um die „Wahrheit" konkurrieren. Die beiden zuerst zitierten Äußerungen in diesem Abschnitt lassen sich dem Unabhängigkeitsmodell („ich habe eine Schublade für den Glauben und eine Schublade für Evolution") und dem Konfliktmodell („Ich werde Evolution nicht unterrichten […], es ist gegen meine Religion") zuordnen. Allerdings wird im *Dialogmodell* den Berührungspunkten zwischen Naturwissenschaften und Theologie Rechnung getragen, beispielsweise den Grenzfragen (religiöse Fragen, die im Grenzbereich der Naturwissenschaften liegen). Darüber hinausgehend sind Vertreter des *Integrationsmodells* der Ansicht, dass eine Integration zwischen dem Gegenstand der Theologie und dem der Naturwissenschaft möglich ist. Das *Dialogmodell* berücksichtigt wie das Unabhängigkeitsmodell die Unterschiede zwischen Naturwissenschaften und Theologie.

Gelegentlich werden das Dialogmodell und das Intergrationsmodell unter der Bezeichnung der *Konkordanz- und Konsonanzmodelle* zusammengefasst (zum Beispiel bei Seckler 1998). Hierunter fallen auch die Komplementaritätsmodelle, die davon ausgehen, dass trotz der Eigenständigkeit von Naturwissenschaften und Theologie beide Bereiche der gegenseitigen Ergänzung bedürfen (Hunze 2007). Insbesondere wird die Notwendigkeit des Dialogs zwischen Naturwissenschaften und Theologie in der Tatsache gesehen, dass der Gegenstandsbereich der Theologie „die ganze Wirklichkeit im Hinblick auf Sinntotalität" darstellt (Hunze 2002, S. 94), während sich die Naturwissenschaften empirisch beantwortbare Fragen stellen und philosophische und theologische Sinnfragen unbeantwortet lassen.

Einstellungen zum Verhältnis von Evolution und Schöpfung, die Vereinbarungsstrategien aufweisen, lassen sich den Konkordanz- und Konsonanzmodellen zuordnen, beispielsweise die beiden oben angeführten Einstellungen der Lehrkräfte (zit. n. Meadows et al. 2000). In ihnen spiegelt sich sowohl die Akzeptanz der Evolutionstheorie wider als auch die Frage nach dem Sinn – eine Person fragt explizit nach dem „Why" des Menschen und findet die Antwort in der Einstellung, dass die Evolution der Mechanismus Gottes sei. Es wird deutlich, dass solche Vereinbarungsstrategien zwischen dem Glauben an einen Schöpfergott und der Akzeptanz der Evolutionstheorie sehr persönliche Prozesse sind, die einen differenzierten Umgang im Unterricht erfordern.

Die Kenntnis der beschriebenen Modelle zur Verhältnisbestimmung kann auf verschiedenen Ebenen hilfreich sein: Zum einen werden sowohl Lehrende als auch Lernende durch eine explizite Thematisierung der Modelle im Unterricht für das Problem der Verhältnisbestimmung sensibilisiert. Auf der anderen Seite fördern diese Modelle die Vermittlung von Wissen zu den Eigenarten der verschiedenen Modi der Weltbegegnung (siehe S. 146), sofern die Lernenden das Rüstzeug erhalten, den zunächst unlösbar erscheinenden Konflikt zwischen Akzeptanz der Evolutionstheorie und dem Glauben an einen Schöpfergott aufzulösen: Sie erkennen, dass ein solcher Konflikt nur dann auftritt, wenn entweder naturwissenschaftliche Erklärungen oder biblische Inhalte verabsolutiert werden. Wenn man zum Beispiel die Bibel wörtlich nimmt und daraus die Ablehnung der Evolutionstheorie folgert, muss man sich für das Konfliktmodell und somit für eine extreme Position entscheiden. Schülerinnen und Schüler können so mit dem Wissen über die Verhältnismodelle auch ihre eigene Einstellung kritisch prüfen und womöglich eine extreme Position revidieren.

**Wie können Lehrerinnen und Lehrer Einstellungen zur Evolutionstheorie angemessen berücksichtigen?**

In der Definition von Zielen für die naturwissenschaftlichen Fächer finden Einstellungen von Schülerinnen und Schülern seit geraumer Zeit die notwendige Beachtung (zum Beispiel Osborne et al. 2003). Grundsätzlich lässt sich die Aufgeschlossenheit von Schülerinnen und Schülern gegenüber naturwissenschaftlichen Themen als eine zentrale Zielstellung der naturwissenschaftlichen Fächer ansehen. So beinhalten bereits frühe Lernzieltaxonomien für die naturwissenschaftlichen Fächer affektive Lernziele, beispielsweise „die Ausprägung aufgeschlossener Einstellungen gegenüber den Naturwissenschaften und Naturwissenschaftlern", „die Akzeptanz des naturwissenschaftlichen Erkenntniswegs als Denkweise" und „die Übernahme ‚naturwissenschaftlicher Einstellungen'"[18] (KLOPFER 1971). Moderne Bildungskonzeptionen, wie beispielsweise Scientific Literacy, berücksichtigen die Aufgeschlossenheit gegenüber naturwissenschaftlichen Zugängen als Voraussetzung für die Teilhabe an einer naturwissenschaftlich geprägten Welt. Die Autoren der PISA-Studie definieren daher seit 2006 neben Kompetenzen auch affektive Dimensionen als einen wesentlichen Aspekt von Scientific Literacy, beispielsweise „support for scientific enquiry" (OECD 2009, S. 146). Auch in der Diskussion über Ziele des Evolutionsunterrichts werden affektive Lernziele gleichberechtigt neben kognitive Lernziele gestellt. Beispielsweise argumentiert SMITH (2010, S. 526):

> […] das Verständnis evolutionärer Inhalte, die Akzeptanz der Evolution als die beste naturwissenschaftliche Erklärung des Artwandels und der Glaube an die Aussagekraft der Evolutionstheorie als effektive Basis für das Fällen von Entscheidungen in der realen Welt – dies sind wünschenswerte Ziele des Unterrichts, auch wenn Einstellungsveränderungen als unangemessene Ziele für die Bewertung von Lernenden angesehen werden müssen.[19]

Da die Evolutionstheorie eine zentrale Theorie der Biologie darstellt, würde die Ablehnung des Evolutionsgedankens und die Befürwortung kreationistischer Gedanken in einem deutlichen Widerspruch zu den oben zitierten Lernzielen stehen. In der Literatur wird daher diskutiert, wie Schülerinnen und Schüler aufgeschlossene Einstellungen zur Evolutionstheorie erwerben können. Zwei Themen dominieren diese Diskussion: die Bedeutung erkenntnistheoretischer Aspekte (zum Beispiel Wissen über die Methoden des Erkenntnisgewinns und die Struktur naturwissenschaftlicher Erklärungen) bei der Vermittlung evolutionsbiologischen Wissens und andererseits die Gleichberechtigung unterschiedlicher Modi der Weltbegegnung. Beide Aspekte sollen näher ausgeführt werden. Dabei soll auch die im ersten Abschnitt dieses Beitrags dargestellte Einstellung aufgegriffen werden, dass sich Evolutionstheorie und der Glaube an Gott ausschließen.

Einerseits wird es für wichtig erachtet, den Schülerinnen und Schülern Einblicke in die wesentlichen Erkenntnisse der Evolutionsbiologie sowie in die Methoden des Erkenntnisgewinns und die Merkmale naturwissenschaftlicher Erklärungen zu geben. So beruhen naturwissenschaftliche Methoden des Erkenntnisgewinns – Experiment, Beobachtung und Vergleich – auf der Überprüfung alternativer, aber naturwissenschaftlich testbarer Erklärungen, die grundsätzlich der Möglichkeit der Revision unterliegen. Die Hypothese hingegen, Gott habe die Welt erschaffen, ist naturwissenschaftlich nicht überprüfbar, da es sich um keine naturwissenschaftliche Hypothese handelt (siehe dazu S. 16). Von einem naturwissenschaftlichen Standpunkt aus gesehen ist auch die Aussage, ein intelligenter Designer stehe hinter naturwissenschaftlichen Phänomenen, nicht nachprüfbar, denn Naturwissenschaftler erklären naturwissenschaftliche Phänomene empirisch – und nicht mit übernatürlichen Ursachen. Aufgrund des methodischen Naturalismus – der Orientierung an den Methoden des naturwissenschaftlichen Erkenntnisgewinns – unterscheiden sich daher die Naturwissenschaften von anderen Disziplinen und ihren Erklärungsweisen (siehe dazu S. 18). Im Biologieunterricht sollten Schülerinnen und Schüler die Gelegenheit erhalten, diese erkenntnistheoretischen Unterschiede kennenzulernen, zumal es sich hierbei um jene Wissensaspekte handeln könnte, die als kognitive Einstellungskomponenten eine Schlüsselstellung besitzen (siehe Abschnitt *Zusammenhänge zwischen Wissen und Einstellungen zur Evolutionstheorie*). Wertvolle Hinweise zur Umsetzung und Vermittlung dieses Wissens liefern die Leitlinien zum Umgang mit kreationistischen Vorstellungen im Biologieunterricht (BAYRHUBER 2007; KATTMANN 2008), welche als Reaktion auf die öffentliche Diskussion über den Kreationismus erstellt wurden (GRAF 2007).

Allerdings sollten weder im Biologieunterricht noch im Religionsunterricht die Schülerinnen und Schüler vor die Situation gestellt werden, sich entweder für die Naturwissenschaften oder die Religion zu entscheiden. Zwar unterscheiden sich die Fragestellungen und Methoden der Naturwissenschaften von denjenigen der Theologie, aber moderne Bildungskonzeptionen gehen von einer Pluralität unterschiedlicher Zugänge zur Welt aus, die ihre Berechtigung in ihrer Unterschiedlichkeit finden (IRZIG/NOLA 2009). Es empfiehlt sich zudem, das Verhältnis zwischen naturwissenschaftlicher Erkenntnis und Glauben explizit zu thematisieren. Wenn wir an die eingangs geschilderte Unterrichtsszene an einer englischen Schule denken (siehe Abschnitt *„I am not related to monkeys"*, S. 130), wird deutlich, dass es Schülerinnen und Schülern genau an diesem Wissen mangelt. Ihnen hätte verdeutlicht werden müssen, dass die Annahme „Gott hat die Welt (nicht) erschaffen" naturwissenschaftlich nicht bewiesen oder falsifiziert werden kann, da es sich um keine naturwissenschaftliche Hypothese handelt (BAYRHUBER 2007). Aus den Erkenntnissen der Evolutionsbiologie kann somit auch nicht gefolgert werden, dass Gott nicht existiert. Einen wichtigen Grundsatz zur adäquaten Berücksichtigung von Einstellungen zum Themenkomplex „Evolution und Schöpfung" findet man auch in den Schriften der National Academy of Science: „Naturwissenschaften und Religion sind voneinander getrennt und thematisieren menschliches Verstehen auf unterschiedliche Art und Weise. Versuche, die Naturwissenschaften und die Religion gegeneinander auszuspielen, schaffen Kontroversen, die nicht sein müssen."[20] (NAS 2008, S. 12)

Wichtige Impulse für einen angemessenen Umgang mit Einstellungen zur Evolutionstheorie lassen sich auch aus den Modi der Weltbegegnung und -erschließung ableiten (BAUMERT 2002). Hierbei handelt es sich um eine Konzeption der Allgemeinbildung, wobei sich die vier Modi der Weltbegegnung gegenseitig ergänzen, aber nicht ersetzen. Die vier Modi der Weltbegegnung und -erschließung sind:
— kognitiv-instrumentelle Modellierung der Welt (Naturwissenschaften, Mathematik)
— ästhetisch-expressive Begegnung und Gestaltung (Kunst, Musik, Sprache/Literatur)
— normativ-evaluative Auseinandersetzung mit Wirtschaft und Gesellschaft (Politik, Recht)
— Begegnung mit Problemen konstitutiver Rationalität und ihrer Erfassung (Religion, Philosophie)

Wesentlich ist dabei, dass die Schülerinnen und Schüler ein Metawissen über die Modi der Weltbegegnung erwerben. Sie lernen auf diese Art und Weise die Eigenschaften der Modi der Weltbegegnung kennen, aber auch ihre Grenzen. Sie erfahren beispielsweise, dass es notwendig ist, zwischen Schöpfungserzählung oder Glauben und Evolutionstheorie zu trennen. Schülerinnen und Schülern sollte die Gelegenheit gegeben werden, biologische und theologische Aussagen auf unterschiedlichen Ebenen zu beurteilen (Perspektivwechsel). So können sie erfahren, dass Naturwissenschaften und Theologie unterschiedliche Fragen stellen und diese mit unterschiedlichen Methoden beantworten.

## Zusammenfassung

Eingangs wurden die Fragen gestellt, inwiefern sich Einstellungen von Schülerinnen und Schülern zu evolutionsbiologischen Erkenntnissen erklären lassen und wie Lehrkräfte angemessen auf sie reagieren können. Es wurde aufgezeigt, wie vielfältig die Einstellungen gegenüber der Evolutionstheorie und dem Verhältnis zwischen Evolutionstheorie und religiöser Überzeugung sein können und welche persönlichen Konflikte dies auslösen kann. Einstellungen sind ein komplexes Konstrukt, in das nicht nur kognitive Komponenten einfließen, sondern auch affektive. Deswegen ist es auch nicht verwunderlich, dass sich Zusammenhänge zwischen evolutionsbiologischem Wissen und den Einstellungen gegenüber der Evolutionstheorie nicht zwingend nachweisen lassen. Einstellungen zu verändern ist deshalb ein schwieriges Unterfangen, weil diese – wie gezeigt – nicht nur von Kognitionen abhängig sind. Wichtig erscheint, um auf die Ausgangsfrage eine adäquate Antwort zu geben, Schülerinnen und Schülern zu verdeutlichen, dass zwischen Akzeptanz der Evolutionstheorie und Glauben im Sinne der Modi der Weltbegegnung kein Widerspruch bestehen muss.

**Anmerkungen**
Das Motto von S. 130 stammt aus Ruse (2005, S. I).
[1] „I noticed that students were often unwilling to open their minds to discussions regarding this subject, whereas other disciplines (such as geology or ecology) never elicited such reactions. Why were they shutting off when I mentioned 'evolution'? How could I get them to understand what evolution really is?" (Alle Übersetzungen der englischsprachigen Literatur durch die Autoren.)
[2] „I have taught evolution. I was talking about the ways in which humans are speeding up evolution. Some pupils asked me if I believed in God. I did not answer the question."
[3] „Scientists who believe in evolution do so because they want to, not because of evidence."
[4] „The theory of evolution is based on speculation and not on valid scientific observation and testing."
[5] „God created all forms of life directly, as described in the Bible."

6   „Life on Earth was created by a supernatural being (or God) and thereafter developed over a long period of time. This process was guided by a higher intelligence (or God)."
7   „Life on Earth evolved without the interference of God (or a higher being) by natural processes."
8   „to believe in a supreme being and a spiritual existence"
9   „Cheetahs are able to run fast, around 100 km/h, when chasing prey. How would a biologist explain how the ability to run fast evolved in cheetahs, assuming their ancestors could only run 30 km/h?"
10  „real, deep and often emotionally painful"
11  „It's not truthful to tell students 'it's okay – it fits all together' when it doesn't. It doesn't sit well with me to bend over backwards to come up with a sufficiently obscure metaphorical version of Genesis like this. I believe that the evidence for evolution is so strong [...] and if evolution is true, then the Bible isn't."
12  „It has been argued that a firm grasp of NOS concepts allows students to compare knowledge frameworks, to understand how and why knowledge produced through science is different from their religious beliefs."
13  „They [religion and science] are two different things that cannot be mixed, faith is something and science is something else, I don't know why people usually get confused with this topic, it really doesn't bother me, it is really clear in my head, I have a drawer for faith and I have a drawer for evolution."
14  „I won't teach evolution, I don't believe in it; besides it is only a theory, and it is against my religion."
15  „Don't get me wrong – I accept evolution. I accept some things that I'll never know. I mean, one's eternal and one's not [...] I'm often asked how I can be a Christian and a scientist, or vice versa – scientists ask me, and my Christian friends ask me, and they all assume that I must be compromising both sides, but I'm not really. I accept that evolution is the mechanism that God used to create life. See some tension comes from mistaking the process for the reason, the 'How?' for the 'Who?' and the 'Why'."
16  „Well I believe that at some point in the evolution of man, God breathed into [man] the spirit of his image. It isn't a physical image, but a spiritual one."
17  „Yes, and at some point, we were given the spiritual nature of God."
18  „the manifestation of favourable attitudes towards science and scientists", „the acceptance of scientific enquiry as a way of thought" und „the adoption of 'scientific attitudes'".
19  „[...] understanding of evolutionary content, acceptance of evolution as the best scientific explanation of species change and belief in the validity of evolutionary theory as an effective basis for decision making in the real world are desirable outcomes of instruction, even though changes in beliefs are inappropriate goals on which students are to be evaluated."
20  „Science and religion are separate and address aspects of human understanding in different ways. Attempts to pit science and religion against each other create controversy where none needs to exist."

**Literatur**

Aguillard, D. (1999): Evolution education in Louisiana public schools: a decade following Edwards v Aguillard. In: The American Biology Teacher 61(3), S. 182–191.

Barbour, I. (1990). Religion in an age of science. London.

Baumert, J. (2002): Deutschland im internationalen Bildungsvergleich. In: N. Killius/J. Kluge/L. Reisch (Hrsg.): Die Zukunft der Bildung, Frankfurt/M., 100–150.

Bayrhuber, H. (2007): Leitideen zum Umgang mit Kreationismus. In: MNU 60(4), S. 196–199.

Berkman, M. B./J. S. Pacheco/E. Plutzer (2008): Evolution and creationism in America's classrooms: A national portrait. In: Plos Biology 6, S. 920–924.

Bishop, B. A./C. W. Anderson (1990): Student conceptions of natural selection and its role in evolution. In: Journal of Research in Science Teaching 27(5), S. 415–427.

Brem, S. K./M. Ranney/J. Schindel (2003): Perceived consequences of evolution: College students perceive negative personal and social impact in evolutionary theory. In: Science Education 87(2), S. 181–206.

BSCS (2005): The nature of science and the study of biological evolution. Colorado Springs.

Cavallo, A. L./D. McCall (2008): Seeing may not mean believing: Examining students' understanding & beliefs in evolution. In: The American Biology Teacher 70(9), S. 522–530.

Cleaves, A./R. Toplis (2007): In the shadow of intelligent design: The teaching of evolution. In: Journal of Biological Education 42(1), S. 30–35.

Curry, A. (2009): Creationist beliefs persist in Europe. In: Science 323, S. 1159.

Dagher, Z. R./S. BouJaoude (1997): Scientific views and religious beliefs of college students: The case of biological evolution. In: Journal of Research in Science Teaching 34, S. 429–445.

Deniz, H./L. A. Donelly/I. Yilmaz (2008): Exploring the factors related to acceptance of evolutionary theory among Turkish preservice biology teachers: Toward a more informative conceptual ecology for biology Education. In: Journal of Research in Science Teaching 45(4), S. 420–443.

Desantis, L. (2009): Teaching evolution through inquiry-based lessons of uncontroversial science. In: The American Biology Teacher 71(2), S. 106–111.

Downie, J. R./N. J. Barron (2000): Evolution and religion: Attitudes of Scottish first year biology and medical students to the teaching of evolutionary biology. In: Journal of Biological Education 34(3), S. 139–146.

Eagly, A. H./S. Chaiken (1993): The psychology of attitudes. Fort Worth.

Graf, D. (2007): Renaissance einer Parawissenschaft: Die fragwürdige Faszination des Kreationismus. In: L. Klinnert (Hrsg.), Zufall Mensch? Darmstadt, S. 109–125.

Graf, D. (2008): Kreationismus vor den Toren des Biologieunterrichts? – Einstellungen und Vorstellungen zur „Evolution".

In: C. Antweiler/C. Lammers,/N. Thies (Hrsg.): Die unerschöpfte Theorie. Evolution und Kreationismus in Wissenschaft und Gesellschaft. Aschaffenburg, S. 17–38.

Hokayem, H./S. Boujaoude (2008): College students' perception of the theory of evolution. In: Journal of Research in Science Teaching 45(4), 395–419.

Hunze, G. (2002): Schöpfung – Evolution. In: G. Bitter/R. Englert/G. Miller, G./K. E. Nipkow (Hrsg.), Handbuch religionspädagogischer Grundbegriffe, München.

Hunze, G. (2007): Die Entdeckung der Welt als Schöpfung, Religiöses Lernen in naturwissenschaftlich geprägten Lebenswelten (Praktische Theologie heute; Bd. 84). Stuttgart.

Ingram, E./C. Nelson (2006): Relationship between achievement and student's acceptance of evolution or creation in an upper-level evolution course. In: Journal of Research in Science Teaching 43(1), S. 7–24.

Irzik, G./R. Nola, R. (2009): Worldviews and their relation to science. In: Science & Education 18, S. 729–745.

Isik, S./H. Soran/H. P. Ziemek/D. Graf (2007): Einstellung von Lehramtsstudierenden zur Evolution – ein Vergleich zwischen Deutschland und der Türkei. In: H. Bayrhuber et al. (Hrsg.), Ausbildung und Professionalisierung von Lehrkräften. Internationale Tagung der Fachgruppe Biologiedidaktik im VBIO vom 16. 09. bis 20. 09. 2007 in Essen, Kassel, S. 235–238.

Jonas, K./W. Stroebe/M. Hewstonde (2007): Sozialpsychologie: Eine Einführung. Berlin.

Kattmann, U. (2008): Evolution und Schöpfung. In: Unterricht Biologie Kompakt 333, S. 1–48.

Klopfer, L. E. (1971): Evaluation of learning in science. In: B. S. Bloom/J. T. Hastings (2008) (Hrsg.), Handbook of formative and summative evaluation of student learning. London.

Kutschera, U. (2008): Creationism in Germany and its possible cause. In: Evolution Education Outreach 1, S. 84–86.

Ledermann N. G./F. Abd-El-Kahlick/R. L. Bell/R. S. Schwartz (2002): Views of nature of science questionnaire: Toward valid and meaningful assessment of learners' conceptions of nature of science. In: Journal of Research in Science Teaching 39, S. 497–521.

Mazur, A. (2007): Implausible beliefs: In the Bible, astrology, and UFOs. London.

Meadows, L./E. Doster/D. F. Jackson (2000): Managing the conflict between evolution & religion. In: American Biology Teacher 62(2), S. 102–107.

Miller, J. D./E. C. Scott/S. Okamoto, S. (2006): Public acceptance of evolution. In: Science 313 (5788), S. 756–766.

NAS (= National Academy of Sciences) (2008): Science, evolution, and creationism. Washington DC.

Nadelson, L. S./G. M. Sinatra (2009): Educational professionals' knowledge and acceptance of evolution. In: Evolutionary Psychology 7(4), S. 490–516.

Nadelson, L. S./S. A. Southerland (2010): Examining the interaction of acceptance and understanding: How does the relationship change with a focus on macroevolution. In: Evo Edu Outreach 3, S. 82–88.

OECD (2009): PISA 2009 assessment framework: Key competencies in reading, mathematics and science. http://www.oecd.org/dataoecd/11/40/44455820.pdf [13.01.2011].

Osborne, J./S. Simon/S. Collins (2003): Attitudes towards science: a review of the literature and its implications. In: International Journal of Science Education 25(9), S. 1049–1979.

Osif, B. (1997): Evolution and religious beliefs: A survey of Pennsylvania high school teachers. In: The American Biology Teacher 59(9), S. 552–56.

Paz-y-Miño, G./A. Espinosa (2009): Acceptance of evolution increases with student academic level: A comparison between a secular and a religious college. In: Evo Edu Outreach 2(4), S. 655–675.

Retzlaff-Fürst, C./D. Urhahne, D. (2009): Evolutionstheorie, Religiosität und Kreationismus und wie Schüler darüber denken. In: MNU 62/63, S. 173–183.

Ruse, M. (2005): The Evolution-Creation Struggle. Cambridge.

Rutledge, M. L./M. A. Warden (1999): The development and validation of the measure of acceptance of the theory of evolution instrument. In: School Science and Mathematics 99(1), S. 13–18.

Rutledge, M. L./M. A. Warden (2000): Evolutionary theory, the nature of science & high school biology teachers: Critical relationships. In: American Biology Teacher 62(1), 23–31.

Seckler, M. (1998): Was heißt eigentlich ‚Schöpfung'? Zugleich ein Beitrag zum Dialog zwischen Theologie und Naturwissenschaft. In: J. Dorschner (Hrsg.), Der Kosmos als Schöpfung: Zum Stand des Gesprächs zwischen Naturwissenschaft und Theologie, Regensburg.

Seel, N. M. (2000): Psychologie des Lernens. München.

Shermer, M. (2007): Why people believe weird things: Pseudoscience, superstition, and other confusions of our time. London.

Sinatra, G. M./S. A. Southerland/F. McCounaghy/J. W. Demastes (2003): Intentions and beliefs in students' understanding and acceptance of biological evolution. In: Journal of Research in Science Teaching 40, S. 510–528.

Smith, M. U. (2010): Current status of research in teaching and learning evolution: I. Philosophical/epistemological issues. In: Science & Education 19, S. 523–538.

Trani, R. (2004): I won't teach evolution: it's against my religion. In: American Biology Teacher 66(6), S. 429–427.

Zanna, M. P./J. K. Rempel (1988): Attitudes: A new look at an old concept. In: D. Bar-Tal/A. W. Kruglanski (Hrsg.), The social psychology of knowledge, Cambridge, S. 315–334.

# Bilder der Evolution

In dem 2009 erschienenen Buch *Alpha Directions* entwirft der Berliner Zeichner Jens Harder eine Bildgeschichte der Evolution, beginnend mit der Entstehung des Universums bis zum ersten Menschen. Für seine Zeichnungen ließ er sich von aktuellen wissenschaftlichen Illustrationen, aber auch von historischen Wissenschaftsbildern, mythologisch-religiösen Vorstellungen und Bildern der Alltagskultur inspirieren. Diese Zusammenstellung historischer und zeitgenössischer Darstellungen verdeutlicht eindrücklich, dass unsere Vorstellungen von der Entstehung des Universums und des Lebens maßgeblich durch Bilder verschiedenster Art geprägt werden, sich diese Bilderwelt aber ständig wandelt. Für Jens Harder waren es beispielsweise die Zeichnungen prähistorischer Tiere und Pflanzen des tschechischen Illustrators Zdenek Burian, die auf ihn seit frühester Kindheit eine besondere Faszination ausübten und ihn nachhaltig prägten.

Bewusst sollte man sich machen, dass wissenschaftliche Illustrationen, wie die Rekonstruktionszeichnungen von Fossilien, nicht immer nur den wissenschaftlichen Forschungsstand wiedergegeben, sondern auch den jeweiligen Zeitgeist. So wurden noch bis in die 1990er Jahre Dinosaurier zumeist als bedrohliche, einzelgängerische Riesenechsen dargestellt, die nicht von ungefähr an Figuren wie Godzilla erinnern. Inzwischen werden sie vermehrt als Herdentiere gezeigt, die miteinander kommunizieren und sich um ihren Nachwuchs kümmern.

Noch auffälliger ist die sich wandelnde Darstellung unserer eigenen Vorfahren. Vor wenigen Jahren noch herrschte das Bild des muskulösen, kräftig gebauten männlichen Großwildjägers vor, wohingegen die weiblichen Vertreter in Höhlen Handarbeiten verrichteten. Nicht nur durch einen Wandel der Geschlechterrollen in der westlichen Welt, sondern auch aufgrund neuer wissenschaftlicher Ergebnisse änderte sich diese Darstellungsweise. Neue Methoden erlauben es inzwischen, vom Skelett auf den Muskelbau der afrikanischen Vormenschen zu schließen. Entsprechend ihrer nomadischen Lebensweise glich die Muskelstruktur eines männlichen wie weiblichen Australopithecinen demnach eher der eines Ausdauer- als der eines Kraftsportlers. Der Neandertaler besaß dagegen eine gedrungene Körpergestalt und einen kräftigen Knochenbau. Diese Merkmale werden heute zumeist als Anpassungen an die Kälte und die unwirtlichen Lebensbedingungen in Europa und Vorderasien interpretiert.

**AF**

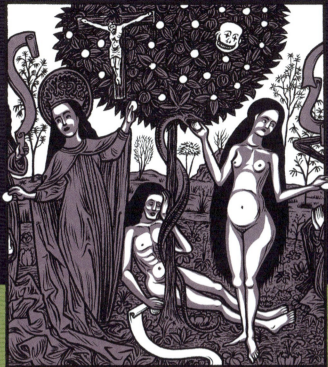

**1987** Der Oberste Gerichtshof der USA untersagt, Kreationismus an öffentlichen Schulen zu unterrichten

**2004** Im Dover Area School District muss auf Intelligent Design als Alternative zur Evolutionstheorie hingewiesen werden

> I do beseech you to direct your efforts more to preparing youth for the path and less to preparing the path for the youth.
>
> Ben Lindsey (1869–1943)

Britta Klose

# Kreationismus, Wissenschaftsgläubigkeit und Werthaltung Jugendlicher

### Kreationismus und Wissenschaftsgläubigkeit

**Theorie.** Kreationismus und Wissenschaftsgläubigkeit – zwei Extreme in der Begegnung von Naturwissenschaft und Theologie, die einen Brückenschlag der beiden Welterschließungsmodi fast unmöglich scheinen lassen. Möchte man beide Phänomene greifbar machen, so können sie im Sinne der Verhältnismodelle von Ian Barbour (2003, S. 113; siehe dazu S. 137 in diesem Band) als Beispiele für das Konfliktmodell gesehen werden, in dessen Denkweise die Befürwortung der einen Herangehensweise die Anerkennung der anderen ausschließt: Kreationismus als extreme Glaubensposition, die Methoden, Herangehensweisen und Ergebnisse der Naturwissenschaften infrage stellt und Wissenschaftsgläubigkeit als gegenüberliegende Extremposition, die der Wissenschaft alleinige und umfassende Gültigkeit zuspricht (siehe den Beitrag von Hammann und Asshoff).

Im Kontext eines auf Verständigung und Dialog ausgerichteten Religionsunterrichts stellen beide Positionen Extreme dar, die eine Verhärtung der Fronten nach sich ziehen und eine Vermittlung zwischen den Disziplinen erschweren, wenn nicht gar unmöglich machen (EKD 2008, S. 20 ff.). Umso wichtiger scheint es, im gegenwärtigen Religions- wie Biologieunterricht ein Augenmerk auf die Entwicklung derartiger Überzeugungsmuster zu legen, um ihnen möglichst direkt zu begegnen.

Doch inwieweit sind kreationistische und wissenschaftsgläubige Überzeugungen überhaupt im Religionsunterricht vorhanden? Und welche Schüler und Schülerinnen befürworten diese? Mit welchen Erfahrungskontexten stehen kreationistische und wissenschaftsgläubige Positionen im Jugendalter in einem Zusammenhang? Diesen Fragen soll in diesem Beitrag nachgegangen werden.

**Methodik.** Zentraler Ausgangspunkt meiner Reflexionen sind bei Schülern erhobene Datensätze, die im Rahmen des umfassenderen Projektes „Wahrnehmungs- und Diagnosekompetenzen von ReligionslehrerInnen" erhoben wurden. Diese quantitativ konzipierte Fragebogenstudie erfasst die Kompetenzausprägung bei Religionslehrkräften mit einem Fokus auf zwei verschiedene Inhaltsbereiche des Religionsunterrichts: die Werthaltung als Indikator des Erfahrungskontextes Jugendlicher einerseits (Gennerich 2010) und den Themenbereich „Naturwissenschaft und Theologie" andererseits (Rothgangel 1999). Letzteres Gebiet thematisiert verschiedene Deutungsmöglichkeiten der Weltentstehung und des Lebens sowie mögliche Verhältnismodelle von Naturwissenschaften und Theologie zueinander.

In diesem Kontext wurden mithilfe neu entwickelter Skalen Schülerdaten zu den Inhaltsbereichen „Kreationismus" und „Wissenschaftsgläubigkeit" erhoben. Weiterhin wurden mit

1 | Jugendliche auf den Stufen zu einer Kirche: Inwieweit neigen Jugendliche zu kreationistischen Auffassungen oder zu Wissenschaftsgläubigkeit? In welcher Verbindung steht das zu den von ihnen vertretenen Werten?

bereits bestehenden Erhebungsinstrumenten Daten zu Werthaltungen von Schülerinnen und Schülern gewonnen. Die inhaltsbezogenen Schülerdaten wurden mit den Schülerwerthaltungen in Verbindung gebracht. Somit kann ein erster Einblick in die den Einstellungen zugrunde liegenden Werthaltungsmuster gewonnen werden.

**Erhebungsinstrumente.** Im Bereich der Werthaltung Jugendlicher wurde in der im vorliegenden Beitrag beschriebenen Studie ein Jugendfragebogen von Feige und Gennerich (2008, S. 36) eingesetzt, der in enger Anlehnung an das in der Sozialpsychologie etablierte Werthaltungssystem von Shalom H. Schwartz (1992) grundlegende menschliche Werthaltungen erfasst. Dabei wurde die Positionierung der Schüler und Schülerinnen zu einzelnen Werten auf fünfstufigen Likertskalen erfragt. Die Daten wurden anschließend in zwei Dimensionen menschlicher Werthaltung verrechnet. Die kreuzweise Lagerung dieser Dimensionen spannt hierbei ein Wertefeld auf, das sich zwischen den Polen Autonomie- vs. Traditionsorientierung und Beziehungs- vs. Selbstorientierung erstreckt.

Für die Bereiche „Kreationismus" und „Wissenschaftsgläubigkeit" wurden neue Skalen entwickelt, in die einzelne „Aufgaben-Items" eines bestehenden Erhebungsinstrumentes von Fulljames und Francis (1988) integriert wurden (Klose 2009, S. 75 ff.).

Die Itemformulierungen fokussieren hierbei auf einen reflektierten Zugang zu „Kreationismus" und „Wissenschaftsgläubigkeit", sodass die Schüler und Schülerinnen angeleitet werden, eine Art Metareflexion über die eigenen Vorstellungen der Gültigkeit von Schöpfungserzählungen und naturwissenschaftlichen Erkenntnissen anzustellen. Leitend bei der Entwicklung der Erhebungsinstrumente waren Grundannahmen des Kreationismus und der Wissenschaftsgläubigkeit, die als zentrale Aspekte der Einstellungen angesehen werden können (siehe den Beitrag von Hammann und Asshoff).

Die Überprüfung der Gütekriterien der neu entwickelten Erhebungsinstrumente ergab Werte der internen Konsistenz von $\alpha = 0{,}829$ für die Skala „Einstellung zum Kreationismus" und $\alpha = 0{,}668$ für die Skala „Einstellung zur Wissenschaftsgläubigkeit". Die Messungen erwiesen sich demnach als verlässlich (reliabel). Ihre Belastbarkeit (Validität) wurde durch Expertenvalidierungen im Kontext interdisziplinärer Fachtagungen und Forschergruppen gewährleistet. Im Folgenden sollen sowohl die konkreten Itemformulierungen als auch die Schülereinschätzungen wiedergegeben und analysiert werden.

**Studienaufbau und Stichprobenbeschreibung.** Nach verschiedenen Vorstudien fanden die Erhebungen der vorliegenden Studie in den Klassen 10–12 im Evangelischen Religionsunterricht

## Ergebnisse der Studie

| N = 806 | Ich stimme gar nicht zu | Ich stimme eher nicht zu | Ich stimme mittelmäßig zu | Ich stimme eher zu | Ich stimme sehr zu | Gesamt % | M | SD |
|---|---|---|---|---|---|---|---|---|
| „Ich glaube, dass die Welt genau so entstanden ist, wie die Bibel es in den Schöpfungserzählungen überliefert." | 59,4 | 23,0 | 10,5 | 3,7 | 2,8 | 100 | 1,67 | 1,001 |
| „Die Welt ist so einzigartig, dass sie nur durch einen intelligenten Schöpfer gemacht worden sein kann." | 34,8 | 23,5 | 20,7 | 10,8 | 10,1 | 100 | 2,38 | 1,326 |
| „Ich lehne die Evolutionstheorie ab." | 47,0 | 20,5 | 26,6 | 2,1 | 3,3 | 100 | 1,94 | 1,060 |
| „Wenn ich die Natur betrachte, bin ich überzeugt, dass hinter allem Leben ein göttlicher Schöpfungsplan steckt." | 28,6 | 26,4 | 22,9 | 13,9 | 8,3 | 100 | 2,47 | 1,264 |
| „Vor vielen Millionen Jahren begann ein Prozess, der aus einzelligen Organismen den Menschen hervorgehen ließ."* | 4,7 | 8,3 | 18,9 | 28,7 | 39,1 | 100 | 2,11 | 1,153 |

\* Rekodiertes Item – im Sinn genau andersherum zu deuten!

2 | Einstellungen der Schüler und Schülerinnen zum Kreationismus
(N = Anzahl der befragten Schüler und Schülerinnen, M = Mittelwert, SD = Standardabweichung)

an Gymnasien statt. Die Schulen befanden sich in ländlicher bis kleinstädtischer Umgebung. Die Erhebungen wurden im Zeitraum April bis September 2009 durchgeführt und stets durch einen unabhängigen Versuchsleiter begleitet. Es nahmen insgesamt 806 Schüler und Schülerinnen im Alter von 13 bis 19 Jahren teil (M =16,9; SD = 0,97). Die Stichprobe teilte sich in 463 Probandinnen (57,3 %) und 343 Probanden (42,5 %) auf.

**Schülereinstellungen zu Kreationismus und Wissenschaftsgläubigkeit: Einstellung zum Kreationismus.** Abb. 2 zeigt die Schülereinstellungen zum Kreationismus. Mit einem Skalenmittelwert von M = 2,11 (SD = 0,89) ergibt sich eine leicht negative mittlere Tendenz, die im Detail das folgende Bild erkennen lässt.

Die Zustimmung der Schüler und Schülerinnen zu den vorgeschlagenen Items fällt auffällig hoch in Bezug auf die Skalen

## Ergebnisse der Studie

| N = 806 | Ich stimme gar nicht zu | Ich stimme eher nicht zu | Ich stimme mittelmäßig zu | Ich stimme eher zu | Ich stimme sehr zu | Gesamt % | M | SD |
|---|---|---|---|---|---|---|---|---|
| „Ich glaube nur Dinge, die logisch und naturwissenschaftlich beweisbar sind." | 12,1 | 22,0 | 29,5 | 23,9 | 12,4 | 100 | 3,02 | 1,201 |
| „Naturwissenschaftliche Ergebnisse geben eine Antwort auf den Sinn des Lebens." | 31,3 | 30,9 | 24,5 | 10,3 | 2,6 | 100 | 2,22 | 1,078 |
| „Die Naturwissenschaft gibt auf alle Lebensfragen eine Antwort." | 41,0 | 32,1 | 18,1 | 7,1 | 1,6 | 100 | 1,96 | 1,010 |
| „Naturwissenschaftliche Theorien können nie mit absoluter Sicherheit bewiesen werden."* | 12,3 | 25,6 | 22,3 | 25,4 | 14,5 | 100 | 2,96 | 1,257 |
| „Naturwissenschaftliche Theorien können als definitiv wahr bewiesen werden."** | 9,9 | 21,9 | 28,7 | 29,1 | 10,4 | 100 | 3,08 | 1,147 |

\* In der englischen Version lautet der Originaltext: „Theories in science are never proved with absolute certainty" (vgl. Fulljames 1988, S. 95). – Rekodiertes Item – im Sinn genau andersherum zu deuten!
\*\* In der englischen Version lautet der Originaltext: „Theories in science can be proved to be definitely true" (vgl. Fulljames 1988, S. 95).

3 | Einstellungen der Schüler und Schülerinnen zur Wissenschaftsgläubigkeit
(N = Anzahl der befragten Schüler und Schülerinnen, M = Mittelwert, SD = Standardabweichung)

zum „Intelligent Design" aus: Die Existenz eines intelligenten Schöpfers und eines Schöpfungsplanes wird mit Zustimmungswerten um 20 % befürwortet (unter Zustimmungswerten wurden jeweils die Kategorien „stimme eher zu" und „stimme sehr zu" verrechnet). Dennoch wird die Evolution von der großen Mehrzahl in ihrer Gültigkeit anerkannt, eine wörtliche Interpretation der Schöpfungserzählung abgelehnt.

**Schülereinstellungen zu Kreationismus und Wissenschaftsgläubigkeit: Einstellung zur Wissenschaftsgläubigkeit.** Abb. 3 zeigt die Ergebnisse der Schülerantworten in Hinsicht auf deren Einstellung zur Wissenschaftsgläubigkeit. Mit einem Skalenmittelwert von M = 2,65 (SD = 0,75) erlangt diese Skala eine höhere mittlere Zustimmung als die Skala „Einstellung zum Kreationismus" und zeigt eine leicht positive mittlere Tendenz.

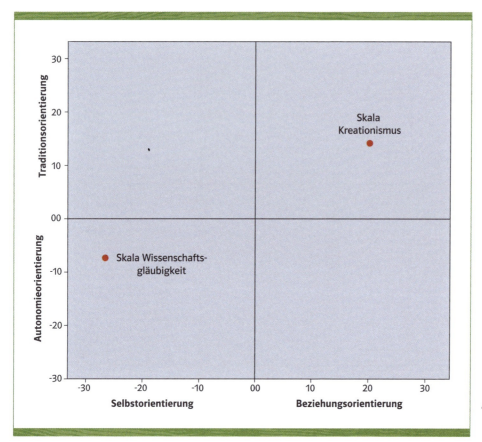

4 | Korrelation der Skalenmittelwerte mit den Dimensionen des Wertefeldes

Die detaillierte Analyse lässt erkennen, dass die Schüler und Schülerinnen tendenziell angeben, nur Dinge zu glauben, die logisch sind und naturwissenschaftlich bewiesen werden können (Item 1). Die Zustimmung zu diesem Item erreicht mit 36,3 % einen relativ hohen Wert. Des Weiteren werden naturwissenschaftliche Theorien mit Zustimmungen von rund 40 % als absolut sicher beweisbar und definitiv wahr angesehen (Item 4). Sinn- und Lebensfragen können jedoch nach Meinung der Schüler und Schülerinnen nicht durch die Naturwissenschaften beantwortet werden. Hier steigt die Zustimmung zu den Items nicht über 12,9 %.

**Schülereinstellungen zu Kreationismus und Wissenschaftsgläubigkeit: Werthaltungsmuster.** Abb. 4 zeigt die Skalen „Einstellung zum Kreationismus" und „Einstellung zur Wissenschaftsgläubigkeit" der Schüler und Schülerinnen im Wertefeld der vorliegenden Stichprobe. Diese Verortung gibt die Möglichkeit, ihre konkrete Wahrnehmungsperspektive vor dem Hintergrund der Werthaltungsstrukturen zu erfassen (GENNERICH 2010, S. 50). Der Abbildung kann entnommen werden, dass die Schülereinstellungen folgende Verbindungen zur Werthaltung aufweisen: Schüler und Schülerinnen, die den kreationistischen Gedanken nahestehen, sind entsprechend den Berechnungen tendenziell beziehungsorientierter und traditionsorientierter – die Skala ist im Wertefeld oben rechts verortet. Diese Schüler und Schülerinnen bevorzugen eine Orientierung an klaren Regeln und Normen, bewahren tendenziell eher bereits Bewährtes und achten auf andere Menschen, deren Wohlergehen und Befindlichkeiten. Sie verbinden eine klare Orientierung an Vorgaben mit einer Zuwendung zum Nächsten. Die Skala zur Wissenschaftsgläubigkeit hingegen befindet sich im unteren Bereich des Wertefeldes mit einer klaren Orientierung zum Pol „Autonomieorientierung". Eine positive Einstellung zur Wissenschaftsgläubigkeit verbindet sich hier mit einem freiheitsliebenden Denken, das gerne neue Wege geht und sich kritisch mit Gegebenem auseinandersetzt. Zugleich zeigt sich jedoch eine stärkere Orientierung an Werten der Selbstverwirklichung und -behauptung.

## Diskussion

Die Analysen haben gezeigt, dass sowohl kreationistische als auch wissenschaftsgläubige Positionen im Evangelischen Religionsunterricht vertreten sind. Dementsprechend gilt es, im gegenwärtigen Religionsunterricht die Entwicklung kreationistischer und wissenschaftsgläubiger Tendenzen aufmerksam zu beobachten. Dennoch ist bislang wenig über den Umgang mit diesen Extrempositionen und die vorfindlichen Strukturen bekannt. Einen ersten Hinweis kann hier die Analyse der zugrundeliegenden Werthaltungsmuster geben, wobei sich zeigte, dass die Einstellungsmuster zu Kreationismus und Wissenschaftsgläubigkeit sich mit entgegengesetzten Werthaltungsstrukturen verbinden. Nach GENNERICH (2010, S. 334) verweisen diese Zusammenhänge auf allgemeinere Lebenserfahrungen der Jugendlichen, die in der Präferenz für Theorien der Weltdeutung zum Ausdruck kommen. So zeige sich konkret, dass Jugendliche mit dem Schöpfungsmotiv Geborgenheitserfahrungen in ihrer Sozialisation ausdrücken können, wohingegen naturwissenschaftliche Deutungen eher expressiv für Konflikterfahrungen sind. Die hier ermittelten Zusammenhänge belegen damit TOMKINS' (1987, 1991) Annahme einer grundlegenden Abhängigkeit von Theoriepräferenzen, Weltdeutungsperspektiven und der Emotionalitätsstruktur des Subjekts. Demnach ist die Theorieverarbeitung der Schüler und Schülerinnen nicht nur im Religionsunterricht erfahrungsabhängig, sondern auch in naturwissenschaftlichen Fächern. Die explizite wissenschaftstheoretische Diskussion der Weltdeutungsperspektiven, wie sie ROTHGANGEL (1999) vorschlägt, eröffnet die Möglichkeit, sozialisatorische Grenzen durch Einsichtprozesse des Lernens zu überschreiten. Demnach bietet beim Umgang mit Extrempositionen ein didaktischer Brückenschlag zwischen dem Religionsunterricht und naturwissenschaftlichen Fächern weiterführende Diskussionsperspektiven.

Dennoch gilt es hier vorsichtig zu interpretieren: Die Stichprobe basiert auf Jugendlichen im Alter zwischen 13 und 19 Jahre in einem gymnasialen Bildungsmilieu. Weitere Studien – vergleichbar zu der von FEIGE und GENNERICH (2008), die ein ähnliches Muster für Berufsschüler und -schülerinnen belegen, müssten hier den Umfang ausweiten, um allgemeingültige Aussagen treffen zu können. Zudem beziehen sich die Angaben nur auf zwei Skalen, die zur Metareflexion anregen. Weitere Studien könnten hier konkrete Entscheidungssituationen thematisieren und somit das vorliegende Bild ergänzen.

## Literatur

Barbour, I. G. (2003): Wissenschaft und Glaube. Göttingen.
EKD (= Evangelische Kirche in Deutschland) (2008): EKD-Text 94: Weltentstehung, Evolutionstheorie und Schöpfungsglaube in der Schule. http://www.ekd.de/download/ekd_texte_94.pdf [24.11.2010].
Feige, A./C. Gennerich (2008): Lebensorientierungen Jugendlicher. Alltagsethik, Moral und Religion in der Wahrnehmung von Berufsschülerinnen und -schülern in Deutschland. Münster.
Fulljames, P./L. J. Francis (1988): The influence of creationism and scientism on attitudes towards Christianity among Kenyan secondary school students. In: Educational Studies 14(1), S. 77–96.
Gennerich, C. (2010): Empirische Dogmatik des Jugendalters. Stuttgart.
Klose, B. (2009): Kreationismus und Wissenschaftsgläubigkeit – empirisch erfasst!? In: Theo-Web. Zeitschrift für Religionspädagogik 8(1), S. 75–79.
Rothgangel, M. (1999): Naturwissenschaft und Theologie. Wissenschaftstheoretische Gesichtspunkte im Horizont religionspädagogischer Überlegungen. Göttingen.
Schwartz, S. H. (1992): Universals in the content and structure of values. Theoretical advances and empirical tests in 20 countries. In: Advances in Experimental Social Psychology 25, S. 1–65.
Tomkins, S. S. (1987): Script theory. In: J. Aronoff/A. I. Rubin/R. A. Tucker (Hrsg.), The emergence of personality, New York, S. 147–216.
Tomkins, S. S. (1991): Affect imagery consciousness. Volume III: The negative affects: anger and fear. New York.

# Evolutionstheorie – nur eine Theorie?

Die von Charles Darwin entwickelte Evolutionstheorie fußt auf folgenden Erkenntnissen: 1. Die Zahl der Nachkommen innerhalb einer Population ist so groß, dass die Population exponentiell wachsen müsste. 2. Die Populationsgröße bleibt jedoch im Durchschnitt konstant. 3. Den Lebewesen steht nur eine begrenzte Menge von Ressourcen zur Verfügung. Aus dieser Erkenntnis schloss Darwin auf einen Wettbewerb um Ressourcen, der zu einem unterschiedlichen Fortpflanzungserfolg der Konkurrenten führt. Weiterhin erkannte Darwin 4., dass in Populationen die Merkmale von Individuen variieren, wobei diese Merkmale 5. teilweise erblich sind. Daraus schloss Darwin, dass sich nur Lebewesen, die mit den herrschenden Umweltbedingungen gut zurechtkommen, fortpflanzen. Diese Selektion bewirkt Merkmalsänderungen in der Population, das heißt: Evolution.

Dass Variation und Selektion die Evolution erklären, ist die zentrale Aussage von Darwins Evolutionstheorie. Diese umfasst widerspruchsfrei Aussagen über die Entstehung von Arten, die Besiedlung neuer Lebensräume und die Abstammung aller lebenden und ausgestorbenen Arten von gemeinsamen Vorfahren. Kein einziges Ergebnis der Biologie steht mit ihr in Widerspruch. Mit Ergebnissen anderer Disziplinen, zum Beispiel der Astrophysik und der Geologie, steht sie im Einklang. Auch lässt die Evolutionstheorie Voraussagen zu. So sagte schon Darwin voraus, dass die Orchidee *Angraecum sesquipedale* aufgrund ihres bis zu 30 cm langen Sporns von einem Insekt bestäubt werden müsse, das einen entsprechend langen Saugrüssel hat – im 20. Jahrhundert wurde der Bestäuber der Orchidee, der Schmetterling *Xanthopan morgani-praedicta* (lat. *praedictus*, „vorhergesagt"), entdeckt. Auch lässt die Evolutionstheorie erwarten, dass alle neu entdeckten Lebewesen aus einer oder mehreren Zellen bestehen und DNA besitzen, und sie wirft neue Fragen auf, etwa die Frage, ob religiöses Verhalten evolutive Ursachen hat.

Im Alltag kann eine Theorie als spekulativ und wirklichkeitsfern gelten. Eine naturwissenschaftliche Theorie hat damit nichts zu tun. Bei ihr handelt es sich um eine vielfach bestätigte Hypothese oder ein System solcher Hypothesen. Sie erklärt einen Sachbereich und schließt widerspruchsfrei viele verschiedene Aussagen ein. Auch ermöglicht sie Voraussagen und wirft neue Fragen auf. Eine wissenschaftliche Theorie ist nicht abgeschlossen, sie kann modifiziert und im Extremfall durch eine erklärungsmächtigere abgelöst werden.

HB

vor etwa 13,7 Milliarden Jahren   heißer Urknall          vor etwa 3,5 Milliarden Jahren   Entstehung des Lebens

> Überzeugungen sind oft die gefährlichsten Feinde der Wahrheit.
> Friedrich Nietzsche (1844 – 1900)

Martin Rothgangel

# Kreationismus und Szientismus: Didaktische Herausforderungen

### Entwicklungspsychologische Perspektiven zum Verhältnis von Naturwissenschaft und Gottesglaube

Im Folgenden werden entwicklungspsychologische Theorien zum Welt- und Gottesbild dargelegt, weil sich auf diesem Hintergrund sowohl zum Kreationismus als auch zum Szientismus didaktisch relevante Herausforderungen abzeichnen. Die im Anschluss daran diskutierten Studien zur Entwicklung des komplementären Denkens leisten einen weiteren wichtigen Beitrag aus entwicklungspsychologischer Perspektive, um Äußerungen von Schülerinnen und Schülern hinsichtlich des Verhältnisses von Naturwissenschaft und Gottesglaube differenziert verstehen zu können.

**Entwicklung des Welt- und Gottesbildes.** Verschiedene empirische Studien zeigen, dass ein erheblicher Teil von Kindern eine Gottesvorstellung besitzt, die auf engste Weise mit einem mythologischen, prämodernen Weltbild verbunden ist: Gott ist „oben" im Himmel. Zudem befinden sich Grundschulkinder häufig im zweiten Stadium der Glaubensentwicklung, das als „mythisch-wörtlicher" Glauben bezeichnet werden kann (vgl. Fowler 1989, S. 87 – 91). Dies bedeutet, dass Kinder die biblischen Schöpfungserzählungen in Genesis 1,1 ff. wortwörtlich als Welt- und Lebensentstehungsberichte auffassen – und dies nicht einfach als defizitäres und möglichst rasch zu überwindendes Glaubensstadium zu beurteilen ist. Das kindliche Denken und Genesis 1,1 ff. entsprechen einander, weil Kinder ein artifizialistisches Schöpfungsverständnis besitzen, in dem „alles auf personal-lebendige Wirkmächte" (Fetz/Reich/Valentin 2001, S. 343) zurückgeführt wird. Der Schöpfergott wird von Kindern als ein überelterliches, anthropomorphes Wesen verstanden, das alles herstellt, was Menschen nicht selbst machen können. Grundsätzlich zeigt sich, dass Genesis 1,1 ff.

> eine als Matrix fungierende Verstehensstruktur aktiviert, die das Kind selbst entwickelt hat. […] Die Verstehensstruktur, die das kindliche Weltbild produziert, leistet […] ein Doppeltes: sie ermöglich eine Welterklärung, die zugleich eine Sinnstiftung verbürgt.   (Fetz/Reich/Valentin 2001, S. 341)

Dieses sowie die allmähliche Infragestellung durch naturwissenschaftliche Kenntnisse kann im Folgenden anhand der beiden ersten Stufen der Entwicklung des Weltbildes veranschaulicht werden.

**(1) Das archaische Stadium.** Im ersten, archaischen Stadium der Entwicklung des theistischen Weltbildes (etwa 5 bis 8 Jahre) handelt Gott in Bezug auf Natur und Artefakte (Autos, Com-

**vor etwa 150.000 Jahren** Auftreten des heutigen Menschen       **ca. 586 – 536 v. Chr.** Entstehung der Schöpfungsgeschichten des 1. Buches Mose

1 | Archaisches Stadium: Jesus und Maria stehen auf der festen Himmelsdecke, an die eine aufsteigende Rakete stößt.

puter etc.) universell und umfassend „anthropozentrisch-finalistisch" (Fetz/Reich/Valentin 1989, S. 152). Auch gehören physikalische und symbolische Sachverhalte unterschiedslos zu der einen Welt. „Sternenhimmel" und „Gotteshimmel" werden nicht unterschieden. Dieses erste Stadium kann als „archaisch" bezeichnet werden, da die Welt ähnlich wie bei früheren Kulturen als begrenzt und mit einer Oben-Unten-Polarität vorgestellt wird (**Abb. 1**, vgl. Bucher 1987, S. 3): Die Erde ist nach dieser Sichtweise meistens flach und über der Himmelsdecke wohnt Gott (vgl. zum Beispiel Reich 1987, S. 334). Eine nach „oben" steigende Rakete stößt nach Ansicht dieser Kinder schließlich einmal an diese Himmelsdecke (vgl. Bucher 1987). Im Gegensatz dazu ist Gott und Christus der „Eintritt" in den Himmel nicht verwehrt, der Himmel ist damit in diesem Stadium „in einem ganz konkreten Sinn das Transzendente, den Menschen Unzugängliche" (Fetz 1985, S. 132). Nach Fetz „ist anzunehmen, dass wir hier auf das ursprüngliche Weltbild von Kindern stoßen". Dieses Weltbild entspricht der Erfahrung ihrer Lebenswelt. „Die Ähnlichkeit mit archaischen Weltbildern ist hier unverkennbar." Dagegen beruht „die Repräsentation der Erde als Kugel auf angelerntem Wissen" (vgl. FETZ 1985, S. 131 f.). Wie die folgende Aussage eines 8-jährigen Schülers allerdings belegt, können bereits bei Grundschülerinnen und -schülern erste naturwissenschaftliche Kenntnisse hinsichtlich ihres Gottesbildes zu „kognitiven Dissonanzen" führen: „Wie kannst du atmen? Dort oben ist doch kein Sauerstoff." (vgl. BOSSMANN 1984, S. 27)

**(2) Das hybride Stadium.** Solche Statements dokumentieren den fließenden Übergang zum zweiten, dem hybriden Stadium. Schließlich kann bereits das „Wissen" nicht weniger Kinder um die Kugelgestalt der Erde zu einer Vermischung des religiösen und naturwissenschaftlichen Bereichs führen. Das hybride Stadium bezüglich der Himmelssymbolik ist spätestens dann erreicht, wenn insbesondere aufgrund naturwissenschaftlicher Kenntnisse die „Oben-Unten-Polarität" entfällt, „d. h. wenn aus dem überirdischen ‚Himmel' der Religionen das keine Werthierarchie mehr abbildende ‚Weltall' der Physik wird" (**Abb. 2**, vgl. FETZ 1985, 135). Das folgende Beispiel stammt von einem 12½-jährigen Jungen:

> Am Anfang geschah „von selbst" eine große Explosion, Materieklumpen flogen durch das Weltall, das „immer schon da war", dann sah Gott einen dieser Klumpen, nämlich unsere zukünftige Erde, fand ihn für seine Zwecke geeignet und schuf auf ihm gemäß der im Sechstagewerk beschriebenen Ordnung an einem Tag die Pflanzen, dann die Tiere und schließlich den Menschen. (FETZ 1985, S. 135)

Unschwer sind hier die Vermengung von Urknalltheorie und christlicher Schöpfungsgeschichte erkennbar. Das Bedeutsame an diesem Stadium ist bezüglich der Himmelssymbolik, dass mit der „Physikalisierung des Himmels" die vertikale Achse verlorengeht. Dementsprechend „wohnt" Gott nicht mehr in einem ganz andersartigen Bereich.

> […] es findet eine Banalisierung der Transzendenzerfahrung statt. Verglichen mit dem Himmelsgott der archaischen Stufe, ist also dieser Weltraumgott wohl als eine Dekadenzform zu betrachten, und so erstaunt auch nicht, dass die weitere Entwicklung einen neuen Weg gehen muss. […] Jugendliche, die auf dem Niveau des Weltraumgottes stehen bleiben, werden ihren Glauben an einen solchen Gott über kurz oder lang aufgeben; Gott wird schließlich als eine überholte Vorstellung betrachtet, die man am besten fallen lässt. (FETZ 1985, S. 142 f.)

Ganz entsprechend gewinnen nach dem zweiten, gleichfalls hybriden Stadium der Weltbildentwicklung (etwa 7 bis 9 Jahre, gelegentlich bis 15 Jahre) Menschen an Autonomie, da Gott lediglich noch als Urheber der Natur (nicht der Artefakte!) fungiert (vgl. REICH/FETZ/VALENTIN, S. 152). Solche, mit prämodernen Weltvorstellungen verbundenen, „himmlischen" Gottesbilder können in einer von Naturwissenschaft und Technik geprägten Gegenwart schwerlich bestehen.

Nachdem ein relativ hoher Prozentsatz von Schülerinnen und Schülern (11-Jährige ungefähr 2 Drittel) der Orientierungsstufe noch ein Gottesbild besitzt, das einem mythisch-magischen Himmelswesen gleicht (vgl. BUCHER 1991, S. 333), distanzieren sich zahlreiche Jugendliche von ihrem Kinderglauben (vgl. HUTSEBAUT/ VERHOEVEN 1991, S. 65 – 69). Gerade wenn Jugendliche mit der Ausbildung der Fähigkeit zu formalen Denkoperationen das Denken des Denkens erlernen, ihre Fähigkeit zur Hypothesenbildung entfalten, gerade dann kann die Frage, ob etwas beweisbar ist oder nicht, einen zentralen Stellenwert erlangen.

Diese Problematik wird erst dann angemessen gelöst, wenn es zu einer „Ausdifferenzierung der Himmelssymbolik" (FETZ 1985, S. 143) kommt. Der „Himmel" beziehungsweise im hybriden Stadium der „Weltraum" wird jetzt nicht mehr als ein realer Aufenthaltsort Gottes aufgefasst, vielmehr wird der Begriff „Himmel" in seiner symbolischen Bedeutung erkannt. Allerdings wird dieses „differenzierte" Stadium, in dem explizit zwischen der Zeichengestalt des Symbols und der realen Raumorganisation der Welt unterschieden wird, wenn überhaupt, erst im Verlauf der Adoleszenz erreicht (ebd., S. 143).

Unterbleiben gezielte Impulse zur Weiterentwicklung kindlicher Schöpfungsvorstellungen, dann grenzen sich schließlich viele Jugendliche vom biblischen „Schöpfungsbericht" als kindlich und als von der Naturwissenschaft widerlegt ab. So verdrängt ein über den sozialen Kontext aufgenommenes naturwissenschaftlich geprägtes Weltbild nach und nach artifizialistische

2 | Hybrides Stadium: Im Kosmos hält sich zusammen mit den Engeln der riesige Weltraumgott auf.

und anthropomorphe Schöpfungsvorstellungen. Mit dem im Jugendalter sich etablierenden mittelreflektierten Denken, das heißt mit der Reflexion über die Mittel des Denkens selbst, setzt ein tiefgreifender Transformationsprozess ein, in dem das kindliche Weltbild grundlegend umgestaltet und schließlich der artifizialistische und anthropomorphe Kinderglaube als eine obsolete Stufe erscheint. Am Ende dieses Prozesses gelten insbesondere die naturwissenschaftliche Urknall- und Evolutionstheorie „als die rationale und unanfechtbare Basis der Welterklärung überhaupt […]. Gottesglaube und Welterklärung trennen sich." (Fetz/Reich/Valentin 2001, S. 346 f.)

**Entwicklung des komplementären Denkens.** Die Betrachtung einer Rose aus der Perspektive eines Biologen oder eines verliebten Menschen unterscheidet sich erheblich. Beim Denken in Komplementarität geht es letztlich darum, wie Menschen diese beiden Perspektiven (Biologe, verliebter Mensch) auf einen Gegenstandsbereich (Rose) aufeinander beziehen können. Mit guten Gründen haben die entwicklungspsychologischen Studien von Oser und Reich zum Denken in Komplementarität (vgl. u. a. Oser/Reich 1987; Oser/Reich 1991; Reich 1995; Reich 1997; Fetz/Reich/Valentin 2001) eine vielfältige Beachtung im religionspädagogischen Diskurs gefunden. Für die Verstehensschwie-

3 | Giovanni da Milano, Die Erweckung des Lazarus, Fresko, (14. Jahrhundert).
Sind die Berichte über Wunder für Jugendliche glaubwürdig?

rigkeiten von Schöpfung im Kontext einer naturwissenschaftlich geprägten Lebenswelt genügt ein Blick auf die ersten vier Stufen des Denkens in Komplementarität, wobei diese im Folgenden anhand des exemplarischen Problemfalls „naturwissenschaftliche Welt- und Lebensentstehungstheorien (= Theorie A) – biblisches Schöpfungsverständnis (= Theorie B)" konkretisiert werden sollen.

Das erste Niveau des Denkens in Komplementarität lautet „keine Komplementarität": In den meisten Fällen wird Theorie A oder Theorie B gewählt, beide Theorien werden getrennt betrachtet und spontan als richtig oder falsch beurteilt. Im Vordergrund steht eine alternative Betrachtungsweise (zum Beispiel Präferenz für Theorie B: „Der Pfarrer hat recht – Gott hat ihm gesagt, dass es so ist"). Im Unterschied dazu wird im zweiten Niveau

„rudimentäre Komplementarität" die Möglichkeit in Betracht gezogen, dass sowohl Theorie A als auch Theorie B richtig sein könnte (zum Beispiel: „Ich glaube zwar mehr an die Bibel, aber dass der Mensch vom Affen abstammt, scheint mir auch richtig"). Im dritten Niveau „beginnende Komplementarität" wird die Notwendigkeit erkannt, für die Erklärung eines Problemfalls Theorie A und Theorie B heranzuziehen. Im vierten Niveau („reflektierte Komplementarität") werden die Theorien A und B als komplementär aufgefasst und wird ihr gegenseitiges Verhältnis reflektiert (zum Beispiel: „A und B gehören zu verschiedenen Dimensionen; es sind zwei unterschiedliche Perspektiven, die einander nicht beeinflussen").

Gleichwohl ist gerade im Vergleich zu anderen Themenbereichen, anhand derer das Denken in Komplementarität untersucht wurde, bei dem Thema „Schöpfung – Naturwissenschaft" nicht selten ein niedrigeres Niveau festzustellen, das heißt zum Beispiel, dass Jugendliche hinsichtlich „Schöpfung – Naturwissenschaft" auf dem zweiten Niveau (rudimentäre Komplementarität) argumentieren, obwohl sie in anderen Bereichen bereits auf dem dritten Niveau des Denkens in Komplementarität argumentieren. Die Besonderheiten dieser Thematik unterstreicht auch die Befragung von über 8.000 Schülerinnen und Schülern durch Feige und Gennerich, aus der zwei Ergebnisse hervorgehoben werden sollen: In keinem anderen Bereich traten die Meinungen der Jugendlichen so stark auseinander wie bei der Weltentstehung, was die Umstrittenheit dieser Thematik bei Jugendlichen anzeigt (vgl. Feige/Gennerich 2008, S. 102). Des Weiteren scheinen für viele Jugendliche die Wortbedeutungen von „Zufall" und „Urknall" unvereinbar zu sein mit der von „Gottes Schöpfung" (ebd., S. 105). Diese Problematik hinsichtlich des Verhältnisses von biblischem Schöpfungsverständnis und naturwissenschaftlichen Theorien löst sich, wenn Schülerinnen und Schüler das vierte Niveau der „reflektierten Komplementarität" erreichen.

Die im Vergleich zu anderen Themenbereichen geringere Fähigkeit des Denkens in Komplementarität wurde näher untersucht. Anhand von typischen Aussagen von Jugendlichen ergaben sich dafür deren Begründungen (Reich 1997):

1. ungenügendes Vorwissen beziehungsweise ungenügende Sachkenntnis, zum Beispiel: „Man weiß es nicht, weil noch kein Mensch da war" (ebd., S. 14);
2. einseitige Stellungnahme trotz Sachkenntnis, zum Beispiel: „Der Naturwissenschaftler hat recht, weil man es nachforschen kann" (ebd., S. 16);
3. Unlösbarkeit des Problems, zum Beispiel metatheoretische Reflexion mit dem Ergebnis: „Das werden wir wohl nie wissen" (ebd., S. 16).

## „Qualitativ" erhobene Verhältnismuster von Naturwissenschaft und Gottesglaube

Ausgangspunkt für eine Befragung Jugendlicher in den 1980er Jahren waren folgende Gedankenimpulse zur Gottesthematik, mit denen sie zum Schreiben angeregt wurden:

— Gott ist …
— Ich glaube an Gott, weil …
— Ich glaube nicht an Gott, weil …
— Wie stellen Sie sich Gott vor?
— Woran denken Sie bei dem Wort Gott?
— „Worauf du nun dein Herz hängst und verlässt, das ist eigentlich dein Gott!" (Martin Luther)
— „Hütet euch vor den Menschen, deren Gott im Himmel ist!" (Bernhard Shaw)

Auf dieser Basis entstand eine Sammlung von 1.236 Texten. Es finden sich formal betrachtet sehr unterschiedliche Texte vor, die von kurzen Statements bis zu einseitigen Texten reichen. Bemerkenswert ist insbesondere, dass zahlreiche Jugendliche direkt oder indirekt das Verhältnis von Gottesbild und Naturwissenschaft thematisierten, obwohl in den vorgegebenen Gedankenimpulsen nur von Gott, nicht aber von Naturwissenschaft die Rede war. Generell lässt sich feststellen, dass Teilgebiete der Naturwissenschaft (Biologie bzw. biologisch; Physik bzw. physikalisch; Chemie bzw. chemisch) wie auch naturwissenschaftliche Theorien (vor allem Urknalltheorie, Evolutionstheorie) von wenigen Ausnahmen abgesehen selten explizit, sondern überwiegend implizit genannt werden. Nur von ein paar wenigen Jugendlichen werden spezielle naturwissenschaftliche Aspekte wie „Antimaterie", „Neutronen-Protonen-Elektronen", „vier Dimensionen", „Gasball", „Einzeller" und „Primaten", „Galaxien" –

„Milchstraße" – „Sonnensystem" und Ähnliches angesprochen. Häufig sprechen Jugendliche allgemein von „Wissenschaft", „wissenschaftlich" oder „Wissenschaftlern", seltener von „Forschung", „Forscher" und „modernen Erkenntnissen".

Aus diesem Grund erfolgte vom Verfasser eine Reanalyse dieser 1.236 Texte, wobei das Erkenntnisinteresse speziell dem Thema Naturwissenschaft und dem Verhältnis zum Gottesglauben der Jugendlichen galt. Darüber hinaus wurden im Jahre 1999 insgesamt 245 weitere Texte erhoben, um eine aktuelle Textbasis zur Verfügung zu haben. Neben den obigen Satzanfängen und Zitaten dienten hier noch folgende zwei Statements als spezifischer Impuls zum Thema „Naturwissenschaft und Theologie":

— Mein Gottesbild ist mit dem Weltbild der modernen Naturwissenschaft (nicht) vereinbar, weil …
— Ich bin (nicht) der Ansicht, dass Erkenntnisse der modernen Naturwissenschaften den Glauben an Gott widerlegen können, weil …

Ganz allgemein lässt sich feststellen, dass in qualitativer Hinsicht, das heißt im Blick auf die folgenden drei Kategorien, welche mit der Grounded Theory ermittelt wurden, keine Differenzen zwischen den beiden Erhebungen festzustellen waren:

— Naturwissenschaft widerlegt Gott
— Naturwissenschaft „und" Glaubenskonflikt
— Vermittlungsstrategien von Naturwissenschaft und Gottesglaube

**Naturwissenschaft widerlegt Gott.** Fast identisch in den Befragungen von 1983 und 1999 sind die Argumentationsmuster der Jugendlichen, welche zur Kategorie „Naturwissenschaft widerlegt Gott" gehören.

Richtet man die Aufmerksamkeit differenziert darauf, welche konkreten Aspekte von Naturwissenschaft in diesem Zusammenhang angeführt werden, so treten vor allem zwei Themenkreise immer wieder hervor: Zum einen „Welt- bzw. Lebensentstehung" und zum anderen das Thema „Beweis". Wie die nachfolgenden Beispiele exemplarisch belegen, werden beide Themen häufig gemeinsam genannt:

Dann gibt es viele Beweise für die Entstehungstheorie der Erde, daß man sagen kann, so wie in der Bibel war es nicht, selbst wenn man es noch so bildlich auslegt.

Aus der aktuelleren Texterhebung stammt folgendes Beispiel:

Ich bin der Ansicht, daß Erkenntnisse der modernen Naturwissenschaften den Glauben an Gott widerlegen können, weil die Naturwissenschaft es besser erklären kann, wie die Menschen, Tiere und das All entstanden ist. Durch die Naturwissenschaft wurde bewiesen, daß der Mensch, Tiere und das All nicht durch Gott entstanden ist, sondern durch den Urknall und durch Kometen, die auf der Erde eingeschlagen sind.

Des Weiteren ist bemerkenswert, dass naturwissenschaftliche Themen oftmals im unmittelbaren Zusammenhang mit der Theodizee-Frage genannt werden. Das Leid in der Welt ist dann der Erfahrungsbeweis gegen Gott, oder umgekehrt: Gott soll den Beweis seiner Existenz führen, indem er hilft:

Gott war mal da und es gibt ihn nicht mehr. Wenn man logisch denkt, sieht man das auch ein. Die Menschen wären vom Gott entstanden. Das ist doch Blödsinn. Man hat doch bewiesen, daß die Menschen vom Affen abstammen […]. Wenn es Gott gibt, dann soll er doch kommen und uns helfen. Soll er doch die Kriege die auf der Erde sind abschaffen, dann soll er doch kommen und allen Menschen beweisen, daß er da ist. […] Wenn er was beweist, dann erst glaube ich an ihn.

Eine enge Verbindung zu den ersten beiden Themenkreisen „Welt- bzw. Lebensentstehung" und „Beweis" könnte unter Umständen auch bei den Jugendlichen bestehen, die sich zu diesem Thema lediglich kurz und allgemein äußern wie: „Weil es sich wissenschaftlich nicht belegen lässt" (T 848) oder: „Die Wissenschaft widerlegt, daß es Gott gibt, und die Kirche erzählt lauter blödes Zeug" (T 296, vgl. 165, 895).

In der jüngeren Texterhebung tritt ein besonderer Akzent hervor, nämlich dass Gott als pseudonaturwissenschaftliche Erklärung früherer Zeiten beziehungsweise als unmodern und veraltet charakterisiert wird. Dazu zwei Beispiele. Ein Jugendlicher schreibt: „Gott ist eine altertümliche Erklärung für natürliche Phänomene die damals nicht erklärbar waren." (T 165) Und in einem anderen Text ist Folgendes zu lesen:

> Mein Gottesbild ist mit dem Weltbild [d. h. der modernen Naturwissenschaft] nicht vereinbar, weil die Geschichten von ihm überholt sind. Sie passen nicht mehr in die heutige Zeit.

**Naturwissenschaft *und* Glaubenskonflikt.** Wie bereits das unbestimmte „und" im Titel signalisieren soll, sind in dieser Kategorie zum einen Texte enthalten, deren Verfasser ein unabgeklärtes Verhältnis zwischen ihren naturwissenschaftlichen Kenntnissen und religiösen Überzeugungen dokumentieren und zum anderen Texte, deren Verfasser aufgrund naturwissenschaftlicher Theorien zwar den Glauben an Gott nicht als widerlegt erachten, aber doch erkennbare Zweifel äußern. Ein Beispiel für die erste Gruppe ist der folgende Text:

> [...] Ich komme in den Gedanken, wie ist die Erde entstanden. Denn kann man sagen, Gott hat die Welt erschaffen, oder die Erde ist durch biologische Weise entstanden. Je länger ich darüber nachdenke, desto aufgeregter und angeregter werde ich, und dann sage ich zu mir, es hat ja sowieso keinen Sinn darüber nachzudenken und lasse das Thema wieder fallen.

Für die zweite Gruppe von Verfassern ist der folgende Text exemplarisch:

> Gott! Was ist Gott überhaupt. Die Antwort darauf kann mir niemand geben. Jeder Mensch hat andere Vorstellungen von ihm und doch glauben und hoffen wir auf Gott, als eine Einheit. [...] Aber kann ich an ihn glauben, wenn in der Bibel zum Beispiel steht: und am ersten Tag [...] und durch die Wissenschaft vieles von dem eben erklärt werden kann. Es gibt so viele Widersprüche in mir, die meinen Glauben an ihn nicht stark werden lassen, und doch glaube ich an ihn weil er eben etwas ist, an dem man sich festhalten kann und auf was man hoffen kann.

Es handelt sich in beiden Fällen um Jugendliche, die zwar einerseits die Existenz Gottes nicht als widerlegt erachten durch die Erkenntnisse, die den Naturwissenschaften verdankt werden, die aber andererseits auch keine reflektierte Vermittlungsstrategie zwischen Naturwissenschaft und Theologie zu erkennen geben.

In den Texten tritt wiederum die Bedeutung der zwei Themenkreise hervor, die bereits angesprochen wurden. Es handelt sich erstens um den Konflikt zwischen naturwissenschaftlichen Welt- beziehungsweise Lebensentstehungstheorien und der biblischen Schöpfungsgeschichte, und der zweite Themenkreis bezieht sich wiederum darauf, dass naturwissenschaftliche Theorien als „bewiesen" und „logisch" gelten, sie können „erklären".

Das folgende Beispiel ist in mehrfacher Hinsicht kennzeichnend:

> Was macht mir Schwierigkeiten, an Gott zu glauben? Man sieht ihn nicht! Dinge die früher als Gottes-Taten ausgegeben wurden, sind heute von der Wissenschaft als falsch erklärt worden, und logische Antworten ersetzten die scheinbar falschen Antworten der Bibel (zum Beispiel Entstehung der Welt).

**Vermittlungsstrategien von Naturwissenschaft und Gottesglaube.** Bei Jugendlichen lassen sich vor allem folgende vier Vermittlungsstrategien zwischen Naturwissenschaft und Gottesglaube feststellen:

**(1) Transzendenz Gottes und Glaube als eigene Dimension:** Diese beiden Dimensionen können als Argument verwendet werden, warum Naturwissenschaft und Gottesbild miteinander vereinbar sind. In diesem Sinn ist etwa davon die Rede, dass es nicht erforschbare Bereiche gibt oder Gott nicht messbar beziehungsweise erfassbar ist:

> Gott ist die Antwort auf das Sein. Die Frage ist die Sinnfrage im Leben (bzw. nach dem Sein). Es gibt wohl kaum jemand (der im Leben steht) der eine Antwort weiß, der das Wissen hat. Deshalb ist der Glaube Glaube und nicht Wissenschaft. Der Glaube an Gott ist etwas nicht Vorstellbares.

Aus der jüngeren Texterhebung stammt folgendes Beispiel:

> Ich bin nicht der Ansicht, daß Erkenntnisse der modernen Naturwissenschaften den Glauben an Gott widerlegen können, weil man Glauben meiner Meinung nach nicht widerlegen kann. Der Glaube an Gott ist naturwissenschaftlich nicht zu erklären. Er ist höchstens kulturell zu erklären, also was die Menschen bewegt hat an Gott zu glauben.

(2) Grenzen naturwissenschaftlicher Methodologie: Ein weiteres Argumentationsmuster ist mit dem erstgenannten Aspekt eng verbunden. Jedoch ist der Ansatz an dieser Stelle weniger von der Transzendenz Gottes her motiviert, sondern primär in den Grenzen naturwissenschaftlicher Methodologie und Forschung verankert. Diese Strategie der Vermittlung von Naturwissenschaft und Gottesglaube erweist sich dann als ambivalent, wenn mit dem sogenannten „Lückenbüßergott" argumentiert wird, wenn also Gott von Jugendlichen da eingesetzt wird, wo sie Grenzen naturwissenschaftlicher Theorien sehen:

> Wenn die Forscher auch sagen die Erde sei durch den Urknall entstanden, doch wo kommt der Urknall her, dieser muss ja auch irgendwo herkommen. Also kommt er doch von einer höheren Macht, – von Gott.

Am folgenden Textbeispiel zeigt sich jedoch, dass Grenzen naturwissenschaftlicher Theorien nicht zwingend mit einem „Lückenbüßergott" verbunden werden. In diesem Statement finden sich auch anfängliche wissenschaftstheoretische Kenntnisse:

> Ich glaube an Gott, weil …
> ich mir nicht vorstellen kann, daß Leben von selbst entsteht. Es gibt so viele wissenschaftliche Begründungen für die Entstehung des Lebens auf unserer Welt: Urknalltheorie, Evolutionstheorie usw. Ich kann diesen Theorien keinen Glauben schenken, denn jede Theorie ist von einer Annahme ausgegangen, die sich irgendein Mensch ausgedacht hat und dann Schlussfolgerungen gesucht wurden. Man hat bei diesen Theorien nur die Möglichkeit, sie zu glauben oder nicht, man kann sie nicht ausprobieren!

Diese Kenntnis der Grenzen naturwissenschaftlicher Theorien hinsichtlich der Entstehung des Lebens führt im vorliegenden Fall schließlich zu einer Kombination von Gottes Wirken und Evolution: Gott setzte Leben in tote Materie, die sich dann mit Gottes Hilfe entsprechend der Biologie vom Einzeller über Primaten hin zum Menschen entwickelte.

(3) Naturwissenschaftliche Theorien als Gotteshinweis: Häufig werden naturwissenschaftliche Theorien und Gesetze zum Beispiel auch als ein Hinweis auf oder sogar als ein Beweis für Gott verstanden. Auch bei Jugendlichen findet sich der Hinweis auf einen „Schöpfungsplan" oder eine eingehende Thematisierung kosmischer Ordnung, die letztlich als Indiz für einen transzendenten Schöpfergott gilt:

> Ich glaube an Gott, weil …
> Wenn ich mir das Universum anschaue, dann muss ich immer wieder staunen. Eine unendliche Menge an Sternen, Galaxien und Milchstraßen. Dann unser Sonnensystem, mit seiner genialen Aufteilung, mit der Sonne, die Milliarden von Jahren unaufhörlich Licht und Wärme unserer Erde spendet […] Wenn man sich das alles überlegt, dann muss es doch einen Gott sprich ein höheres intelligentes Wesen, das wir nicht wahrnehmen können, geben.

Gleichwohl dürfen in diesem Zusammenhang die Nähe zu Vorstellungen eines „intelligenten Designers" und entsprechende „kreationistische Abseitsfallen" nicht übersehen werden.

(4) Sinnbildliches Verstehen der Bibel: Der jüngeren Texterhebung ist ein bemerkenswerter Text zu verdanken. In ihm finden sich letztlich drei verschiedenen Vermittlungsstrategien: erstens der Glaube als eigene Dimension, zweitens ein Verweis auf die Grenzen der Naturwissenschaften und drittens eine Strategie, die bislang noch nicht angesprochen wurde, nämlich das Argument, dass die biblische Schöpfungsgeschichte nicht wörtlich aufzufassen ist:

> Ich bin nicht der Ansicht, daß Erkenntnisse der moderne Naturwissenschaften den Glauben an Gott widerlegen können, weil man das, was man glaubt, nicht mit realen

Dingen vergleichen kann. Keiner wird behaupten, die Welt wurde in 7 Tagen erschaffen. Die Schöpfungsgeschichte ist wohl eher sinnbildlich gemeint. Man kann nicht mit Naturwissenschaft Zufälle messen […] was, das man nicht sieht. Man kann keine Liebe seh'n und sie ist da, wir werden von ihr beeinflusst, sie lässt uns Dinge tun, aber keiner kann's wissenschaftlich belegen. Man kann die Pulse messen etc. aber nicht das Gefühl, also kann man die Existenz Gottes nicht nachweisen.

In didaktischer Hinsicht können diese Typen der Verhältnisbestimmung als eine Heuristik für Lehrkräfte dienen, um davon ausgehend Lehr-Lern-Prozesse zu planen. Dabei empfiehlt es sich am Anfang von Unterrichtseinheiten zum Thema Naturwissenschaft und Theologie, eine eigene Umfrage durchzuführen, um die Lernausgangslage der jeweiligen Lerngruppe differenziert erfassen zu können. Darüber hinaus leisten wissenschaftstheoretisch verantwortete Verhältnismodelle von Naturwissenschaft und Theologie (besonders das Konflikt-, Unabhängigkeits- sowie Dialogmodell) eine grundlegende Orientierung für Lehrkräfte und können gleichsam fruchtbar im Unterricht eingesetzt werden (vgl. ROTHGANGEL 1999; LÖBER/ROTHGANGEL 2008).

## Didaktische Problemstellungen und Optionen

Auf dem Hintergrund der obigen entwicklungspsychologischen und qualitativen Studien lassen sich erste Einsichten im Blick auf den Kreationismus und Szientismus ableiten: Erstens ist das Welt- und Gottesbild von Kreationisten auf eigentümliche Weise mit dem archaischen Stadium der Entwicklung des Weltbildes vergleichbar. Jedoch stellt es einen erheblichen Unterschied dar, ob ein Kind oder ein Erwachsener, welcher sich auf einem anderen Stadium der Denkentwicklung befindet, kreationistische Auffassungen vertreten. Zweitens zeichnet sich sowohl aus entwicklungspsychologischer wie aus qualitativ-empirischer Perspektive ab, wie naheliegend szientistische Einstellungen und Vorstellungen im Kontext einer von Naturwissenschaft geprägten Lebenswelt sind. Drittens wird aus diesen beiden Perspektiven gleichermaßen deutlich, dass der alltagstheoretische Konflikt zwischen Naturwissenschaft und Theologie – sei er kreationistisch oder szientistisch motiviert – eine gravierende didaktische Herausforderung darstellt.

Im Folgenden werden die beiden Phänomene Kreationismus und Szientismus in ihren jeweiligen Frontstellungen konkret in den Blick genommen und es werden entsprechende didaktischen Problemstellungen und Optionen diskutiert.

**Kreationismus versus Evolutionstheorie.** Die gegenwärtige Debatte um Kreationismus und Intelligent Design hat auch im deutschen Kontext eine nicht absehbare Aktualität erhalten (vgl. u. a. BAYRHUBER 2007; HEMMINGER 2007; EKD 2008; NIPKOW 2008; SCHWEITZER 2008; KRAFT 2009). Ohne an dieser Stelle die gegenwärtige Diskussion aufnehmen zu können, lässt sich sagen, dass Personen dann eine kreationistische Einstellung aufweisen, wenn sie Genesis 1,1 ff. als biblischen Konkurrenzbericht zu naturwissenschaftlichen Welt- und Lebensentstehungstheorien verstehen und diesen pseudonaturwissenschaftlich zu beweisen suchen. Im Grunde genommen liegt hier ein doppelter Kategorienfehler vor: Theologisch unzureichend wird Genesis 1,1 ff. als Tatsachenbericht von der Welt- und Lebensentstehung verstanden, naturwissenschaftlich unzureichend steht das Ergebnis aller wissenschaftlichen Untersuchungen von vornherein fest: Es kann nur wahr sein, was in Übereinstimmung mit dem biblischen „Schöpfungsbericht" als Gottes Wort steht.

Der (natur-)wissenschaftliche Anspruch des Kreationismus wird unter anderem durch das „Institute for Creation Research" (ICR) in Texas herausgestellt: Im Unterschied zu den älteren kreationistischen Auseinandersetzungen in den 1920er Jahren („Scopes Trial") verlagerte sich in jüngerer Zeit die Diskussion auf bestimmte naturwissenschaftliche Spezialfragen, welche von Laien kaum nachvollzogen und geprüft werden können. Näher betrachtet sind Kreationisten einer gängigen naturwissenschaftlichen Denkweise des 19. Jahrhunderts verhaftet, wenn sie immer wieder von den „facts", den Tatsachen, sprechen. Nur beziehen sie sich nicht auf die „facts" der Natur, sondern auf die „facts" der Bibel. Und ausgehend von diesen biblischen „facts" konstruieren sie eine „wissenschaftliche" Gegentheorie zur Evolutionslehre – den Kreationismus.

Die nicht nur bei Schülerinnen und Schülern, sondern selbst bei Religionslehrerinnen und -lehrern und in jüngeren wissen-

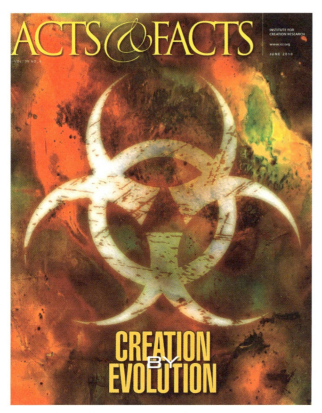

5 | Cover der Zeitschrift *Acts & Facts* des Institute for Creation Research (www.icr.org), das die Evolutionstheorie ablehnt

schaftlichen Publikationen (vgl. zum Beispiel Körner 2006, S. 146 u.ö.; Link 2008, S. 89) verbreitete Redeweise vom „Schöpfungsbericht" kann somit ungewollt eine Nähe zum kreationistischen Schöpfungsverständnis suggerieren und weist auf ein grundlegendes Problem mit verschiedenen Facetten hin. So kann unbedacht der Eindruck vermittelt werden, dass es sich in Genesis 1,1 ff. um einen beziehungsweise zwei Tatsachenberichte von der Entstehung der Welt und des Lebens handelt. Diese Diktion wird oftmals selbst dann beibehalten, wenn man sich „eigentlich" des stilisierten und poetischen Charakters von Genesis 1,1 – 2,4a bewusst ist (Link 2008, S. 88 f.). Um das Missverständnis zu vermeiden, dass es sich in Genesis 1,1 ff. um Tatsachenberichte handelt, ist deshalb auf einen bewussten Sprachgebrauch von Genesis 1,1 ff. als „Schöpfungserzählungen" oder als „Schöpfungspoesien" zu achten. Durch diese gattungsgemäßen Charakterisierungen wird in sprachlicher Hinsicht ein unmittelbarer Konflikt mit der Evolutionstheorie insofern vermieden, als mit diesen Begriffen der unterschiedliche Weltzugang im Vergleich zum naturwissenschaftlichen deutlich ausgedrückt wird.

Obwohl mit dem Verweis auf die Unterschiedenheit des religiösen und des naturwissenschaftlichen Weltzuganges eine wesentliche Unterscheidung für den Religionsunterricht dargelegt ist (vgl. Dressler 2006), wäre die Vorstellung illusorisch, dass solche grundlegenden Differenzen mit dem Hinweis auf Begriffe wie „Schöpfungspoesie" in der religionsunterrichtlichen Praxis einfach zu vermitteln seien. Wie tiefgreifend entsprechende Verstehensschwierigkeiten sind, lässt sich anhand der oben genannten Schüleräußerung ersehen: „Dann gibt es viele Beweise für die Entstehungstheorie der Erde, dass man sagen kann, so wie in der Bibel war es nicht, selbst wenn man es noch so bildlich auslegt." (Schuster 1984, T 1196) Anhand dieses Zitates wird deutlich, dass im Grunde genommen die Vorstellung von Genesis 1,1 ff. als Tatsachenbericht vorherrscht („so wie in der Bibel war es nicht"), obwohl offensichtlich auch das Bewusstsein vorhanden ist, dass die Bibel nicht wortwörtlich interpretiert werden muss („selbst wenn man es noch so bildlich auslegt").

Entscheidend in der Auseinandersetzung mit Kreationismus ist die Frage nach dem zugrunde liegenden Schriftverständnis: Generell sind die problematischen Folgen eines wortwörtlichen Schriftverständnisses im Religionsunterricht zu behandeln (vgl. Rothgangel 2002), speziell ist durch eine hermeneutisch sowie historisch-kritisch versierte Auslegung von Genesis 1,1 ff. darzulegen, dass die Autoren der biblischen Texte auf dem Hintergrund des „naturwissenschaftlichen" Standes vor ca. 2.500 Jahren ihren existenziellen Glauben an Gott als Schöpfer zum Ausdruck brachten. Dieser Aspekt kann dann deutlicher herausgearbeitet werden, wenn vor der Behandlung von Genesis 1 eine Doppelstunde zum Thema „Schöpfungsmythen und moderne Weltentstehungstheorien im Vergleich" durchgeführt wird, in der folgende Kompetenz angestrebt wird: „Religiöse Sprachformen (Mythos) analysieren und als Ausdruck existenzieller Erfahrungen verstehen" (Löber/Rothgangel 2008, S. 47).

6 | Nach der Evolutionstheorie haben sich Säugetiere aus säugetierähnlichen Reptilien weiterentwickelt. Hier Cynodontier des Paläozoikums und spätere Primaten in einer Darstellung von Jens Harder (*Alpha Directions*, 2009).

**Szientismus versus biblisches Schöpfungsverständnis.** Im Kontext einer von Naturwissenschaft und Technik geprägten Lebenswelt finden szientistisch orientierte Sachbücher wie Dawkins' *Der Gotteswahn* (*The God Delusion*, 2006) eine breite Leserschaft. Der szientistische Charakter dieses Bestsellers tritt dadurch hervor, dass die Kultur evolutionstheoretisch durch natürliche Selektion der Meme erklärt wird, ohne dass eine differenzierte Auseinandersetzung mit Kulturtheorien als notwendig erachtet wird. Bestseller wie diese können szientistische Einstellungen bei Jugendlichen und Erwachsenen hervorrufen oder stärken. Teilweise scheint ein weiteres Motiv für die Genese und Verbreitung szientistischer Einstellungen auch im naturwissenschaftlichen Unterricht selbst zu liegen: Biologie- und physikdidaktische Studien weisen darauf hin, dass naturwissenschaftlicher Unterricht insofern zur Ausbildung szientistischer Einstellungen beitragen kann, als zwar zahlreiche naturwissenschaftliche Ge-

7 | Die erste Schöpfungsgeschichte der Genesis schildert, wie Gott an sechs aufeinanderfolgenden Tagen die Welt erschuf. Illustration von Carla Manea aus einer Kinderbibel (Margot Käßmann und Carla Manea: *Die Bibel für Kinder*, 2011).

setze und Theorien gelehrt werden, jedoch wissenschaftstheoretische Überlegungen zu deren Reichweite und Grenzen unzureichend in den Blick genommen werden (vgl. Rothgangel 1999, S. 224–231; Körner 2006, S. 148 f.).

Repräsentative Studien zum Szientismus in Schottland und Kenia zeigen, dass Wissenschaftsgläubigkeit erstens ein zentraler negativer Faktor bezüglich der Einstellung zum Christentum ist und sich zweitens mit zunehmendem Alter eine steigende Wissenschaftsgläubigkeit bei Jugendlichen beobachten lässt (Fulljames/Francis 1988; Gibson 1989). Nahezu kontinuierlich steigen die zustimmenden Äußerungen zu dem Item „Die Naturwissenschaft hat die Bibel widerlegt" (von 17% der 11-Jährigen auf 29% der 16-Jährigen). Noch gravierender ist dieser Anstieg bei der Aussage „Die Naturwissenschaft hat die biblische Schöpfungserzählung widerlegt" (von 20% der 11-Jährigen auf 49% der 16-Jährigen). Selbstredend lassen sich diese Daten nicht einfach auf die bundesdeutsche Situation übertragen, eine vergleichbare Large-Scale-Studie in Deutschland stellt ein Desiderat dar (vgl. Klose 2009).

Aus didaktischer Perspektive ist ohnehin nicht der repräsentative Befund eines Landes, sondern vielmehr die konkrete Zusammensetzung einer Klasse beziehungsweise Lerngruppe entscheidend, da diese erheblich vom repräsentativen Befund abweichen kann und für die Gestaltung des Lehr-Lern-Prozesses grundlegend ist. Beispielhaft sei hier das Ergebnis einer 10. Realschul-Klasse Baden-Württembergs angeführt (vgl. Rothgangel 2004b, 122): 19 Schülerinnen und Schüler bejahten das Item „Naturwissenschaftliche Gesetze werden sich nie ändern", nur 13 vertraten die entgegengesetzte Auffassung. Der Aussage „Die moderne Naturwissenschaft hat die Bibel widerlegt" stimmten 13 Schülerinnen und Schüler zu, 19 verneinten dies; schließlich äußerte mit 15 Schülerinnen und Schülern fast die Hälfte jener Klasse die Ansicht: „Die moderne Naturwissenschaft widerlegt die biblische Schöpfungserzählung." Diese Daten sind nicht nur ein Hinweis auf die beachtliche Verbreitung von Szientismus. Vielmehr zeigt sich in den bislang durchgeführten Pilotstudien (vgl. ROTHGANGEL 2004a; LÖBER/ROTHGANGEL 2008) durchweg, dass Schülerinnen und Schüler speziell die biblischen Schöpfungserzählungen noch häufiger als generell die Bibel von den Naturwissenschaften widerlegt ansehen. Hier liegen ein entscheidender Konfliktpunkt und eine grundlegende Verstehensschwierigkeit von Schülerinnen und Schülern.

Diese Daten dokumentieren insbesondere den negativen Effekt von Szientismus auf die Einstellung zur biblischen Schöpfungslehre. Dabei ist im schulischen Kontext zusätzlich damit zu rechnen, dass eine an sich unrichtige, jedoch breitenwirksame Trivialform der Evolutionstheorie in der Art von „Der Mensch stammt vom Affen ab" vertreten wird. Ein beredtes Beispiel ist der bereits oben zitierte Text: „Gott war mal da und es gibt ihn nicht mehr. Wenn man logisch denkt, sieht man das auch ein. Die Menschen wären vom Gott entstanden. Das ist doch Blödsinn. Man hat doch bewiesen, daß die Menschen vom Affen abstammen." (SCHUSTER 1984, T 361) Bedenkt man, wie stark die gegenwärtige Lebenswelt von Technik und Naturwissenschaft geprägt ist (vgl. ANGEL 2009, S. 4–7; HUNZE 2007, S. 135–178) und zum Beispiel in der Werbung der kurze Hinweis „Es ist wissenschaftlich bewiesen, dass…" als Qualitätsausweis genügt, dann überrascht an diesem Zitat auch wenig, dass die pauschale Aussage „Man hat doch bewiesen" als völlig ausreichend angesehen wird.

Wie sich im Blick auf kreationistisch orientierte Schülerinnen und Schüler eine Auseinandersetzung mit dem biblischen Schriftverständnis nahelegt, so ist im Blick auf szientistisch orientierte Schülerinnen und Schüler besonders die Behandlung von elementaren erkenntnis- und wissenschaftstheoretischen Grundkenntnissen zu empfehlen (vgl. ROTHGANGEL 1999). Demgemäß wurde im Rahmen von zwei Doppelstunden zum Thema „Wissenschaftstheorie: Arbeitsweisen der Naturwissenschaft und Blickwinkel auf die Wirklichkeit" folgendes Ziel formuliert: „Die SchülerInnen können erläutern, dass es verschiedene Möglichkeiten gibt, die Wirklichkeit zu beschreiben, und dass die Sichtweise von Wirklichkeit von der jeweiligen Perspektive abhängt. Sie erkennen, dass naturwissenschaftliche Erkenntnisse ein Weg sind, Wirklichkeit zu beschreiben, jedoch keine absolute Gültigkeit besitzen. Die SchülerInnen können die Grenzen der Naturwissenschaften erläutern." (LÖBER/ROTHGANGEL 2008, S. 47)

**Unabhängigkeitsmodell versus Kreationismus und Szientismus.** Ungeachtet aller inhaltlichen Gegensätze haben Kreationismus wie Szientismus eines gemeinsam: Beide implizieren notwendig den Konflikt zwischen biblischem Schöpfungsverständnis und naturwissenschaftlichen Welt- und Lebensentstehungstheorien. Jeweils wird eine Perspektive absolut gesetzt und werden Theologie und Naturwissenschaft auf eine (Tatsachen-)Ebene gesetzt, bei der nur die eine oder die andere Ansicht wahr sein kann, tertium non datur.

Ein besonderes didaktisches Potenzial gegen Kreationismus wie Szientismus kommt daher dem sogenannten Unabhängigkeitsmodell von Naturwissenschaft und Theologie zu. Es vermeidet und hinterfragt den Konflikt zwischen Naturwissenschaft und Theologie, indem beide Bereiche als völlig unabhängig und autonom angesehen werden. Vertreter dieses Modells heben die unterschiedlichen Methoden in Naturwissenschaft und Theologie (zum Beispiel BARTH) oder die verschiedene Funktion von naturwissenschaftlichen und religiösen Sprachspielen hervor (zum Beispiel LINDBECK).

Didaktisch fruchtbar bringt KARL BARTH diese Sichtweise in einem Brief an seine Großnichte zum Ausdruck: „Hat euch im Seminar niemand darüber aufgeklärt, dass man die biblische Schöpfungsgeschichte und eine naturwissenschaftliche Theorie wie die Abstammungslehre so wenig miteinander vergleichen kann wie, sagen wir: eine Orgel mit einem Staubsauger! – dass also von „Einklang" ebenso wenig die Rede sein kann wie von Widerspruch?" (BARTH 1975, S. 291 f.)

Allein die Bilder von „Orgel" und „Staubsauger" scheinen keineswegs unbedacht gewählt zu sein. Beide funktionieren zwar mit „Luft", sind jedoch charakteristisch verschieden: das eine musisch-ästhetisch, das andere pragmatisch-technisch, das eine „Instrument" steht für „Kirchenmusik", das andere für „Technik".

Den weiteren Ausführungen dieses Briefes lassen sich vier typische Argumente für ein Unabhängigkeitsmodell von Theologie und Naturwissenschaft entnehmen:
1. Die Schöpfungsgeschichte handelt vom Beginn der von Gott verschiedenen Realität „im Licht des späteren Handelns und Redens Gottes mit dem Volk Israel" (ebd.). Die Abstammungslehre versucht dagegen den inneren Konnex dieser Wirklichkeit zu erklären.
2. In der Schöpfungsgeschichte erfolgt dies „in Form einer Sage und Dichtung", in der Abstammungslehre „in Form einer wissenschaftlichen Hypothese" (ebd.).
3. Die Schöpfungsgeschichte thematisiert letztlich die Offenbarung Gottes und somit das für Wissenschaft nicht erfassbare „Werden aller Dinge" (ebd.), die Abstammungslehre befasst sich dagegen „mit dem Gewordenen, wie es sich der menschlichen Beobachtung und Nachforschung darstellt" (ebd.).
4. Das Verhältnis von Schöpfungsgeschichte und Abstammungslehre wird nur dann als ein Entweder/Oder (miss-)verstanden, „wenn jemand sich entweder dem Glauben an Gottes Offenbarung oder dem Mut [...] zu naturwissenschaftlichem Deuten gänzlich verschließt" (ebd.).

Diese vier Argumente stellen pointiert das Spezifikum der christlichen Glaubensperspektive, der religiösen Rationalitätsform, im Gegenüber zur kognitiv-instrumentellen Rationalitätsform (BAUMERT) der Naturwissenschaft heraus. Dabei zeigt die Auswertung einer Unterrichtssequenz, dass es ratsam zu sein scheint, zunächst allgemein das Unabhängigkeitsmodell gemeinsam mit anderen Verhältnismodellen von Naturwissenschaft und Theologie vorzustellen und erst dann Genesis 1 als Konkretion dessen zu behandeln (vgl. LÖBER/ROTHGANGEL 2008, S. 50).

Grundsätzlich zeigen jedoch die voranstehenden Ausführungen, dass sowohl empirische Umfragen zur Verbreitung kreationistischer und szientistischer Einstellungen von Schülerinnen und Schülern in Deutschland als auch die empirische Untersuchung entsprechender Unterrichtssequenzen didaktische Forschungsdesiderate darstellen.

Der vorliegende Beitrag basiert wesentlich auf Rothgangel 1999, 2004b, 2009, 2010.

## Literatur

Angel, H.-F. (2009): Steiniges Terrain. Religionspädagogische Sondierungen im Schnittfeld von Naturwissenschaft und Theologie. In: Theo-Web. Zeitschrift für Religionspädagogik 8(1), S. 4–25.

Barth, Karl (1975): Gesamtausgabe, V/4. Briefe 1961–1968. (Hrsg. von J. Fangmeier/H. Stoevesandt). Zürich.

Bayrhuber, H. (2007): Leitideen zum Umgang mit Kreationismus. In: MNU 60 (4), S. 196–199.

Boßmann, D./G. Sauer (Hrsg.) (1984): Wann wird der Teufel in Ketten gelegt? Kinder und Jugendliche stellen Fragen an Gott. München.

Bucher, A. (1987). Das Weltbild des Kindes. In: PRAXIS, Katechetisches Arbeitsblatt, H. 3, S. 2–21.

Bucher, A. (1991): „Gott ist ein Mensch für mich…". In: Katechistische Blätter 116, S. 331–335.

Dressler, B. (2006): Unterscheidungen. Religion und Bildung (ThLZ.F 18/19). Leipzig.

EKD (= Evangelische Kirche in Deutschland) (2008): EKD-Text 94: Weltentstehung, Evolutionstheorie und Schöpfungsglaube in der Schule. http://www.ekd.de/download/ekd_texte_94.pdf [24.11.2010].

Feige, A./C. Gennerich (2008): Lebensorientierungen Jugendlicher. Alltagsethik, Moral und Religion in der Wahrnehmung von Berufsschülerinnen und -schülern in Deutschland. Münster.

Fetz R. L. (1985): Die Himmelssymbolik in Menschheitsgeschichte und individueller Entwicklung. Ein Beitrag zu einer genetischen Semiologie. In: Zur Entstehung von Symbolen. Akten des 2. Symposions der Gesellschaft für Symbolforschung Bern 1984, hrsg. v. A. Zweig im Namen der Gesellschaft für Symbolforschung (SSF 2), Bern, Frankfurt a. M., New York, S. 111–150.

Fetz R. L./K. H. Reich/P. Valentin (1989): Weltbild, Gottesvorstellung, Religiöses Urteil: Welche Beziehung? In: A. A. Bucher/K. H. Reich (Hrsg.), Entwicklung von Religiosität. Grundlagen, Theorieprobleme, praktische Anwendung. Freiburg (Schweiz), S. 149–158.

Fetz, R. L./K. H. Reich/P. Valentin, P. (2001): Weltbildentwicklung und Schöpfungsverständnis: Eine strukturgenetische Untersuchung bei Kindern und Jugendlichen. Stuttgart.

Fowler, J. (1989): Glaubensentwicklung. Perspektiven für Seelsorge und kirchliche Bildungsarbeit. München.

Fulljames, P./L. J. Francis (1988): The influence of creationism and scientism on attitudes towards Christianity among Kenyan secondary school students. In: Educational Studies 14, S. 77–96.

Gibson, H. M. (1989): Attitudes to religion and science among schoolchildren aged 11 to 16 years in a Scottish city. In: Journal of Empirical Theology 2(1), S. 5–26.

Hemminger, H. (2007): Mit der Bibel gegen die Evolution. Kreationismus und „intelligentes Design" kritisch betrachtet (EZW-Texte 195). Berlin.

Hunze, G. (2007): Die Entdeckung der Welt als Schöpfung. Religiöses Lernen in naturwissenschaftlich geprägten Lebenswelten (Praktische Theologie heute, Band 84). Stuttgart.

Hutsebaut D./D. Verhoeven (1991): The adolescents' representation of God from age 12 to 18. In: Journal of Empirical Theology 4(1), S. 59–72.

Klose, B. (2009): Kreationismus und Wissenschaftsgläubigkeit – empirisch erfasst!? In: Theo-Web. Zeitschrift für Religionspädagogik 8(1), S. 75–79.

Körner, B. (2006): Schöpfung und Evolution. Religionspädagogische Untersuchungen zum Biologieunterricht an kirchlichen Gymnasien in Ostdeutschland. Leipzig.

Kraft, F. (2009): Schöpfung und/oder Evolution? Zur Aktualität einer „alten" Fragestellung im Zeichen des Darwinjahres. In: Theo-Web. Zeitschrift für Religionspädagogik 8(1), S. 56–67.

Link, Ch. (2008): Christlicher Schöpfungsglaube und naturwissenschaftliches Weltverständnis. Wie kann man Kreationismus argumentativ begegnen? In: Evangelische Theologie 68, S. 84–98.

Löber, Ch./M. Rothgangel (2008): Naturwissenschaft und Theologie. Eine Unterrichtssequenz zu ihrem Verhältnis in Planung und Analyse. In: Entwurf, H. 4, S. 46–55.

Nipkow, K. E. (1988): Religiöse Denkformen in Glaubenskrisen und kirchlichen Konflikten. Zur Bedeutung postformaler, dialektisch-paradoxaler und komplementärer Denkstrukturen. In: Religionspädagogische Beiträge 21, S. 95–114.

Nipkow, K. E. (2008): Schöpfungsglaube, Kreationismus und Naturwissenschaft: Voraussetzungen für das Gespräch des Religionsunterrichts mit naturwissenschaftlichen Fächern. In: Theo-Web. Zeitschrift für Religionspädagogik 7(1), S. 28–47.

Oser, F./K. H. Reich (1987): The challenge of competing explanations. The development of thinking in terms of complementarity of 'theories'. In: Human Development 30, S. 178–186.

Oser, F./K. H. Reich (1991): Wie Kinder und Jugendliche gegensätzliche Erklärungen miteinander vereinen. In: Schweizer Schule 4, S. 19–27.

Reich K. H. (1987): Religiöse und naturwissenschaftliche Weltbilder: Entwicklung einer komplementären Betrachtungsweise in der Adoleszenz. In: Unterrichtswissenschaft 15, S. 332–343.

Reich, K. H. (1995): Komponenten von relations- und kontextkritischem (komplementärem) Denken. Berichte zur Erziehungswissenschaft Nr. 107. Pädagogisches Institut der Universität Freiburg (Schweiz). Freiburg (Schweiz).

Reich, K. H. (1997): Erkennen, Argumentieren und Urteilen mittels verschiedener Denkformen. Möglichkeiten für einen bewussteren Umgang mit ihnen. In: Bildungsforschung und Bildungspraxis 19, S. 29–54.

Rothgangel, M. (1999): Naturwissenschaft und Theologie. Ein umstrittenes Verhältnis im Horizont religionspädagogischer Überlegungen (Arbeiten zur Religionspädagogik, Bd. 16). Göttingen.

Rothgangel, M. (2002): Fundamentalismus als „epochaltypisches Schlüsselproblem". Eine Annäherung anhand des „christlichen Originals". In: Ch. Spitzenpfeil/V. Utzschneider (Hrsg.), Dem Christsein auf der Spur (FS Haag), Arbeitshilfe 125, S. 158–168.

Rothgangel, M. (2004a). Die Bibel im Religionsunterricht – beobachtet und analysiert. In: V. Elsenbast/R. Lachmann/ R. Schelander (Hrsg.), Die Bibel als Buch der Bildung (Forum Theologie und Pädagogik, Band 12). Wien 2004, S. 279–291.

Rothgangel, M. (2004b). Gottes- oder Affenkind? Bibel und Naturwissenschaft bei SchülerInnen. In: R. Feldmeier/H. Spieckermann (Hrsg.), Die Bibel. Entstehung – Botschaft – Wirkung, Göttingen, S. 117–131.

Rothgangel, M. (2009): Zwischen „Schöpfungsbericht" und „Evolutionismus". Verstehensschwierigkeiten von SchülerInnen. In: Zeitschrift für Pädagogik und Theologie 61, S. 375–382.

Rothgangel, M. (2010): Praktische Theologie. In: K. Schmid (Hrsg.), Schöpfung (Themen der Theologie), Tübingen.

Schuster, R. (Hrsg.) (1984): Was sie glauben. Texte von Jugendlichen. Stuttgart.

Schweitzer, F. (2008): Kreationismus und Intelligent Design im Religionsunterricht? Neue Herausforderungen zum Thema Schöpfungsglaube. In: ders., Elementarisierung und Kompetenz. Wie Schülerinnen und Schüler von „gutem Religionsunterricht" profitieren, Neukirchen-Vluyn, S. 52–61.

# Jeden Morgen geht die Sonne auf

Wer möchte sich diese alltägliche Erfahrung ausreden oder gar überwältigende Sonnenaufgänge auf Berggipfeln verleiden lassen? Dabei besteht die Wissenschaft mit guten Gründen darauf, dass die Sonne nur scheinbar am östlichen Horizont aufsteigt, weil sich nämlich die Erde in westöstlicher Richtung dreht.

Unser Bild von der Welt ist von zahlreichen vergleichbaren Vorstellungen bestimmt, die einer wissenschaftlichen Überprüfung nicht standhalten. Ein weiteres Beispiel ist die Vorstellung davon, woraus ein Baum sein Holz oder eine Weizenpflanze die verschiedenen Teile des Pflanzenkörpers macht. Seit etwa 200 Jahren sind die Grundzüge der Fotosynthese bekannt, wonach Pflanzenmaterial im Wesentlichen aus Luft, genauer $CO_2$ und Wasser hergestellt wird. Dagegen ist auch heute noch die Vorstellung verbreitet, die Pflanzen würden alle Stoffe, die sie für ihr Wachstum brauchen, dem Boden entnehmen.

Ebenso wenig wie die Vorstellung vom Pflanzenwachstum ist die gängige Vorstellung von Änderungen in der Natur von der Biologie bestimmt. Es ist augenfällig, dass sich die Natur zyklisch mit den Jahreszeiten verändert und da und dort zerstört oder renaturiert wird. Doch wer macht sich beim Aufenthalt in der Natur schon klar, dass allenthalben Erbänderungen und Selektionsvorgänge stattfinden? Die Evolution ist der Alltagserfahrung verborgen, die Einsicht der Biologie in eine laufende Anpassung an neue Umweltgegebenheiten, zum Beispiel den Klimawandel, bestimmt nicht das Naturbild der Allgemeinheit. Die Vorstellung vom Schöpfer, der die Welt, so wie sie ist, erschuf, passt besser zu der alltägliche Erfahrung der Konstanz der Natur als die Evolutionstheorie.

Viele Alltagsvorstellungen erweisen sich als resistent. Selbst der naturwissenschaftliche Unterricht tut sich schwer, Alltagsvorstellungen durch wissenschaftliche Vorstellungen zu ersetzen. Oft bleiben beide nebeneinander bestehen. Sowohl in der Schule als auch bei der Information der Öffentlichkeit bietet es sich an, an Alltagsvorstellungen anzuknüpfen. Als besonders wirksam bei der Vorstellungsänderung in Richtung wissenschaftlicher Konzepte erwies sich die Erzeugung kognitiver Konflikte. So fördert im Biologieunterricht die Analyse des Pflanzenwachstums in Hydrokultur, also ohne Boden, das Behalten der Inhalte der Fotosynthese.

HB

**1632** Erstausgabe der modernen Pädagogik *Magna Didactica* von Comenius

**2004** Implementierung der Bildungsstandards im Unterrichtsfach Biologie für den Mittleren Schulabschluss

*Der Schein bestimmt das Bewusstsein.*
ALESSANDRO GRAF VON CAGLIOSTRO (1743–1795)

Annette Upmeier zu Belzen

# Lebensweltliche Vorstellungen und wissenschaftliches Denken

Während der gesamten Schulzeit, auch nach dem Fachunterricht in der gymnasialen Oberstufe, haben Schülerinnen und Schüler Vorstellungen von der Evolution, die in Konflikt mit den wissenschaftlichen Erkenntnissen der Biologie stehen.

**Warum hat der Eisbär weißes Fell?**
**Lebensweltliche und wissenschaftliche Vorstellungen**

Exemplarisch für häufig auftretende Vorstellungen, die fachlich nicht angemessen sind, stehen diese drei Lerneraussagen:
(1) „Der Eisbär hat weißes Fell, damit er bei der Jagd im Eis gut getarnt ist."
(2) „Der Eisbär merkte, dass die Jagd mit Tarnung erfolgreicher ist als ohne Tarnung."
(3) „Gott hat den Eisbären mit seinem weißen Fell erschaffen.

In *finalen* Vorstellungen zu Prozessen der Evolution (1) kommt zum Ausdruck, dass die biologische Funktion einer Struktur als Ursache für deren Entwicklung angesehen wird. Diese Ursachen werden auch als *Zielursachen* bezeichnet. *Anthropomorphe* Vorstellungen (2) kommen zum Ausdruck, wenn die zielgerichtete menschliche Handlungssteuerung auf Tiere, Pflanzen oder unbelebte Gegenstände übertragen wird. Auch bei *religiösen* Erklärungen (3) wird eine auf ein Ziel gerichtete Entwicklung angenommen, als Ursache gilt jedoch die willentliche Erschaffung durch einen Gott.

**1** | Im Schnee getarnte Eisbären

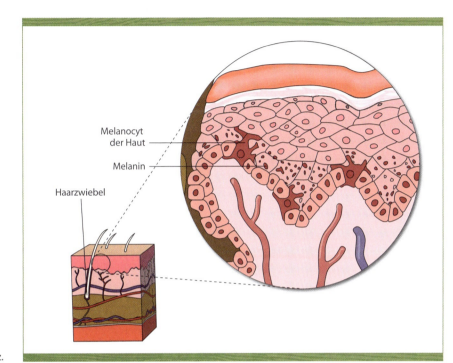

2 | In den Melanocyten der Haarzwiebel des Fells von Eisbären wird der Farbstoff Melanin nicht gebildet. Die Melanocyten der Haut bilden dagegen Melanin, die Haut ist schwarz.

Wissenschaftliches Denken ist dagegen durch die fachliche Perspektive auf die Ursachen für beobachtbare Wirkungen gekennzeichnet:
(1) „Das Fell des Eisbären hat keine Pigmente und sieht deshalb weiß aus."
(2) „Durch das weiße Fell ist der Eisbär in seinem Lebensraum getarnt."

Beide Beispiele sind fachlich angemessen, die Erklärung der beobachtbaren Wirkung wird jedoch aus unterschiedlichen Perspektiven vorgenommen. Der Mangel an Pigmenten geht auf einen Enzymmangel in der Stoffwechselkette der Melaninproduktion in der Haarzwiebel zurück (siehe **Abb. 2**). In Beispiel (1) wird die mangelnde Pigmentierung als die aktuell wirksame Ursache für das weiße Fell, die auch als *proximate* Ursache bezeichnet wird, zur Erklärung herangezogen. Wird hingegen die historische Perspektive eingenommen wie in (2), kommt es zur Erklärung der Funktion durch eine zeitlich weit zurückliegende Ursache, eine *ultimate* Ursache (vgl. S. 16). Aus dieser Perspektive wird das weiße Fell mit der Änderung der Enzymausstattung im Laufe der Stammesgeschichte durch zufällige Erbänderungen erklärt. Bären mit weißem Fell hatten somit einen Selektionsvorteil und konnten sich gegenüber Bären mit dunklem Fell erfolgreicher vermehren.

**Lebensweltliche und biologische Vorstellungen im Lernprozess.** Lernende kommen bereits mit lebensweltlichen Vorstellungen in den Biologieunterricht. BAALMANN et al. (2004) plädieren dafür, solche Lernervorstellungen als Ausgangspunkte für Lernprozesse kriteriengeleitet auf ihren naturwissenschaftlichen Gehalt zu hinterfragen. So kann Wissenschaftsverständnis auf der Basis von Lernervorstellungen im Biologieunterricht wirksam erworben werden. Im Kontext Evolution sind solche Kriterien der Zusammenhang zwischen einer Struktur und ihrer biologischen Funktion und die Erklärung von beobachtbaren Wirkungen durch proximate und ultimate Ursachen. In diesem Prozess werden die Grenzen der naturwissenschaftlichen Betrachtung erfahrbar, wenn beispielsweise religiöse oder anthropozentrische Erklärungen infrage gestellt werden und als nicht naturwissenschaftlich klassifiziert werden müssen. In diesem Zusammenhang öffnen sich Möglichkeiten zu religiösen beziehungsweise psychologischen Auseinandersetzungen mit der Welt. Die angemessene Anwendung dieser Zugänge in verschiedenen Kontexten ist ein Indikator für vertiefte Allgemeinbildung und dürfte eine gute Prävention gegen die Entwicklung pseudowissenschaftlicher Anschauungen sein (vgl. Beitrag von BAYRHUBER).

**Prävention pseudowissenschaftlicher Vorstellungen.** „Renaissance einer Parawissenschaft: die fragwürdige Faszination des Kreationismus" – dieser von GRAF (2007) formulierte Aufsatztitel benennt eine auch in Deutschland zu beobachtende gesellschaftliche Entwicklung. Der vorliegende Beitrag soll deutlich machen, dass eine sinnvolle Reaktion auf diese Entwicklung im Unterricht in der Beschäftigung mit naturwissenschaftlichem Denken besteht. Ziel des hier skizzierten Ansatzes für die Unterrichtsentwicklung ist daher die individuelle Förderung des Wissenschaftsverständnisses von Schülerinnen und Schülern. Dazu gehört die Fähigkeit, zwischen wissenschaftlichen und nichtwissenschaftlichen Argumentationen zu trennen (vgl. BAYRHUBER 2007). Vom universell gebildeten Menschen wird erwartet, dass er unterschiedliche Blicke auf die Welt einnehmen kann, Bildung entwickelt sich erst aus den dabei zu gewinnenden unterschiedlichen Fähigkeiten und Erkenntnissen (PAULSEN 1921/1965). Um in diesem Sinne eine vertiefte Allgemeinbildung in der gymnasialen Oberstufe zu sichern, hat die Kultusministerkonferenz (KMK 2008) drei Aufgabenfelder festgelegt: das sprachlich-literarisch-künstlerische, das gesellschaftswissenschaftliche und das mathematisch-naturwissenschaftlich-technische Aufgabenfeld. Allgemeinbildung wird als Verbindung domänenspezifischer und fachübergreifender Kompetenzen verstanden.

Nach VAN DIJK und KATTMANN (2010) bereitet Lehrkräften der Umgang mit Lernervorstellungen im Kontext Evolution besondere Probleme. Darüber hinaus weiß man aus Untersuchungen in den USA (BERKMANN et al. 2008), aber auch aus Deutschland (GRAF et al. 2009), dass sowohl angehende als auch erfahrene Lehrkräfte zum einen über unzureichende fachliche Grundlagen verfügen und zum anderen pseudowissenschaftlichen Gedanken folgen.

Vor diesem Hintergrund wird hier eine problemorientierte Konzeption zum differenzierten Umgang mit Lernervorstellungen unter Einbeziehung von Kriterien wissenschaftlichen Denkens vorgestellt. Mit dem Interview-Statement eines Schülers aus der Untersuchung von HOKAYEM und BOUJAOUDE (2008) wird diese Intention treffend beschrieben: „Es wäre interessant, den Kurs Evolution um eine Einheit zur Wissenschaft zu ergänzen. Was ist Wissenschaft und in welcher Beziehung steht Wissenschaft zu unserem Denken und zu unserem Glauben?"

## Grundlagen für den Biologieunterricht

**Zielformulierungen der Steuerdokumente.** Die Bildungsstandards im Unterrichtsfach Biologie für den Mittleren Schulabschluss stellen die aktuelle Grundlage für einen zielgleichen Biologieunterricht dar (KMK 2004a). Vor diesem Hintergrund soll naturwissenschaftliche Grundbildung dazu beitragen, Phänomene erfahrbar zu machen, die Sprache und Historie der Naturwissenschaften zu verstehen, ihre Ergebnisse zu kommunizieren sowie sich mit ihren spezifischen Methoden der Erkenntnisgewinnung und deren Grenzen auseinanderzusetzen. Dazu gehört das theorie- und hypothesengeleitete naturwissenschaftliche Arbeiten, das eine analytische und rationale Betrachtung der Welt ermöglicht (KMK 2004a).

Die Einheitlichen Prüfungsanforderungen in der Abiturprüfung Biologie (EPA; KMK 2004b) verlangen einen Biologieunterricht, der auf der Basis eines soliden Grundwissens Einblicke in Teildisziplinen verschafft und den Weg empirischer Erkenntnisgewinnung thematisiert. Er greift bei der Beschreibung von Phänomenen auf Gesetze und Methoden der Physik, der Chemie und der Mathematik zurück. Die Zusammenführung von Erkenntnissen dieser Fächer schafft für die Schülerinnen und Schüler eine weitere Voraussetzung für den Aufbau eines rationalen, naturwissenschaftlich begründeten Weltbildes.

**Bezug der Unterrichtskonzeption zu den Steuerdokumenten.** Die Bildungsstandards für den Mittleren Schulabschluss (KMK 2004a) umfassen die Kompetenzbereiche Fachwissen, Erkenntnisgewinnung, Kommunikation und Bewertung als Handlungsdimension. Folgende Standards stehen in Beziehung zu der Frage „Warum hat der Eisbär weißes Fell?". Der Standard „Schüler beschreiben und erklären die Angepasstheit ausgewählter Organismen an die Umwelt" gehört zum Basiskonzept Struktur und Funktion im Kompetenzbereich Fachwissen. Dieser inhaltliche Standard wird sinnvoll ergänzt durch einen Standard aus dem Kompetenzbereich Kommunikation: „Schüler erklären biologische Phänomene und setzen Alltagsvorstellungen dazu in Beziehung." In den EPAs (KNK 2004b) heißt es bezogen auf den Kompetenzbereich Erkenntnisgewinnung: „Prüflinge können unterscheiden, welche Fragen naturwissenschaftlich untersucht werden können und welche nicht." Die Beschäftigung mit der Frage nach der Fellfarbe des Eisbären kann dazu beitragen, die genannten Standards zu erreichen.

**Lerntheoretische Grundlagen.** Schülerinnen und Schüler haben bereits Vorstellungen zu vielen Themen entwickelt, wenn sie mit der Naturwissenschaft in Kontakt kommen. Ihre Vorstellungen entspringen basalen alltäglichen Erfahrungen und haben sich in der alltäglichen Lebenswelt bewährt (vgl. GROPENGIESSER 2007). Oft unterscheiden diese sich von wissenschaftlichen Vorstellungen. Da jedoch nur gelernt wird, was anschlussfähig an verfügbare Vorstellungen ist, ist das Einbeziehen der erfahrungsbasierten Lernervorstellungen unabdingbar (GROPENGIESSER et al. 2010). Alltagsvorstellungen werden dabei durch Lernen modifiziert und bereichert beziehungsweise rekonstruiert. Entsprechend wird der Prozess als „Conceptual Reconstruction" beschrieben (vgl. KRÜGER 2007).

Es hat sich gezeigt, dass die Ausgangsvorstellungen auch nach dem Unterricht noch erhalten bleiben können (JOHANNSEN/KRÜGER 2005). Die Untersuchung von BISHOP und ANDERSON (1990) belegt, dass insbesondere finale Vorstellungen, also die Erklärung der Funktion durch Zielursachen, sehr stabil sind. Die folgenden vier Bedingungen müssen erfüllt sein, damit es zu einer Rekonstruktion von Vorstellungen kommen kann (vgl. KRÜGER 2007):
— Der Lernende muss mit der existierenden Vorstellung unzufrieden sein, zum Beispiel bei einem kognitiven Konflikt.
— Die neue Vorstellung muss verständlich sein. Sie wird umso leichter integriert, je besser sie zum Wissen in anderen Bereichen passt.
— Die neue Vorstellung muss plausibel sein, das heißt Probleme lösen können, die auf der Grundlage der alten Vorstellung nicht bewältigt werden konnten.
— Die neue Vorstellung muss auf andere Bereiche anwendbar sein und anschlussfähig an neue Themenbereiche sein.

**Stand der Forschung**

**Lernervorstellungen zur Evolution.** Lernervorstellungen sollen zu Beginn einer Unterrichtseinheit individuell diagnostiziert werden (siehe oben). Lehrkräfte können dabei auf eine Vielzahl von Untersuchungen zurückgreifen, die umfassend gängige Muster von Lernervorstellungen darstellen (WEITZEL 2004, 2006; BAALMANN et al. 2004; JOHANNSEN/KRÜGER 2005; RETZLAFF-FÜRST/URHAHNE 2009). WANDERSEE et al. (1995) geben durch ihre Bestandsaufnahme einen Überblick über die Forschungsarbeiten mit ihren jeweiligen Forschungsfragen zum Unterricht über Evolution.

In ihrer Konzeption eines naturgeschichtlichen Biologieunterrichts gehen WANDERSEE et al. (1995) aus einer übergreifenden Perspektive auf die Thematik ein. Aus ihrer Sicht sind fünf Kerne alternativer Vorstellungen auszumachen, die einen wissenschaftlich bestimmten Wandel der Konzepte behindern:
— typologischer Artbegriff: Danach gehören Organismen zu einer Art, weil sie in Merkmalen übereinstimmen. Der historische Kausalzusammenhang besagt jedoch, dass Organismen übereinstimmende Merkmale haben, weil sie zu einer Art gehören, die im Laufe der Evolution entstanden ist.
— Evolution als Veränderung, die bei allen Individuen einer Population in gleicher Weise vor sich geht
— Evolution als durch Bedürfnisse verursacht
— Ablehnung der zufälligen, ungerichteten Aspekte der Mutation
— Evolution als Drang zur biologischen Vervollkommnung

BAALMANN et al. (2004) beschäftigen sich speziell mit Schülervorstellungen zu Prozessen der Anpassung. In ihrer Anschauung verfügen Menschen über Vorstellungen, die sich entlang steigender Komplexität als Konzepte, Denkfiguren und Theorien beschreiben lassen. Sie begreifen lebensweltliche Vorstellungen nicht allein als Lernhindernisse, sondern auch als potenzielle Lernhilfen, und zwar dann, wenn lebensweltliche Vorstellungen und fachlich geklärte wissenschaftliche Vorstellungen systematisch in Beziehung gesetzt werden. Die vorgelegte Interviewstudie, die in den Jahrgangsstufen 11 bis 13 verschiedener Gymnasien durchgeführt wurde, ergab drei Denkfiguren, denen jeweils differenzierte Konzepte zugeordnet werden, die in **Abb. 3** zusammengefasst dargestellt und anschließend kurz erläutert werden.

Die erste Denkfigur, „Gezieltes adaptives Handeln von Individuen", wonach die Anpassung durch absichtsvolles und zielgerichtetes Handeln von Individuen erreicht wird, wird von BAALMANN et al. (2004) als die grundlegende Denkfigur bezeichnet. Diese Denkfigur steht im Zusammenhang mit der Erklärung von Wirkungen durch Zielursachen. Diese werden in Analogie zum Handeln des Menschen gedacht und sind somit anthropomorph geprägt. Ist das Denken durch das Konzept „Adaptive Individuen" bestimmt, wird davon ausgegangen, dass das Lebewesen die Anpassung macht. Im Fall der „Anpassungs-Erkenntnis" merken oder erkennen Individuen bewusst oder unbewusst ihre Situation. „Anpassungs-Intention" bedeutet, dass Lebewesen einen inneren Trieb oder einen Überlebenswillen und somit eine Absicht haben, sich anzupassen. Die Aussage, Lebewesen passten sich an, um ihre Art zu erhalten, wird dem Konzept „Arterhaltende Anpassung" zugeordnet. Gemäß dem Konzept „Anpassende Handlungen" führen Lebewesen Handlungen aus, die zur entsprechenden Anpassung führen. Ein Beispiel ist die Anpassung durch die Wahl eines Lebensraumes. Bei der „Graduellen Anpassung" führen Änderungen in kleinen Schritten zur Anpassung der Individuen. In den sechs beschriebenen Konzepten wird Anpassung gleichermaßen durch absichtsvolles und zielgerichtetes Handeln von Lebewesen erreicht.

Die Denkfigur „Adaptive körperliche Umstellung" wird angesprochen, wenn eine tieferliegende Erklärung für die Ursachen der beobachtbaren Veränderungen der Organismen gesucht wird. Diese Denkfigur umfasst drei herausgearbeitete Konzepte, die darin übereinstimmen, dass adaptive körperliche Veränderungen automatisch durch Reaktionen der Organismen auf die Lebensbedingungen verursacht werden. Das Konzept „Adaptive Gewöhnung" stützt sich auf den Gedanken, dass der Körper sich auf veränderte Bedingungen einstellt. Gemäß dem Konzept „Anpassung durch Gebrauch" werden adaptive Merkmale durch den wiederholten Gebrauch ausgeprägt oder verstärkt. Nach dem Konzept „Anpassungs-Notwendigkeit" erfolgt Anpassung zwangsläufig dann, wenn sie für das Überleben erforderlich ist. Nach dieser Denkfigur stellen sich Lebewesen körperlich aktiv um, und zwar aufgrund der Konfrontation mit ihren Lebensbedingungen.

Die dritte Denkfigur „Absichtsvolle genetische Transmutation" enthält die Kernidee, dass das genetische Material vom Organismus zum Zweck der Anpassung abgeändert wird. Vier Konzepte umschreiben diese Denkfigur. „Gendominanz durch Beanspruchung" bedeutet die stärkere Beanspruchung bestimmter Körperteile, was dazu führt, dass bei der Fortpflanzung die entsprechenden Gene dominieren. Nach dem Konzept „Gendominanz durch Angepasstheit" wird eine gut angepasste Form dominant gegenüber weniger angepassten Formen. Gemäß dem als „Erkenntnisanaloge Mutation" bezeichneten Konzept gelangt die Erkenntnis über eine nötige Anpassung als Information in die Erbinformation. „Erkenntnisinduzierte Mutation" bedeutet, die Lebewesen merken, dass sie sich verändern müssen, und in der Folge wird das genetische Material verändert. Diese Denkfigur enthält wiederum anthropomorphe Gedanken, in dem Sinne, dass der Organismus das genetische Material zum Zweck der Anpassung aktiv verändert.

Die Autoren beenden ihren Artikel mit der Erläuterung des Begriffs der Anpassung, die zur begrifflichen Klarheit in Lernprozessen beitragen kann. Anpassung beschreibt danach einen Prozess, der den Organismus in den Zustand der Angepasstheit versetzt. Gleichzeitig wird die Umwelt von den Lebewesen verändert, neue Umweltbeziehungen werden hergestellt. Aus der Perspektive der Lebewesen nennen die Autoren diesen Prozess die „Aneignung der Umwelt".

**Empirische Befunde.** Die quantitative Verteilung von Schülervorstellungen zu verschiedenen Aspekten der Evolution wurde von JOHANNSEN und KRÜGER (2005) untersucht. 100 Schülerinnen und Schüler (10. Klasse), die noch keinen Evolutionsunterricht erhalten hatten, sowie 206 Kursteilnehmerinnen und -teilnehmer (11./12. Klasse), die bereits am Unterricht über Evolution teilgenommen hatten, bearbeiteten einen Fragebogen mit Aufgaben zum Themenbereich Evolution. Die Untersuchung zeigt, dass finale, anthropomorphe und lamarckistische Vorstellungen prominent in allen Klassen auftreten.

| Denkfigur | Konzepte |
|---|---|
| 1. Gezieltes adaptives Handeln von Individuen | Adaptive Individuen<br>Anpassungs-Erkenntnis<br>Anpassungs-Intention<br>Arterhaltende Anpassung<br>Anpassende Handlungen<br>Graduelle Anpassung |
| 2. Adaptive körperliche Umstellung | Adaptive Gewöhnung<br>Anpassung durch Gebrauch<br>Anpassungs-Notwendigkeit |
| 3. Absichtsvolle genetische Transmutation | Gendominanz durch Beanspruchung<br>Gendominanz durch Angepasstheit<br>Erkenntnisanaloge Mutation<br>Erkenntnisinduzierte Mutation |

3 | Strukturierung der Schülervorstellungen zu Anpassung in Denkfiguren und Konzepte (nach Baalmann et al. 2004)

RETZLAFF-FÜRST und URHAHNE (2009) zeigen dagegen in ihrer Untersuchung, dass die 83 Schülerinnen und Schüler der 10. Jahrgangsstufe einer Realschule grundlegende wissenschaftliche Fragestellungen zum Themenfeld Evolution überwiegend angemessen beantworten konnten, während nur ein geringer Prozentsatz der Probanden zu „kreationistischen Auffassungen" neigten.

Insbesondere im internationalen Feld findet sich eine Reihe von Beiträgen, welche das Auftreten gängiger Lernervorstellungen zur Evolution immer wieder bestätigen (beispielsweise BISHOP/ANDERSON 1990; WOODS/SCHARMANN 2001). JOHNSON und PEEPLES (1987) erfragen über das Verständnis von Evolution hinaus das Verständnis der Naturwissenschaften und ihrer Methoden und stellen auch hierfür ein nur schwaches Verständnis fest.

Zwischen der Neigung von Schülerinnen und Schülern zu „kreationistischen Auffassungen" und deren Religiosität gibt es nach TRANI (2004) einen engen Zusammenhang. Die Hypothese, dass das Verstehen von Evolution sowie deren Akzeptanz zusammenhängen, untersuchten SINATRA et al. (2003) bei 93 Schülerinnen und Schülern aus Biologiegrundkursen. Zur Kontrolle des thematischen Einflusses untersuchten sie den Zusammenhang im Rahmen der Thematik Evolution im Vergleich zur Thematik Photosynthese. Für die Thematik Photosynthese konnte die Hypothese eines Zusammenhangs von Verstehen und Akzeptanz bestätigt werden, jedoch nicht für die Thematik Evolution. Als Erklärung für den nicht bestätigten Zusammenhang im Falle der Evolution wurde die Überlagerung durch religiöse und gesellschaftliche Aspekte herangezogen (siehe den Beitrag von KLOSE, S. 151).

Ergebnisse zu gängigen Lernervorstellungen zur Evolution konnten sowohl national als auch international mehrfach reproduziert werden. Als Erklärung für die beschriebene Stabilität der Lernervorstellungen im Kontext Evolution werden Schwierigkeiten beim fachlichen Verstehen, Probleme mit der Akzeptanz der Theorie, negative Einstellungen zur Theorie (vgl. Beitrag von HAMMANN/ASSHOFF) und ein unzureichendes Verständnis der Naturwissenschaften aufgeführt.

## Unterrichtskonzept

**Ausgangssituation.** Konkrete Unterrichtsvorschläge, die bereits thematisierten Ursachenbereiche aufgreifen, finden sich in großer Zahl beispielsweise in den Zeitschriften *Unterricht Biologie* (BAALMANN/KATTMANN 2000) oder in *Unterricht Biologie Kompakt* (KATTMANN 2008) sowie in *Praxis der Naturwissenschaften Biologie* (GIFFHORN/LANGLET 2006).

Die Unterrichtsanregung für die Sekundarstufe I von BAALMANN und KATTMANN (2000) nutzt das Phänomen des Industriemelanismus beim Birkenspanner, um einen kognitiven Konflikt aufseiten der Lerner zu erzeugen. Im weiteren Vorgehen werden genetische und evolutionäre Aspekte eng miteinander verknüpft. Dabei wird die Vererbung vor dem Hintergrund von Mutation und Selektion von vornherein in den Populationszusammenhang gestellt.

Das Heft *Evolution & Schöpfung* (KATTMANN 2008) schlägt ausgehend von der Darstellung der Aktualität des Themas über die Darstellung der Varianten des Kreationismus Ansätze für die Behandlung der Thematik Naturwissenschaft und Religion

5 | Strukturierung von Schüleraussagen zu der Frage „Warum hat der Eisbär weißes Fell?"

| Funktion | Struktur |
|---|---|
| … dadurch ist er geschützter  *Jahrgang 7* | … seine Haare haben keine Farbpigmente  *Jahrgang 10* |
| So kann er sich unbemerkt an seine Beute ranpirschen  *Jahrgang 7* | … ihm fehlen Farbpigmente  *Jahrgang 7* |
| Dank seines weißen Felles hat er im Schnee eine gewisse Tarnung und kann somit seine Beute leichter fangen.  *Jahrgang 6* | |

4 | Anthropomorphe Vorstellung vom Eisbären

im Unterricht vor. Auch in diesem Heft widmet sich ein Beitrag den naturwissenschaftlichen Denk- und Arbeitsweisen, deren Merkmale als Kriterien zur Reflexion von Aussagen, auch kreationistischen, zur Evolution Anwendung finden. Die Unterrichtsvorschläge gehen von einem fachlich orientierten kognitiven Konflikt aus und halten Materialien für einen Conceptual Change bereit.

Ein weiterer Beitrag von GIFFHORN und LANGLET (2006) beschäftigt sich mit der Selektionstheorie und dem bedeutungsvollen Verstehen ausgehend von Schülervorstellungen. Für diesen Ansatz werden die theoretischen Überlegungen von LAMARCK und DARWIN genutzt.

Gemäß dem hier beschriebenen Unterrichtskonzept werden zunächst möglichst viele Schülervorstellungen aus unterschiedlichen Bereichen erhoben, zum Beispiel religiöse, anthropomorphe, wissenschaftlich angemessene Vorstellungen. Diese Vorstellungen werden durch ein konkretes Beispiel aktiviert. Anschließend werden sie aus Schülerperspektive strukturiert, mit dem Ziel biologisch relevante Kategorien und Kriterien her-

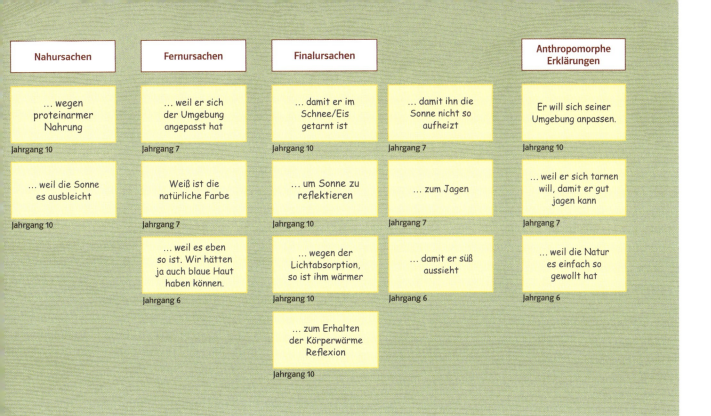

auszuarbeiten. Dabei werden die Vorstellungen gleichzeitig aus naturwissenschaftlicher und nichtnaturwissenschaftlicher Perspektive geordnet. Der dabei stattfindende Reflexionsprozess trägt zum Conceptual Change bei und steht somit im Fokus dieses Beitrages.

**Idee – Kartenabfrage.** Ausgangsimpuls für den Unterricht ist die Problemfrage: „Warum hat der Eisbär weißes Fell?" beziehungsweise „Wie ist zu erklären, dass der Eisbär weißes Fell hat?"

Ausgehend von diesem Impuls wird mit der Lernergruppe eine Kartenabfrage durchgeführt, das heißt, zu dieser biologisch relevanten Frage wird jeweils eine persönliche Vorstellung pro Karte notiert. Dabei werden Positionen in der Breite des gesamten Vorstellungsraumes erwartet. Die Lehrkraft erhält einen Einblick in die persönlichen Vorstellungen der Schülerinnen und Schüler im Sinne einer Diagnose. Die Karten werden anschließend an eine Stellwand geheftet. Die Schülerinnen und Schüler strukturieren die Karten selbständig und zunächst ohne Eingriff der Lehrperson. Dabei entstehen verschiedene Ordnungsgruppen, die durch Oberbegriffe zu charakterisieren sind.

Die Ordnungsgruppen beziehen sich erfahrungsgemäß auf die biologische Funktion, die zugrunde liegende Struktur, die Nahursachen (proximate Ursachen) für die Entstehung von Struktur und Funktion, die Fernursachen (ultimate Ursachen) für die Entstehung von Struktur und Funktion. Während die Schülerinnen und Schüler ihre Aussagen diskursiv bestimmten Gruppen zuordnen, reflektieren sie Kriterien, nach denen sie diese Zuordnung vornehmen. Je nach Alter und Vorwissen der Lernenden kann die Lehrkraft die oben genannten Obergriffe auch vorgeben. Während der Diskussion wird der Unterschied zwischen biologisch relevanten Kategorien von biologisch nicht relevanten deutlich. Erfahrungsgemäß kommen Struktur-Funktions-Zusammenhänge relativ häufig vor. Sie fallen oft in die Gruppe der Zielursachen, bei denen die Ursache eines Geschehens als geplanter Zweck gedeutet wird. Weitere Gruppen enthalten anthropomorphe Erklärungen, lamarckistische Erklärungen, religiöse Erklärungen und andere. **Abb. 5** zeigt das Ergebnis einer

| Lebensweltliche Perspektive: biologisch irrelevant, aber psychologisch relevant | Biologisch-wissenschaftliche Perspektive: biologisch relevant |
|---|---|
| Jäger | Eisbär |
| Der Jäger versteckt sich auf dem Hochstand, z. B. hinter grünen Zweigen. | Das weiße Fell tarnt den Eisbär bei der Jagd. |
| Beobachtbare Wirkung: Der Jäger ist gut getarnt. | Beobachtbare Wirkung: Der Eisbär ist bei der Jagd gut getarnt. |
| Ursache für die Funktion Tarnung: <br> — Zielursache: Er will vom Wild nicht bemerkt werden. <br> (Ursache für die Funktion liegt in der Zukunft) | Ursache für die Funktion Tarnung: <br> — Nahursache: Physiologie <br> — Fernursache: u. a. Selektionsprozesse <br> (Ursache für die Funktion liegt in der vorherigen „Entwicklung" der Struktur) |
| Setzt Einsicht in das eigene Tun voraus. | Setzt keine Einsicht voraus. |

6 | Vergleich von lebensweltlichen mit biologischen Nah- und Fernursachen

Kartenabfrage in Klassen der Jahrgangsstufen 6, 7 und 10 zu der Frage „Warum hat der Eisbär weißes Fell?", strukturiert nach den in den Daten enthaltenen Kategorien.

**Reflexion.** Im Ergebnis wird deutlich, dass die Frage „Warum hat der Eisbär weißes Fell?" auch aus der Sicht der Schülerinnen und Schüler mehrere wissenschaftlich relevante Fragestellungen enthält. Es sind die Fragen nach der Funktion, nach der zugrunde liegenden Struktur sowie nach deren Entstehung (vgl. GROPENGIESSER/KATTMANN 2006).
— *Welche Funktion hat das weiße Fell?* Das weiße Fell bewirkt eine gute Tarnung. Bei dieser Betrachtung geht es um die Beschreibung der biologischen Funktion einer zugrunde liegenden Struktur.
— *Welche Struktur liegt der Funktion zugrunde?* Die Farbstoffzellen des Fells sind pigmentlos. Bei dieser Betrachtung wird die der Funktion zugrunde liegende Struktur benannt.
— *Welche Nahursachen liegen Struktur und Funktion zugrunde?* Der Mangel an Pigmenten geht auf einen Enzymmangel in der Stoffwechselkette der Melaninproduktion zurück. Bei der Betrachtung der Nahursachen wird die proximate Perspektive eingenommen.
— *Welche Fernursachen liegen Struktur und Funktion zugrunde?* Die Struktur ist unter anderem durch Selektionsprozesse entstanden. Bei der Betrachtung der Fernursachen wird die ultimate Perspektive eingenommen.

Im Konflikt zu diesen biologisch relevanten Erklärungen stehen finale, religiöse, anthropomorphe, aber auch larmarckistische Erklärungen. Zur Veranschaulichung der qualitativen Unterschiede zwischen finalen Ursachen beziehungsweise Zielursachen und Nah- beziehungsweise Fernursachen wird ein Vergleich der Tarnung des Eisbären mit einem Jäger auf der Jagd angestellt (siehe **Abb. 6**).

## Zusammenfassung

Lebensweltliche Vorstellungen von der Evolution beeinflussen die Behandlung dieses Themas im naturwissenschaftlichen Unterricht und letztlich die gesellschaftliche Kommunikation. Die verbreitete teleologische Vorstellung von der Evolution steht dabei pseudowissenschaftlichen Auffassungen näher als der Evolutionstheorie (BAYRHUBER 2007). Deshalb empfiehlt sich für den Biologieunterricht:
— Trennen von biologischen und nichtbiologischen Aussagen
— Trennen der proximaten und der ultimaten Perspektive
— Thematisieren der lebensweltlichen und wissenschaftlichen Perspektive
— konsequentes Fördern wissenschaftlichen Denkens
— zunehmend explizites Thematisieren der Natur der Naturwissenschaften
— Thematisieren der unterschiedlichen Zugänge zur Welt

Wie gezeigt, kommt ein solcher Unterricht nicht ohne eine Diagnose der bestehenden Lernervorstellungen aus. Die Individualdiagnose der Lernervorstellungen ist also die Voraussetzung für einen solchen Unterricht. Wissenschaftliche Vorstellungen werden an exemplarischen Inhalten problemorientiert erarbeitet. Dabei wird auf der sprachlichen Ebene sensibel auf die Vermeidung einer Vermischung der anthropomorphen und der finalen Betrachtungsweise mit der fachlichen Perspektive geachtet. Die explizite Thematisierung der naturwissenschaftlichen Erkenntnisgewinnung trägt zum Aufbau einer übergeordneten Struktur bei, die es ermöglicht, kriteriengeleitet den naturwissenschaftlichen Zugang zur Welt von anderen zu trennen und zu unterscheiden und letztlich in entsprechenden Situationen variabel darauf zugreifen zu können.

### Literatur

Baalmann, W./V. Frerichs/H. Weitzel/H. Gropengießer/U. Kattmann (2004): Schülervorstellungen zu Prozessen der Anpassung – Ergebnisse einer Interviewstudie im Rahmen der Didaktischen Rekonstruktion. In: Zeitschrift für Didaktik der Naturwissenschaft 10, S. 7–28.

Baalmann, W./U. Kattmann (2000): Birkenspanner – Genetik im Kontext von Evolution. In: Unterricht Biologie 24(260), S. 32–35.

Bayrhuber, H. (2007): Fachdidaktische Leitideen zum Umgang mit dem Kreationismus. In: MNU 60(4), S. 196–234.

Berkmann, M. B./J. Sandell Pacheco/E. Plutzer (2008): Evolution and creationism in America's classroom – A national portrait. In: PLoS Biology 6(5), S. 920–924.

Bishop, B. A./C. W. Anderson (1990): Student conceptions of natural selection and its role in evolution. In: Journal of Research in Science Teaching 27(5), S. 415–427.

van Dijk, E. M./U. Kattmann (2010): Evolution im Unterricht – Eine Studie über fachdidaktisches Wissen von Lehrerinnen und Lehrern. In: Zeitschrift für Didaktik der Naturwissenschaft 16, S. 23–39.

Gifhorn, B./J. Langlet (2006): Einführung in die Selektionstheorie – So früh wie möglich! In: Praxis der Naturwissenschaften – Biologie in der Schule 55(6), S. 6–15.

Graf, D. (2007): Renaissance einer Parawissenschaft - Die fragwürdige Faszination des Kreationismus. In: L. Klinnert (Hrsg.), Zufall Mensch? – Das Bild des Menschen im Spannungsfeld von Evolution und Schöpfung, Darmstadt, S. 109–126.

Graf, D./T. Richter/K. Witte (2009): Einstellungen und Vorstellungen von Lehramtsstudierenden zur Evolution. In: U. Harms u.a. (Hrsg.), Heterogenität erfassen – individuell fördern im Biologieunterricht, Kiel, S. 262–263.

Gropengießer, H. (2007): Theorie des erfahrungsbasierten Verfahrens. In: D. Krüger/H. Vogt (Hrsg.), Theorien der biologiedidaktischen Forschung – Ein Handbuch für Lehramtsstudenten und Doktoranden, Berlin, S. 105–116.

Gropengießer, H./U. Kattmann/D. Krüger (2010): Fachdidaktik Biologie. Köln.

Gropengießer, H./U. Kattmann (Hrsg.) (2006): Biologiedidaktik in Übersichten. Köln.

Hokayem, H./S. Boujaoude (2008): College students' perceptions of the theory of evolution. In: Journal of Research in Science Teaching 45(4), S. 395–419.

Johannsen, M./D. Krüger (2005): Schülervorstellungen zur Evolution – eine quantitative Studie. In: Berichte des IDB 14, S. 23–48.

Johnson, R. L/E. E. Peeples (1987): The role of scientific understanding in college. In: The American Biology Teacher 49, S. 93–96.

Kattmann, U. (Hrsg.) (2008): Unterricht Biologie Kompakt 333 – Evolution und Schöpfung. Berlin u.a.

Krüger, D. (2007): Die Conceptual Change-Theorie. In: D. Krüger/H. Vogt (Hrsg.), Theorien in der biologiedidaktischen Forschung, Berlin, S. 81–92.

KMK (= Kultusministerkonferenz) (2004a): Bildungsstandards im Fach Biologie für den Mittleren Schulabschluss (Beschluss der Kultusministerkonferenz vom 16.12.2004).

KMK (= Kultusministerkonferenz) (2004b): Einheitliche Prüfungsanforderung in der Abiturprüfung – Biologie (Beschluss der Kultusministerkonferenz vom 01.12.1989 i.d.F. vom 05.02.2004).

KMK (= Kultusministerkonferenz) (2008): Vereinbarung zur Gestaltung der gymnasialen Oberstufe in der Sekundarstufe II (Beschluss der Kultusministerkonferenz vom 07.07.1972 i.d.F. vom 24.10.2008).

Paulsen, F. (1921/1965): Geschichte des gelehrten Unterrichts auf den deutschen Schulen und Universitäten vom Ausgang des Mittelalters bis zur Gegenwart. 2 Bde. Berlin: 1965 (Reprint).

Retzlaff-Fürst, C./D. Urhahne (2009): Evolutionstheorie, Religiosität und Kreationismus und wie Schüler darüber denken. In: MNU 62(3), S. 173–183.

Sinatra, G. M./S. A. Southerland/F. McCounhaghy/J. W. Demastes (2003): Intentions and beliefs in students' understanding and acceptance of biological evolution. In: Journal of Research in Science Teaching 40(5), S. 510–528.

Trani, R. (2004): I won't teach evolution; it's against my religion. In: The American Biology Teacher 66(6), S. 419–427.

Wandersee, J. H./R. G. Good/S. S. Demastes (1995): Forschung zum Unterricht über Evolution: Eine Bestandsaufnahme. In: Zeitschrift für Didaktik der Naturwissenschaft 1, S. 43–54.

Weitzel, H. (2004): Wie kann Unterricht Vorstellungsänderungen bewirken? In: U. Spörhase-Eichmann/W. Ruppert (Hrsg.), Biologiedidaktik, Berlin, S. 97–106.

Weitzel, H. (2006): Biologie verstehen: Vorstellungen zu Anpassung. Oldenburg: Didaktisches Zentrum.

Woods, C. S./L. C. Scharmann (2001): High school students' perceptions of evolutionary theory. In: Electronic Journal of Structural Engineering 6(2), 43 S.

# 4

# Textsammlung zu Evolution und Schöpfung

# Jostein Gaarder: ... ein Boot, das mit Genen beladen durchs Leben segelt ...

> In dem philosophischen Jugendroman *Sofies Welt* des Norwegers Jostein Gaarder (erschienen 1991) erhält die Protagonistin, die 14-jährige Sofie, von einem Herrn namens Alberto Unterricht in Philosophie. Er stellt ihr die großen abendländischen Denker vor, darunter auch Charles Darwin.

„Das Buch, das in England die wütendsten Debatten hervorrief, war ‚Die Entstehung der Arten', das 1859 erschien. Sein vollständiger Titel lautete: ‚On the Origin of Species by Means of Natural Selection or the Preservation of Favoured Races in the Struggle for Life'. Dieser lange Titel ist im Grunde eine Zusammenfassung von Darwins Theorie."

„Dann solltest du ihn mir wirklich übersetzen."

„Das ist gar nicht so einfach, denn die darin vorkommenden Begriffe wurden seither verschieden übersetzt. Eine heutige Übersetzung könnte lauten: ‚Über die Entstehung der Arten durch natürliche Auslese oder das Erhaltenbleiben der begünstigsten Rassen im Kampf ums Dasein'. Statt ‚natürliche Auslese' sagt man aber auch ‚natürliche Zuchtwahl', statt ‚Erhaltenbleiben' ‚Überleben', und manche meinen, statt ‚Kampf ums Dasein' solle man, weil es so kriegerisch klingt, besser ‚Ringen um die Existenz' sagen."

„Jedenfalls ist es wirklich ein inhaltsreicher Titel."

„Wir nehmen ihn uns Stückchen für Stückchen vor. In der ‚Entstehung der Arten' trug Darwin zwei Theorien oder Hauptthesen vor: Erstens ging er davon aus, dass alle jetzt lebenden Pflanzen und Tiere von früheren, primitiveren Formen abstammen. Er setzte also eine biologische Entwicklung voraus. Zweitens erklärte er, dass diese Entwicklung der ‚natürlichen Auslese' zu verdanken sei."

„Weil die Stärksten überleben, ja?"

„Wir sollen uns zuerst auf den eigentlichen Entwicklungsgedanken konzentrieren. Der allein war nämlich nicht besonders originell. In gewissen Kreisen war die Annahme einer biologischen Entwicklung bereits um das Jahr 1800 recht verbreitet. Tonangebend war darin der französische Zoologe *Jean de Lamarck*. Noch vor ihm hatte Darwins Großvater, *Erasmus Darwin*, die Theorie aufgestellt, dass Pflanzen und Tiere sich aus einigen wenigen primitiven Arten entwickelt hätten. Aber keine hatte eine akzeptable Erklärung dafür liefern können, *wie* eine solche Entwicklung vor sich gegangen sein sollte. Und deshalb waren sie für die Kirchenmänner auch keine so gefährlichen Widersacher."

„Im Gegensatz zu Darwin?"

„Ja, und das hatte seinen Grund. Sowohl die Kirchenleute als auch viele Wissenschaftler hielten sich an die biblische Lehre, nach der die verschiedenen Pflanzen- und Tierarten unveränderlich sind. Sie gingen davon aus, dass jede einzelne Tierart ein für allemal durch einen besonderen Schöpfungsakt entstanden war. Diese christliche Anschauung stimmte dazu noch mit denen von Platon und Aristoteles überein."

„Wie denn?"

„Platons Ideenlehre ging ja davon aus, dass alle Tierarten unveränderlich waren, da sie nach dem Muster der jeweils ewigen Idee oder Form geschaffen waren. Dass die Tierarten unveränderlich waren, war auch in Aristoteles' Philosophie ein Grundelement. Aber gerade zu Darwins Zeit wurden einige Beobachtungen und Funde gemacht, die diese traditionelle Auffassung auf eine neue Probe stellten."

„Was waren das für Beobachtungen und Funde?"

„Erstens wurden immer neue Fossilienfunde gemacht, und zweitens fand man große Skelettreste ausgestorbener Tiere. Darwin selber wunderte sich außerdem darüber, dass in Gebirgen Reste von Meerestieren entdeckt wurden. In Südamerika hatte er hoch oben in den Anden selber solche Entdeckungen gemacht. Was aber haben Meerestiere hoch oben in den Anden verloren, Sofie? Kannst du mir das beantworten?"

„Nein."

„Einige meinen, Menschen oder Tiere hätten sie dort hinterlassen. Andere meinen, Gott habe solche Fossilien und Reste von Meerestieren geschaffen, um die Gottlosen in die Irre zu führen."

„Was meinte die Wissenschaft?"

„Die meisten Geologen hielten sich an eine ‚Katastrophentheorie', nach der die Erde mehrmals von großen Überschwemmungen, Erdbeben und anderen Katastrophen heimgesucht worden war, die alles Leben ausgerottet hatten. Eine solche Katastrophe gibt es ja auch in der Bibel. Die große Sintflut, wegen der Noah seine Arche baute. Nach jeder Katastrophe, so wurde gelehrt, habe Gott dann das irdische Leben erneuert, indem er neue – und vollkommenere – Pflanzen und Tiere schuf."

„Dann wären die Fossilien Abdrücke all der früheren Lebensformen, die durch solche gewaltigen Katastrophen ausgerottet worden waren?"

„Genau. Es hieß zum Beispiel, die Fossilien seien die Abdrücke von Tieren, für die in der Arche kein Platz mehr gewesen sei. Aber als Darwin mit der Beagle losfuhr, nahm er den ersten Band des Werkes ‚Principles of Geology' des englischen Geologen *Charles Lyell* mit. Der hielt die heutige Geografie der Erde – mit hohen Bergen und tiefen Tälern – für das Resultat einer unendlich langen und langsamen Entwicklung und erklärte, auch sehr kleine Veränderungen könnten zu großen geografischen Umwälzungen führen, wenn man nur die langen Zeiträume mit in Betracht ziehe."

„An was für Veränderungen dachte er da?"

„Er dachte an dieselben Kräfte, die heute noch wirken: an Wetter und Wind, Eisschmelze, Erdbeben und Erdstöße. Es heißt ja, dass steter Tropfen den Stein höhlt – nicht durch seine Kraft, sondern durch seine Stetigkeit. Lyell glaubte, solche kleinen, schrittweisen Veränderungen über einen langen Zeitraum könnten die Natur vollständig verändern. Und Darwin ahnte, dieser Gedanke könnte nicht nur erklären, warum er hoch oben in den Anden Reste von Seetieren fand. Er vergaß sein ganzes Forscherleben lang nie, dass *kleine, schrittweise Veränderungen* zu dramatischen Umwälzungen führen können, wenn man den Faktor Zeit mitbedenkt."

„Er dachte, eine ähnliche Erklärung könnte sich auch auf die Entwicklung der Tiere anwenden lassen?"

„Ja, diese Frage stellte er sich. Aber wie gesagt: Darwin war ein vorsichtiger Mann. Er stellte sich die Fragen lange, ehe er

Zur Zeit Darwins fragte man sich, warum Versteinerungen von Meerestieren (hier ein Ammonit) im Gebirge gefunden werden.

Versteinerung des ausgestorbenen Urvogels *Archaeopteryx*. War für ihn kein Platz auf der Arche Noah?

sich an die Antworten herantraute. Auf diese Weise verwendete er die Methode aller echten Philosophen, die besagt: Fragen ist wichtig, aber mit der Antwort eilt es nicht immer."

„Aber er fand noch immer keine Erklärung dafür, wie die Entwicklung zu den unterschiedlichsten Arten verlaufen sein konnte?"

„Immer wieder machte er sich Gedanken über Lyells Theorie der winzigen Veränderungen, die im Laufe der Zeit große Wirkungen haben konnten. Aber er fand keine Erklärung, die als universelles Prinzip gelten konnte. Aber jetzt gab es etwas anderes – und viel Näherliegendes –, an das Darwin immer öfter dachte. Du kannst fast sagen, dass der eigentliche Mechanismus für die Entwicklung der Arten direkt vor seiner Nase lag."

„Ich bin schon sehr gespannt."

„Aber du sollst diesen Mechanismus selber entdecken. Deshalb frage ich: Wenn du drei Kühe hast, aber nur für zwei genug Futter, was machst du dann?"

„Dann muss ich vielleicht eine Kuh schlachten?"

„Genau ... und welche Kuh würdest du schlachten?"

„Sicher die, die am wenigsten Milch gibt?"

„Meinst du wirklich?"

„Ja, das ist doch logisch."

„Und genau das machen die Menschen schon seit Jahrtausenden. Aber wir sind mit den beiden Kühen noch nicht fertig. Angenommen, du willst eine davon decken lassen. Welche suchst du dafür aus?"

„Die, die am meisten Milch gibt. Dann wird nämlich das Kalb sicher auch eine gute Milchkuh."

„Dir sind gute Milchkühe also lieber als schlechte? Dann brauchen wir nur noch eine Aufgabe. Wenn du gerne jagst und zwei Schweißhunde hast, aber einen davon hergeben musst, welchen Hund würdest du dann behalten?"

„Ich würde natürlich den behalten, der die beste Witterung für das Wild hat, das ich jagen will."

„Dir wäre also der bessere Schweißhund lieber, ja. Und so, Sofie, betreiben die Menschen seit über zehntausend Jahren Tierzucht. Die Hühner haben nicht immer fünf Eier die Woche gelegt, die Schafe hatten nicht immer so viel Wolle, und die Pferde waren nicht immer gleich stark und schnell. Aber die Menschen haben eine *künstliche* Auswahl getroffen. Das gilt auch für das Pflanzenreich. Man setzt keine schlechten Kartoffeln, wenn man bessere Setzlinge bekommen kann. Man macht sich nicht die Mühe, kornlose Ähren zu schneiden. Darwin erklärt, dass keine zwei Kühe, keine zwei Ähren, keine zwei Hunde und keine zwei Finken ganz gleich sind. Die Natur weist eine enorme Variationsbreite auf. Sogar innerhalb ein und derselben Art gibt es keine zwei ganz gleichen Individuen. [...] Darwin musste sich nun fragen: Könnte es wohl auch in der Natur einen entsprechenden Mechanismus geben? Könnte es möglich sein, dass auch die Natur eine solche, dann ‚natürliche' Auswahl von Individuen trifft, die groß werden dürfen? Und nicht zuletzt: Könnte so ein Mechanismus über sehr lange Zeit ganz neue Pflanzen- und Tierarten entstehen lassen?"

„Ich tippe, die Antwort ist ja."

„Noch immer konnte Darwin sich nicht recht vorstellen, wie eine ‚natürliche' Auswahl vor sich gehen sollte. Aber im Oktober 1838 – genau zwei Jahre nach seiner Heimkehr mit der Beagle – fiel ihm zufällig ein kleines Buch des Bevölkerungsexperten *Thomas Malthus* in die Hände. Das Buch hieß ‚An Essay on the Principle of Population'. Der Amerikaner *Benjamin Franklin*, der unter anderem den Blitzableiter erfunden hatte, hatte Malthus auf die Idee zu diesem Buch gebracht. Franklin hatte darauf hingewiesen, dass es auch in der Natur begrenzende Faktoren geben müsse, denn sonst hätte sich irgendwann eine einzelne Pflanzen- oder Tierart über die ganze Erde verbreitet. Nur dadurch, dass es verschiedenen Arten gebe, hielten sie einander in Schach."

„Ich verstehe."

„Malthus führte diesen Gedanken weiter und wandte ihn auf die Bevölkerungssituation auf der Erde an. Er erklärte, die Vermehrungsfähigkeit der Menschen sei so groß, dass immer mehr Kinder geboren würden, als überhaupt erwachsen werden könnten. Und da die Nahrungsmittelproduktion niemals mit dem Bevölkerungszuwachs Schritt halten könne, sei eine große Anzahl von Menschen dazu verdammt, im Kampf ums Dasein unterzugehen. Wer erwachsen werde – und damit den Bestand der Familie sichere –, gehöre zu denen, die sich im Überlebenskampf am besten durchgesetzt haben."

„Das klingt logisch."

„Und genau das war der universelle Mechanismus, nach dem Darwin gesucht hatte. Plötzlich hatte er eine Erklärung dafür, wie die Entwicklung verläuft. Verantwortlich dafür ist die *natürliche Auslese* im Kampf ums Dasein – wer der Umwelt am besten an-

Frosch mit Laich. Die meisten Nachkommen eines Frosches überleben nicht, daher muss ein Frosch sehr viele Eier legen.

gepasst ist, wird überleben und seiner Art den Bestand sichern. Das war die zweite Theorie, die er in seinem Buch ‚Die Entstehung der Arten' veröffentlicht hat. Er schrieb: ‚Der Elefant vermehrt sich langsamer als alle anderen Tiere, und ich habe mir die Mühe gemacht, das wahrscheinliche Minimum seiner natürlichen Vermehrung zu berechnen. Man kann als ziemlich sicher annehmen, dass er nach dreißig Jahren seine Fortpflanzung beginnt und sie bis zum neunzigsten Lebensjahr fortsetzt, dass er während dieser Zeit sechs Junge hervorbringt und bis zum hundertsten Jahre lebt. In diesem Falle würde es nach Verlauf von 740 bis 750 Jahren etwa 19 Millionen Elefanten als Abkömmlinge eines Paares geben.'"

„Ganz zu schweigen von den Tausenden von Eiern eines einzigen Kabeljaus."

„Weiterhin erklärte Darwin, dass der Kampf ums Überleben zwischen den Arten, die einander am nächsten stehen, oft am härtesten ist. Sie müssen ja um dieselbe Nahrung kämpfen. Und dann sind es die kleinen Unterschiede – also die kleinen positiven Abweichungen vom Durchschnitt –, die den Ausschlag geben. Je härter der Kampf ums Dasein wird, desto schneller verläuft die Entwicklung neuer Arten. Dann überleben nur die Allerbestangepassten, während alle anderen aussterben."

„Je weniger Nahrung und je mehr Nachwuchs es gibt, desto schneller läuft also die Entwicklung?"

„Aber es ist nicht nur von Nahrung die Rede. Es kann ebenso wichtig sein, nicht von anderen Tieren gefressen zu werden. Es kann zum Beispiel von Vorteil sein, eine bestimmte Tarnfarbe zu haben, schnell laufen zu können, feindliche Tiere zu registrieren – oder wenigstens schlecht zu schmecken. Ein Gift, das Raubtiere tötet, ist auch nicht zu verachten. Es ist doch kein Zufall, dass viele Kakteen giftig sind, Sofie. In der Wüste wachsen ja fast nur Kakteen. Und deshalb sind sie pflanzenfressenden Tieren besonders ausgeliefert."

„Außerdem haben die meisten Kakteen Stacheln."

„Von grundlegender Bedeutung ist natürlich auch die Fortpflanzungsfähigkeit. Darwin studierte sehr ausgiebig, wie sinnreich die Bestäubung der Pflanzen sein kann. Die Pflanzen strahlen ihre schönen Farben aus und senden ihre süßen Dürfte, um Insekten herbeizulocken, die bei der Bestäubung helfen. Aus demselben Grund lassen Vögel ihre schönen Triller hören. Ein gemächlicher oder melancholischer Star interessiert sich nicht für Kühe und ist deshalb in der Familiengeschichte völlig uninteressant. Schließlich ist es die einzige Aufgabe des Individuums, die Geschlechtsreife zu erreichen und sich fortzupflanzen, damit die Sippe Bestand hat. Es ist wie ein langer Staffellauf. Wer aus irgendeinem Grund seine Erbanlagen nicht weitergeben kann, wird immer ausgesondert werden. Auf diese Weise veredelt sich die Sippe ständig. Vor allem ist auch die Widerstandsfähigkeit gegen Krankheiten so eine Eigenschaft, die in den überlebenden Varianten aufbewahrt wird."

„Also wird alles immer besser?"

„Die ständige Auswahl sorgt dafür, dass die, die einer bestimmten Umwelt – oder einer bestimmten ökologischen Nische – am besten angepasst sind, auf die Dauer in dieser Umwelt überleben. Aber was in einer Umwelt ein Vorteil ist, kann in einer anderen wirkungslos sein. Für einige der Finken auf den Galapagosinseln war ihre Flugfähigkeit sehr wichtig. Aber ein tüchtiger Flieger zu sein, ist weniger wichtig, wenn die Nahrung aus dem Boden gebuddelt werden muss und es keine Raubtiere gibt. Eben weil es in der Natur so viele verschiedene Nischen gibt, haben sich im Laufe der Zeit so viele verschiedene Tierarten entwickelt."

# Ernst Haeckel: Natürliche Schöpfungsgeschichte

> 1859 veröffentlichte Charles Darwin seine Theorie der natürlichen Auslese (Selektion). Diese Theorie fand viele Gegner, die nicht akzeptieren konnten, dass die Tier- und Pflanzenarten nicht ein für allemal von Gott geschaffen wurden, sondern veränderlich sein sollten. Ernst Haeckel (1834–1919) verteidigte Darwins Theorie in seinem Buch *Natürliche Schöpfungsgeschichte* (1868).

Von der größten Bedeutung für die Begründung der Selektionstheorie war das eingehende Studium, welches *Darwin* den *Haustieren und Kulturpflanzen* widmete. Die unendlich tiefen und mannigfaltigen Formveränderungen, welche der Mensch an diesen domestizierten Organismen durch künstliche Züchtung erzeugt hat, sind für das richtige Verständnis der Tier- und Pflanzenformen von der allergrößten Wichtigkeit; und dennoch ist in kaum glaublicher Weise dieses Studium von den Zoologen und Botanikern bis in die neueste Zeit in der gröbsten Weise vernachlässigt worden. Es sind nicht allein dicke Bände, sondern ganze Bibliotheken vollgeschrieben worden mit den unnützesten Beschreibungen der einzelnen Arten oder Spezies, angefüllt mit höchst kindischen Streitigkeiten darüber, ob diese Spezies gute oder ziemlich schlechte Arten seien, ohne dass dem Artbegriff selbst darin zu Leibe gegangen ist. Wenn die Naturforscher, statt auf diese ganz unnützen Spielereien ihre Zeit zu verwenden, die Kulturorganismen gehörig studiert und nicht die einzelnen toten Formen, sondern die Umbildung der lebendigen Gestalten in das Auge gefasst hätten, so würde man nicht so lange in den Fesseln des *Cuvier*'schen Dogmas befangen gewesen sein. Weil nun aber diese Kulturorganismen gerade der dogmatischen Auffassung von der Beharrlichkeit der Art, von der Konstanz der Spezies so äußerst unbequem sind, so hat man sich großenteils absichtlich nicht um dieselben bekümmert und es ist sogar vielfach, selbst von berühmten Naturforschern der Gedanke ausgesprochen worden, diese Kulturorganismen, die Haustiere und Gartenpflanzen, seien Kunstprodukte des Menschen, und deren Bildung und Umbildung könne gar nichts über das Wesen der Bildung und über die Entstehung der Formen bei den wilden, im Naturzustande lebenden Arten entscheiden.

Diese verkehrte Auffassung ging so weit, dass z. B. ein Münchener Zoologe, *Andreas Wagner*, allen Ernstes die lächerliche Behauptung aufstellte: Die Tiere und Pflanzen im wilden Zustande sind vom Schöpfer als bestimmt unterschiedene und unveränderliche Arten erschaffen worden; allein bei den Haustieren und Kulturpflanzen war dies deshalb nicht nötig, weil er dieselben von vornherein für den Gebrauch des Menschen einrichtete. Der Schöpfer machte also den Menschen aus einem Erdenkloß, blies ihm lebendigen Odem in seine Nase und schuf dann für ihn die verschiedenen nützlichen Haustiere und Gartenpflanzen, bei denen er sich in der Tat die Mühe der Speziesunterscheidung sparen konnte. [...]

Die eingehende Vergleichung der Kulturformen (Rassen und Spielarten) mit den wilden, nicht durch Kultur veränderten Organismen (Arten und Varietäten) ist für die Selektionstheorie von der größten Wichtigkeit. Was Ihnen bei dieser Vergleichung zunächst am meisten auffällt, das ist die ungewöhnlich kurze Zeit, in welcher der Mensch imstande ist, eine neue Form hervorzubringen, und der ungewöhnliche hohe Stand, in welchem diese vom Menschen produzierte Form von der ursprünglichen Stammform abweichen kann; während die wilden Tiere und die Pflanzen im wilden Zustande jahraus, jahrein dem sammelnden Zoologen und Botaniker annähernd in derselben Form erscheinen, sodass eben hieraus das falsche Dogma der Spezieskonstanz entstehen konnte. So zeigen uns die Haustiere und die Gartenpflanzen innerhalb weniger Jahre die größten Veränderungen. [...] Es ist nicht wahr, wenn behauptet wird, die Kulturformen, die von einer und derselben Form abstammen, seien nicht so sehr voneinander verschieden, wie die wilden Tier- und Pflanzenarten unter sich. Wenn man nur unbefangen Vergleiche anstellt, so lässt sich sehr leicht erkennen, dass eine Menge von Rassen oder Spielarten, die wir in einer kurzen Reihe von Jahren von einer einzigen Kulturform abgeleitet haben, in höheren Grade voneinander unterschieden sind, als sogenannte gute Spezies („*Bonae species*") oder selbst verschiedene Gattungen *(Genera)* einer Familie im wilden Zustande sich unterscheiden.

Um diese äußerst wichtige Tatsache möglichst fest empirisch zu begründen, beschloss *Darwin*, eine einzelne Gruppe von Haustieren speziell in dem ganzen Umfang ihrer Formenmannigfaltigkeit zu studieren, und er wählte dazu die *Haustauben*, welche in mehrfacher Beziehung für diesen Zweck ganz besonders geeignet sind. Er hielt sich lange Zeit hindurch auf seinem Gute alle möglichen Rassen und Spielarten von Tauben, welche er bekommen konnte, und wurde mit reichlichen Zusendungen aus allen Weltgegenden unterstützt. Ferner ließ er sich in zwei Londoner Taubenklubs aufnehmen, welche die Züchtung der verschiedenen Taubenformen mit wahrhaft künstlerischer Virtuosität und unermüdlicher Leidenschaft betreiben. Endlich setzte er sich noch mit einigen der berühmtesten Taubenliebhaber in Verbindung. So stand ihm das reichste empirische Material zur Verfügung.

Die Kunst und Liebhaberei der Taubenzüchtung ist uralt. Schon mehr als 3.000 Jahre vor Christus wurde sie von den Ägyptern betrieben. [...] So entwickelten sich denn im Laufe mehrerer Jahrtausende, und infolge der mannigfaltigen Züchtungsmethoden, welche in den verschiedensten Weltgegenden geübt wurden, aus einer einzigen ursprünglich gezähmten Stammform, welche in ihren extremen Formen ganz außerordentlich voneinander verschieden sind und sich oft durch sehr auffallende Eigentümlichkeiten auszeichnen.

Eine der auffallendsten Taubenrassen ist die bekannte Pfauentaube, bei der sich der Schwanz ähnlich entwickelt wie beim Pfau und [die] eine Anzahl von 30 – 40 radartig gestellten Federn trägt; während die anderen Tauben eine viel geringere Anzahl von Schwanzfedern, fast immer 12, besitzen. Hierbei mag erwähnt weden, dass die Anzahl der Schwanzfedern bei den Vögeln als systematisches Merkmal von den Naturforschern sehr hoch geschätzt wird, sodass man ganze Ordnungen danach unterscheidet. So besitzen z. B. die Singvögel fast ohne Ausnahme 12 Schwanzfedern, die Schrillvögel *(Strisores)* 10 usw. Besonders ausgezeichnet sind ferner mehrere Taubenrassen durch einen Busch von Nackenfedern, welcher eine Art Perücke bildet, andere durch abenteuerliche Umbildung des Schnabels und der Füße, durch eigentümliche, oft sehr auffallende Verzierungen, z. B. Hautlappen, die sich am Kopf entwickeln; durch einen großen Kropf, welcher eine starke Hervortreibung der Speiseröhre am Hals bildet, die viele Tauben sich erworben haben, z. B. die Lachtauben, die Trommeltauben in ihren musikalischen Leistungen, die Brieftauben in ihrem topographischen Instinkt. Die Purzeltauben haben die seltsame Gewohnheit, nachdem sie in großer Schar in die Luft gestiegen sind, sich zu überschlagen und aus der Luft wie tot herabzufallen. Die Sitten und Gewohnheiten dieser unendlich verschiedenen Taubenrassen, die Form, Größe und Färbung der einzelnen Körperteile, die Proportionen derselben untereinander, sind in erstaunlich hohem Maße voneinander verschieden, in viel höherem Maße, als es bei sogenannten wilden Tauben der Fall ist. Und, was das Wichtigste ist, es beschränken sich jene Unterschiede nicht bloß auf die Bildung der äußerlichen Form, sondern erstrecken sich selbst auf die wichtigsten innerlichen Teile; es kommen selbst sehr bedeutende Abänderungen des Skeletts und der Muskulatur vor. So finden sich z. B. große Verschiedenheiten in der Zahl der Wirbel und Rippen, in der Größe und Form der Lücken im Brustbein, in der Form und Größe des Gabelbeins, des Unterkiefers, der Gesichtsknochen usw. Kurz, das knöcherne Skelett, das die Morphologen für einen sehr beständigen Körperteil halten, welcher niemals in dem Grade, wie die äußeren Teile, variiere, zeigt sich so sehr verändert, dass man viele Taubenrassen als besondere Gattungen oder Familien im Vögelsysteme aufführen könnte. Zweifelsohne würde dies geschehen, wenn man alle diese verschiedenen Formen in wildem Naturzustande aufände.

Wie weit die Verschiedenheit der Taubenrassen geht, zeigt am besten der Umstand, dass alle Taubenzüchter einstimmig der Ansicht sind, jede eigentümliche oder besonders ausgezeichnete Taubenrasse müsse von einer besonderen wilden Stammart abstammen. Freilich nimmt jeder eine verschiedene Anzahl von Stammarten an. Und dennoch hat *Darwin* mit überzeugendem Scharfsinn den schwierigen Beweis geführt, dass dieselben ohne Ausnahme sämtlich von einer einzigen wilden Stammart, der blauen Felstaube *(Columba livia)* abstammen müssen. In gleicher Weise lässt sich bei den meisten übrigen Haustieren und bei den meisten Kulturpflanzen der Beweis führen, dass alle verschiedenen Rassen Nachkommen einer einzigen ursprünglichen wilden Art sind, die vom Menschen in den Kulturzustand übergeführt wurde.

# Von Menschen verursachte Evolution: Vorstellungen und Einstellungen

Dickhornschafe (*Ovis canadensis*) sind wilde Schafe, die vorwiegend in den Gebirgen des westlichen Nordamerika leben. Als ein charakteristisches Merkmal besitzen Dickhornschafe Hörner, die bei den Männchen besonders stark ausgeprägt sind und bis zu 14 Kilogramm wiegen können. Aufgrund der Hörner werden Dickhornschafe bejagt. Trophäenjäger bezahlen für den Abschuss besonders prächtiger Männchen hohe Geldsummen, manchmal Hunderttausende von Dollar, die Naturschutzprojekten zugutekommen.

Genauere Analysen der Bestandsentwicklung der Dickhornschafe, die in der Fachzeitschrift *Nature* veröffentlicht wurden, haben gezeigt, dass die Trophäenjagd unbeabsichtigte evolutionäre Konsequenzen hat. Überraschenderweise wurde ermittelt, dass durch die Selektion, die der Mensch durch den Abschuss großer Männchen ausübt, die Körper- und Horngröße der adulten Männchen in den letzten drei Jahrzehnten um ca. 20 % abgenommen hat. Der Mensch wirkt also auf die Evolution ein. Dieses Phänomen wurde für zahlreiche Organismen beschrieben, auf die der Mensch einen Selektionsdruck ausübt. Weitere Beispiele sind der größenselektive Fischfang beim Kabeljau oder die Jagd auf Elefanten mit besonders großen Stoßzähnen.

Anhand dieser Phänomene lassen sich Unterschiede zwischen *fachlichen Vorstellungen* und *Einstellungen zur Evolutionstheorie* verdeutlichen. Grundsätzlich gilt: Einstellungen weisen eine subjektive Bewertung auf, während dies bei Vorstellungen nicht der Fall ist.

**Fachliche Vorstellungen** zur Einflussnahme des Menschen auf die Evolution beruhen auf naturwissenschaftlichen Evidenzen und tragen in dem Beispiel der Dickhornschafe dazu bei, die Abnahme des Körpergewichts und der Horngröße zu erklären. Inhaltlich fokussieren die fachlichen Vorstellungen auf die Tatsache, dass das Körpergewicht und die Horngröße genetisch bedingte Merkmale sind, die in der Population normalverteilt und an deren Vererbung mehrere Gene beteiligt sind (additive Polygenie). In einer Population gibt es demnach Individuen mit unterschiedlich großen Hörnern sowie unterschiedlich schweren Körpern (Variation). Werden die männlichen Individuen mit überdurchschnittlich großen Hörnern und einem überdurchschnittlichem Körpergewicht durch Abschuss konsequent daran gehindert, ihre Gene an die Nachfahren weiterzugeben (Selektion), so verringert sich der prozentuale Anteil derjenigen Gene im Genpool, welche besonders stark dazu beitragen, dass Individuen mit schweren Körpern und großen Hörnern geboren werden. Die Art verändert sich.

**Einstellungen zur Evolution** der Dickhornschafe erkennt man an einer subjektiven Bewertung. Das Aussehen der Dickhornschafe berührt beispielsweise unser ästhetisches Empfinden, sodass es Menschen gibt, die aus Gründen der Schönheit der Dickhornschafe das Handeln der Trophäenjäger verurteilen und

Verbreitungsgebiet der Dickhornschafe (*Ovis canadensis*)

Dickhornschafe werden wegen ihrer imposanten Hörner bejagt.

die Jagd einschränken wollen. Andere Einstellungen beziehen sich auf die genetische Identität der Tiere, die sich im Laufe der Evolution ausgebildet hat und die es zu erhalten gilt. Es lässt sich beispielsweise hinterfragen, ob der Mensch das Recht hat – aufgrund der Ausübung der Jagd als Sportart und aufgrund des Bestrebens, Trophäen zur Schau zu stellen –, so massiv in die Evolution einzugreifen. Möglicherweise lässt sich allerdings auch die Einstellung finden, dass der Eingriff nicht so gravierend ist, da sich die Natur schon selbst helfen wird. Diese Einschätzung ist aber vermutlich nicht zutreffend, denn in der Forschung wird gerade diskutiert, ob derartige Eingriffe des Menschen zu einem kompletten Verlust von Allelen im Genpool führen und damit irreversibel sind.

MH, RA

# „Der Mensch sorgt für ein Massensterben"

> Aus Anlass des Internationalen Jahres der Biodiversität, das die Vereinten Nationen 2010 ausgerufen hatten, interviewte die Internet-Redaktion der ARD Mark Schauer, den Leiter des TEEB-Sekretariats (The Economics of Ecosystems and Biodiversity, „Die Ökonomie der Ökosysteme und Biodiversität") des Umweltprogramms der Vereinten Nationen (UNEP).

**In Deutschland lebt die Malaria-Mücke, durch zerstörte Korallenriffe ist die Weltfischerei zusammengebrochen und die tropischen Regenwälder sind Palmölplantagen zum Opfer gefallen – ein Schreckensszenario. Genau dies drohe im Jahr 2050, so der UN-Umweltexperte Mark Schauer, wenn der Mensch Artenvielfalt und Ökosysteme nicht schütze.**

*ARD.de: Herr Schauer, „Biodiversität" ist ein sperriges Wort, das vielleicht nicht jeder sofort versteht – was bedeutet das genau?*

*Mark Schauer:* Das stimmt, ich muss immer zuerst erklären, was Biodiversität überhaupt bedeutet. Biodiversität ist die Vielfalt von Arten, Ökosystemen und dem Genpool. Es gibt viele verschiedene Arten weltweit und innerhalb einer Art viele Ausprägungen – bei der Art „Hund" etwa der Chihuahua und die deutsche Dogge. Ökosysteme der Erde reichen von Korallenriffen über die Feuchtmoore Norddeutschlands bis zur Sahelzone.

*Und der Genpool?*

Die genetische Vielfalt ist notwendig für die Widerstandskraft einer Art. Bäume zum Beispiel können nicht weglaufen und müssen vielen Umwelteinflüssen gewachsen sein – dabei hilft ihnen ihr Genpool. In Indien konzentrierte man sich auf den Anbau einer einzigen Reissorte. Als diese von einem Virus befallen wurde, blieben die Ernten aus und eine Hungersnot drohte. Glücklicherweise konnten mit dem Erbgut aus dem Urreis neue Sorten gezüchtet werden.

*Wie ist es momentan um die Biodiversität auf der Erde bestellt?*

Wir verlieren sie zunehmend. Eine Studie aus dem Jahr 2007 *(Anm. der Redaktion: Millennium Ecosystem Assessment)* hat gezeigt: Der Artenverlust übersteigt bis zu tausendfach den Verlust, der auf natürliche Weise geschehen würde. Arten sterben immer aus, zum Beispiel, wenn ein Vulkan ausbricht und eine Minipopulation vernichtet wird. Doch der Mensch sorgt für ein Massensterben. Schuld sind unter anderem der von ihm verursachte Klimawandel, die Zerstörung von Lebensräumen – wenn beispielsweise Wälder gerodet und Sümpfe trockengelegt werden – und vom Menschen neu eingeschleppte Arten. Bekannte Beispiele sind Kaninchen in Australien oder die Wasserhyazinthe und der Nilbarsch, die das gesamte Ökosystem des afrikanischen Viktoriasees bedrohen.

In Deutschland hat der Mensch zum Beispiel die Pflanze Riesenbärenklau aus dem Kaukasus eingeschleppt. Sie hat ein Gift, das zu schweren Verbrennungen führen kann. Im Kaukasus hält der kältere Winter den Riesenbärenklau im Zaum, in Deutschland dagegen gedeiht er prächtig, sodass ganze Gebiete an Bächen und Flüssen nicht mehr betreten werden können. Insgesamt lässt sich sagen: Die biologische Vielfalt schrumpft heute schneller als vor 50 Jahren.

*Nun haben die Vereinten Nationen 2010 zum „Internationalen Jahr der Biodiversität" ausgerufen – was versprechen Sie sich davon?*

Nach Einschätzung der Vereinten Nationen ist der Verfall der Biodiversität ein noch größeres Problem als der Klimawandel. 2009 hat die Universität Stockholm (Stockholm Resilience Centre) ermittelt, dass der Verlust der Arten schon jetzt bedrohliche Ausmaße angenommen hat. Trotzdem ist das Thema weltweit kaum präsent – was vielleicht auch an dem sperrigen Begriff liegt. Den meisten Menschen ist nicht bewusst, welche schlimmen Folgen der Verlust der biologischen Vielfalt haben kann.

*Welche Folgen?*

Werden zum Beispiel noch mehr Korallenriffe vernichtet, droht die Weltfischerei zusammenzubrechen, denn die Riffe sind eine wichtige Brutstätte für Fische. Ein 86-Milliarden-Dollar-Wirtschaftszweig ginge in die Knie. Eine Milliarde Menschen verlöre damit ihren wichtigsten Eiweißlieferanten. Die Rolle der Biodiversität für den Menschen ist ökonomisch, ökologisch und kulturell entscheidend.

*Was ist der Grund für die abnehmende Biodiversität? Schließlich wurde bereits 1992 das „Übereinkommen über die biologische Vielfalt" unterzeichnet ...*

Viele Menschen haben einfach noch nicht verstanden, in welcher Gefahr wir uns befinden. Trotz verzweifelter Anstrengungen hat die Aussterberate aufgrund menschlicher Aktivitäten zugenommen und es ist der Weltgemeinschaft bislang nicht gelungen, das einzudämmen.

*Wie sähe denn ein Szenario im schlimmsten Fall aus, sollte sich nichts verändern?*

Die Aussterbe- und Entwaldungsrate nähme atemberaubende Ausmaße an. Im Jahr 2050 könnten die tropischen Regenwälder Zuckerrohrfeldern und Palmölplantagen zum Opfer gefallen sein, eine gigantische Menge Kohlenstoffdioxid wäre in der Luft und könnte nicht mehr gebunden werden. Es gäbe mehr extreme Wetterereignisse, wie Wirbelstürme und sintflutartiger Regen, die Ernten und wirtschaftliche Entwicklung bedrohten. Bestände vieler Fischarten wären 2050 vermutlich irreversibel vernichtet, trockene Gebiete wären zu Wüsten geworden, Länder wie Bangladesch, Nigeria und die Niederlande hätten mit Überschwemmungen zu kämpfen.

> **Zahlen zur Biodiversität:**
> In den letzten 300 Jahren sind die Wälder weltweit um 40% geschrumpft. Seit 1900 hat sich die Zahl der Feuchtbiotope halbiert. 30% der Korallenriffe sind inzwischen zerstört oder schwer beschädigt, 35% der Mangroven-Wälder an den Küsten sind vernichtet. Laut der Weltnaturschutzorganisation IUCN (Studie von 2007) sind 12% der Vögel, 20% der Säugetiere und 29% der Amphibien vom Aussterben bedroht.

*Was würde sich in Deutschland verändern?*

In Norddeutschland müssten alle Deiche erhöht werden, im Sommer würden durch die Hitze mehr Menschen krank, es gäbe schlechtere Ernten und höhere Nahrungsmittelpreise. Verschwände das Ökosystem, das die Malariamücke in Schach hält, wäre Malaria auch in Deutschland möglich – als Erstes im Oberrheingebiet. Und das sind nur wenige Beispiele, die sich aus der Klimaveränderung und dem Verlust der biologischen Vielfalt ergeben können.

*Wie lässt sich diese Entwicklung stoppen?*

Wir wollen die Konsumenten überzeugen, dass es sich lohnt, Arten zu erhalten. Niemand muss Kiwis aus Neuseeland essen, sondern kann lokale Lebensmittel einkaufen. Eine Entscheidung für die Biodiversität ist auch immer eine Klimaentscheidung. Unser ökologischer Fußabdruck sollte so klein wie möglich sein. Das gilt auch für die Wirtschaft. Unerlässlich für den Fortbestand unserer Gesellschaft ist es außerdem, dass politische Entscheidungsträger das Prinzip der Biodiversität verstehen und Einfluss nehmen – zum Beispiel mit Steuern und Vereinbarungen.

# Charles Darwin: Zur Vervollkommnung der Schöpfung

> Zur Zeit Darwins (1809–1882) war die Annahme immer noch weit verbreitet, dass Gott, wie in der Genesis geschildert, alle Lebewesen von Anfang an so geschaffen habe, wie sie heute auf der Erde leben. Darwins Evolutionstheorie brach mit dieser Vorstellung. Im Schlusskapitel von *Über die Entstehung der Arten* (*On the Origin of Species*, 1859) stellte er die Theorie der „natürlichen Zuchtwahl" (Selektion) aus seiner Perspektive dar.

Schriftsteller ersten Rangs scheinen vollkommen von der Ansicht befriedigt zu sein, dass jede Art unabhängig erschaffen worden ist. Nach meiner Meinung stimmt es besser mit den der Materie vom Schöpfer eingeprägten Gesetzen überein, dass das Entstehen und Vergehen früherer und jetziger Bewohner der Erde durch sekundäre Ursachen veranlasst werde, denjenigen gleich, welche die Geburt und den Tod des Individuums bestimmen. Wenn ich alle Wesen nicht als besondere Schöpfungen, sondern als lineare Nachkommen einiger wenigen schon lange vor der Ablagerung der cambrischen Schichten vorhanden gewesenen Vorfahren betrachte, so scheinen sie mir dadurch veredelt zu werden. Und nach der Vergangenheit zu urteilen, dürfen wir getrost annehmen, dass nicht eine der jetzt lebenden Arten ihr unverändertes Abbild auf eine ferne Zukunft übertragen wird. Überhaupt werden von den jetzt lebenden Arten nur sehr wenige durch irgendwelche Nachkommenschaft sich bis in eine sehr ferne Zukunft fortpflanzen; denn die Art und Weise, wie alle organischen Wesen im Systeme gruppiert sind, zeigt, dass die Mehrzahl der Arten einer jeden Gattung und alle Arten vieler Gattungen keine Nachkommenschaft hinterlassen haben, sondern gänzlich erloschen sind. Wir können insofern einen prophetischen Blick in die Zukunft werfen und voraussagen, dass es die gemeinsten und weitverbreitetsten Arten in den großen und herrschenden Gruppen einer jeden Klasse sein werden, welche schließlich die anderen überdauern und neue herrschende Arten liefern werden. Da alle jetzigen Lebensformen lineare Abkomen derjenigen sind, welche lange vor der cambrischen Periode gelebt haben, so können wir überzeugt sein, dass die regelmäßige Aufeinanderfolge der Generationen niemals unterbrochen worden ist und eine allgemeine Flut niemals die ganze Welt zerstört hat. Daher können wir mit Vertrauen auf eine Zukunft von gleichfalls unberechenbarer Länge blicken. Und da die natürliche Zuchtwahl nur durch und für das Gute eines jeden Wesens wirkt, so wird jede fernere körperliche und geistige Ausstattung desselben seine Vervollkommnung zu fördern streben.

Es ist anziehend beim Anblick einer dicht bewachsenen Uferstrecke, bedeckt mit blühenden Pflanzen vielerlei Art, mit singenden Vögeln in den Büschen, mit schwärmenden Insekten in der Luft, mit kriechenden Würmern im feuchten Boden, sich zu denken, dass alle diese künstlich gebauten Lebensformen, so abweichend unter sich und in einer so komplizierten Weise voneinander abhängig, durch Gesetze hervorgebracht sind, welche noch fort und fort um uns wirken. Diese Gesetze, im weitesten Sinne genommen, heißen: Wachstum mit Fortpflanzung; Vererbung, fast in der Fortpflanzung mit einbegriffen, Variabilität infolge der indirekten und direkten Wirkungen äußerer Lebensbedingungen und des Gebrauchs oder Nichtgebrauchs; rasche Vermehrung in einem zum Kampfe ums Dasein und als Folge zu natürlicher Zuchtwahl führenden Grade, welche Letztere wiederum Divergenz des Charakters und Erlöschen minder vervollkommneter Formen bedingt. So geht aus dem Kampfe der Natur, aus Hunger und Tod unmittelbar die Lösung des höchsten Problems hervor, das wir zu fassen vermögen, die Erzeugung immer höherer und vollkommenerer Tiere. Es ist wahrlich eine großartige Ansicht, dass der Schöpfer den Keim alles Lebens, das uns umgibt, nur wenigen oder nur einer einzigen Form eingehaucht hat, und dass, während unser Planet den strengsten Gesetzen der Schwerkraft folgend sich im Kreise schwingt, aus so einfachem Anfange sich eine endlose Reihe der schönsten und wundervollsten Formen entwickelt hat und noch immer entwickelt.

# Charles Darwin: Brief an Asa Gray

Charles Darwin war sich sehr wohl bewusst, dass die Evolutionstheorie, die er entwickelte, mit jahrhundertealten religiösen Vorstellungen im Widerspruch stand und imstande war, bei vielen Menschen die Grundfesten des Glaubens zu erschüttern. Er wurde oft nach seinen eigenen religiösen Überzeugungen gefragt. Hier ein Auszug aus einem Brief an den US-amerikanischen Botaniker Asa Gray (1810–1888), der, selbst tief religiös, eine jahrzehntelange Briefkorrespondenz mit Darwin führte und Darwin und seine Theorie in den USA engagiert unterstützte.

Down, 22. Mai [1860]

[…] Nun zur theologischen Seite der Frage. Dies ist mir immer peinlich. Ich bin verunsichert. Ich hatte nicht die Absicht, atheistisch zu schreiben. Aber ich gebe zu, dass ich nicht so deutlich, wie es andere sehen und wie ich es selbst gerne sehen würde, rings um uns her Beweise für Zweckbestimmung und Güte zu erkennen vermag. Es scheint mir zu viel Elend in der Welt zu geben. Ich kann mich nicht dazu überreden, dass ein gütiger und allmächtiger Gott mit Absicht die *Ichneumonidae* [Schlupfwespen] erschaffen haben würde mit dem ausdrücklichen Auftrag, sich im Körper lebender Raupen zu ernähren, oder dass eine Katze mit Mäusen spielen soll. Da ich daran nicht glaube, sehe ich auch keine Notwendigkeit in dem Glauben, dass das Auge bewusst geplant war. Andererseits kann ich mich keineswegs damit abfinden, dieses wunderbare Universum und insbesondere die Natur des Menschen zu betrachten und zu folgern, dass alles nur das Ergebnis roher Kräfte sei. Ich bin geneigt, alles als das Resultat vorbestimmter Gesetze aufzufassen, wobei die Einzelheiten, ob gut oder schlecht, dem Wirken dessen überlassen bleiben, was wir Zufall nennen könnten. Nicht, dass mich diese Einsicht *im Mindesten* befriedigte. Ich fühle zutiefst, dass das ganze Problem für den Intellekt des Menschen zu hoch ist. Ebenso gut könnte ein Hund über den Geist Newtons spekulieren.
Jeder Mensch soll hoffen und glauben, was er kann. Ganz gewiss stimme ich mit Ihnen überein, dass meine Anschauungen keineswegs notwendigerweise atheistisch sind. Der Blitz tötet einen Menschen, sei er gut oder schlecht, infolge des ungeheuer komplizierten Zusammenwirkens von Naturgesetzen. Ein Kind (das sich später als Idiot entpuppen kann) wird durch das Wirken von noch komplizierteren Gesetzen geboren, und ich vermag keinen Grund einzusehen, warum ein Mensch oder ein anderes Lebewesen ursprünglich nicht durch andere Gesetze hervorgebracht worden sein könnte und dass alle diese Gesetze ausdrücklich von einem allwissenden Schöpfer vorbestimmt sein sollten, der alle künftigen Ereignisse und Konsequenzen vorausgesehen hat. Doch je mehr ich darüber nachdenke, desto größer wird meine Verwirrung, wie ich wahrscheinlich schon mit diesem Brief bewiesen habe. […]

# Charles Darwin: Über Religion

> Einige Jahre vor seinem Tod (1882) schrieb Darwin eine Autobiografie. Sie wurde erst posthum 1887 veröffentlicht, allerdings mit Kürzungen, die Rücksicht auf die Gefühle von Darwins religiöser Ehefrau nahmen. Erst 1958 erschien auch das Kapitel *Über Religion* in ungekürzter Form.

In diesen beiden Jahren [Oktober 1836 bis Januar 1839] dachte ich viel über Religion nach. An Bord der *Beagle* war ich ganz orthodox, und ich weiß noch, wie etliche Schiffsoffiziere (auch wenn sie ihrerseits orthodox waren) laut über mich lachten, weil ich die Bibel als unanfechtbare Autorität in einer Frage der Moral zitierte. Ich nehme an, die Neuheit des Arguments überraschte und amüsierte sie. Aber zu diesem Zeitpunkt war mir allmählich klar, dass das Alte Testament (wegen seiner offenkundig falschen Weltgeschichte mit dem Turmbau zu Babel, dem Regenbogen als Zeichen und so weiter und so weiter, und auch deshalb, weil es Gott die Gefühle eines rachsüchtigen Tyrannen zuschreibt) um nichts glaubwürdiger ist als die heiligen Bücher der Hindus oder irgendeine Barbaren-Religion. Daraus ergab sich für mich immer drängender eine Frage, die mich nicht mehr losließ: Wenn Gott sich jetzt den Hindus offenbarte, könnte man dann glauben, dass er erlaubte, diese Offenbarung so mit dem Glauben an Vischnu, Schiwa u. A. zu verbinden, wie das Christentum mit dem Alten Testament verbunden ist? Mir schien das vollkommen unglaubwürdig.

Ich war aber gar nicht willens, meinen Glauben aufzugeben; dessen bin ich mir ganz gewiss, denn ich weiß noch gut, dass ich oft Tagträume hatte, von alten Briefen, die besonders kluge Römer einander geschrieben hätten, von Manuskripten, die bei Ausgrabungen in Pompeji oder anderswo gefunden werden könnten – vom Auftauchen schlagender Beweise für die Richtigkeit aller Angaben der Evangelien. Aber ich fand es zunehmend schwieriger, Beweismittel zu erfinden, die mich überzeugen würden, auch wenn ich meiner Fantasie unbegrenzten Spielraum gab. So beschlich mich der Unglaube ganz langsam, am Ende aber war er unabweisbar und vollständig. Dieser Prozess schritt so unmerklich voran, dass ich kein ungutes Gefühl dabei hatte und auch seither keine Sekunde an der Richtigkeit meiner Schlussfolgerung gezweifelt habe. Ich kann nun wirklich nicht einsehen, warum sich jemand wünschen sollte, das Christentum sei wahr; wenn es nämlich wahr wäre, dann, das scheint mir die Sprache des Textes unmissverständlich zu sagen, würden alle Menschen, die nicht glauben, also mein Vater, mein Bruder und fast alle meine nächsten Freunde, ewig dafür büßen müssen.

Und das ist eine verdammenswerte Doktrin.

Erst viel später in meinem Leben dachte ich gründlicher über die Existenz eines persönlichen Gottes nach, trotzdem will ich schon hier die vagen Folgerungen schildern, zu denen ich mich gedrängt fühlte. Das alte Argument vom Bauplan in der Natur, das Argument Paleys, das mir früher so schlüssig vorgekommen war, hat inzwischen, seit das Gesetz der natürlichen Selektion entdeckt ist, seine Kraft verloren. Wir können nicht mehr argumentieren, dass zum Beispiel ein so wundervoller Gegenstand wie eine zweischalige Muschel ebenso von einem intelligenten Wesen gemacht sein muss wie eine Türangel von Menschen. In der Variabilität organischer Wesen und in dem Vorgang natürlicher Selektion scheint uns nicht mehr Planung zu stecken als in der Richtung, aus der der Wind bläst. Alles in der Natur ist Ergebnis feststehender Gesetze. [...] Wer absieht von den unendlichen wundervollen Anpassungen, denen wir überall begegnen, mag sich aber fragen, wie die im Allgemeinen mildtätige Ordnung der Welt sich erklären lässt. Manche Autoren freilich sind vom Ausmaß des Leidens auf der Welt so beeindruckt, dass sie ihre Zweifel daran haben, ob es mehr Elend oder mehr Glück gibt, wenn wir alle fühlenden Wesen mitzählen – ob die Welt als Ganzes eigentlich gut oder schlecht ist. Meiner Einschätzung nach überwiegt das Glück eindeutig, beweisen lässt sich das aber wohl schwerlich. Angenommen, mein Schluss ist richtig, dann befindet er sich im Einklang mit den erwartbaren Wirkungen der natürlichen Selektion. Wenn alle Individuen einer beliebigen Spezies habituell extrem viel leiden müssten, dann würden sie die Fortpflanzung ihrer Art vernachlässigen; wir haben aber keinen Grund anzunehmen, dass dies überhaupt oder auch nur oft der Fall gewesen ist.

Heutzutage nimmt man den weitaus üblichsten Beweis für die Existenz eines intelligenten Gottes aus der tiefen inneren Gewissheit und Empfindung, die die meisten Menschen an sich erfahren. Ganz unzweifelhaft aber könnten Hindus, Mohammedaner und andere in derselben Weise und mit derselben Beweiskraft für die Existenz eines Gottes oder vieler Götter oder, wie die Buddhisten, keines Gottes argumentieren. Es gibt auch viele primitive Stämme, von denen man wirklich nicht sagen kann, sie glaubten an ein Wesen, das wir Gott nennen würden: sie glauben vielmehr an Geister oder Gespenster, und wie Tyler und Spencer gezeigt haben, lässt sich erklären, auf welche Weise ein solcher Glaube mit einiger Wahrscheinlichkeit entsteht.

Früher ließ ich mich von den eben angesprochenen Gefühlen leiten (wenn ich auch nicht meine, dass religiöse Empfindungen in mir je besonders ausgeprägt waren), sodass ich fest überzeugt war, es gebe Gott und die Unsterblichkeit der Seele. In meinem Reisetagebuch schrieb ich, es sei „unmöglich, auch nur annähernd zu schildern, welche gehobenen Gefühle des Staunens, der Bewunderung und Andacht, die den Sinn erheben und erfüllen", mich ergriffen, als ich inmitten der Großartigkeit eines brasilianischen Waldes stand. Ich erinnere mich genau an meine damalige Gewissheit, dass zum Menschen mehr gehört als nur sein atmender Körper. Aber jetzt würde kein Anblick mehr, und sei er noch so überwältigend, meinen Sinn zu solchen Gewissheiten und Empfindungen bewegen. Man kann wohl zutreffend sagen, ich sei wie ein Mensch, der farbenblind geworden ist, da aber alle Menschen davon überzeugt seien, dass die Farbe Rot existiert, sei mein gegenwärtiger Verlust des Wahrnehmungsvermögens als Beweismaterial wertlos. Diese Beweisführung könnte man gelten lassen, wenn alle Menschen aller Rassen dieselbe innere Gewissheit von der Existenz eines Gottes hätten; wir wissen aber, dass das keineswegs der Fall ist. Deshalb vermag ich nicht zu sehen, dass solche inneren Gewissheiten und Empfindungen auch nur im Mindesten als Beweis dafür, dass etwas wirklich existiert, ins Gewicht fallen. Der Gemütszustand, den großartige Landschaften früher in mir hervorriefen – er war eng mit einem Glauben an Gott verbunden –, war nicht wesentlich verschieden von dem Gefühl, das man häufig die Empfindung des Erhabenen nennt; und wie schwierig es auch sein mag, die Entstehung dieser Empfindung zu erklären, als Beweis für die Existenz Gottes lässt sie sich kaum anführen, genauso wenig wie die mächtigen, wenn auch unbestimmten vergleichbaren Empfindungen beim Anhören von Musik.

Ein anderer Grund für den Glauben an die Existenz Gottes, der mit der Vernunft, nicht mit Gefühlen zusammenhängt, scheint mir mehr ins Gewicht zu fallen. Dieser Grund ergibt sich aus der extremen Schwierigkeit oder eigentlich Unmöglichkeit, sich vorzustellen, dieses gewaltige, wunderbare Universum einschließlich des Menschen mitsamt seiner Fähigkeit, weit zurück in die Vergangenheit und weit voraus in die Zukunft zu blicken, sei nur das Ergebnis blinden Zufalls oder blinder Notwendigkeit. Wenn ich darüber nachdenke, sehe ich mich gezwungen, auf eine Erste Ursache zu zählen, die einen denkenden Geist hat, gewissermaßen dem menschlichen Verstand analog; und ich sollte mich wohl einen Theisten nennen.

Wenn ich mich richtig erinnere, beherrschte diese Schlussfolgerung mein Denken in der Zeit, als ich *Über die Entstehung der Arten* schrieb; seither schien sie mir ganz allmählich immer weniger überzeugend; ich schwankte jedoch sehr. Aber dann regt sich der Zweifel: Kann man dem menschlichen Bewusstsein, das – davon bin ich fest überzeugt – sich aus einem so niedrigen Bewusstsein entwickelt hat, wie es das niedrigste Lebewesen besitzt, kann man ihm trauen, wenn es so anspruchsvolle Schlüsse zieht? Könnten sie nicht das Ergebnis der Verbindung von Ursache und Wirkung sein, die uns zwar notwendig vorkommt, aber wahrscheinlich nur auf ererbter Erfahrung beruht? Wir dürfen auch die Möglichkeit nicht außer Acht lassen, dass das kindliche, noch nicht voll entwickelte Gehirn stark geprägt wird, vielleicht schließlich eine ererbte Prägung davonträgt, indem Kindern ständig der Glaube an Gott eingeimpft wird, sodass es für sie ebenso schwer wäre, diesen Glauben an Gott abzuschütteln, wie für einen Affen, seine instinktive Angst vor Schlangen und seinen Hass auf sie abzuschütteln.

Ich kann nicht so tun, als sei es mir möglich, auch nur einen Funken Licht in so abstruse Probleme zu bringen. Das Mysterium vom Anfang aller Dinge können wir nicht aufklären; und ich jedenfalls muss mich damit zufriedengeben, Agnostiker zu bleiben.

# Albert Einstein: Naturwissenschaft und Religion

> Albert Einstein (1879–1955) gehört zu den bedeutendsten Physikern des 20. Jahrhunderts. Seine Relativitätstheorie revolutionierte die Physik ähnlich wie Darwins Evolutionstheorie die Biologie. Im Aufsatz *Naturwissenschaft und Religion* (1941) stellt der wegen seiner jüdischen Herkunft in die USA Emigrierte seine religiösen Auffassungen dar.

[…] Statt zu fragen, was Religion sei, will ich lieber zunächst fragen, wie das Streben eines Menschen beschaffen ist, der auf mich den Eindruck eines religiösen Menschen macht: einer, der sich nach seinem besten Vermögen von den Fesseln seiner selbstischen Wünsche befreit hat und erfüllt ist von Gedanken, Gefühlen und Bestrebungen, an denen er hängt um deren außerpersönlichen Wertes willen, der erscheint mir als ein religiös erleuchteter Mensch. […] Ein religiöser Mensch ist demnach in dem Sinne gläubig, dass er nicht zweifelt an der Bedeutung und Erhabenheit jener außerpersönlichen Inhalte und Ziele, die einer verstandesmäßigen Begründung weder fähig sind noch bedürfen. Sie sind da mit derselben Notwendigkeit und Selbstverständlichkeit wie er selbst. Religion in diesem Sinne ist das durch die Jahrhunderte fortgesetzte Streben der Menschen, sich dieser Werte und Ziele vollständig und klar bewusst zu werden und sie zu stets verstärkter und vertiefter Wirkung zu bringen. Fasst man Religion und Wissenschaft im Sinne dieser Definitionen auf, so erscheint ein Konflikt zwischen beiden unmöglich. Denn die Wissenschaft kann nur feststellen, was *ist*, nicht aber, was *sein soll*; Werturteile jeder Art bleiben notwendig außerhalb ihres Bereiches. Die Religion aber hat nur mit Wertungen menschlichen Denkens und Tuns zu schaffen; sie kann mit Recht nichts aussagen über Tatsachen und Relationen zwischen Tatsachen. Die wohlbekannten Konflikte zwischen Religion und Wissenschaft in der Vergangenheit sind nach dieser Auffassung lediglich auf eine Verkennung des geschilderten Sachverhaltes zurückzuführen.

Ein Konflikt tritt zum Beispiel ein, wenn eine religiöse Gemeinschaft die absolute Wahrheit aller Aussagen behauptet, die in der Bibel berichtet werden. Dies bedeutet einen Übergriff der Religion in die Sphäre der Wissenschaft. Hierher gehört der Kampf der Kirche gegen Galileis und Darwins Lehren. Umgekehrt haben Vertreter der Wissenschaft oft den Versuch unternommen, aufgrund wissenschaftlicher Methoden fundamentale Urteile zu gewinnen über Werte und Ziele, und sich auf diese Weise der Religion entgegengestellt. All diese Konflikte sind aus fatalen Irrtümern entsprungen.

Wenn demnach die Gebiete von Religion und Wissenschaft an sich sauber getrennt sind, so bestehen doch zwischen beiden starke Wechselbeziehungen und Abhängigkeiten. Wenn die Religion es ist, die Ziele setzt, so hat sie doch von der Wissenschaft im weitesten Sinn erfahren, welche Mittel zur Erreichung der von ihr gesetzten Ziele beitragen können. Wissenschaft aber kann nur geschaffen werden von Menschen, die ganz erfüllt sind von dem Streben nach Wahrheit und Begreifen. Diese Gefühlsbasis aber entstammt der religiösen Sphäre. Hierher gehört auch das Vertrauen in die Möglichkeit, die in der Welt des Seienden geltenden Gesetzmäßigkeiten seien vernünftig, d. h. durch die Vernunft begreifbar. Ohne solchen tiefen Glauben kann ich mir einen wirklichen Forscher nicht vorstellen. Man kann den Sachverhalt durch ein Bild ausdrücken: Wissenschaft ohne Religion ist lahm, Religion ohne Wissenschaft blind.

Wenn ich nun im Vorhergehenden behauptet habe, dass es in Wahrheit einen berechtigten Konflikt zwischen Religion und Wissenschaft nicht geben könne, so muss ich diese Behauptung mit Rücksicht auf die Inhalte der tatsächlich gelehrten Religionen doch wieder in einem wesentlichen Punkte einschränken. Diese Einschränkung bezieht sich auf den Gottesbegriff. In der Jugendzeit der menschlichen Geistesentwicklung schuf die menschliche Fantasie Götter nach menschlichem Ebenbilde, die durch ihre Willenshandlungen das Geschehen in der Welt bestimmen oder doch beeinflussen sollten. Diese Götter suchte der Mensch durch Magie und Gebet zu seinen Gunsten umzustimmen. Der Gottesbegriff der gegenwärtig gelehrten Religionen ist eine

Sublimierung jener alten Götter-Vorstellung. Seine anthropomorphe Natur zeigt sich zum Beispiel darin, dass die Menschen das göttliche Wesen im Gebet anrufen und es um Erfüllung von Wünschen anflehen.

Dass die Idee von der Existenz eines allmächtigen, allgütigen und gerechten persönlichen Gottes dem Menschen Trost, Stütze und Führung geben kann, wird gewiss niemand leugnen. Sie ist auch in ihrer Einfachheit dem primitivsten Geiste zugänglich. Andererseits aber haften dieser Idee an sich entscheidende Schwächen an, die seit Urzeiten schmerzlich gefühlt werden. Wenn nämlich dieses Wesen allmächtig ist, so ist jedes Geschehen, also auch jede menschliche Handlung, jeder menschliche Gedanke und jedes menschliche Gefühl und Streben, sein Werk. Wie kann man denken, dass vor einem solchen allmächtigen Wesen der Mensch für sein Tun und Trachten verantwortlich sei? In seinem Belohnen und Bestrafen würde er gewissermaßen sich selbst richten. Wie ist dies mit der ihm zugeschriebenen Gerechtigkeit und Güte vereinbar?

In dieser persönlichen Gottesidee liegt nun die Hauptursache des gegenwärtigen Konflikts zwischen der religiösen und der wissenschaftlichen Sphäre. Die Wissenschaft sucht allgemeine Regeln aufzustellen, die den gegenseitigen Zusammenhang der Dinge und Ereignisse in Raum und Zeit bestimmen. Für diese Regeln beziehungsweise Naturgesetze wird allgemeine und ausnahmslose Gültigkeit gefordert – nicht bewiesen. Es ist zunächst nur ein Programm, und der Glaube in seine prinzipielle Durchführbarkeit ist nur durch Teilerfolge begründet. [...]

Wenn die Zahl der bei einem Phänomen-Komplex ins Spiel tretenden Faktoren zu groß ist, versagt allerdings die wissenschaftliche Methode in den meisten Fällen. Man denke an die Vorausbestimmung des Wetters. Hier ist Voraussage auch nur für wenige Tage unmöglich. Aber doch zweifelt man nicht, dass man einem kausalen Zusammenhang gegenübersteht, dessen kausale Komponenten uns im Wesentlichen bekannt sind. Was auf diesem Gebiete geschieht, entzieht sich exakter Vorausbestimmung durch die Mannigfaltigkeiten der ins Spiel tretenden Faktoren, durch einen Mangel an Gesetzlichkeit in der Natur.

Viel weniger tief sind wir in die Gesetzlichkeiten auf dem Gebiete der lebenden Wesen eingedrungen, aber doch tief genug, um das Walten der starren Notwendigkeit wenigstens zu fühlen. Man braucht nur an die Gesetzlichkeiten der Vererbung zu denken, und an die Wirkung von Giften, zum Beispiel Alkohol, auf das Verhalten organischer Wesen. Es fehlt hier noch das Verständnis für tiefe allgemeine Zusammenhänge, nicht aber die Erkenntnis der Gesetzlichkeit selbst.

Je mehr nun ein Mensch durchdrungen ist von der gesetzlichen Ordnung allen Geschehens, desto fester wird seine Überzeugung, dass neben jener gesetzlichen Ordnung für Ursachen anderen Charakters kein Platz mehr bleibt. Für ihn gibt es weder ein Walten menschlichen noch göttlichen Willens als selbständige Ursache im Naturgeschehen. Allerdings ist es nicht so, dass die Lehre von einem ins Naturgeschehen eingreifenden persönlichen Gott durch die Wissenschaft im eigentlichen Sinne *widerlegt* werden könnte. Denn diese Lehre kann sich immer in jene Gebiete flüchten, in welchen die wissenschaftliche Erkenntnis noch nicht hat Fuß fassen können.

Eine solche Haltung der Vertreter der Religion wäre aber nach meiner Überzeugung nicht nur unwürdig, sondern auch verhängnisvoll. Denn eine Lehre, welche nicht im hellen Licht, sondern nur im Dunkeln sich zu halten vermag, wird notwendig ihre Wirkung auf die Menschen verlieren, zum unermesslichen Schaden für die Entwicklung der Menschheit. Die Lehren der Religion müssen die Größe haben, in ihrem Kampfe für die ethischen Güter auf die Lehre vom Wirken eines persönlichen Gottes, d. h. auf jene Quelle von Furcht und Hoffnung zu verzichten, welche den Priestern vergangener Zeiten so große Macht in die Hand gab. Sie werden sich bei ihrem Wirken auf die Kräfte zu stützen haben, welche das Gute, Schöne und Wahre selbst auf die Menschen auszuüben vermögen. Dies ist eine zwar schwierigere, aber auch unvergleichlich würdigere Aufgabe. Wenn die Lehrer der Religion den angedeuteten Prozess der Läuterung vollzogen haben werden, werden sie gewiss freudig anerkennen, dass wahre Religion durch wissenschaftliche Erkenntnis veredelt und vertieft worden ist. [...]

Je weiter die geistige Entwicklung des Menschen vorschreitet, in desto höherem Grade scheint es mir zuzutreffen, dass der Weg zu wahrer Religiosität nicht über Daseinsfurcht, Todesfurcht und blinden Glauben, sondern über das Streben nach vernünftiger Erkenntnis führt. In diesem Sinne glaube ich, dass aus dem Priester ein Lehrer werden muss, wenn er seiner hohen erzieherischen Aufgabe gerecht werden will.

# Karl Barth: Brief an seine Nichte

Karl Barth (1886–1968) wurde durch seine Bibel-Studien und sein Hauptwerk *Kirchliche Dogmatik* (1932–1968) zu einem der wichtigsten evangelischen Theologen des letzten Jahrhunderts. In einem Brief an seine Nichte Christine nahm er Stellung zu einer Äußerung einer ihrer Lehrerinnen über Naturwissenschaft und Religion, die Christine in einem vorigen Brief an Barth angeführt haben muss.

Basel, 18.2.65

Liebe Christine!

Du hast auf deinen Brief vom 13. Dez. schrecklich lang keine Antwort bekommen. Nicht aus Gleichgültigkeit, denn ich nehme an deinem Ergehen, an dem deiner Mutter und Geschwister aufrichtig Anteil und freue mich über jede gute Nachricht aus Zollikofen.

Hat euch im Seminar niemand darüber aufgeklärt, dass man die biblische Schöpfungsgeschichte und eine naturwissenschaftliche Theorie wie die Abstammungslehre so wenig miteinander vergleichen kann wie, sagen wir: eine Orgel mit einem Staubsauger! – dass also von „Einklang" ebenso wenig die Rede sein kann wie von Widerspruch?

Die Schöpfungsgeschichte ist ein Zeugnis vom Anfang, vom Werden aller von Gott verschiedenen Wirklichkeit im Licht des späteren Handelns und Redens von Gott mit dem Volk Israel – natürlich in Form einer *Sage* und *Dichtung*. Die Abstammungslehre ist ein Versuch der Erklärung jener Wirklichkeit in ihrem inneren Zusammenhang – natürlich in Form einer wissenschaftlichen *Hypothese*.

Die Schöpfungsgeschichte hat es gerade nur mit dem der Wissenschaft als solcher unzugänglichen Werden aller Dinge und also mit der Offenbarung Gottes zu tun – die Abstammungslehre mit dem *Gewordenen*, wie es sich der menschlichen Beobachtung und Nachforschung darstellt und zu seiner Deutung einlade.

Die Stellungnahme zur Schöpfungsgeschichte und zur Abstammungslehre kann nur dann ein Entweder-Oder bedeuten, wenn jemand sich entweder dem Glauben an Gottes Offenbarung oder dem Mut (oder auch der Gelegenheit) zu naturwissenschaftlichem Deuten gänzlich verschließt. Sag also der „angehenden Lehrerin", dass sie unterscheiden solle, was zu unterscheiden ist, und dass sie sich dann nach keiner Seite gänzlich verschließen soll.

Meine Antwort kommt spät, weil ich genau am 13. Dez., an dem du mir geschrieben hast, ein „Schlägli" hatte und dann für viele Wochen ins Spital musste.

Mit herzlichem Gruß, den du auch an Mutter und Geschwister weitergeben magst

Dein O. Karl

# Stephen Jay Gould: Nonoverlapping Magisteria

> Nach der von dem Harvard-Professor Stephen Jay Gould (1941–2002) vorgestellten Theorie der „Nonoverlapping Magisteria" (NOMA, „sich nicht überschneidende Lehrgebiete") stellen Religion und Naturwissenschaft getrennte Bereiche menschlichen Wissens dar.

[…] A very sincere and serious freshman student came to my office hours with the following question that had clearly been troubling him deeply: "I am a devout Christian and have never had any reason to doubt evolution, an idea that seems both exciting and particularly well documented. But my roommate, a proselytizing Evangelical, has been insisting with enormous vigor that I cannot be both a real Christian and an evolutionist. So tell me, can a person believe both in God and evolution?" Again, I gulped hard, did my intellectual duty, and reassured him that evolution was both true and entirely compatible with Christian belief – a position I hold sincerely, but still an odd situation for a Jewish agnostic.

I do not doubt that one could find an occasional nun who would prefer to teach creationism in her parochial school biology class or an occasional orthodox rabbi who does the same in his yeshiva, but creationism based on biblical literalism makes little sense in either Catholicism or Judaism for neither religion maintains any extensive tradition for reading the Bible as literal truth rather than illuminating literature, based partly on metaphor and allegory (essential components of all good writing) and demanding interpretation for proper understanding. Most Protestant groups, of course, take the same position – the fundamentalist fringe notwithstanding.

[…] The lack of conflict between science and religion arises from a lack of overlap between their respective domains of professional expertise – science in the empirical constitution of the universe, and religion in the search for proper ethical values and the spiritual meaning of our lives. […]

The text of *Humani Generis*[1] focuses on the magisterium (or teaching authority) of the Church – a word derived not from any concept of majesty or awe but from the different notion of teaching, for *magister* is Latin for "teacher." We may, I think, adopt this word and concept to express the central point of this essay and the principled resolution of supposed "conflict" or "warfare" between science and religion. No such conflict should exist because each subject has a legitimate magisterium, or domain of teaching authority – and these magisteria do not overlap (the principle that I would like to designate as NOMA, or "nonoverlapping magisteria"). The net of science covers the empirical universe: what is it made of (fact) and why does it work this way (theory). The net of religion extends over questions of moral meaning and value. These two magisteria do not overlap, nor do they encompass all inquiry (consider, for starters, the magisterium of art and the meaning of beauty). To cite the arch clichés, we get the age of rocks, and religion retains the rock of ages;[2] we study how the heavens go, and they determine how to go to heaven. […]

I am not, personally, a believer or a religious man in any sense of institutional commitment or practice. But I have enormous respect for religion, and the subject has always fascinated me, beyond almost all others (with a few exceptions, like evolution, paleontology, and baseball). […] I believe, with all my heart, in a respectful, even loving concordat between our magisteria – the NOMA solution. NOMA represents a principled position on moral and intellectual grounds, not a mere diplomatic stance. NOMA also cuts both ways. If religion can no longer dictate the nature of factual conclusions properly under the magisterium of science, then scientists cannot claim higher insight into moral truth from any superior knowledge of the world's empirical constitution. This mutual humility has important practical consequences in a world of such diverse passions. […]

---

[1] Enzyklika Papst Paul XII. vom 12.8.1950
[2] Christus bzw. die christliche Kirche

# Richard David Precht: Die Uhr des Erzdiakons. Hat die Natur einen Sinn?

> Richard David Precht (geb. 1964) publiziert Bücher und Aufsätze für Zeitschriften und Zeitungen zu Themen der Philosophie und Moral und beleuchtet auch in Fernsehsendungen Ereignisse des Tagesgeschehens von philosophisch-moralischer Warte aus. Sein Sachbuch *Wer bin ich – und wenn ja wie viele? Eine philosophische Reise* (2007) thematisiert in einem Kapitel den Streit um die Entstehung des Lebens auf der Erde: alles nur Zufall und Anpassung an die Umwelt (wie die Evolutionstheorie meint) oder das Produkt eines intelligenten höheren Wesens (wie die Theorie des Intelligent Design meint)?

Obwohl Darwins Theorie von der selbsttätigen Anpassung der Arten sich innerhalb von etwa dreißig Jahren weitgehend durchgesetzt hatte, blieben einige grundsätzliche Zweifel bis in die Gegenwart erhalten. Seine Kritiker sammeln sich heute gerne unter dem Begriff *Intelligent Design*.

Sein Urheber war ein erbitterter Gegner Darwins, der bedeutende irische Physiker Lord Kelvin. Kelvins Kritik hatte Darwin sehr zugesetzt, denn der Physik-Professor von der Universität Glasgow genoss Weltruhm. Zunächst einmal bezweifelte Kelvin, dass die von Darwin vorgeschlagene Evolution genügend Zeit gehabt hatte, um sich tatsächlich zu ereignen. Er berechnete das Alter der Erde auf 98 Millionen Jahre und kürzte diese Zahl später noch weiter auf nur 24 Millionen Jahre zusammen. Wäre die Erde älter, argumentierte Kelvin, so könnte sie im Inneren nicht mehr so heiß sein, wie sie ist. Was er dabei übersah, war, dass Radioaktivität die Hitze im Erdinneren länger erhält. 1871, im gleichen Jahr, in dem Darwins Buch über die Abstammung des Menschen aus dem Tierreich erschien, sprach Kelvin von der zwingenden Annahme eines *intelligent and benevolent design*, eines „intelligenten und bestens abgestimmten Entwurfs".

Noch heute versammelt das Schlagwort *Intelligent Design* viele Menschen, die Gott und nicht die Natur als Ursache der komplizierten Lebenszusammenhänge sehen wollen. Ihr wirkungsmächtigstes Sprachrohr ist das „Discovery Institute", eine christlich-konservative Denkfabrik in Seattle im US-Bundesstaat Washington. Die vielen verschiedenen Theorien des *Intelligent Design* haben zwei Grundpositionen gemeinsam: Sie alle gehen davon aus, dass die Physik und die Biologie die Welt nicht hinreichend erklären können. Und ihre Vertreter glauben daran, dass es nur *eine* wirkliche überzeugende Lösung dieses Problem gibt: die Annahme eines intelligenten und vorausplanenden Gottes. Als indirekter Gottesbeweis gilt ihnen, dass die Konstanten der physikalischen Welt so wunderbar aufeinander abgestimmt sind. Schon die allerkleinste Abweichung würde alles Leben auf der Erde, einschließlich des Menschen, unmöglich machen. Diese Beobachtung ist ohne Zweifel richtig. Die Frage, ob daraus ein Wirken Gottes folgt, hängt allerdings davon ab, wie man diese Feinabstimmung bewertet. Der Zufall, der den Menschen hervorbrachte, ist in der Tat so ungeheuer, dass er dem Menschen sehr unwahrscheinlich erscheint. Doch ist das ein Beweis für Notwendigkeit? Auch die allerunwahrscheinlichsten Zufälle sind immerhin möglich, als eine Variante unter Millionen anderen. Die Zweckmäßigkeit in der Natur, so meinen manche Naturwissenschaftler, solle man auch nicht überschätzen. Vor allem Biologen haben Probleme mit der Vorstellung, dass alles in der Natur wohlgeordnet, schön und zweckmäßig sein soll. Immerhin kennt die Geschichte unseres Planeten fünf geologische Desaster im Übergang der Erdzeitalter mit furchtbarem Massensterben von Pflanzen- und Tierarten. Und nicht jedes Detail, das die Evolution zugelassen hat, ist ein Segen. Alle Säugetiere besitzen sieben Halswirbel, aber Delphine kämen sicher besser mit ein oder zwei Wirbeln weniger aus. Wer dagegen eine Giraffe beim Trinken beobachtet, würde ihr wünschen, sie hätte ein paar Wirbel mehr. Der männliche Hirscheber, eine Schweineart auf Sulawesi, hat zwei eigentümlich verschnörkelte Hauer, die offensichtlich keinerlei Vorteil bieten. Dass er sie trotzdem besitzt, ist kein Zeichen von Zweckmäßigkeit. Wahrscheinlicher ist, dass sie ihn einfach nicht stören und keine Nachteile bieten.

Sind wir und die anderen Lebensformen der Erde das Produkt von Naturgesetzen oder eines intelligenten Schöpfers? Ist in der Natur überhaupt alles sinnvoll eingerichtet?

Aus der Nähe betrachtet, erscheint durchaus nicht alles als ein intelligentes Design. Weder Gottes Intelligenz noch die intelligente Anpassung der Natur haben zum Beispiel bewirkt, dass Tiefseegarnelen knallrot sind. Das sieht hübsch aus. Aber für wen? In der Tiefsee gibt es kein Licht, es ist stockfinster. Nicht einmal die Garnelen selbst können ihre Farbe erkennen. Das Rot bringt keinerlei Vorteil. Auch mit Darwins Evolutionstheorie lässt sich die knallige Farbe nicht erklären. Zu welchem höheren Zweck imitieren Amseln Handyklingeltöne oder flöten am schönsten, wenn die Paarungszeit vorbei ist und in dem Gesang keinerlei evolutionärer Nutzen mehr steckt? Wie kommt es, dass Menschen sich in einen Partner gleichen Geschlechts verlieben? Solche offenen Fragen zeigen Blößen in einer Evolutionstheorie, die jedes Phänomen und jede Verhaltensweise als möglichst optimale Anpassung an die Umwelt interpretiert. Aber sie spielen damit ganz und gar nicht dem „Intelligent Design" in die Hände. Denn was immer man gegen die Zweckmäßigkeit in Darwins Theorie anführt, trifft in mindestens gleichem Maß auch die Vorstellung von einem ausgeklügelten Masterplan.

Albert Einstein sagte 1929 in einem Interview: „Wir befinden uns in der Lage eines kleinen Kindes, das in eine riesige Bibliothek eintritt, die mit vielen Büchern in verschiedenen Sprachen angefüllt ist. Das Kind weiß, dass jemand die Bücher geschrieben hat. Es weiß aber nicht, wie das geschah. Es versteht die Sprachen nicht, in der sie geschrieben wurden. Das Kind erahnt dunkel eine mysteriöse Ordnung in der Zusammenstellung der Bücher, weiß aber nicht, was es ist. Das ist nach meiner Meinung die Einstellung auch des intelligentesten Menschen gegenüber Gott. Wir sehen ein Universum, das wunderbar zusammengesetzt ist und bestimmten Gesetzen gehorcht, aber diese Gesetze verstehen wir nur andeutungsweise. Unser begrenzter Verstand kann die mysteriösen Kräfte, welche die Konstellationen bewegen, nicht fassen."

Lassen wir bei diesem Zitat einmal beiseite, dass Einstein in der Tat einen intelligenten Schöpfer der Naturkonstanten annahm, also einen Autor der vielen Bücher in der Bibliothek. Die allgemein gültige Pointe an seinem Vergleich ist, dass unser Verstand schlichtweg begrenzt ist. Was auch immer wir erforschen, stets konstruieren wir die Natur mit den Mitteln und nach den Möglichkeiten unseres Denkens. Doch Wirbeltiergehirn und objektive Realität sind keine passenden Puzzlesteine. Das liegt schon daran, dass wir jede Vorstellung von dem, was die „objektive Realität" sein könnte, selbst erzeugen. Die „wirkliche Wirklichkeit" ist und bleibt damit notwendigerweise ein Konstrukt, und der Platz, den wir dabei Gott einräumen wollen, bleibt jedem Einzelnen überlassen.

# Erkenntnisinteressen und Methoden der Naturwissenschaften

**Mit welchen Fragen befassen sich die Naturwissenschaften?**
Naturwissenschaftler erforschen das materielle Sein. Sie stellen Fragen an die belebte und unbelebte Natur und versuchen diese zu beschreiben und zu erklären. Das Ziel naturwissenschaftlichen Erkenntnisgewinns ist dabei insbesondere die Gewinnung von Wissen über Gesetzmäßigkeiten, beispielsweise über die Ursachen von Artwandel und Artneubildung. Bei der Beantwortung dieser Fragen wurde ermittelt, dass Evolution auf wenigen Mechanismen beruht, nämlich im Wesentlichen auf Mutation, Rekombination, Selektion, Gendrift und Migration. Wichtige evolutionsbiologische Fragen konnten so geklärt werden und es besteht zurzeit kein einziger naturwissenschaftlicher Befund, welcher der Evolutionstheorie widerspricht. Die Evolutionstheorie ist damit eine robuste Theorie. Wichtige Merkmale naturwissenschaftlichen Wissens sind neben Allgemeingültigkeit und Widerspruchsfreiheit auch die empirische Überprüfbarkeit sowie die Reproduzierbarkeit, denn grundsätzlich unterliegt jegliches naturwissenschaftliches Wissen einer möglichen Revision.

**Mit welchen Erkenntnismethoden arbeiten Naturwissenschaftler?**
Die beiden wesentlichen Methoden des Erkenntnisgewinns in den Naturwissenschaften sind das Experiment und die Beobachtung. Sie dienen der Erhebung empirischer Daten zum Zwecke der Testung von Hypothesen. Hypothesen sind wohlbegründete und nachprüfbare Vermutungen über die Ursachen eines Phänomens. Sie müssen grundsätzlich falsifizierbar sein und leiten sich aus wissenschaftlichen Theorien ab. Theorien sind dabei für den Erkenntnisgewinn zentral. Sie stellen Systeme gesicherter Aussagen dar, die anhand zahlreicher empirischer Untersuchungen unterschiedlicher Phänomene gewonnen wurden. Theorien besitzen in den Naturwissenschaften den Status der höchsten Erklärungskraft, sind aber prinzipiell revidierbar, insbesondere wenn sich vor ihrem Hintergrund die Ergebnisse empirischer Untersuchungen nicht erklären lassen.

Ein weiteres wesentliches Merkmal des naturwissenschaftlichen Erkenntnisgewinns liegt in der Tatsache, dass dieser von Menschen betrieben wird. Dennoch werden universell gültige und transsubjektive (objektive) Aussagen angestrebt. Eine genaue Beschreibung und Standardisierung der Methoden des naturwissenschaftlichen Erkenntnisgewinns dient daher der Sicherung der Reproduzierbarkeit der Ergebnisse und der Objektivität der Untersuchungen.

**Welche Fragen können Naturwissenschaftler nicht beantworten?**
Unzulässige Grenzüberschreitungen bestehen, wenn Fragen formuliert werden, die nicht mit naturwissenschaftlichen Methoden beantwortet werden können. Beispielsweise kann die Aussage „Gott hat den Menschen erschaffen" nicht naturwissenschaftlich überprüft werden. Auch die Aussage „Gott schuf die Tiere nach seiner Art" ist keine naturwissenschaftliche Hypothese. Nach den Prinzipien des methodischen Naturalismus verzichten Naturwissenschaftler auf die Annahme übernatürlicher Mechanismen oder Ursachen und beschränken sich auf empirisch erforschbare Fragestellungen. So entziehen sich die Fragen nach der Existenz Gottes und seinem Wirken der naturwissenschaftlichen Rationalität und müssen unbeantwortet bleiben. Gegenstände des naturwissenschaftlichen Erkenntnisinteresses sind vielmehr diejenigen Aspekte der Wirklichkeit, welche mit naturwissenschaftlichen Erkenntnismethoden erforscht werden können. Häufig sind dies messbare Aspekte der Realität. Evolutionsbiologen können beispielsweise anhand von Fossilfunden und DNA-Vergleichen untersuchen, welche Verwandtschaftsbeziehungen zwischen Hominiden und Primaten bestehen und Hypothesen über die gemeinsamen Vorfahren von Menschen und Menschenaffen testen. Metaphysische Aspekte, wie beispielsweise die Frage nach der Unsterblichkeit der menschlichen Seele und die Frage nach dem letzten Sinn, bleiben dabei unberührt. Hierfür gibt es keine naturwissenschaftlichen Evidenzen, und Personen, die an diesen Fragen interessiert sind, müssen sich anderer Methoden, zum Beispiel der Theologie, bedienen, um Antworten zu finden.

MH, RA

# Erkenntnisinteressen und Methoden der Theologie

**Mit welchen Fragestellungen befasst sich die Theologie in Bezug auf die Schöpfungserzählungen?**
Für die biblischen Texte ist grundlegend, dass in ihnen *Glaubensaussagen* artikuliert werden. Für den Glaubenden ist der Raum seiner Welterfahrung nicht mit dem abgesteckt, was er sehen und greifen kann, was seinem messenden Zugriff fassbar ist. Stattdessen gibt es noch eine weitere Wirklichkeit, die weitaus existenzieller und tiefgreifender ist als die erfahrbare und wahrzunehmende Wirklichkeit. Er geht davon aus, dass das innerste Wesen des menschlichen Daseins und Soseins nicht nur aus dem Sichtbaren und Greifbaren gespeist wird, dass für ihn nicht alles machbar ist, sondern dass er von Gott *verdankte Existenz* ist.

Im Zentrum der Schöpfungserzählungen steht die alles umgreifende Aussage, dass Gott die Welt geschaffen hat. Damit ist die Existenz des Menschen als *Geschöpf Gottes* von Gott verdankte Existenz. Die Schöpfungserzählungen sagen somit etwas über die Beziehung zwischen Gott und dem Menschen aus. Damit verbunden ist ein Lob Gottes, mit dem das Staunen und die Freude über die Schönheit von Gottes guter Schöpfung aus menschlicher Perspektive ausgedrückt werden. Mit dem Begriff der Gottebenbildlichkeit (vgl. Gen 1,26 f.) werden die herausragende Stellung, Würde und Aufgabe des Menschen in der Schöpfung ausgesagt: Durch den Auftrag zur Bewahrung, Ordnung und zum Schutz der Schöpfung erhält das Leben der Menschen einen Sinn. Gleichzeitig bringt dies die Gegenwärtigkeit der Beziehung zwischen Gott und Mensch zum Ausdruck.

**Mit welchen Methoden arbeiten Theologen?**
Je nach Teilbereich arbeiten Theologen mit unterschiedlichen Methoden. So arbeiten die exegetischen Fächer mit historisch-kritischer Exegese (Auslegung) und beziehen sich auf außer- und innerbiblische Quellen im Kontext ihrer historischen Erstehung. Die Kirchengeschichte hingegen verwendet in erster Linie außerbiblische Quellen und die Systematik arbeitet philosophisch-systematisch. Eine beispielhafte Erkenntnis bibelexegetischer Forschung ist die Tatsache, dass es nicht die eine Schöpfungserzählung gibt, sondern verschiedene, die unabhängig voneinander entstanden sind. Im 1. Buch Moses (Genesis) finden sich zwei Schöpfungserzählungen: die priesterschriftliche (Gen. 1,1 – 2,4a) und die jahwistische (Gen. 2,4b – 2,25) – dabei geht die Diskussion über Alter und Quellen der Texte selbstverständlich weiter.

Von großer Bedeutung für die exegetischen Fächer ist die hermeneutische Methode. Biblische Hermeneutik bezeichnet die Wissenschaft vom Verständnis biblischer Texte. Dabei geht die Hermeneutik über die reine Auslegung eines Bibeltextes hinaus, indem die Voraussetzungen und Ziele der Auslegung beleuchtet werden. Beim Vergleich der beiden Versionen der Schöpfungserzählung am Anfang des Buch Genesis wurde durch die hermeneutische Methode beispielsweise herausgestellt, dass es sich um ursprünglich unabhängige Überlieferungen handelt, die in einem komplexen Prozess des Edierens zusammengefügt wurden. Dabei wird der historische und soziokulturelle Kontext beachtet. Aussagen der Bibel setzen sich somit aus individuellen Glaubenserfahrungen, -deutungen, Erzählungen und Ritualen der religiösen (besonders jüdischen und christlichen) Traditionen im Wandel der Zeit zusammen.

**Welche Fragen können Theologen nicht beantworten?**
Die biblischen Schöpfungserzählungen stellen keinen naturwissenschaftlichen Tatsachenbericht dar und sollten auch nicht als solche gelesen werden. Moderne schöpfungstheologische Auslegungen der Genesis betonen zudem, dass Schöpfung kein deskriptiver Begriff sei, der etwas Vorzufindendes beschreibt. Wenn in der Bibel von der Schöpfung geredet wird, ist dies weder gleichzusetzen mit der Natur noch mit einem anfangshaften Wirken Gottes. Die Schöpfungserzählungen beantworten weniger die Frage, woher wir stammen, vielmehr ist die Schöpfung als ein Ausdruck von Beziehung zu verstehen. Diese Beziehung hat verschiedene Aspekte, so zum Beispiel die *Verbundenheit* der Welt mit Gott, die sich in dem Ausdruck „geschaffene Welt" und „Gott als Schöpfer der Welt" widerspiegelt. Es geht nach moderner theologischer Auffassung in der Genesis also primär um den Beginn einer Beziehung zwischen Gott und den Menschen.

MH, RA

# Die Weltbilder nach Ptolemäus, Kopernikus und Tycho Brahe

**Kepler und die Astronomie.** Johannes Kepler (1571–1630) hat selbst den Entwurf für dieses Titelbild seiner *Rudolphinischen Tafeln* (1627) verfertigt. Diese Tafeln bieten in bis zu dieser Zeit unerreichter Präzision ein Verzeichnis der Planetenbewegungen, wie sie namentlich für astrologische Zwecke begehrt waren. Kepler konnte dafür die sehr genauen Beobachtungsdaten des Hofastronomen Kaiser Rudolphs II., Tycho Brahe (1546–1601), verwenden, dessen Assistent und Nachfolger er wurde. Tycho Brahe hatte ein gewaltiges Observatorium auf der dänischen Insel Ven errichten lassen, die deshalb im Sockel dieses Tempels der Astronomie dargestellt ist. Links davon hat Kepler sich selbst in der Studierstube dargestellt, mit den Titeln von vier seiner astronomischen Hauptwerke. Rechts davon werden die Tafeln gedruckt. Auf dem Dach stellen allegorische Figuren die astronomischen Hilfswissenschaften dar, und der kaiserliche Adler spuckt Dukaten, nämlich das noch ausstehende kaiserliche Honorar.

Auf der Grundlage der exakten Beobachtungsdaten Tycho Brahes zum Mars gelang Kepler die Entdeckung, dass die Planeten sich auf Ellipsen bewegen. Er stürzte damit die alte, auf Platon zurückgeführte Forderung, die Himmelsbewegungen durch Kreise zu erklären, der auch noch Kopernikus gefolgt war. Keplers Planetengesetze sind die ersten mathematischen Naturgesetze der neuzeitlichen Physik. Sie konnten so nur auf der Grundlage der Heliozentrik, also des kopernikanischen Systems, formuliert werden.

**Astronomische Erkenntnisse.** Dieser Tempel der Astronomie dokumentiert Keplers Verständnis des astronomischen Fortschritts, dargestellt an der Qualität der Säulen. Zwei rohe Baumstämme, zwei schmucklose Steinsäulen und zwei gefugte Säulen bleiben anonym. Ägyptische und babylonische Astronomie werden gemeint sein. Die nächsten Säulen zeigen vorne links Hipparch und vorne rechts Ptolemäus, die größten antiken Astronomen. Perfekt sind aber allein die beiden vordersten Säulen mit Kopernikus und Tycho Brahe im Gespräch. Dieser sagt zu Kopernikus: „Quid si sic?" („Was, wenn so?") und verweist auf die Decke des Pavillons, auf der Tychos System dargestellt ist: Die Planeten bewegen sich um die Sonne, aber diese um die Erde – ein Zwitter oder Kompromiss, würden wir heute sagen.

**Ptolemäus, Kopernikus und Tycho.** Heute wird oft übersehen, dass die astronomischen Kontroversen des 17. Jahrhunderts nicht dual zwischen alt und neu, Ptolemäus und Kopernikus, Geozentrik und Heliozentrik ausgefochten wurden. Es konkurrierten vielmehr drei Systeme und es bestand ein weit verbreiteter Konsens unter den Fachleuten, dass das ptolemäische jedenfalls das schlechteste sei. Die ptolemäisch berechneten Planetenorte widersprachen nämlich den tatsächlich beobachteten. Zudem hatten Galileis Fernrohrbeobachtungen bewiesen, dass die Venus Phasen zeigt wie der Mond, also um die Sonne kreist. Das heliozentrische System des Kopernikus, in der Fachwelt seit 1510 bekannt und 1543 veröffentlicht, war konstruktiv einfacher, weil es einen Teil der Anomalien der Planetenbahnen perspektivisch deuten konnte. Es fehlte aber noch ein zwingender Beweis für die Erdbewegung, also ein Phänomen, das man nur unter Voraussetzung der Erdbewegung deuten konnte. Einigkeit bestand auch darin, wie dieser Beweis aussehen müsste. Wenn sich die Erde, also der Beobachter, bewegt, muss sich der Anblick ändern, wie der Anblick der Küste bei einer Seefahrt. Man müsste Fixsternparallaxen messen können, was aber damals nicht gelang, auch nicht mit Galileis Fernrohr, obwohl dieser sich um den Beweis bemüht hat.[1] Wir wissen heute, warum er nicht gelang: Die Fixsterne sind zu weit entfernt, als dass die jährliche Erdbewegung einen merklichen Unterschied des Anblicks bewirkte. So hatte schon Kopernikus argumentiert. Die Gegner erwiderten, hier werde das Weltall ohne Not vergrößert, um den geforderten Beweis nicht liefern zu müssen. Und außerdem meldeten sich die Theologen zu Wort und erklärten, dass weder die Bibel noch die Kirchenväter etwas vom Stillstand der Sonne in der Weltmitte und der Erdbewegung um die Sonne verlauten lassen.

Zur Beurteilung von öffentlichen Diskussionslagen ist Gebrauchsliteratur vom Schulbuchtyp ein unverdächtiger Zeuge. In einem Lehrbuch der mathematischen Wissenschaften von 1728 liest sich die Sache folgendermaßen:

Frontispiz zu den *Rudolphinischen Tafeln* (*Tabulae Rudolphinae*, Ulm, 1627). Allegorischer Kupferstich von Georg Keller („G. Celes") nach einem Entwurf Keplers.

Geozentrisches Weltbild nach Claudius Ptolemäus (ca. 100 – um 170)   Heliozentrisches Weltbild nach Nikolaus Kopernikus (1473 – 1543)
Abbildungen aus dem Himmelsatlas des Christoph Cellarius (*Harmonia Macrocosmica*, zuerst 1660)

1. „Von allen Systematibus Mundi ist das Ptolemaicum das unrichtigste."
2. „Das Systema Copernicanum ist das aller Vernunftmäßigste, doch aber auch nicht sicher anzunehmen, bis es nicht mit der H. Schrift besser kann verglichen werden."
3. „Das Systema Tychonicum ist das usuellste, und so lange man bey der bisherigen Auslegung der Heil. Schrift bestehet, das sicherste."

Für und Wider der drei werden auf 5 Seiten sine ira et studio wiedergegeben.[2]

Erst 1851 gelang Bessel mit seinem Spiegelteleskop der Nachweis der Fixsternparallaxen. Zuvor war Bradley im Jahre 1728 ein Beweis für die Erdbewegung gelungen, die Aberration des Lichtes im Fernrohr. Aber noch vor dem Gelingen dieser empirischen Beweise hatte sich die Heliozentrik weithin durchgesetzt, weil Newtons neue mathematische Physik mit wenigen Axiomen sowohl irdische wie himmlische Bewegungen erklären und berechnen konnte – unter der kopernikanischen Voraussetzung, dass sich die Erde um die Sonne dreht.

**Galileo Galilei.** In jene Zeit der empirisch noch unentschiedenen Konkurrenz dreier astronomischer Systeme fällt auch der Prozess der Inquisition gegen Galilei.[3] Zum ersten Mal befasst sich die Inquisition 1616 mit der kopernikanischen Theorie, also 73 Jahre nach deren Veröffentlichung. Das Inquisitionskollegium selbst verzichtet auf eine Stellungnahme, übergibt die Angelegenheit aber der päpstlichen Zensurbehörde (Indexkongregation). Diese verbietet ein theologisches Buch, das die Vereinbarkeit der kopernikanischen Theorie mit der Bibel behauptet, und suspendiert das Buch des Kopernikus bis zur Korrektur. Die wenig später veröffentliche Korrektur bezieht sich auf wenige Textstellen, an denen behauptende Sätze in hypothetische umgewandelt sind.

Das Buch des Kopernikus wird also nicht verboten. Galilei aber wird vom Inquisitor Bellarmino privat vermahnt, die kopernikanische These nicht mehr zu vertreten. 1623 wird ein Freund und Verehrer Galileis zum Papst gewählt, Urban VIII. Er ist ein Freund der Wissenschaft und namentlich an der Astronomie sehr interessiert. Mit ihm bespricht Galilei den Plan seines „*Dialogs über die beiden wichtigsten Weltsysteme*", der unmittelbar nach dem Erscheinen zum Anlass wird für den Prozess der Inquisition gegen Galilei. Dieser Prozess lässt sich nicht ohne einen Sinneswandel des Papstes Urban VIII. erklären. Ein Gutachten des Dialogs enthält den Vorwurf, Galilei habe ein wichtiges Argument des Papstes dem Dialogpartner Simplicio, dem Naivling also, in den Mund gelegt. Der Papst ist beleidigt. Außerdem hatte Galilei einige seiner Befürworter am päpstlichen Hof verloren. Und schließlich wurde ihm vorgeworfen, er habe gegen die Vermahnung von 1616 verstoßen, die offenbar erst während der Untersuchung der Inquisition aus den Akten (wieder) bekannt wurde. Galilei wird 1633 von der Inquisition gezwun-

Weltbild nach Tycho Brahe (1546–1601)

gen, der kopernikanischen Lehre abzuschwören. Er wird vom Vorwurf der Ketzerei freigesprochen, aber wegen seines „Ungehorsams" zunächst zu Gefängnis verurteilt, aber zu Hausarrest in seinem Landhaus begnadigt.

Vom Inquisitor Bellarmino gibt es einen Brief vom 12. 4. 1615, der einen Einblick erlaubt in seine Denkweise. Der Kleriker Foscarini hatte jenes Buch geschrieben, das die Vereinbarkeit der Bibel mit der kopernikanischen Theorie darlegt und dieses dem Inquisitor Bellarmino geschickt. Bellarino bedankt sich für das Buch, das er mit Vergnügen gelesen habe und gibt ein vom Verfasser erbetenes Gutachten:

> „Zum ersten. Ich halte dafür, dass Euer Hochwürden und der Herr Galileo klug daran täten, sich darauf zu beschränken, ex suppositione [d. h. hypothetisch] und nicht absolut zu sprechen, wie ich immer glaubte, dass Kopernikus gesprochen habe. Indem man von der Annahme spricht, dass die Erde sich bewege und die Sonne still stehe, wird der Schein [es muss heißen: die Erscheinung] besser gewahrt, als wenn man die Exzentrizitäten und Epizykeln darlegt […], und dieses genügt dem Mathematiker."
>
> „Zum zweiten. Ich halte dafür, dass ihr wisst, das Konzil verbietet, die Schrift gegen die einhellige Ansicht der Kirchenväter auszulegen." (Gemeint ist das Tridentinische Konzil 1545–1563, das in Reaktion auf die Reformation ausdrücklich die eigenmächtige Schriftauslegung verboten hat.)

> „Zum dritten. Ich halte dafür: wenn es wahrhaft bewiesen würde, dass die Sonne im Mittelpunkt der Welt und die Erde im dritten Himmel steht und dass nicht die Sonne die Erde umkreist, sondern die Erde die Sonne umkreist, dann müsste man sich mit großem Bedacht um die Auslegung der Schriften bemühen, die dem zu widersprechen scheinen, und eher sagen, dass wir es nicht verstehen, als zu sagen, das Bewiesene sei falsch. Aber ich werde nicht glauben, dass es einen solchen Beweis gibt, solange es mir nicht bewiesen worden ist; es ist nicht dasselbe, ob man den Beweis *für die Annahme* erbringen will, dass die Sonne im Mittelpunkt steht und die Erde am Himmel, und damit der Augenschein gewahrt wird, oder ob man zu beweisen sucht, dass die Sonne *in Wirklichkeit* im Mittelpunkt steht und die Erde am Himmel; denn von dem ersten Beweis glaube ich, dass er möglich sein könnte, aber bezüglich des zweiten hege ich größten Zweifel, und im Zweifelsfalle darf man nicht von der Heiligen Schrift und der Auslegung der Kirchenväter abrücken."[4]

Bellarmino erklärt also: Wenn es einen Beweis für das kopernikanische System gibt, darf man nicht mit Bibelstellen gegen den Beweis argumentieren. Er glaube einem solchen Beweis aber erst, wenn er ihn sieht. Bis dahin bezweifelt er, ob es überhaupt je einen solchen Beweis geben könne. Darin drückt sich eine wissenschaftstheoretische Skepsis gegenüber dem Status der Astronomie aus, die besagt, die Astronomie sei ars, nicht scientia, Rechenkunst, aber nicht Wissenschaft. Bellarino ist unter dieser Prämisse bereit zuzugeben, dass die kopernikanische These die bessere Hypothese sei, aber dennoch nur eine Hypothese. Nach der damaligen Beweislage der kopernikanischen These hatte er recht. Falsch war dagegen seine Vermutung, es werde nie einen Beweis geben können. RS

---

[1] Vgl. Harald Siebert: Die große kosmologische Kontroverse. Rekonstruktionsversuch anhand des Itinerarium exstaticum von Athanasius Kircher SJ (1602–1680). Stuttgart, 2006.

[2] Benjamin Hederich: Anleitung zu den fürnehmsten mathematischen Wissenschaften. Wittenberg, 1728, S. 345–349.

[3] Zum Folgenden vgl. William R. Shea, Mariano Artigas: Galileo Galilei. Aufstieg und Fall eines Genies. Darmstadt, 2006.

[4] Galileo Galilei: Schriften, Briefe, Dokumente. Hrsg. A. Mudry, Bd. 2. Berlin (Ost), 1987, S. 46 f.

# Das Alter der Erde: geologische Perspektive

Geologen teilen die Erdgeschichte in verschiedene Abschnitte ein. Paläontologen untersuchen die versteinerten Überreste von Tieren und Pflanzen (Fossilien), die in den tieferen Erdschichten gefunden werden. Das Alter dieser Erdschichten und der Fossilien bestimmen sie auf verschiedene Arten.

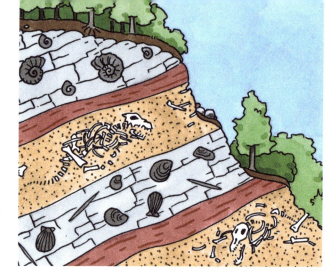

| Zeiten der Erdgeschichte | | | | | | | | | | |
|---|---|---|---|---|---|---|---|---|---|---|
| Millionen Jahre | | ERDALTERTUM | | | | | ERDMITTELALTER | | | ERDNEUZEIT |
| Kambrium bis 590 | Ordoviz 505 | Silur 438 | Devon 408 | Karbon 360 | Perm 286 | Trias 248 | Jura 213 | Kreide 144 | Tertiär 65 | Quartär 2 |

**Relative Altersbestimmung:**
Neuere Erdschichten (Sedimente) lagern sich oben auf den älteren Schichten ab. Dadurch lässt sich das Alter von Fossilien in verschiedenen Gesteinsschichten miteinander vergleichen: In tieferen Erdschichten gefundene Fossilien sind älter als in höheren Erdschichten gefundene.

**Absolute Altersbestimmung:**
Zur Datierung von Gesteinen und Fossilien benutzt man die Tatsache, dass darin Elemente in instabilen (radioaktiven) Formen gefunden werden. Instabile Isotope eines Elementes zerfallen im Laufe der Zeit in Kerne anderer Elemente. Als Halbwertszeit bezeichnet man die Zeit, in der die Hälfte der jeweiligen Isotope in ihre Zerfallsprodukte zerfallen sind. Die Halbwertszeit von Kalium 40 ($^{40}K$) beträgt 1,3 Milliarden Jahre, die Halbwertszeit von Kohlenstoff 14 ($^{14}C$) dagegen nur 5.600 Jahre.

Wenn das instabile Isotop Kalium 40 zerfällt, bilden sich Kerne von Calcium 40 und Argon 40.

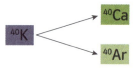

Im Laufe der Zeit nimmt der Anteil von Kalium 40 in einem Gestein ab; der Anteil von Calcium 40 und Argon 40 nimmt dagegen zu.

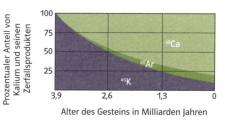

# Das Alter der Erde: kreatonistische Perspektive

Der in Irland geborene James Ussher (1581–1656) war Theologe und Würdenträger der anglikanischen Kirche. In seinem zuerst 1650 erschienenen Werk *Annales veteris testamenti, a prima mundi origine deducti (Annalen des Alten Testaments, hergeleitet von den ersten Anfängen der Welt)* berechnete er unter Verwendung von Zeitangaben in der Bibel die Entstehung der Welt auf das Jahr 4004 v. Chr. Der Übersetzer einer Neuausgabe erstellte folgende Chronologie nach Ussher.

| Datum | Ereignis | Bibelstelle | Alter der Erde |
|---|---|---|---|
| 4004 v. Chr. | Erschaffung der Welt | Gen 1,1–31 | 0 Jahre |
| 3874 v. Chr. | Geburt Sets, als Adam 130 Jahre alt war | Gen 5,3 | 130 Jahre |
| 3769 v. Chr. | Geburt Enoschs, als Set 105 Jahre alt war | Gen 5,6 | 235 Jahre |
| 3679 v. Chr. | Geburt Kenans, als Enosch 90 Jahre alt war | Gen 5,9 | 325 Jahre |
| 3609 v. Chr. | Geburt Mahalalels, als Kenan 70 Jahre alt war | Gen 5,12 | 395 Jahre |
| 3544 v. Chr. | Geburt Jereds, als Mahalalel 65 Jahre alt war | Gen 5,15 | 460 Jahre |
| 3382 v. Chr. | Geburt Henochs, als Jered 162 Jahre alt war | Gen 5,18 | 622 Jahre |
| 3317 v. Chr. | Geburt Metuschelachs, als Henoch 65 Jahre alt war | Gen 5,21 | 687 Jahre |
| 3130 v. Chr. | Geburt Lamechs, als Metuschelach 187 Jahre alt war | Gen 5,25 | 874 Jahre |
| 2948 v. Chr. | Geburt Noachs, als Lamech 182 Jahre alt war | Gen 5,28 | 1056 Jahre |
| 2446 v. Chr. | Geburt Sems, als Noach 502 Jahre alt war | Gen 11,10 | 1558 Jahre |
| 2348 v. Chr. | Flut, als Noach 600 Jahre alt war | Gen 7,6 | 1656 Jahre |
| 2346 v. Chr. | Geburt Arpachschads, als Sem 100 Jahre alt war | Gen 11,10 | 1658 Jahre |
| 2311 v. Chr. | Geburt Schelachs, als Arpachschad 35 Jahre alt war | Gen 11,12 | 1693 Jahre |
| 2281 v. Chr. | Geburt Ebers, als Schelach 30 Jahre alt war | Gen 11,14 | 1723 Jahre |
| 2246 v. Chr. | Geburt Pelegs, als Eber 34 Jahre alt war | Gen 11,16 | 1758 Jahre |
| 2217 v. Chr. | Geburt Regus, als Peleg 30 Jahre alt war | Gen 11,18 | 1787 Jahre |
| 2185 v. Chr. | Geburt Serugs, als Regu 32 Jahre alt war | Gen 11,20 | 1819 Jahre |
| 2155 v. Chr. | Geburt Nahors, als Serug 30 Jahre alt war | Gen 11,22 | 1849 Jahre |
| 2126 v. Chr. | Geburt Terachs, als Nahor 29 Jahre alt war | Gen 11,24 | 1878 Jahre |
| 1996 v. Chr. | Geburt Abrams, als Terach 130 Jahre alt war | Gen 11,32, 12,4 | 2008 Jahre |
| 1921 v. Chr. | Abram zieht mit 75 Jahren nach Kanaan | Gen 12,4 | 2083 Jahre |

Zusätzlich zu den Chronologien in Genesis 5 und 11 verwendete Ussher Angaben zu langen Zeitperioden in verschiedenen Bibelstellen. Nachfolgend finden sich die von Ussher bei seinen Berechnungen verwendeten Zeitperioden, ohne dass die Zwischenschritte im Detail aufgeführt werden.

| Datum | Ereignis | | Bibelstelle | Alter der Erde |
|---|---|---|---|---|
| 1921 v. Chr. | Abram verlässt Haran | 430 Jahre bis heute | Gen 12,10, Ex 12,40, Gal 3,17 | 2083 Jahre |
| 1491 v. Chr. | Der jüdische Exodus | 479 Jahre | | 2513 Jahre |
| 1012 v. Chr. | Beginn des Baus des Tempels | 38 Jahre | 1. Kön 6,1 | 2992 Jahre |
| 974 v. Chr. | Jerobeams goldene Kälber | 390 Jahre | 1. Kön 11,42 | 3020 Jahre |
| 584 v. Chr. | Deportation der Juden | | Ez 4,4–6 | 3420 Jahre |

## William Paley: Natürliche Theologie

> William Paley (1743 – 1805), englischer Theologe und Philosoph, veröffentlichte 1802 seine *Natural Theology (Natürliche Theologie)*, in der er die Welt als das Produkt eines intelligenten Schöpfers erklärte. Sein Buch wurde auch von Charles Darwin intensiv gelesen.

Ich ging einst über eine Heide und stieß meinen Fuß an einen Stein. Da war mir's, als fragte mich jemand, wie der Stein hierher komme? Ich weiß nicht anders, als dass er von jeher da gelegen, gab ich zur Antwort und dachte, es sollte dem Frager nicht leicht werden, mir zu beweisen, dass ich etwas Widersinniges gesagt habe. Setze ich aber den Fall, ich hätte eine Uhr auf dem Boden gefunden und würde gefragt, wie die Uhr hierher komme, so würde ich mich sehr bedenken, die vorhin gegebene Antwort – ich wisse nicht anders, als dass sie von jeher da gelegen – nochmals zu geben. Aber warum gilt diese Antwort nicht ebenso gut für die Uhr als für den Stein? Aus keinem andern Grunde als aus dem folgenden. Wenn wir eine Uhr untersuchen, so bemerken wir (was wir an dem Stein nicht wahrnehmen konnten), dass ihre verschiedenen Teile *um eines Zweckes willen* so und nicht anders geformt und zusammengesetzt sind, dass sie so einander angepasst erscheinen, um Bewegung hervorzubringen, und dass diese Bewegung so geregelt ist, dass sie die Stunden des Tages anzeigt.

Es kann uns nicht entgehen, dass, wenn die verschiedenen Teile anders gestaltet wären, als sie es wirklich sind, wenn sie etwa eine andere als ihre gegenwärtige Größe hätten, auf andere Weise oder in anderer Ordnung zusammengefügt wären, entweder gar keine Bewegung in der Maschine hervorgebracht worden wäre oder wenigstens keine solche, die dem nunmehr erreichten Zweck entsprochen hätte. [...] Hat man diesen Mechanismus aufgefasst, so ist meines Erachtens der Schluss unvermeidlich, dass die Uhr einen Urheber haben müsse, dass zu irgendwelcher Zeit und an irgendwelchem Orte ein oder mehrere Künstler gelebt haben müssen, die sie zu dem Zwecke, dem sie, wie wir sehen, wirklich entspricht, absichtlich verfertigten.

## Daniel C. Dennett: Himmelshaken und Kräne

> Der US-amerikanische Philosoph Daniel C. Dennett (geb. 1942) gehört zu den prominentesten Vertretern des sogenannten „Neuen Atheismus". Er tritt für ein strikt naturalistisches Weltbild auf der Grundlage des Darwinismus ein, wie er seinem Buch *Darwins gefährliches Erbe* (*Darwin's Dangerous Idea*, 1995) erläutert.

Bei den Streitigkeiten, die um uns herum wirbeln, geht es in den allermeisten Fällen um unterschiedliche Angriffe auf Darwins Behauptung, er könne uns in der zur Verfügung stehenden Zeit von *dort* (aus der Welt des Chaos oder des völligen Fehlens von Gestaltung) nach *hier* (in die wunderschöne Welt, in der wir leben) befördern, ohne sich auf etwas anderes zu berufen als auf den geistlos-mechanischen Algorithmus, den er formuliert hatte. Da wir die vertikale Dimension der traditionellen kosmischen

Pyramide als Maß für das (intuitive) Ausmaß der Gestaltung reserviert haben, können wir die Angriffe mithilfe eines anderen folkloristischen Fantasiegebildes verdeutlichen:

*Himmelshaken*, urspr. Fliegerei. Imaginäre Vorrichtung zur Befestigung am Himmel. Mittel, um etwas am Himmel aufzuhängen. [Oxford English Dictionary]

Nach Angaben des *Oxford English Dictionary* wurde der Begriff 1915 zum ersten Mal gebraucht: „Ein Flugzeugpilot, der den Befehl erhielt, noch eine Stunde an seinem Standort (in der Luft) zu bleiben, antwortete: ‚Die Maschine hat keine Himmelshaken.'" Die Vorstellung von Himmelshaken ist vielleicht ein Nachfahre des *Deus ex machina* im griechischen Drama: Wenn ein zweitklassiger Bühnenschriftsteller merkte, dass sein Held durch die Handlung in unentrinnbare Schwierigkeiten geriet, erlag er oft der Versuchung, einen Gott wie Superman auf die Bühne herabschweben zu lassen, damit er die Situation auf übernatürliche Weise bereinigte. Oder vielleicht sind Himmelshaken auch ein völlig eigenständiges Geschöpf konvergenter Evolution der Folklore. Himmelshaken wären etwas Großartiges: Man könnte mit ihnen sperrige Gegenstände unter schwierigen Umständen hochheben und alle möglichen Bauprojekte erheblich beschleunigen. Traurig, aber wahr: Sie sind unmöglich.

Aber es gibt ja Kräne. Kräne können die Hebearbeit verrichten, die wir in unserer Fantasie den Himmelshaken zuschreiben, und sie tun es auf ehrliche Weise ohne falsche Voraussetzungen. Allerdings sind sie teuer. Sie müssen geplant und aus alltäglichen, bereits verfügbaren Gegenständen zusammengebaut werden, und man muss sie auf eine feste Stelle des vorhandenen Untergrunds stellen. Himmelshaken sind wundersame Hebegeräte, nicht abgestützt und nicht abzustützen. Kräne sind ebenso hervorragende Hebegeräte, und sie haben den entschiedenen Vorteil, dass sie etwas Wirkliches sind. Wer sich wie ich zeit seines Lebens auf Baustellen herumgetrieben hat, wird mit einer gewissen Befriedigung bemerkt haben, dass man manchmal einen kleinen Kran braucht, um einen großen aufzubauen. Und vielen anderen Zuschauern muss auch aufgefallen sein, dass man den großen Kran im Prinzip dazu verwenden könnte, den Aufbau eines noch riesigeren Krans zu ermöglichen oder zu beschleunigen. Die Stufenleiter der Kräne ist ein Verfahren, das auf wirklichen Baustellen meist nur einmal angewandt wird, aber im Prinzip gibt es für die Zahl der Kräne, die man zum Erreichen eines gewaltigen Ziels benutzen kann, keine Begrenzung. [...]

Stellen wir uns nun einmal vor, wie viel „Hebearbeit" im Gestaltungsraum geleistet werden muss, damit die großartigen Lebewesen und (anderen) Konstruktionen entstehen, denen wir in unserer Welt begegnen. Seit dem Anbeginn des Lebens mit den ersten selbstverdoppelnden Gebilden, die sich nach außen (Vielfalt) und oben (Leistung) verbreiteten, müssen riesige Entfernungen überwunden worden sein. Darwin gab uns eine Erklärung für den gröbsten, bruchstückhaftesten, dümmsten Hebevorgang: den Keil der natürlichen Selektion. In winzigen Schritten – den winzigsten, die möglich sind – kann dieser Vorgang allmählich und über die Erdzeitalter hinweg die gewaltigen Entfernungen zurücklegen. So behauptet er jedenfalls. Und an keiner Stelle wäre etwas Wundersames, von oben Kommendes notwendig. Jeder Schritt wurde durch dummes, mechanisches, algorithmisches Klettern zuwege gebracht, und zwar von der Grundlage aus, die durch früheres Klettern bereits aufgebaut wurde. [...]

Es ist jetzt Zeit für ein paar etwas sorgfältigere Definitionen. Einigen wir uns also auf Folgendes: Ein *Himmelshaken* ist eine Kraft, eine Macht oder ein Vorgang nach dem Prinzip „zuerst der Geist", eine Ausnahme von der Regel, dass alle Gestaltung und scheinbare Gestaltung letztlich das Ergebnis geistloser, unmotivierter Mechanik ist. Ein *Kran* dagegen ist ein Unterprozess oder ein besonderes Merkmal eines Gestaltungsprozesses, das nachweislich auf lokaler Ebene den grundlegenden, langsamen Vorgang der natürlichen Selektion beschleunigt *und* das außerdem nachweislich selbst das vorhersehbare (oder im Nachhinein erklärbare) Produkt des grundlegenden Vorgangs ist. Manche Kräne sind offenkundig und unumstritten; über andere wird noch diskutiert, und das ist sehr fruchtbar.

## Bertrand Russell: Gibt es einen Gott?

> Bertrand Russell (1872–1970), britischer Mathematiker und Philosoph, äußerte sich auch stets zu gesellschaftspolitischen und ethischen Themen. Der folgende Textauszug stammt aus einem 1952 geschriebenen, aber unveröffentlichten Zeitschriftenartikel über Religion.

Zahlreiche orthodoxe Menschen tun so, als sei es Sache der Skeptiker, anerkannte Dogmen zu widerlegen, und nicht die der Dogmatiker, sie zu beweisen. Das ist selbstverständlich ein Fehler. Würde ich behaupten, dass zwischen Erde und Mars eine Porzellanteekanne in einer elliptischen Bahn um die Sonne kreise, so könnte niemand meine Behauptung widerlegen, wenn ich daran denken würde hinzuzufügen, dass diese Teekanne zu klein sei, um selbst von unseren leistungsfähigsten Teleskopen sichtbar gemacht werden zu können. Aber wenn ich nun damit fortfahren würde, dass – da meine Behauptung nicht widerlegt werden könne – es eine unerträgliche Anmaßung menschlicher Vernunft sei, sie anzuzweifeln, dann würde man zu Recht finden, dass ich Unsinn redete. Wenn allerdings die Existenz einer solchen Teekanne in uralten Büchern beglaubigt, jeden Sonntag als geheiligte Wahrheit gelehrt und in die Köpfe der Schulkinder eingetrichtert würde, dann geriete es zu einem Zeichen von Absonderlichkeit, Zweifel an ihrer Existenz zu hegen, und der Zweifler würde sich in einem aufgeklärten Zeitalter der Aufmerksamkeit eines Psychiaters erfreuen dürfen und in älteren Zeiten der eines Inquisitors. Es ist üblich anzunehmen, dass ein Glaube, wenn er weit verbreitet ist, irgendetwas Vernünftiges an sich haben müsse. Ich glaube nicht, dass jemand, der die Geschichte studiert hat, diese Meinung vertreten kann.

## Richard Dawkins über die Gotteshypothese

> Der britische Zoologe und Ethologe Richard Dawkins (geb. 1941) verficht und popularisiert in Büchern, Vorträgen und Filmen seit den 1970er Jahren evolutionsbiologische Thesen. In seinem Buch *The God Delusion* (2006, dt. *Der Gotteswahn*, 2007) stellt er den Glauben an Gott als eine heute nicht mehr haltbare Hypothese dar, einen „Wahn".

„Gott existiert mit großer Wahrscheinlichkeit nicht." Menschen haben schon an viele höhere Wesen geglaubt: Zeus, Apollo, Amun-Ra, Baal, Wotan, aber auch an Zahnfeen oder Einhörner. Es lässt sich nicht wissenschaftlich beweisen, dass diese Wesen nicht existieren, weil die Wissenschaft nur die *Existenz* von etwas beweisen kann, nicht aber seine *Nichtexistenz*. Während die Existenz von Zahnfeen nicht ernsthaft behauptet wird, ist der Glaube an einen Gott hingegen weit verbreitet.

Richard Dawkins plädiert dafür, die Frage der Existenz Gottes (die „Gotteshypothese") genauso zu behandeln wie die Frage der Existenz von Einhörnern, Amun-Ra oder Bertrand Russells um die Sonne kreisende Teekanne: Solange kein wissenschaftlich objektiver und unwiderlegbarer Existenz-*Beweis* erbracht wurde, müssen Indizien gesammelt und Wahrscheinlichkeiten ermittelt werden – „the fact that we can neither prove nor disprove the existence of something does not put existence and non-existence on an even footing" (Kapitel 2, S. 49). Auch wissenschaftliche Theorien wie die Evolutionstheorie sind oft nicht zu 100 % beweisbar, sondern können nur durch die Suche nach sie unterstützenden oder widerlegenden Beobachtungen mehr oder weniger gut abgesichert werden. „We believe in evolution because the evidence supports it, and we would abandon it overnight if new evidence arose to disprove it." (Kapitel 8, S. 283)

In Kapitel 4 sucht Dawkins zu begründen, warum man für die Existenz Gottes eine sehr niedrige Wahrscheinlichkeit annehmen sollte. Er setzt sich mit einer Argumentation auseinander, die die Richtigkeit der Gotteshypothese zu begründen sucht: Danach könne die Wohlgeordnetheit der Welt und die Komplexität der Lebensformen darin nicht durch Zufall und kontinuierliche Weiterentwicklung entstanden sein, vielmehr müsse sie auf die Schöpfung einer höheren Intelligenz zurückgehen, wie es William Paley 1802 noch annahm. Die Annahme eines solchen „Designer-Gottes" stuft Dawkins jedoch als sehr wenig wahrscheinlich ein, während der Darwinismus mittlerweile gut abgesichert ist und völlig ausreicht, um biologische Komplexität zu erklären.

„**Indoktrination von Kindern ist geistiger Kindesmissbrauch.**" In Kapitel 9 wendet sich Dawkins dagegen, Kindern das Etikett einer religiösen Glaubensgemeinschaft aufzudrücken: Ein sechsjähriges Kind kann ebensowenig ein „Christ", „Muslim" oder „Sikh" sein, wie es ein „Marxist", „Monetarist" oder „Atheist" sein kann, da es über diese Themen noch nicht ausreichend informiert ist und nachgedacht hat. Ein Bekenntnis zu einer Religionsgemeinschaft setzt eine Beschäftigung mit der Frage des persönlichen Glaubens voraus und erfordert eine bewusste Entscheidung durch das Individuum.

Kinder, so Dawkins, werden jedoch in der Regel in dem von ihren jeweiligen Eltern praktizierten Glauben erzogen, in manchen Ländern (etwa den USA) teilweise mit erschreckenden Methoden wie der bewussten Erzeugung von Angst vor den Höllenqualen. Dawkins hält solchen „geistigen Kindesmissbrauch" keineswegs für harmloser als körperlichen Missbrauch. Er fordert einen Verzicht von Indoktrination von Kindern und ihr Recht auf eine eigene freie Entscheidung ein.   SH

**Richard Dawkins im Internet:**
http://richarddawkins.net/

Richard Dawkins mit Ariane Sherine, der Initiatorin der Atheist Bus Campaign (www.atheistbus.org.uk). Die Autorin und Journalistin entdeckte auf Londoner Bussen Werbeaussagen einer christlichen Organisation, die unter Verwendung von Bibelzitaten Ungläubigen öffentlich mit der Hölle drohte. Darüber empört, startete sie 2009 eine Gegenkampagne, die großes Aufsehen erregte und auch in Deutschland Nachahmung fand (www.buskampagne.de).

# Monika Maron: Animal triste

> Monika Maron (geb. 1941) erzählt in ihrem Roman *Animal triste* (1996) eine Liebesgeschichte, die sich im Ostberliner Museum für Naturkunde vor dem Fall der Mauer abspielte. Die Erzählerin lernt ihren Geliebten Franz unter dem Skelett des *Brachiosaurus* kennen.

Wenn ich mich richtig erinnere, habe ich einmal Biologie studiert, es kann aber auch Geologie oder Paläontologie gewesen sein, jedenfalls war ich, als ich meinen Geliebten traf, schon längere Zeit mit der Erforschung urzeitlicher Tierskelette befasst und arbeitete im Berliner Naturkundemuseum, wo ich meinen Geliebten auch zum ersten Mal gesehen habe. Das Museum besaß damals, vielleicht auch heute noch, das größte Dinosaurierskelett, das je in einem Museum zu besichtigen war. Ein Brachiosaurus, an die zwölf Meter hoch und dreiundzwanzig Meter lang. Wie in einem Tempel stand es, das ich er nannte, unter der gläsernen Kuppel inmitten des säulengeschmückten Saals, plump und erhaben, eine göttliche Behauptung mit lächerlich kleinem Kopf und grinste herab auf mich, seine Priesterin. Meinen Dienst an ihm begann ich jeden Morgen mit einer stillen Andacht. Für eine halbe oder ganze Minute stellte ich mich vor ihn, sodass ich ihm in seine wunderbaren, von leichten Knochenspangen geformten Augenhöhlen sehen konnte, und wünschte mir, wir wären uns so begegnet, als sein Gerippe noch von fünfzig Tonnen Fleisch umhüllt war und er an einem Morgen vor hundertfünfzig Millionen Jahren unter der immergleichen Sonne in der Nähe von Tendaguru, wo er gestorben ist und vermutlich auch gelebt hat, seine Nahrung suchte. […]

---

Noch Wochen später hatte ich zuweilen den Eindruck, etwas in meinem Kopf funktioniere anders als vor dem Anfall, seitenverkehrt, als hätte jemand die Pole umgesteckt. Zum Beispiel fielen mir die Vornamen von Menschen später ein als ihre Nachnamen, oder ich schrieb dreiundzwanzig, wenn ich zweiunddreißig meinte, oder ich griff in meiner eigenen Wohnung nach links, obwohl ich genau wusste, dass die Tür, die ich öffnen wollte, rechts war. Natürlich wusste ich als Naturwissenschaftlerin, dass es für solche Symptome logische, in diesem Fall sogar einfache Erklärungen gab. Trotzdem wurden mir der Anfall und seine Folgen unheimlicher, je länger ich darüber nachdachte. Zum ersten Mal fragte ich mich, warum die Evolutionstheorie überhaupt als Beweis gegen die Existenz einer höheren Vernunft gelten konnte, da sie ebenso gut deren Erfindung sein könnte. Die Vorstellung, etwas Fremdes hätte mich an diesem Abend auf der Friedrichstraße für eine Viertelstunde einfach abgeschaltet und aus einem Grund, den ich nicht kannte, den Funktionsplan meines Gehirns geringfügig verändert, wurde mir zur fixen Idee, an die ich zwar nicht ernsthaft glaubte, die aber am ehesten dem Gefühl entsprach, das der unerklärliche Vorfall in mir hinterlassen hatte. Wenn das Fremde aber meinen Tod simuliert hat, um mich danach, mit einer kleinen Desorientierung im Hirn als Erinnerung, wieder aufstehen zu lassen, wenn es mir meine Sterblichkeit so brutal vorführen wollte, musste sich hinter allem ein anderer Zusammenhang denken lassen als ein paar verrückt gewordene Neuronen im Hippocampus oder in der Amygdala.

---

Eines Morgens stand er neben mir, der Brachiosaurus grinste auf uns beide herab wie sonst auf mich allein, und Franz sagte leise und unvergesslich: Ein schönes Tier. […]

Seine Bemerkung, der Brachiosaurus sei ein schönes Tier, hätte ich, statt wie von einem Orakelspruch erschüttert zu sein, auch als eine Floskel verstehen können, um ein Gespräch über das Aussterben der Dinosaurier mit mir zu beginnen. Das Aussterben der Saurier gehörte vor vierzig oder dreißig Jahren zu den beliebtesten Themen der Journalisten und Zeitungsleser aller Altersgruppen, sogar der Kinder. Ich habe es damals seltsam gefunden, dass niemand sich für das Leben der Saurier interessierte, nur für ihr Sterben. Keiner fragte, wie diese Kolosse hundert Millionen Jahre oder länger überleben konnten, worin für

Der Sauriersaal des Museums für Naturkunde, Berlin (historische Aufnahme vor der Umgestaltung 2007)

mich das eigentliche Rätsel lag. Als wäre es nicht normal, dass etwas, das so lange auf der Erde war, eines Tages wieder von ihr verschwindet. Aber wahrscheinlich war es ja gerade diese Ahnung, die die Menschen trieb, für den Sauriertod einen logischen, einmaligen, auf keinen Fall wiederholbaren Grund zu suchen, einen, der für sie selbst nicht in Betracht kommen konnte. Denn eigentlich waren sie fortwährend damit beschäftigt, ihren eigenen Untergang zu fürchten, mal durch die Atombombe, mal durch neuartige Krankheiten, dann wieder durch die schmelzenden Pole; mit einer Inbrunst fürchteten sie den Untergang der Menschheit, als hinge ihr eigenes Sterben oder Überleben davon ab. Sie waren sich selbst unheimlich geworden. Angstvoll beobachteten sie, wie ihre Gattung sich zu einem maßlos fressenden und maßlos verdauenden Ungeheuer auswuchs, und sie schienen darauf zu warten, dass es platzte oder auf andere Art an sich selbst zugrunde ging; oder dass ein Wunder geschah. In der Maßlosigkeit fühlten sie sich den Sauriern offenbar verwandt und sahen in deren Schicksal darum ein Gleichnis für die eigene Bedrohung. Am liebsten glaubten sie, ein Meteor sei am Tod der Saurier schuld gewesen. Aus dem Himmel sollte das Unglück gekommen sein, wobei sie einfach nicht zur Kenntnis nahmen, dass die kleinen Schildkröten die Katastrophe, welche es auch immer gewesen sein mag, überlebt hatten.

[...] Ich habe mein Leben lang zu fest an die Natur geglaubt, um ein guter Mensch zu sein. Es ist mir einfach nie gelungen, das Gemälde von einem Meer, und sei es von Claude Lorrain, tiefer zu bewundern als das Meer selbst, wie mir die Natur überhaupt, samt dem Menschen, immer als ein unübertreffliches Kunstwerk erscheinen ist, von ihrem technischen Genie ganz zu schweigen. Auch der begnadetste Statiker hätte das Skelett des Brachiosaurus nicht erfinden können, wäre in der Natur etwas Vergleichbares nicht schon dagewesen. Alles Nachahmungen, von der Steckdose bis zum Mikrochip nur Nachahmungen, selbst das Rad, ohne Kugel kein Rad.

Bis heute erschrecke ich manchmal, wenn ich ein blutendes Tier sehe und denken muss, dass durch uns alle der gleiche Saft strömt, dass wir alle, wenn wir geboren werden, an Nabelschnüren hängen, dass wir alle auf die gleiche Art gezeugt werden. Der Mikrokosmos ist ein Mysterium für sich. Ich habe meine Tierhaftigkeit nie vergessen können. Je älter ich wurde, umso weniger war die Zivilisation mir ein Trost, was nicht bedeutet, dass ich sie je missachtet hätte, aber eben so, wie man ein Gebiss nicht missachtet, nachdem einem die Zähne ausgefallen sind.

# Genesis: Die Schöpfungserzählung der Bibel

Das 1. Buch Mose (Genesis) des Alten Testaments enthält zwei Schöpfungsgeschichten. Man geht davon aus, dass die zweite – die Geschichte von Adam und Eva (in Genesis 1,4 ff.) – vor etwa 3.000 Jahren entstanden ist und dass die erste aus der Zeit des Babylonischen Exils (ca. 586 – 536 v. Chr.) stammt. Genesis 1,1 ff. erzählt, wie Gott die Welt und alle Geschöpfe darin in sechs Tagen erschaffen hat und zeichnet ein positives und bejahendes Bild dieser Schöpfung.

**Erstes Buch Mose, Kapitel 1**

1 Am Anfang schuf Gott Himmel und Erden.
2 Und die Erde war wüst und leer, und es war finster auf der Tiefe. Und der Geist Gottes schwebet auf dem Wasser.
3 Und Gott sprach: Es werde Licht. Und es ward Licht.
4 Und Gott sahe, dass das Licht gut war. Da scheidet Gott das Licht vom Finsternis,
5 und nennet das Licht Tag und die Finsternis Nacht. Da ward aus Abend und Morgen der erste Tag.
6 Und Gott sprach: Es werde eine Feste zwischen den Wassern, und die sei ein Unterscheid zwischen den Wassern.
7 Da machet Gott die Feste und scheidet das Wasser unter der Festen von dem Wasser über der Festen. Und es geschah also.
8 Und Gott nennet die Festen Himmel. Da ward aus Abend und Morgen der ander Tag.
9 Und Gott sprach: Es sammle sich das Wasser unter dem Himmel an besondere Örter, dass man das Trocken sehe. Und es geschah also.
10 Und Gott nennet das Trocken Erde, und die Sammlung der Wasser nennet er Meer. Und Gott sahe, dass es gut war.

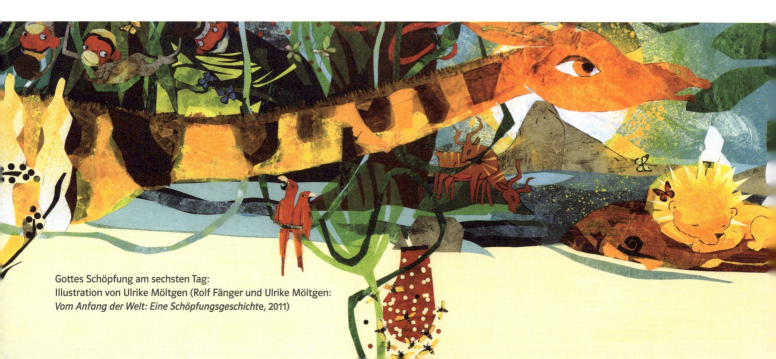

Gottes Schöpfung am sechsten Tag:
Illustration von Ulrike Möltgen (Rolf Fänger und Ulrike Möltgen:
*Vom Anfang der Welt: Eine Schöpfungsgeschichte*, 2011)

11 Und Gott sprach: Es lasse die Erde aufgehen Gras und Kraut, das sich besame, und fruchtbare Bäume, da ein jeglicher nach seiner Art Frucht trage, und habe seinen eigen Samen bei ihm selbst auf Erden. Und es geschah also.

12 Und die Erde ließ aufgehen, Gras und Kraut, das sich besamet, ein jegliches nach seiner Art, und Bäume, die da Frucht trugen, und ihren eigen Samen bei sich selbst hatten, ein jeglicher nach seiner Art. Und Gott sahe, dass es gut war.

13 Da ward aus Abend und Morgen der dritte Tag.

14 Und Gott sprach: Es werden Lichter an der Feste des Himmels und scheiden Tag und Nacht und geben Zeichen, Zeiten, Tage und Jahre,

15 und seien Lichter an der Feste des Himmels, dass sie scheinen auf Erden. Und es geschah also.

16 Und Gott machet zwei große Lichter, ein groß Licht, das den Tag regiere, und ein klein Licht, das die Nacht regiere, dazu auch Sternen.

17 Und Gott setzt sie an die Feste des Himmels, dass sie schienen auf die Erde

18 und den Tag und die Nacht regierten, und scheideten Licht und Finsternis. Und Gott sahe, dass es gut war.

19 Da ward aus Abend und Morgen der vierte Tag.

20 Und Gott sprach: Es errege sich das Wasser mit webenden und lebendigen Tieren und mit Gevögel, das auf Erden unter der Feste des Himmels flieget.

21 Und Gott schuf große Walfische und allerlei Tier, das da lebt und webt und vom Wasser erreget ward, ein jeglichs nach seiner Art, und allerlei gefiedertes Gevögel, ein jeglichs nach seiner Art. Und Gott sahe, dass es gut war.

22 Und Gott segnet sie und sprach: Seid fruchtbar und mehret euch und erfüllet das Wasser im Meer. Und das Gevögel mehre sich auf Erden.

23 Da ward aus Abend und Morgen der fünfte Tag.

24 Und Gott sprach: Die Erde bringe hervor lebendige Tier, ein jegliches nach seiner Art, Vieh, Gewürm und Tier auf Erden, ein jegliches nach seiner Art. Und es geschah also.

25 Und Gott machet die Tier auf Erden, ein jegliches nach seiner Art, und das Vieh nach seiner Art, und allerlei Gewürm auf Erden, nach seiner Art. Und Gott sah, dass es gut war.

26 Und Gott sprach: Lasst uns Menschen machen, ein Bild, das uns gleich sei, die da herrschen über die Fisch im Meer und über die Vögel unter dem Himmel und über das Vieh und über die ganze Erde und über alles Gewürm, das auf Erden kriecht.

27 Und Gott schuf den Menschen ihm zum Bilde, zum Bilde Gottes schuf er ihn, und schuf sie Mann und Frau.

28 Und Gott segnet sie und sprach zu ihnen: Seid fruchtbar und mehret euch und füllet die Erden und macht sie euch untertan. Und herrschet über Fisch im Meer und über Vögel unter dem Himmel und über alles Tier, das auf Erden kriecht.

29 Und Gott sprach: Sehet da, Ich hab euch gegeben allerlei Kraut, das sich besamet auf der ganzen Erde, und allerlei fruchtbare Bäume und Bäume, die sich besamen, zu eurer Speise,

30 und allen Tieren auf Erden und allen Vögeln unter dem Himmel und allem Gewürm, das das Leben hat auf Erden, dass sie allerlei grün Kraut essen. Und es geschah also

31 Und Gott sahe an alles, was er gemacht hatte. Und siehe da, es war sehr gut. Da ward aus Abend und Morgen der sechste Tag.

**Erstes Buch Mose, Kapitel 2**

1 Also ward vollendet Himmel und Erden mit ihrem ganzen Heer.

2 Und also vollendet Gott am siebenten Tage seine Werke, die er machet, und ruhete am siebenten Tage von allen seinen Werken, die er machet.

3 Und segnete den siebenten Tag und heiliget ihn darum, dass er an demselben geruhet hatte von allen seinen Werken, die Gott schuf und machet.

4 Also ist Himmel und Erden worden, da sie geschaffen sind.

Nach der Übersetzung von Martin Luther

# Der Schöpfungsmythos der Hopi-Indianer

> Die Hopi-Indianer leben in einem Reservat im nordöstlichen Arizona/USA. In der Mythologie der Hopis wurden nacheinander mehrere Welten geschaffen und wieder zerstört, weil sich die darin lebenden Menschen als böse erwiesen. Die Hopis leben in der Vierten Welt, deren Ende jedoch bereits prophezeit wurde. Hier die Geschichte der Entstehung der Ersten Welt Tokpela.

Die Erste Welt war Tokpela – unendlicher Raum. Zuerst, so heißt es, gab es nur den Schöpfer Taiowa. Alles Übrige war unendliche Leere ohne Anfang, ohne Ende, ohne Zeit, ohne Form, ohne Leben. In dieser unermesslichen Leere waren Anfang und Ende, Zeit, Form und Leben allein im Geist des Schöpfers Taiowa.

Denn er, der Unbegrenzte, erdachte das Begrenzte. Zuerst schuf er Sótuknang, um das Begrenzte sichtbar zu machen, und er sprach zu ihm: Ich habe dich erschaffen als erste Kraft und als Werkzeug, dass du ausführen mögest meinen Plan für das Leben im unendlichen Raum. Ich bin dein Onkel. Du bist mein Neffe. Geh nun und errichte diese Welt in geeigneter Ordnung, dass alle Dinge harmonisch miteinander auskommen und zusammenwirken mögen nach meinem Plan.

Sótuknang tat, wie ihm befohlen worden war. Aus dem unendlichen Raum fügte er zusammen, was als feste Masse erscheinen sollte, knetete es zu Formen, die er in neun Reiche verteilte: eines für Taiowa, den Schöpfer, eines für sich selbst und sieben Reiche für das Leben, das entstehen sollte. Nachdem er dies vollbracht, begab sich Sótuknang zu Taiowa und fragte: „Ist all dies nach deinem Plan?"

„Du hast wohlgetan", sprach Taiowa. „Nun wünsche ich, dass du Gleiches tust mit den Gewässern. Verteile sie nach entsprechenden Maßen, dass jedem der Reiche das Seine zukomme."

So sammelte Sótuknang vom unendlichen Raum das, was als Gewässer sichtbar werden sollte, und verteilte es über die Reiche, damit jedes von ihnen zur Hälfte aus festem Stoff und zur Hälfte aus Wasser bestehen möge. Und wieder begab er sich zu Taiowa und sagte: „Ich möchte, dass du das Werk betrachtest, das ich geschaffen habe, und dass du mir sagst, ob es Gefallen bei dir findet."

„Du hast wohlgetan", sprach Taiowa. Das Nächste, was du zu tun hast, ist die Kräfte der Luft ringsum zu friedlicher Bewegung zu bringen."

Auch das tat Sótuknang. Vom unendlichen Raum sammelte er, was zu Winden werden sollte, formte es zu gewaltigen Atemkräften und verteilte diese als milde und geordnete Bewegung rings um jedes der Reiche.

Taiowa gefiel Sótuknangs Werk wohl. „Du hast eine große Arbeit vollbracht gemäß meinem Plan, Neffe", sprach er. „Du hast die neuen Reiche geschaffen und sichtbar gemacht in festem Stoff, und auch die Gewässer und Winde und alles übrige ist durch dich an seinem rechten Platz untergebracht. Doch dein Werk hat damit noch nicht sein Ende. Du musst nun Leben schaffen mit seiner regsamen Beweglichkeit, um meinen allumfassenden Plan zu vollenden."

Sótuknang begab sich in jene Regionen des Alls, wo Tokpela, die Erste Welt, entstehen sollte. Dort schuf er die Spinnenfrau.

Als die Spinnenfrau zum Leben erwachte und ihren Namen erhielt, fragte sie: „Weshalb bin ich hier?"

„Sieh dich um!", antwortet Sótuknang. „Das ist die Welt, die wir erschaffen haben. Sie hat eine feste Form, Stoff, Richtung und Zeit, einen Anfang und ein Ende. Doch siehe, es ist kein Leben auf ihr, keine frohe Bewegung, kein froher Laut. Was aber ist eine Welt ohne Leben, ohne Laut und ohne Bewegung? Darum wird dir die Macht verliehen, uns dabei zu helfen, Leben zu erschaffen. Dir wird gegeben sein Wissen und seine Weisheit, und du wirst auch die Liebe besitzen, alle Wesen zu segnen, die du schaffst."

Auf Sótuknangs Geheiß nahm die Spinnenfrau etwas Erde, rührte diese mit ihrem Speichel an und formte daraus zwei Wesen – Zwillinge. Sie bedeckte beide mit ihrem Gewand aus weißem Stoff, das in sich die Schöpfungsweisheit trug. Und sich über die Zwillinge beugend, sang sie das Schöpfungslied. Als

Wandmalerei des Hopi-Künstlers Fred Kabotie

sie das Gewand zurückschlug, setzten sich die Zwillinge auf und fragten: „Wer sind wir? Weshalb sind wir hier?"

„Dein Name ist Pöqánghoya", sprach die Spinnenfrau zu dem Wesen rechts von ihr. „Wenn auf dieser Welt Leben erschaffen worden ist, sollst du helfen, Ordnung auf ihr zu halten. Geh nun überall herum in der Welt und leg der Erde deine Hände auf, damit sie vollends fest werde. Das ist deine Aufgabe!"

Zu dem Zwilling links von ihr sagte die Spinnenfrau: „Dein Name ist Palöngawhoya. Wenn auf dieser Welt Leben sein wird, sollst du helfen, Ordnung auf ihr zu halten. Deine Aufgabe ist: Geh überall herum in der Welt und lass deine Stimme erklingen, damit sie in allen Reichen gehört werde. Darum wirst du auch Echo genannt werden, denn alle Laute sind ein Widerhall des Schöpfers."

Pöqánghoya durchwanderte die gesamte Erde und festigte die höheren Gegenden zu Bergen. Die niederen Gefilde machte er gleichfalls fest, jedoch formbar genug, um den Wesen, die auf ihr leben sollten, Unterhalt zu gewähren.

Auch Palöngawhoya durchwanderte die gesamte Erde und ließ seine Stimme erklingen, wie es ihm befohlen war. All die Schwingungspunkte entlang der Erdachse von Pol zu Pol antworteten seinem Ruf; die ganze Erde geriet in Schwingung und wiegte sich nach seinen Melodien. So machte er die Erde zu einem Instrument der Klänge und die Klänge zu einem Instrument, das Botschaften weitertragen konnte und Lobeslieder für den Schöpfer aller Dinge ertönen ließ.

„Das ist deine Stimme, Onkel", sagte Sótuknang zu Taiowa. „Alles ist eingestimmt auf deinen Klang."

„Du hast wohlgetan", sprach Taiowa.

Nachdem die Zwillinge ihre Aufgaben erfüllt hatten, wurde Pöqánghoya zum nördlichen Pol der Erdachse und Palöngawhoya zu ihrem südlichen entsandt, wo jeder das Seine tat, um die Erde in regelmäßiger Drehung zu halten. Pöqánghoya wurde auch die Macht verliehen, für die feste Gestalt der Erde zu sorgen, und Palöngawhoya die Macht, die Winde in sanfter, geregelter Bewegung zu halten. Ihm wurde anvertraut, seine Stimme für das Gute zu erheben und durch sämtliche Schwingungspunkte der Welt Warnzeichen für alle Wesen erklingen zu lassen.

„Das werden eure Pflichten auch in künftigen Zeiten sein", sagte die Spinnenfrau.

Sodann schuf sie aus Erde Bäume, Gesträuch, Blumen und andere Arten von Pflanzen, die Samen tragen. Sie verlieh der Erde ihr Gewand und gab allem Leben einen Namen. In gleicher Weise entstanden alle Arten der Vögel und Tiere. Die Spinnenfrau formte sie aus Erde, bedeckte sie mit ihrem Gewand aus weißem Stoff und sang das Schöpfungslied. Manche der Geschöpfe stellte sie rechts, manche links und andere wiederum hinter sich auf und sagte ihnen, wie sie sich nach allen vier Enden der Welt verteilen sollten.

Sótuknang war glücklich, als er sah, wie gut alles gelungen war. Freudig sagte er zu Taiowa: „Komm und schau, wie unsere Welt jetzt aussieht."

„Du hast wohlgetan", antwortete Taiowa. „Nun ist sie bereit für das menschliche Leben. So soll denn mein Plan seine Vollendung finden."

# Der Schöpfungshymnus des Rigveda (Indien)

> Der Rigveda ist der erste Teil der Veda-Texte, in denen das traditionelle Wissen des Hinduismus gesammelt und zunächst mündlich weitergegeben wurde. Der folgende Hymnus stammt aus einem Teil des Rigveda, der um das Jahr 1200 v. Chr. entstanden sein dürfte: aus Buch X, Hymnus 129.

Nicht Nichtsein war damals und nicht das Sein.
Kein Luftraum war, kein Firmament.
Wer hielt die Welt? Wer schloss sie ein?
War es das Wasser im Abgrund?

Nicht Tod war da und nicht das Leben,
nicht Sonne, nicht Mond und nicht die Sterne.

Dann aber kam es zum Seienden.
Das Eine war da. Da war Atem.

Dunkelheit war noch in der Welt.
Das All – ein großes Gewoge.
Da kam das Leben, ein Same, ein Keim,
geboren durch die Macht der Glut.

Zeugungslust aus bloßem Gedanken
wurde zum ersten Samen.
Sinnende Denker, forschend im Herzen,
verknüpften das Sein mit dem Nichtsein.

Es gab ein Oben. Es gab ein Unten,
getrennt durch eine Schnur.
Oben aber war das Gewähren,
unten das Begehren.

Dem Nichtsein verbanden die Denker das Sein.
So wurden die ersten Dinge.

Wer aber weiß das alles gewiss,
wie diese Schöpfung entstanden ist?

Diesseits der Schöpfung sind die Götter.
Doch wo sind sie hergekommen?
Wer weiß, wie dies alles sich begab
und ob es durch Tatkraft geschah?

Ein höchster Gott im Licht des Himmels –
er weiß es. – Oder weiß er es nicht?

# Hymnus auf den Weltschöpfer Amun (Ägypten)

> Amun (auch: Amon) ist in der ägyptischen Mythologie der erste, urzeitliche Schöpfergott. Da es vor Amun keinen anderen Gott gab, erschuf dieser sich ohne Vater und Mutter selbst aus einem Ei. Später verband er sich mit dem an Bedeutsamkeit gewinnenden Sonnengott Re zu Amun-Re (auch: Amun-Ra).

Der zuerst im Uranfang entstand,
das ist Amun, der Ersterstandene,
dessen Gestalt niemand kennt.
Kein Gott entstand vor ihm …
Er hatte keine Mutter,
ihm beim Namen zu rufen,
keinen Vater, der ihn zeugte.
Der sein Ei selbst bildete,
eine Macht von geheimer Abkunft,
der seine Schönheit selbst schuf,
der göttliche Erste, der von selbst entstand,
das ist Amun.
Alle anderen Götter entstanden,
nachdem er mit sich selbst den Anfang gesetzt!

Er begann zu sprechen
inmitten des Schweigens.
Er öffnete die Augen
und machte sich sehend.
Er begann zu rufen,
als die Erde noch ohne Lebenskraft war.
Sein Ruf erschallte,
als außer ihm noch niemand war.
Er brachte Geschöpfe zur Welt
und bewirkte, dass sie leben.
Er bewirkte, dass alle Menschen
einen Weg wissen, den sie gehen,
und dass ihr Herz lebt,
wenn sie ihn sehen …

Man nennt ihn auch Tenen, den Amun,
der aus dem Ur-Ozean hervorging,
dass er die Menschen leite.
Die Acht sind eine andere Gestalt von ihm,
dem Erzeuger des Urzeitlichen,
der den Re geboren werden ließ,
dass er sich vollende als Atum,
eines Körpers mit ihm.
Er ist der Allherr,
der alles Vorhandene begann.

Er ist zu geheimnisvoll,
als dass man sein Wirken aufdecken kann.
Er ist zu groß,
als dass man ihn erforschen kann,
und zu mächtig,
als dass man ihn kennen kann.
Man stürzt auf der Stelle
in einen gewaltsamen Tod,
wenn man seinen geheimen Namen ausruft,
den man nicht kennen darf.
Es gibt keinen Gott,
der ihn damit anruft,
den Gewaltigen mit dem verborgenen Namen,
so geheim ist er.

# Joseph Haydn: Die Schöpfung

Das Oratorium von Joseph Haydn (1732–1809) entstand von 1796 bis 1798 nach einem Libretto, in dem Texte der Genesis, der Psalmen und Verse aus John Miltons *Paradise Lost* aufgegriffen wurden.

**RAPHAEL** *Nr. 20 Rezitativ*
Und Gott sprach: Es bringe die Erde hervor lebende Geschöpfe nach ihrer Art: Vieh und kriechendes Gewürm und Tiere der Erde nach ihren Gattungen.

**RAPHAEL** *Nr. 21 Rezitativ*
Gleich öffnet sich der Erde Schoß
Und sie gebiert auf Gottes Wort
Geschöpfe jeder Art,
In vollem Wuchs und ohne Zahl.
Vor Freude brüllend steht der Löwe da.
Hier schießt der gelenkige Tiger empor.
Das zackige Haupt erhebt der schnelle Hirsch.
Mit fliegender Mähne springt und wieh'rt
Voll Mut und Kraft das edle Ross.
Auf grünen Matten weidet schon
Das Rind, in Herden abgeteilt.
Die Triften deckt, als wie gesät,
Das wollenreiche, sanfte Schaf.
Wie Staub verbreitet sich
In Schwarm und Wirbel
Das Heer der Insekten.
In langen Zügen kriecht
Am Boden das Gewürm.

**RAPHAEL** *Nr. 22 Arie*
Nun scheint in vollem Glanze der Himmel,
Nun prangt in ihrem Schmucke die Erde.
Die Luft erfüllt das leichte Gefieder,
Das Wasser schwellt der Fische Gewimmel,
Den Boden drückt der Tiere Last.
Doch war noch alles nicht vollbracht.
Dem Ganzen fehlte das Geschöpf,
Das Gottes Werke dankbar sehn,
Des Herren Güte preisen soll.

**URIEL** *Nr. 23 Rezitativ*
Und Gott schuf den Menschen nach seinem Ebenbilde, nach dem Ebenbilde Gottes schuf er ihn. Mann und Weib erschuf er sie. Den Atem des Lebens hauchte er in sein Angesicht, und der Mensch wurde zur lebendigen Seele.

**URIEL** *Nr. 24 Arie*
Mit Würd' und Hoheit angetan,
Mit Schönheit, Stärk' und Mut begabt,
Gen Himmel aufgerichtet steht der Mensch,
Ein Mann und König der Natur.
Die breit gewölbt' erhabne Stirn
Verkünd't der Weisheit tiefen Sinn,
Und aus dem hellen Blicke strahlt
Der Geist, des Schöpfers Hauch und Ebenbild.
An seinen Busen schmieget sich
Für ihn, aus ihm geformt,
Die Gattin, hold und anmutsvoll.
In froher Unschuld lächelt sie,
Des Frühlings reizend Bild,
Ihm Liebe, Glück und Wonne zu.

**RAPHAEL** *Nr. 25 Rezitativ*
Und Gott sah jedes Ding, was er gemacht hatte; und es war sehr gut. Und der himmlische Chor feierte das Ende des sechsten Tages mit lautem Gesang:

**CHOR** *Nr. 26 Chor*
Vollendet ist das große Werk,
Der Schöpfer sieht's und freuet sich.
Auch unsre Freud' erschalle laut,
Des Herren Lob sei unser Lied!

**GABRIEL, URIEL** *Nr. 27 Terzett*
Zu dir, o Herr, blickt alles auf.
Um Speise fleht dich alles an.
Du öffnest deine Hand,
Gesättigt werden sie.
**RAPHAEL**
Du wendest ab dein Angesicht,
Da bebet alles und erstarrt.
Du nimmst den Odem weg,
In Staub zerfallen sie.
**GABRIEL, URIEL, RAPHAEL**
Den Odem hauchst du wieder aus,
Und neues Leben sprosst hervor.
Verjüngt ist die Gestalt der Erd'
An Reiz und Kraft.

**CHOR** *Nr. 28 Chor*
Vollendet ist das große Werk,
Des Herren Lob sei unser Lied!
Alles lobe seinen Namen,
Denn er allein ist hoch erhaben!
Alleluja! Alleluja!

# Heinrich Heine: Schöpfungslieder

> Die Lyriksammlung *Neue Gedichte* von Heinrich Heine (1797–1856) erschien zuerst 1844. Die darin enthaltenen Gedichte entstanden in der Zeit zwischen 1822 und 1844. Der Dichter und Journalist war 1831 von Preußen nach Paris übergesiedelt – aus Begeisterung für die Französische Revolution und aus Überdruss wegen ständiger Schwierigkeiten mit der preußischen Zensur.

1

Im Beginn schuf Gott die Sonne,
Dann die nächtlichen Gestirne;
Hierauf schuf er auch die Ochsen,
Aus dem Schweiße seiner Stirne.
Später schuf er wilde Bestien,
Löwen mit den grimmen Tatzen;
Nach des Löwen Ebenbilde
Schuf er hübsche kleine Katzen.
Zur Bevölkerung der Wildnis
Ward hernach der Mensch erschaffen;
Nach des Menschen holdem Bildnis
Schuf er intressante Affen.
Satan sah dem zu und lachte:
„Ei, der Herr kopiert sich selber!
Nach dem Bilde seiner Ochsen
Macht er noch am Ende Kälber!"

2

Und der Gott sprach zu dem Teufel:
„Ich, der Herr, kopier mich selber,
Nach der Sonne mach ich Sterne,
Nach den Ochsen mach ich Kälber,
Nach den Löwen mit den Tatzen
Mach ich kleine liebe Katzen,
Nach den Menschen mach ich Affen;
Aber du kannst gar nichts schaffen."

3

„Ich hab mir zu Ruhm und Preis erschaffen
Die Menschen, Löwen, Ochsen, Sonne;
Doch Sterne, Kälber, Katzen, Affen
Erschuf ich zu meiner eigenen Wonne."

4

„Kaum hab ich die Welt zu schaffen begonnen,
In einer Woche war's abgetan.
Doch hatt ich vorher tief ausgesonnen
Jahrtausendlang den Schöpfungsplan.
Das Schaffen selbst ist eitel Bewegung,
Das stümpert sich leicht in kurzer Frist;
Jedoch der Plan, die Überlegung,
Das zeigt erst, wer ein Künstler ist.
Ich hab allein dreihundert Jahre
Tagtäglich drüber nachgedacht,
Wie man am besten Doctores juris
Und gar die kleinen Flöhe macht."

5

Sprach der Herr am sechsten Tage:
„Hab am Ende nun vollbracht
Diese große, schöne Schöpfung,
Und hab alles gut gemacht.
Wie die Sonne rosengoldig
In dem Meere widerstrahlt!
Wie die Bäume grün und glänzend!
Ist nicht alles wie gemalt?
Sind nicht weiß wie Alabaster
Dort die Lämmchen auf der Flur?
Ist sie nicht so schön vollendet
Und natürlich, die Natur?
Erd' und Himmel sind erfüllet
Ganz von meiner Herrlichkeit,
Und der Mensch, er wird mich loben
Bis in alle Ewigkeit!"

6

„Der Stoff, das Material des Gedichts,
Das saugt sich nicht aus dem Finger;
Kein Gott erschafft die Welt aus nichts,
So wenig wie irdische Singer.
Aus vorgefundenem Urweltsdreck
Erschuf ich die Männerleiber,
Und aus dem Männerrippenspeck
Erschuf ich die schönen Weiber.
Den Himmel erschuf ich aus der Erd'
Und Engel aus Weiberentfaltung;
Der Stoff gewinnt erst seinen Wert
Durch künstlerische Gestaltung."

7

„Warum ich eigentlich erschuf
Die Welt, ich will es gern bekennen:
Ich fühlte in der Seele brennen
Wie Flammenwahnsinn, den Beruf.
Krankheit ist wohl der letzte Grund
Des ganzen Schöpferdrangs gewesen;
Erschaffend konnte ich genesen,
Erschaffend wurde ich gesund."

# Zeitleiste zum Kreationismus in den USA

1791 Erster Zusatz zur US-Verfassung: Der erste Zusatzartikel der US-Verfassung schreibt die Trennung von Staat und Kirche vor.

1802 Der anglikanische Theologe William Paley schließt in seinem Buch *Natural Theology* von der Natur auf einen intelligenten Schöpfer.

1925 Butler Act und „Affenprozess": Tennessee erlässt ein Gesetz, das es öffentlichen Schulen verbietet, Auffassungen zu lehren, die im Gegensatz zur wortwörtlichen Auslegung der Genesis stehen (Butler Act). Im sogenannten „Affenprozess" wird daraufhin der Lehrer John Thomas Scopes in Dayton zu 100 Dollar Bußgeld verurteilt, weil er die Evolutionstheorie gelehrt hat.

1967 Der Butler Act (Konformität mit der wörtlich verstandenen Genesis) wird mit Hinweis auf den ersten Zusatzartikel der US-Verfassung aufgehoben.

1987 Der oberste US-amerikanische Gerichtshof untersagt im sogenannten Edwards-Prozess, an öffentlichen Schulen Kreationismus neben der Evolutionslehre zu unterrichten. „Creation Science" verstoße gegen den ersten Zusatzartikel der US-Verfassung. Das Verbot bekommt damit nationale Gültigkeit. Kurz danach wird zum Beispiel in Lehrbüchern von „religiös" nach „wissenschaftlich" umetikettiert, indem „creationism" durch „intelligent design" ersetzt wird.

ab 1995 In Alabama werden Biologiebücher mit einer Gegenerklärung (disclaimer) beklebt, nach der Evolution eine umstrittene Theorie und deshalb mit Vorsicht zu betrachten sei. Die Schulbehörde lässt die gleiche Erklärung in Richtlinien für den naturwissenschaftlichen Unterricht einarbeiten. Staaten wie Arizona, Kansas, Illinois, New Mexico, Texas und Nebraska handeln ähnlich.

1999 Die Schulbehörde von Kansas streicht alle Bezüge zur Evolution aus dem staatlichen Curriculum für Naturwissenschaften – vom Urknall über das Alter der Erde bis zur biologischen Makroevolution.

2004 Die Intelligent-Design-Politik des Dover Area School District (Pennsylvania, USA) veranlasst Lehrer, im Biologieunterricht eine Erklärung vorzulesen, die auf Intelligent Design als Alternative zur Evolutionstheorie hinweist.

2005 Niederlage für Intelligent Design in Dover, USA: Richter John E. Jones fällt ein klares Urteil: Intelligent Design im Unterricht ist verfassungswidrig und die ID-Politik der Schulbehörde eine „atemberaubende Unsinnigkeit". Manche sehen in dem Prozess einen richtungsweisenden Präzedenzfall.

**Ausführlich und mit zusätzlichen Materialien und Hinweisen:**
http://www.forum-grenzfragen.de/aktuelles/schwerpunkt-id/1791-erster-zusatz-zur-us-verfassung.php

Die Dover Area High School, Pennsylvania, USA

# Der „Affenprozess" 1925 (Scopes Trial)

PUBLIC ACTS
OF THE
STATE OF TENNESSEE
PASSED BY THE
SIXTY-FOURTH GENERAL ASSEMBLY
1925

**CHAPTER NO. 27** House Bill No. 185
(By Mr. Butler)

AN ACT prohibiting the teaching of the Evolution Theory in all the Universities, Normals and all other public schools of Tennessee, which are supported in whole or in part by the public school funds of the State, and to provide penalties for the violations thereof.

Section 1. *Be it enacted by the General Assembly of the State of Tennessee*, That it shall be unlawful for any teacher in any of the Universities, Normals and all other public schools of the State which are supported in whole or in part by the public school funds of the State, to teach any theory that denies the story of the Divine Creation of man as taught in the Bible, and to teach instead that man has descended from a lower order of animals.

Section 2. *Be it further enacted*, That any teacher found guilty of the violation of this Act, Shall be guilty of a misdemeanor and upon conviction, shall be fined not less than One Hundred $ (100.00) Dollars nor more than Five Hundred ($ 500.00) Dollars for each offense.

Section 3. *Be it further enacted*, That this Act take effect from and after its passage, the public welfare requiring it.

Passed March 13, 1925
W. F. Barry,
*Speaker of the House of Representatives*
L. D. Hill,
*Speaker of the Senate*
Approved March 21, 1925.
Austin Peay,
*Governor.*

PUBLIC ACTS
OF THE
STATE OF TENNESSEE
PASSED BY THE
EIGHTY-FIFTH GENERAL ASSEMBLY
1967

**CHAPTER NO. 237** House Bill No. 48
(By Smith, Galbreath, Bradley)
Substituted for: Senate Bill No. 46
(By Elam)

AN ACT to repeal Section 498 - 1922, Tennessee Code Annotated, prohibiting the teaching of evolution.

*Be it enacted by the General Assembly of the State of Tennessee:*

Section 1. Section 49 – 1922, Tennessee Code Annotated, is repealed.

Section 2. This Act shall take effect September 1, 1967.

Passed May 13, 1967
James H. Cummings,
*Speaker of the House of Representatives*
Frank C. Gorrell,
*Speaker of the Senate*
Approved May 17, 1967.
Buford Ellington,
*Governor.*

Der Scopes-Prozess 1925: links sitzend der Staatsanwalt W. J. Bryan, stehend der Verteidiger C. S. Darrow.

# Kreationismus und Intelligent Design im Museum

Naturgeschichtliche Museen in aller Welt stellen Exponate aus, die den Besuchern das aktuelle Wissen der Naturwissenschaften vermitteln. 2007 eröffnete in Petersburg (Kentucky/USA) ein „Schöpfungsmuseum" (Creation Museum), dessen Exponate die biblische Schöpfungsgeschichte in wörtlicher Auslegung nachbilden. Danach ist die Erde vor etwa 6.000 Jahren entstanden, und die Menschen lebten Seite an Seite mit den Dinosauriern, bis diese in einer großen Flut ausstarben. Das Museum wurde von der christlich-fundamentalistischen Organisation Answers in Genesis gegründet. Die Baukosten von 27 Millionen Dollar wurden aus Spendengeldern finanziert.

**Das Creation Museum im Internet:**
http://creationmuseum.org

**Bericht eines kritischen Besuchers des Creation Museum:**
http://scienceblogs.com/pharyngula/2009/08/the_creation_museum_1.php

Schöpfungsgeschichte als Naturgeschichte:
Diorama mit Adam und Eva im Creation Museum in Kentucky/USA

Parodistische Schöpfungsgeschichte:
Adam und Eva als Affenmenschen

# Kreationismus und Intelligent Design im Film

*Inherit the Wind (Wer den Wind sät, 1955/1960)*

30 Jahre nach dem „Affenprozess" (Tennessee 1925) wurde das Thema in einem Theaterstück von Jerome Lawrence and Robert Edwin Lee thematisiert. Das Stück wurde einige Jahre später von Stanley Kramer mit Spencer Tracey, Fredric March und Gene Kelly in den Hauptrollen verfilmt: *Inherit the Wind* (deutsch *Wer den Wind sät*; Theaterstück: Uraufführung 1955; Film: Uraufführung 1960, 128 Min.). Theaterstück und Film schildern in freier Bearbeitung und fiktionalisierter Form einen Gerichtsprozess in einer Südstaaten-Kleinstadt der USA, in dem ein junger Biologielehrer zu einer Geldstrafe verurteilt wurde, da er die Evolutionstheorie unterrichtet hatte. Hauptfiguren sind der bibeltreue Staatsanwalt, sein Gegenspieler, der Verteidiger, und ein Vertreter der zahlreich anwesenden Presse.

*Der Teufel heißt Darwin* (2006)

Die Filmemacher Peter Moers und Frank Papenbroock setzten sich in einem Film von 2006 kritisch mit dem Phänomen Intelligent Design als einer Form von christlichem Fundamentalismus auseinander: *Der Teufel heißt Darwin* (29 Min.; längere Fassung unter dem Titel *Von Göttern und Designern – Ein Glaubenskrieg erreicht Europa*, 44 Min.).

**Das Katholische Filmwerk bietet zu dem Film eine umfangreiche Materialsammlung:**
http://www.materialserver.filmwerk.de/arbeitshilfen/derteufelheisstdarwin_ah.pdf

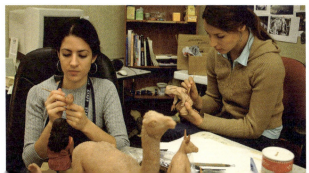

oben: *Inherit the Wind*
(Szene mit Spencer Tracey und Fredric March)
unten: *Der Teufel heißt Darwin*
(Creation Museum, Kentucky/USA)

# Prozess um Dover: Der Trick der Bibeltreuen

> 2004 änderte die Schulbehörde des Dover Area School District, Pennsylvania/USA, den Biologielehrplan und bestimmte, dass Alternativen zur Evolutionstheorie wie Intelligent Design an den öffentlichen Schulen vorgestellt werden mussten. Über den über diese Entscheidung anberaumten Gerichtsprozess berichtete die *Berliner Zeitung* 2005.

### Intelligent Design – in den USA wird unter einem neuen Mantel gegen Darwins Theorie von der natürlichen Abstammung des Menschen Front gemacht

*Nina Rehfeld*

In der 18.000-Seelen-Gemeinde Dover im US-Bundesstaat Pennsylvania ist die Hölle los. Satan steht gegen Jesus, Aufklärung gegen Bibelfundamentalismus, Wissenschaft gegen Religion. Und alles nur wegen eines kurzen Satzes im diesjährigen Biologielehrplan für die neunte Klasse. Auf Seite 22 heißt es: „Die Schüler werden auf Lücken und Probleme in Darwins Theorie hingewiesen sowie mit anderen Theorien der Evolution, einschließlich, aber nicht nur, Intelligentem Design, vertraut gemacht."

Der knappe Satz schlägt inzwischen landesweit Wellen. Denn Dover ist der erste Schulbezirk der USA, der seine Lehrer offiziell zur Erwähnung einer höchst umstrittenen These anhält: dass nicht die zufällige, natürliche Auswahl, sondern ein absichtsvoller Schöpfungsplan die Entwicklungsgeschichte der Erde prägte. Besorgte Eltern, Lehrer und Universitätsprofessoren fürchten nun die schleichende Untergrabung der amerikanischen Schulbildung durch die religiöse Rechte – mal wieder. Zu ihrem Entsetzen klinkte sich Anfang August sogar Präsident Bush, ein „wiedergeborener Christ", in die Debatte ein: „Ich bin dafür, dass Schüler beide Theorien kennen lernen", sagte er.

Gleichberechtigung für die Genesis und die Evolutionstheorie im Biologieunterricht? Viele amerikanische Eltern und Biologie-Lehrer raufen sich angesichts dieser Aussicht die Haare. „Ich finde es falsch, eine nichtwissenschaftliche ,Erklärung' für die Ursprünge des Lebens in den Biologie-Lehrplan aufzunehmen", sagte Tammy Kitzmiller, Mutter eines Neuntklässlers aus Dover, kürzlich dem Verband „Americans United for Separation of Church and State", der seit 1947 über die Trennung von Staat und Kirche wacht. Und Bryan Rehm, ein Physiklehrer aus der Gemeinde, wird mit den Worten zitiert: „Als Vater und gläubiger Mensch teile ich meine religiösen Überzeugungen mit meinen Kindern. Aber als Lehrer halte ich es für einen Fehler, meinen Schülern beizubringen, dass ein Glaubensgrundsatz eine wissenschaftliche Erkenntnis darstellt." Rehm und Kitzmiller sind zwei von elf Eltern, die den Schulbezirk wegen Verfassungswidrigkeit verklagen. Am 26. September ist Gerichtstermin, derzeit äußern sich die Beteiligten nur noch über ihre Anwälte.

Doch viele andere Amerikaner, nicht nur in Dover, beanspruchen mit Macht, ihre eigenen Vorstellungen vom Wesen der Existenz haben zu dürfen. „Wir leben in einem demokratischen Land", sagt Ulysses Diaz, 70, ein pensionierter Adventisten-Prediger aus Phoenix. „Hier sollte nicht jeder gezwungen sein, in die gleiche Richtung zu denken." Diaz findet die Vorstellung, dass der Mensch mit dem Affen eine gemeinsame Herkunft teile, schlicht „zu erniedrigend". Er bevorzugt Intelligent Design als „Denkensart, die der Menschheit eine Würde zuspricht".

Die Debatte wird in den USA derzeit so erregt geführt, dass die überregionale Tageszeitung „USA Today" kürzlich eine ganzseitige Debatte zwischen prominenten Vertretern beider Seiten druckte und das Wochenmagazin „Time" ihr jüngst gar eine Titelgeschichte über „Die Evolutionskriege" widmete.

# Gerichtsurteil Kitzmiller gegen Dover Area School District (2005)

## Kitzmiller v. Dover Area School District Decision of the Court

Wolfgang Hugo Rheinhold, Affe mit Schädel, Skulptur, 1892/93

The proper application of both the endorsement and Lemon tests to the facts of this case makes it abundantly clear that the Board's ID Policy violates the Establishment Clause. In making this determination, we have addressed the seminal question of whether ID is science. We have concluded that it is not, and moreover that ID cannot uncouple itself from its creationist, and thus religious, antecedents.

Both Defendants and many of the leading proponents of ID make a bedrock assumption which is utterly false. Their presupposition is that evolutionary theory is antithetical to a belief in the existence of a supreme being and to religion in general. Repeatedly in this trial, Plaintiffs' scientific experts testified that the theory of evolution represents good science, is overwhelmingly accepted by the scientific community, and that it in no way conflicts with, nor does it deny, the existence of a divine creator.

To be sure, Darwin's theory of evolution is imperfect. However, the fact that a scientific theory cannot yet render an explanation on every point should not be used as a pretext to thrust an untestable alternative hypothesis grounded in religion into the science classroom or to misrepresent well-established scientific propositions.

The citizens of the Dover area were poorly served by the members of the Board who voted for the ID Policy. It is ironic that several of these individuals, who so staunchly and proudly touted their religious convictions in public, would time and again lie to cover their tracks and disguise the real purpose behind the ID Policy.

With that said, we do not question that many of the leading advocates of ID have bona fide and deeply held beliefs which drive their scholarly endeavors. Nor do we controvert that ID should continue to be studied, debated, and discussed. As stated, our conclusion today is that it is unconstitutional to teach ID as an alternative to evolution in a public school science classroom.

Those who disagree with our holding will likely mark it as the product of an activist judge. If so, they will have erred as this is manifestly not an activist Court. Rather, this case came to us as the result of the activism of an ill-informed faction on a school board, aided by a national public interest law firm eager to find a constitutional test case on ID, who in combination drove the Board to adopt an imprudent and ultimately unconstitutional policy. The breathtaking inanity of the Board's decision is evident when considered against the factual backdrop which has now been fully revealed through this trial. The students, parents, and teachers of the Dover Area School District deserved better than to be dragged into this legal maelstrom, with its resulting utter waste of monetary and personal resources.

To preserve the separation of church and state mandated by the Establishment Clause of the First Amendment to the United States Constitution, and Art. I, § 3 of the Pennsylvania Constitution, we will enter an order permanently enjoining Defendants from maintaining the ID Policy in any school within the Dover Area School District, from requiring teachers to denigrate or disparage the scientific theory of evolution, and from requiring teachers to refer to a religious, alternative theory known as ID. We will also issue a declaratory judgment that Plaintiffs' rights under the Constitutions of the United States and the Commonwealth of Pennsylvania have been violated by Defendants' actions. Defendants' actions in violation of Plaintiffs' civil rights as guaranteed to them by the Constitution of the United States and 42 U.S.C. § 1983 subject Defendants to liability with respect to injunctive and declaratory relief, but also for nominal damages and the reasonable value of Plaintiffs' attorneys' services and costs incurred in vindicating Plaintiffs' constitutional rights.

**Das vollständige Gerichtsurteil im Internet:**
http://www.pamd.uscourts.gov/kitzmiller/kitzmiller_342.pdf

# The Church of the Flying Spaghetti Monster

Im Jahr 2005 entschied die Schulbehörde von Kansas/USA (ähnlich wie kurz zuvor die Schulbehörde von Dover/Pennsylvania), dass Intelligent Design im Schulunterricht als Alternative zur Evolutionstheorie vorgestellt werden solle. Befürworter von Intelligent Design lehnen die Evolutionstheorie ab. Sie argumentieren, dass es Naturerscheinungen von solcher Komplexität gebe, dass sie nicht durch bloßen Zufall zu erklären seien; sie müssten also ihren Ursprung in einer übernatürlichen Intelligenz haben, die diese Erscheinungen „designt" und erschaffen habe.

Intelligent Design ist eine These, die – anders als der ältere Kreationismus – für ihre Rechtfertigung wissenschaftliche Argumentationsmuster verwendet. Diese werden allerdings von Naturwissenschaftlern als „pseudowissenschaftlich" abgelehnt. Als Protest gegen die Entscheidung des Kansas School Board erfand der 24-jährige Physiker Bobby Henderson kurzerhand eine eigene kreationistische Lehre, nach der die Welt von einem Fliegenden Spaghettimonster erschaffen worden sei. Da die Schulbehörde Biologielehrer nun verpflichte, Intelligent Design als Alternative zur Evolutionstheorie vorzustellen, so schrieb Henderson in einem Brief, möge man das doch bitte beim Fliegenden Spaghettimonster ebenso halten, das schließlich eine nicht weniger plausible Alternative zur Evolutionstheorie darstelle.

Der Brief an die Schulbehörde wurde von Henderson im Internet veröffentlicht, und seitdem entwickeln sich die Anhänger des Fliegenden Spaghettimonsters zu einer enthusiastischen Gruppe von Gläubigen, den sogenannten „Pastafarians", die auf der offiziellen Website der jungen FSM-Kirche stets neue Beweise Seiner nudligen Erscheinung sammeln.

Homepage der Kirche des Fliegenden Spaghettimonsters:
http://www.venganza.org

Der offene Brief von Bobby Henderson an die Schulbehörde von Kansas:
http://www.venganza.org/about/open-letter

# Literaturempfehlungen

### Darwins Evolutionstheorie für Kinder und Jugendliche

**Ernst Peter Fischer:** *Der kleine Darwin. Alles, was man über Evolution wissen muss.* Bertelsmann, Gütersloh 2009.
**Alan Gibbons:** *Charles Darwin. Das Abenteuer Evolution.* Arena, Würzburg 2009.
**Bas Haring:** *Warum ist der Eisbär weiß? Bas Haring erklärt die Evolution. Und die Geschichte des Lebens.* Campus, Frankfurt am Main 2003.
**Una Jacobs:** *Bioplanet Erde. Spielplatz der Evolution.* Ellermann, Hamburg 1999.
**Volker Mosbrugger:** *Darwin für Kinder und Erwachsene. Die ungeheure Verschiedenartigkeit der Pflanzen und Tiere.* Insel, Frankfurt am Main 2008.
**Maja Nielsen:** *Charles Darwin. Ein Forscher verändert die Welt.* Gerstenberg, Hildesheim 2009.
**Maja Nielsen:** *Charles Darwin. Ein Forscher verändert die Welt* (Hörbuch). Headroom Sound, Köln 2008.
**Luca Novelli:** *Darwin und die wahre Geschichte der Dinosaurier.* Arena, Würzburg 2005.
**Gesine Steiner:** *Mukas geheimnisvolle Nacht im Museum: Das Berliner Naturkundemuseum für kleine Forscher.* Nicolai, Berlin 2010.
**Gerd und Heidi von Wahlert:** *Was Darwin noch nicht wissen konnte. Die Naturgeschichte der Biosphäre.* Deutscher Taschenbuch Verlag, München 1981.
**Robert Winston:** *Darwins Abenteuer und die Geschichte der Evolution.* Dorling Kindersley, München 2008.

### Material zum Thema Evolutionstheorie für Lehrkräfte

**Jutta Berkenfeld:** *Charles Darwin für Kinder. Unterrichtsmaterial für die Grundschule 4/5.* Monsenstein und Vannerdat, 2008.
**Julia Voss:** *Darwins Jim Knopf.* S. Fischer Verlag, Frankfurt am Main 2009. (Analyse evolutionsbiologischer Spuren in Michael Endes *Jim Knopf*.)

### Zeitschrift
**Unterricht Biologie.** Zeitschrift für alle Schulstufen. Friedrich Verlag, Seelze.
— **Heft 260** (12/2000): *Gene und Evolution.*
— **Heft 272** (2/2002): *Entwicklung & Evolution.*
— **Heft 299** (11/2004): *Bioplanet Erde.*
— **Heft 310** (12/2005): *Von Darwin bis Dawkins. Die Evolution der Evolutionstheorie.*
— **Heft 324** (5/2007): *Arten.*
— **Heft 329** (11/2007): *Biologieunterricht mit Alltagsvorstellungen. Kompakt.*
— **Heft 333** (4/2008): *Evolution und Schöpfung. Kompakt.*

## Schöpfungsgeschichte und Evolutionstheorie

Darstellungen und Schülermaterialien zum Thema Schöpfungsgeschichte(n) finden sich mit jeweils eigenen Akzentsetzungen in den verschiedenen Religionslehrbüchern und ihren Begleitmaterialien. Schöpfungsgeschichten werden thematisiert in *Religion entdecken – verstehen – gestalten* (Schuljahr 5/6; Göttingen 2008, S. 21–38; Vergleich christliche/islamische Schöpfungsgeschichten); in *Versöhnung lernen* (Religion 9/10; Stuttgart 1997, S. 20–39; Vergleich mit dem babylonischen Schöpfungsmythos *Enuma Elisch*); in *LebensZeichen 5/6* (Göttingen 1988, S. 17–45; Vergleich mit einer indianischen Schöpfungserzählung und dem *Enuma Elisch*); in *Religionsbuch 7/8* (Düsseldorf 1990, S. 179–190). Zum Thema „Glaube und Naturwissenschaft" gibt es ein Material- und ein Lehrerheft zu *Oberstufe Religion 2* (Stuttgart 1996).

**Jürgen Audretsch, Klaus Nagorni (Hrsg.):** *Gott als Designer? Theologie und Naturwissenschaft im Gespräch* (Herrenalber Forum Band 58). Evangelische Akademie Baden, Karlsruhe 2009
**Franz Eckert:** *Schöpfungsglaube lernen und lehren.* Vandenhoeck & Ruprecht, Göttingen 2009.
**EKD Texte:** *Weltentstehung, Evolutionstheorie und Schöpfungsglaube in der Schule.* EKD, Hannover 2008. http://www.ekd.de/download/ekd_texte_94.pdf.
**Meik Gerhards:** *Heilige Schrift und Schöpfungsglaube. Überlegungen zur Grundlegung und einem Modellfall Biblischer Theologie* (Rostocker Theologische Studien). LIT, Berlin u. a. 2010.
**Hansjörg Hemminger:** *Und Gott schuf Darwins Welt. Der Streit um Kreationismus, Evolution und Intelligentes Design.* Brunnen, Gießen 2009.
**Georg Hofmeister (Hrsg.):** *Gott, der Mensch und die Evolution. Zur Bedeutung der Evolutionstheorie für Schöpfungsglauben und Naturethik* (Hofg. Protokolle 344). Evangelische Akademie Hofgeismar, Hofgeismar 2007.
**Bernd Janowski, Friedrich Schweitzer, Christoph Schwöbel (Hrsg.):** *Schöpfungsglaube vor der Herausforderung des Kreationismus* (Theologie interdisziplinär Band 6). Neukirchener Verlagsgesellschaft, Neukirchen-Vluyn 2010
**Rosemarie Neininger:** *Welt verstehen – an die Schöpfung glauben. Zum Dialog zwischen physikalischer und theologischer Weltdeutung.* Schöningh, Paderborn 2010.
**Martin Neukamm (Hrsg.):** *Evolution im Fadenkreuz des Kreationismus. Darwins religiöse Gegner und ihre Argumentation.* Vandenhoeck & Ruprecht, Göttingen 2009.
**Matthias Roser:** *Gott vs. Darwin.* Auer, Donauwörth 2009. (Materialien und Kopiervorlagen.)
**Karl Schmitz-Moormann:** *Materie, Leben, Geist. Evolution als Schöpfung Gottes.* Grünewald, Mainz 1997.
**Friedrich Schweitzer, Peter Kliemann:** Schöpfung als Thema des Religionsunterrichts. In: *Zeitschrift für Pädagogik und Theologie* Heft 4 (Jg. 61, 2009), S. 382–391.

### Zeitschriften

— **Entwurf. Konzepte,** Ideen und Materialien für den Religionsunterricht. Friedrich Verlag, Seelze.
 Heft 4/2008: *Schöpfung.*
— **Katechetische Blätter.** Kösel Verlag, München.
 Heft 5/2008: *Schöpfung und Evolution.*
— **Loccumer Pelikan.** Religionspädagogisches Institut Loccum.
 Heft 1/2009: Schwerpunktheft *Schöpfung und Evolution.*
 http://www.rpi-loccum.de/download/pelikan1-09.pdf
— **Ru intern.** Informationen für evangelische Religionslehrerinnen und -lehrer in Westfalen und Lippe. Evangelisches Medienhaus, Bielefeld.
 Heft 2/2008: *Evolution oder Kreationismus?*
— **Schönberger Hefte.** Beiträge zur Religionspädagogik aus der EKHN. Religionspädagogisches Institut der Evangelischen Kirche in Hessen und Nassau, Kronberg/Taunus.
 Heft 1/2008: *Im Spannungsfeld zwischen Schöpfung und Evolution: Der Mensch und das Wunder des Lebens.*

# Herausgeber und Autoren dieses Bandes

**Prof. Dr. Horst Bayrhuber** studierte Philosophie, Biologie und Chemie in Innsbruck und München und promovierte 1971 in Zoologie. Von 1972 bis 1980 war er wissenschaftlicher Mitarbeiter am Leibniz-Institut für die Pädagogik der Naturwissenschaften und Mathematik (IPN) der Universität Kiel. Nachdem er von 1980 bis 1985 eine Professur für Biologiedidaktik an der Tierärztlichen Hochschule Hannover innehatte, war er von 1985 bis 2007 Professor für Biologiedidaktik und Leiter der Abteilung Biologiedidaktik des IPN Kiel. Er ist Herausgeber des Lehrbuches *Linder Biologie* und als Autor und Projektleiter im Bereich Biologiedidaktik tätig.

**Astrid Faber** erwarb 2001 das Diplom in Biologie an der Freien Universität Berlin. Von 2002 bis 2010 war sie Mitarbeiterin am Museum für Naturkunde, Berlin, im Bereich Museumspädagogik, Presse- und Öffentlichkeitsarbeit, danach wurde sie Sprecherin und Koordinatorin des Schülerlabor-Netzwerks GenaU. 2011 hat sie die Leitung der Museumspädagogik am Museum für Naturkunde, Berlin, übernommen; außerdem erscheint 2011 ihr Kindermuseumsführer *Das Museum für Naturkunde für junge Leser*.

**Prof. Dr. Reinhold Leinfelder** promovierte 1985 in Geologie und Paläontologie. Er war zunächst wissenschaftlicher Mitarbeiter an der Universität Mainz (1981–1989), anschließend Professor für Historische Geologie und Paläontologie an der Universität Stuttgart (1989–1998) und an der Ludwig-Maximilians-Universität München (1998–2005), hier gleichzeitig Sammlungsdirektor und ab 2003 Generaldirektor der Staatlichen Naturkundlichen Sammlungen Bayerns. Von 2006 bis 2010 war er Generaldirektor des Museums für Naturkunde, Berlin, seit 2011 ist er hauptamtlicher Professor für Invertebraten-Paläontologie und Geobiologie an der Humboldt-Universität zu Berlin.

**Dr. Roman Asshoff** studierte Biologie und Philosophie an den Universitäten Jena, Leipzig und Basel (Staatsexamen) und promovierte am Botanischen Institut der Universität Basel. Seit 2007 ist er wissenschaftlicher Mitarbeiter in der Biologiedidaktik (AG Hammann, Westfälische Wilhelms-Universität Münster). Seine Forschungsschwerpunkte sind: Lehr-Lernforschung zu den Themen „Experimentieren" und „Evolutionstheorie im Biologieunterricht".

**Prof. Dr. Dirk Evers** studierte evangelische Theologie in Münster und Tübingen und war Pfarrer und Hochschulassistent. Er promovierte 1999 mit einer Arbeit zum Thema Schöpfungstheologie im Dialog mit naturwissenschaftlicher Kosmologie und habilitierte sich 2005 an der Universität Tübingen. Seit 2010 ist er Professor für Systematische Theologie mit dem Schwerpunkt Dogmatik an der Martin-Luther-Universität Halle-Wittenberg. Einer seiner Arbeitsschwerpunkte liegt im Gespräch zwischen Theologie und den Naturwissenschaften.

**Prof. Dr. Marcus Hammann** studierte Biologie und Englisch (Staatsexamen, M. A. University of Kansas) und promovierte in Biologiedidaktik zum kriteriengeleiteten Vergleich als Methode des Erkenntnisgewinns. Seit 2005 ist er Professor für Biologiedidaktik an der Westfälischen Wilhelms-Universität Münster. Seine Forschungsschwerpunkte sind empirische Lehr-Lernforschung zu den Themen „Methoden des Erkenntnisgewinns der Biologie" sowie „kognitive und affektive Aspekte der Vermittlung von Evolutionstheorie im Biologieunterricht".

**Dr. Hansjörg Hemminger** studierte Biologie und Psychologie an den Universitäten Tübingen und Freiburg und habilitierte sich zum Thema „Verhaltensbiologie des Menschen". Von 1984 bis 1996 war er wissenschaftlicher Referent bei der Evangelischen Zentralstelle für Weltanschauungsfragen (EZW) in Stuttgart. Seit 1997 ist er Beauftragter für Weltanschauungsfragen der Evangelischen Landeskirche in Württemberg. Er publizierte zahlreiche Artikel und Bücher, in letzter Zeit erschienen zum Beispiel das Lehrbuch *Grundwissen Religionspsychologie* sowie der EZW-Text 195 zum Thema „Kreationismus und intelligentes Design"; zum Darwin-Jahr das Buch *Und Gott schuf Darwins Welt*.

**Prof. Dr. Uwe Hoßfeld** studierte Biologie, Wissenschaftsgeschichte, Sportwissenschaft, Erziehungswissenschaft und Indonesistik an der Friedrich-Schiller-Universität Jena. Der Promotion 1996 schlossen sich Post-Doc-Stipendiate in Tübingen und Göttingen an. Er war wissenschaftlicher Mitarbeiter am Ernst-Haeckel-Haus (1998–2002) und wissenschaftlicher Assistent in der Senatskommission zur Aufarbeitung der Jenaer Universitätsgeschichte im 20. Jahrhundert (2002–2006). Seit 2006 ist er Leiter der Arbeitsgruppe Biologiedidaktik und seit 2009 außerplanmäßiger Professor für Didaktik der Biologie in Jena.

**Britta Klose** studierte Evangelische Religion und Französisch für des Lehramt an Gymnasien und arbeitet seit 2007 an einem Promotionsprojekt in der empirischen Schulforschung (DFG Graduiertenkolleg 1195) zum Thema „Wahrnehmungs- und Diagnosekompetenzen von ReligionslehrerInnen". Ihre Forschungsschwerpunkte sind: empirische Bildungsforschung, Werteforschung, Naturwissenschaft und Theologie.

**Dr. Martina Kölbl-Ebert** ist Geologin und Paläontologin und seit 2003 Leiterin des Jura-Museums Eichstätt, eines staatlichen Naturkundemuseums in Trägerschaft des Eichstätter Priesterseminars. Zuvor war sie als Konservatorin an der Bayerischen Staatssammlung für Geologie und Paläontologie tätig. Seit 1996 publiziert sie unter anderem im Bereich Wissenschaftsgeschichte; im Frühjahr 2009 erschien der von ihr herausgegebene Band *Geology and Religion – A History of Harmony and Hostility* bei der Geological Society of London. Zu ihren besonderen Interessen gehört der interdisziplinäre Dialog zwischen Naturwissenschaft und Theologie.

**Prof. Dr. Harald Lesch** ist seit 1995 Professor für Theoretische Astrophysik an der Ludwig-Maximilians-Universität in München und seit 2002 Lehrbeauftragter Professor für Naturphilosophie an der Hochschule für Philosophie (SJ) in München. Forschungsschwerpunkte: Plasma-Astrophysik, Astrobiologie und Philosophie der Naturwissenschaften. Er ist Moderator der ZDF-Sendungen *Abenteuer Forschung* und *Leschs Kosmos*. Für seine Öffentlichkeitsarbeit erhielt er unter anderem 2005 den Communicator-Preis der Deutschen-Forschungsgemeinschaft und des Stifterverbandes der Deutschen Wissenschaft.

**Prof. Dr. Martin Rothgangel** studierte evangelische Theologie in Erlangen. Neben seiner anschließenden wissenschaftlichen Assistenz an der Universität Regensburg war er auch als Religionslehrer tätig. Nach Promotion (1994) und Habilitation (1996) hatte er Professuren für Religionspädagogik an der PH Weingarten (1998–2002) und der Universität Göttingen (2002–2010). Seit 2010 ist er Leiter des Instituts für Religionspädagogik, Universität Wien.

**Prof. Dr. Richard Schröder** studierte Theologie und Philosophie und war von 1993 bis 2008 Professor für Philosophie in Verbindung mit Systematischer Theologie an der Theologischen Fakultät der Humboldt-Universität. Bis 1990 war er Dozent für Philosophie an den kirchlichen Hochschulen in Berlin/Ost („Sprachenkonvikt") und Naumburg („Katechetisches Oberseminar"). Er engagierte sich auch politisch in verschiedenen Funktionen und empfing zahlreiche Ehrungen. Einer seiner Forschungsschwerpunkte ist die Entstehung der neuzeitlichen Naturwissenschaft und die Auseinandersetzung um sie.

**Prof. Dr. Annette Upmeier zu Belzen** ist seit 2005 Professorin für Didaktik der Biologie an der Humboldt-Universität zu Berlin. Sie ist verantwortlich für die biologiedidaktischen Ausbildungsanteile der Studiengänge Kombinationsbachelor mit Lehramtsoption sowie Master of Education. Ihre Forschungsschwerpunkte liegen im Bereich Erkenntnisgewinnung im Biologieunterricht, insbesondere Förderung von Modellkompetenz sowie biologieorientierte Interessen und Einstellungen.

# Quellenverzeichnis

## Bildnachweise

6 © Nils Hoff, Berlin
11 oben links *(Echse)*: © Imagemore Co., Ltd./Corbis – oben rechts *(Spinne fressende Heuschrecke)*: © Scott Alan Johnson – unten links *(Viperfisch)*: © R. Patzner/Blickwinkel – unten rechts *(Marabu)*: © Martin Harvey/Corbis
13 links © PoodlesRock/Corbis
13 rechts © Bettmann/Corbis
14 *Zeichnung aus:* Bayrhuber/Hauber/Kull (Hrsg.): *Linder Biologie Gesamtband*, Schroedel/Bildungshaus Schulbuchverlage, Braunschweig, 2010, S. 427
15 © akg-images/Erich Lessing
17 © Seattle P-I/David Horsey
18 *Grafik nach:* Bayrhuber/Hauber/Kull (Hrsg.): *Linder Biologie Gesamtband*, Schroedel/Bildungshaus Schulbuchverlage, Braunschweig, 2010, S. 470
21 *Foto:* Hilde Jensen; © Universität Tübingen
23 links und rechts © ullstein bild – heritage
24 © Carola Radke/Museum für Naturkunde, Berlin
29 oben © Antje Dittmann/Museum für Naturkunde, Berlin
29 unten © Carola Radke/Museum für Naturkunde, Berlin
30 © Mika Specta – Fotolia.com
34 © NASA, Washington D.C., USA
37 *aus:* Belli/Erlbruch: *Die Werkstatt der Schmetterlinge*. Peter Hammer Verlag, Wuppertal
39 © ScienceCartoonsPlus.com
40 *Schaubild nach:* Bayrhuber/Kull (Hrsg.): *Linder Biologie Gesamtband*, Schroedel/Bildungshaus Schulbuchverlage, Braunschweig, 2005, S. 529 – Foto: © Prill Mediendesign & Fotografie – iStockphoto
42 Jens Harder, *Alpha Directions* © Carlsen Verlag GmbH, Hamburg 2010 (S. 207)
44 © Tom Tomorrow 2005 – www.thismodernworld.com
47 © NASA, ESA, J. Hester and A. Loll (Arizona State University), Space Telescope Science Institute
49 © ullstein bild – Roger Viollet
50 © ullstein bild – Granger Collection
52 © Walter Uihlein
55 © NASA/courtesy of nasaimages.org
59 *Sterne und Weltraum* Grafik, aus *Sterne und Weltraum* Special 2 *Schöpfung ohne Ende*, S. 112–113, mit Genehmigung der Spektrum der Wissenschaft Verlagsgesellschaft mbH Heidelberg, 2011
61, 63, 64, 66, 68, 69, 70, 73, 75 Archiv Ernst-Haeckel-Haus, Jena
81 © akg-images/Erich Lessing
83 © akg-images/Erich Lessing
84 © Bettmann/Corbis
86 Archiv Richard Schröder
88 © ullstein bild – NMSI/Science Museum
90 Verlagsarchiv
93 © Michael Caronna/Reuters/Corbis
97 © 2011 The Society of Vertebrate Paleontology; reprinted and distributed with permission of the Society of Vertebrate Paleontology
100 eigene Grafik auf der Grundlage eines Stiches von Michelangelo Cactani (1855)
101 eigene Grafik nach einer Vorlage aus: Walter Clyde Curry: *Milton's Ontology, Cosmogogy and Physics*. Kentucky University Press, Lexington, 1957, S. 156
102 von Max: Privatbesitz, Hamburg; Foto: © Michael Habes, Frankfurt/Main
103 © Heritage Images/Corbis
106 Verlagsarchiv
108 © ullstein bild – Granger Collection
111 © akg-images/Erich Lessing
113 © Blauel – ARTOTHEK, VG Bild-Kunst Bonn, 2011
114 © akg-images/Erich Lessing
116 © akg-images
119 © ullstein bild – histopics
120 © ullstein bild – united archives
121 *Schaubild nach:* Bayrhuber/Hauber/Kull (Hrsg.): *Linder Biologie Gesamtband*, Schroedel/Bildungshaus Schulbuchverlage, Braunschweig, 2010, S. 19
123 Verwendung von Digitalisaten des Museums für Naturkunde, Berlin, mit freundlicher Genehmigung
129 © Antje Dittmann/Museum für Naturkunde, Berlin
131 *Foto:* Salman Hameed
132 Übersetzt aus dem Englischen in: J. D. Miller, E. C. Scott, S. Okamoto: *Public Acceptance of Evolution*. Science 313 (5788), S. 756–766
137 © David Sipress/The New Yorker Collection/ www.cartoonbank.com
138 © akg-images

145 Jens Harder, *Alpha Directions* © Carlsen Verlag GmbH, Hamburg 2010 (S. 148 und 166)
147 © Jon Hicks/Corbis
153 *Angraecum sesquipedale beim Anflug an Xanthopan morgani praedicta*: Lutz Thilo Wasserthal: *Von langrüsseligen Schwärmerarten*. Forschung, Mitteilungen der DFG 3/1994, S. 8–10 (Foto von 1992; mit freundlicher Genehmigung des Autors)
155 Verlagsarchiv
157 Archiv Martin Rothgangel
158 © bpk | Scala
164 Dennis Davidson/Institute for Creation Research. Copyright © 2010 ICR. *Acts & Facts* is the journal of the Institute for Creation Research and is available at www.icr.org
165 Jens Harder, *Alpha Directions* © Carlsen Verlag GmbH, Hamburg 2010 (S. 243)
166 © Anno Domini Publishing, Tring/UK
171 © Brooklyn Museum/Corbis
172 © outdoorsman – Fotolia.com
178 © PrintingSociety – Fotolia.com
185 oben © Jürgen Fälchle – Fotolia.com
185 unten © Christoph Hellhake, München/Museum für Naturkunde, Berlin
187 © Squarecom – Fotolia.com
191 © S. Meyers/Blickwinkel
203 © Denis Scott/Corbis
207 Verlagsarchiv
208/209 © Universitätsbibliothek Heidelberg, Creative Commons Namensnennung-Nicht-kommerziell-Weitergabe unter gleichen Bedingungen 3.0 Deutschland (http://creativecommons.org/licenses/by-nc-sa/3.0/de/)
210 oben und Mitte *Zeichnungen Fossilien und Erdzeitalter*: © Dietmar Griese/Walter Uihlein
215 www.wikmedia.org © Zoe Margolis, Creative Commons Attribution 2.0 Generic (http://creativecommons.org/licenses/by/2.0/deed.en)
217 © Waltraud Harre/Museum für Naturkunde, Berlin
218 Aus: Rolf Fänger, Ulrike Möltgen: *Vom Anfang der Welt: Eine Schöpfungsgeschichte*. © 2011 Bibliographisches Institut/Sauerländer, Mannheim, 2011.
221 © Jörg Hackemann – Fotolia.com
226 Mit freundlicher Genehmigung von MOERS Media, Hamburg
227 Smithsonian Institution Archives, Record Unit 7091, image #2005-26202
228 links © mauritius images/imagebroker/Jim West – rechts © mauritius images/imagebroker/Michaela Begsteiger
229 oben © ullstein bild – united archives
229 Mitte und unten Mit freundlicher Genehmigung von MOERS Media, Hamburg
231 www.wikimedia.org, Creative Commons Attribution-Share Alike 2.5 Generic license.(http://creativecommons.org/licenses/by-sa/2.5/deed.en)
232 *Broschüre und Illustration*: Mit freundlicher Genehmigung von www.venganza.org

## Textnachweise

20, 46, 60 Wir danken dem Bildungshaus Schulbuchverlage, Braunschweig, für die Genehmigung, Textpassagen des Autors zu verwenden aus: Bayrhuber/Hauber/Kull (Hrsg.): *Linder Biologie Gesamtband*, 2010, S. 486, 65, 23
184–187 Jostein Gaarder: *Sofies Welt. Roman über die Geschichte der Philosophie*. Aus dem Norwegischen von Gabriele Haefs. München: Carl Hanser, 1993, S. 481–490 (gekürzt)
188/189 Ernst Haeckel: *Natürliche Schöpfungsgeschichte. Gemeinverständliche wissenschaftliche Vorträge über die Entwickelungslehre im Allgemeinen und diejenige von Darwin, Goethe und Lamarck im Besonderen*. Berlin: Georg Reimer, 1868, ²1874, S. 122–126 (gekürzt)
192/193 ARD.de, Interview von Anja Hübner, 28.1.2010, http://www.ard.de/-/id=1358916/9xcsrl/index.html (leicht gekürzt)
194 Charles Darwin: *Über die Entstehung der Arten durch natürliche Zuchtwahl oder die Erhaltung der begünstigten Rassen im Kampfe um's Dasein*. Übersetzt von H. G. Bronn, berichtigt von J. Victor Carus. Stuttgart, E. Schweizerbart'sche Verlagsbuchhandlung (E. Koch), ⁶1876, S. 576–578
195 *Charles Darwin – ein Leben. Autobiographie, Briefe, Dokumente*. Herausgegeben von Siegfried Schmitz. Deutscher Taschenbuchverlag, München, 1982, S. 148 f. (unter Verwendung von Material des Urania Verlages Leipzig), mit freundlicher Genehmigung
196/197 Charles Darwin: *Mein Leben, 1809–1882. Vollständige Ausgabe der Autobiographie*. Herausgegeben von seiner

Enkelin Nora Barlow. Mit einem Vorwort von Ernst Mayr. Übersetzt aus dem Englischen von Christa Krüger – © der deutschen Ausgabe: Insel Verlag, Frankfurt am Main, 2008 (S. 41–47, gekürzt)

198/199 Albert Einstein: *Naturwissenschaft und Religion, Teil II* (1941). In: *Aus meinen späten Jahren*, Deutsche Verlags-Anstalt GmbH, Stuttgart, 1979, S. 41–47 (gekürzt) – © The Hebrew University of Jerusalem

200 Karl Barth: *Gesamtausgabe*, Bd. 6: *Briefe 1961–1968*. Herausgegeben von V. J. Fangmeier und H. Stoevesandt. Theologischer Verlag, Zürich, 1975, ²1979, S. 291 f. © 1975 Theologischer Verlag Zürich

201 From *Leonardo's Mountain of Clams and the Diet of Worms* by Stephen Jay Gould – © 1998 by Turbo, Inc. Used by permission of Harmony Books, a division of Random House, Inc.

202/203 Richard David Precht: *Wer bin ich – und wenn ja wie viele? Eine philosophische Reise* © 2007 Wilhelm Goldmann Verlag, München, in der Verlagsgruppe Random House GmbH

211 Larry Pierce: *The World: Born in 4004 BC? Ussher and the Date of Creation*. http://www.answersingenesis.org/articles/am/v1/n1/world-born-4004-bc (28.4.2006), mit freundlicher Genehmigung des Autors

212/213 Daniel C. Dennett: *Darwins gefährliches Erbe. Die Evolution und der Sinn des Lebens*. Aus dem Amerikanischen von Sebastian Vogel. Hoffmann und Campe, Hamburg, 1997, S. 99–102 (gekürzt)

214 Bertrand Russell: *Is There a God?* (entstanden 1952), in: *The Collected Papers of Bertrand Russell*, Volume 11: *Last Philosophical Testament, 1943–68*, hrsg. von John G. Slater and Peter Köllner. Routledge, London, 1997, S. 547 f. (übersetzt). – © McMaster University 1997

216/217 Monika Maron: *Animal triste*. © S. Fischer, Frankfurt/Main, 1996, Auszüge aus S. 15 f., 22 f., 24–26

212 William Paley: *Natürliche Theologie*. Übersetzt von Hermann Hauff. Stuttgart und Tübingen, 1837, Kap. 1

218/219 1. Buch Mose (Genesis) in der Bibel-Übersetzung von Martin Luther (1545, sprachlich modernisiert)

220/221 Prof. Dr. Ernst Schwarz (Hrsg.): *Die heilige Büffelfrau – Indianische Schöpfungsmythen*. Ausgewählt und nacherzählt von Amina Agischwa – © 1995, Kösel-Verlag, München, in der Verlagsgruppe Random House GmbH

222 Dietrich Steinwede, Dietmar Först: Die Schöpfungsmythen der Menschheit. Patmos Verlag, Düsseldorf 2004, S. 35/37 – © Patmos Verlag der Schwabenverlag AG, Ostfildern/Düsseldorf 2004, S. 35/37

223 Ivar Lissner, Gerhard Rauchwetter: *Der Mensch und seine Gottesbilder*. Walter Verlag, Olten, 1982

224 Joseph Haydn: Die Schöpfung, Oratorium in drei Teilen (Uraufführung 1798), Libretto von Gottfried van Swieten (Auszug)

225 Heinrich Heine: *Schöpfungslieder I*, aus: *Neue Gedichte*. Hoffmann und Campe, Hamburg, ¹1844, S. 129 (²1844, ³1852; sprachlich modernisiert)

226 Verwendung des Materials von forum-grenzfragen.de mit freundlicher Genehmigung

230 Nina Rehfeld, *Berliner Zeitung* vom 24.9.2005 © Berliner Verlag, Berlin (gekürzt)

## Autorenkürzel

Die mit Kürzeln bezeichneten Texte stammen von folgenden Autoren:

**AF** Astrid Faber (S. 110, 144)
**GH** Gabriela Holzmann (S. 36)
**HB** Horst Bayrhuber (S. 20, 46, 60, 80, 152, 170)
**MH** Marcus Hammann (S. 128, 190/191, 204, 205)
**RA** Roman Asshoff (S. 128, 190/191, 204, 205)
**RL** Reinhold Leinfelder (S. 10, 96)
**RS** Richard Schröder (S. 206–209)
**SH** Stefan Hellriegel (S. 210, 214/215)

| **18. bis frühes 19. Jahrhundert** | **1859** | **1868** | **1925** | **1987** |

Die Naturtheologie sieht in der Vollkommenheit der Schöpfung einen Beweis der Existenz Gottes

**Seite** 41, 89, 122, 212

Charles Darwin begründet nach langjährigen Studien mit seinem epochalen Buch *Der Ursprung der Arten* die moderne Evolutionstheorie

**Seite** 12, 89, 101, 128, 152, 184, 194

Ernst Haeckel stellt der theologischen Schöpfungsgeschichte eine darwinistische *Natürliche Schöpfungsgeschichte* gegenüber

**Seite** 62, 188

Im „Affenprozess" verbietet Tennessee/USA per Gesetz das Unterrichten der Evolutionstheorie an Schulen

**Seite** 163, 226, 227, 228, 229

Der Oberste Gerichtshof der USA verbietet das Unterrichten von kreationistischen Ideen an öffentlichen Schulen

**Seite** 226